BEGINNINGS OF INTERIOR ENVIRONMENTS

室内设计概论

Eleventh Edition

原著第11版

琳恩·M·琼斯（Lynn M.Jone）/著   胡剑虹 等/编译

中国林业出版社
China Forestry Publishing House

本书仅限于中华人民共和国境内（除中国香港、澳门特别行政区和中国台湾地区外）销售发行。

本书封面贴有 Pearson Education（培生教育出版集团）激光防伪标签。无标签者不得出售。

原著书号：ISBN 0-13-278600-1

图字：01-2018-6076 号

图书在版编目（CIP）数据

室内设计概论：原著第 11 版 ／（美）琳恩·M. 琼斯著；胡剑虹编译. —北京：中国林业出版社，2020.12

书名原文： Beginnings of Interior Environments Eleventh Editi

ISBN 978-7-5219-0954-8

Ⅰ. ①室… Ⅱ. ①琳… ②胡… Ⅲ. ①室内装饰设计－概论…Ⅳ. ①TU238

中国版本图书馆CIP数据核字（2020）第259406号

策划编辑：杜 娟
责任编辑：杜 娟 赵旖旎
中国林业出版社·教育分社
电话：83143529 传真：83143516

出版发行 中国林业出版社
　　　　　（100009 北京西城区德内大街刘海胡同 7 号）
　　　　　电 话 (010) 83143516
经 销 新华书店
印 刷 北京中科印刷有限公司
版 次 2021 年 5 月第 1 版
印 次 2021 年 5 月第 1 次印刷
印 张 29
字 数 886 千字
定 价 98.00 元

未经许可，不得以任何方式复制或抄袭本书之部分或全部内容。

版权所有 侵权必究

致有志于通过尊重地运用地球资源以提高我们生活质量的室内设计初学者们：希望你们每一位都能学会欣赏地球赋予我们的礼物，并把它们明智地用于未来的设计中。

主要编译者名单

胡剑虹　上海城投资产管理（集团）有限公司

王　黎　上海俱生文化传播有限公司

王道静　南京财经大学

罗　方　中南林业科技大学

李艳华　太原理工大学

郭宗平　太原理工大学

张笑楠　北京建筑大学

陈月浩　上海视觉艺术学院

耿　涛　南京林业大学

方　滨　广东白云学院

林　海　苏州科技大学

王　莉　海南大学

董　君　北京农学院

蒋缪奕　苏州金螳螂建筑装饰股份有限公司

黄　卫　上海城淞建设发展有限公司

＊欢迎高校老师加入本书交流微信群，联系电话：83143529。

序 (原著第9版中文版)

　　由美国 Phyllis Sloan Allen 等所著的《室内设计概论》是一本内容丰富、选材成熟的室内设计专业教学佳作。译稿展现了原书作者对室内设计专业的深刻理解和具有鲜明时代精神的观点，明确指出"要尊重地运用地球资源以提高我们的生活质量"，确立室内设计是将科学与艺术、物质与文化"独特地融合在一起"的理念，提请室内设计师必须重视"对人的需求、生态问题和文化发展的关注"，作为设计师的首要责任是关注"安全、健康和公众福利"，为业主创建具有优良生活质量和工作效率的室内环境。

　　系统和严谨是教学用书应有的品质，本书在阐述室内设计理念、历史发展、设计基础、要素和原则，以及室内设计职业化等内容时，既条例清晰，又具有特色；为说明观念而配置的实例和图幅翔实生动，具有典型意义。其中涉及职业发展、客户接洽、经济和生态目标、设计程序和服务，以及合同文件与履约等内容，虽然是根据美国设计界和市场的情况讲述，但是对我们来说也有很好的借鉴意义。

　　第9版修订本与当今社会关注的问题密切结合，不仅强调设计师应该在具有专业资质的前提下工作，还应该与规划、建筑、结构、设备以及环境各专业加强沟通与合作，培育团队精神。特别增加了有关可持续发展、互联网资源的最新信息，以及对多元文化的认识和为弱势群体服务等内容，这些正是当前设计界极为关心和认真研讨的课题。

　　近年来我国室内设计市场和设计教学正迈入规模化迅速发展的转型期，迫切需要拥有更多优秀的国内外室内设计理论和专业理念的书籍和信息。感谢胡剑虹、王道静、林海和陈月浩等诸位编译者的辛勤"耕作"，相信《室内设计概论》中译本的出版，将会对室内设计教学和业界，在加强设计基础理论和灵通专业信息方面做出应有的贡献。

同济大学建筑规划学院教授　博士生导师
中国建筑学会室内设计分会专家委员会主任

2010 年 9 月 12 日于上海

编译者前言

新时代需要具有符合国情、地情、人情，充满自身特色的室内设计；新时代需要通过人才、教材、学科和研究提升设计教育；新时代需要把教材建设纳入"双一流"建设的重要指标，作为高校学科专业建设、教学质量、人才培养的重要内容。

新的目标、新的跨越，教育部《关于深化本科教育教学改革，全面提高人才培养质量的意见》提出"推动高水平教材编写使用，充分发挥教材育人的功能"。本书以美国室内设计教材《Beginnings of Interior Environments》第11版为基础编译的。这是一本围绕如何成为一名"合格"的职业室内设计师而编写的教材。本教材特点是内容丰富、选材成熟，用艺术的手法整合专业教材的编写，使学生看到室内设计与结构、建筑设备、构造技术、项目管理、合约管理等各专业的关联，轻松掌握相关课程的知识，并通过网站资源拓展专业内容，鼓励学生探究性学习。本书在阐述职业发展、客户接洽、设计程序和服务、技术标准，合同文件与履约等室内设计职业化等内容虽然是根据美国设计界和市场的情况讲述，但对于日益国际化的国内室内设计行业来说是有益的。当前设计教育与设计产业脱节现象依然存在，本科毕业生还不能完全胜任日常设计工作，对实践所需的知识技能不够重视，需要进入企业接受较多培训。本教材强调设计师应该在具有专业资质的前提下工作。这对我们来说也有很好的借鉴意义。

沿波讨源，还要感谢中国林业出版社和本书责任编辑杜娟对设计教育和本教材持续不断的全力支持。2003年中国林业出版社为加强教材编写队伍建设、发挥学科优势，打造精品教材，成立了高等院校设计艺术学科教材编写指导委员会。针对新兴的艺术类专业，提出抓住本科教育的特点，借鉴国内外精品教材，要在传统教材和改良教材基础上体现新的需要，要以如何成为一名设计师的角度搭建从构思到工程实践的教材，包括设计基础、材料工艺、施工做法到设计商务的全过程。因此，在1996年美国路易斯安那州州立大学室内设计系主任讲授室内设计课程和1999年参与翻译美国培生教育（Pearson Education）的《Interior Design》教材的已有基础上，我们进一步整理国内外对室内设计师培养的相关信息，明确了以室内设计师职业需求为核心，设计要面向市场，应该以客户为中心的观念。2004年中国林业出版社使我们有机会编译美国培生教育（Pearson Education）的《Beginnings of Interior Environments》教材（第9版），同时得到了同济大学教材出版基金的资助，2006年又被教育部列为普通高等教育"十一五"国家级规划教材。第9版2010年出版以来，多次重印，说明不仅符合高校师生、专业人员学习和参考使用，而且得到了读者的肯定。但近些年来，国内外室内设计从实践到理论都进入了新的发展阶段，需要提升学生实践能力、创新创业能力之外，更需要专业的国际化对接，提升文化自信，为此，2019年中国林业出版社启动编译《Beginnings of Interior Environments》第11版。参加第11版编译的主要人员是胡剑虹、王黎、王道静、罗方、李艳华、郭宗平、张笑楠、陈月浩、耿涛、方滨、林海、王莉、董君、蒋缪奕、黄卫等。

设计是一个开放的领域，希望关注室内设计教育和实践的朋友们，给予我们持续不断的建议和交流。

胡剑虹

2020年10月

前 言

室内设计是将艺术和科学独特地融合在一起的领域。所以，我经常对我的学生说，成功的设计师能很好地平衡运用他们的左右大脑。在任何室内项目中，设计师的目的就是分析客户的需求与意愿，然后综合这些信息去创造一个能提高客户生活、工作质量的健康和安全的环境——这本书的目的就是帮助初学者达到这个目标。

第 11 版的显著变化

《室内设计概论》作为一本专业入门和实用方法的教科书已经是第 11 版了，每一版的专业基础知识帮助读者理解室内设计和室内设计专业。教材第 8 版开始由我负责编写。教材内容的变化，一是理念上强调了室内设计的整体性；二是空间类型从过去版本集中在住宅环境扩展到商业环境的室内设计内容，二者同等重要；三是增加了设计程序、概念深化、可持续设计、互联网资源，多元文化和特殊人群的设计的内容；四是强调了社会快速发展带来的设计专业信息的变化；五是在每章的结束增加了方案设计案例，便于加深对本章内容的理解。

第 11 版内容变化主要来自三个方面：增加和扩展专业理论知识、调整编排和更新案例图片。特别是第 2 章增加了循证设计（EBD）内容。从设计发展趋势看，各专业正从所谓多面体转向球体，融合度越来越高。如从医学案例分析和研究角度提出的循证设计，就是提高设计在健康、安全和关爱方面的应用，以此提升室内设计自身的专业能力。此外，每章还增加了可持续设计部分。强调绿色设计的内容和方法贯穿在本教材的全过程，更主要是让所有设计师都认识到可持续设计与每个项目都息息相关，所以在排版上也予以了强化。对设计思维、商业空间和系统家具内容予以扩展。

根据书评，第 11 版将一些重要的章节进行了重新组合。同时也对 150 张图片及插图进行了更新，与文字的更新相匹配。

内容综述

为确保学生理解室内设计这门学科的基本知识架构，以下是对本书各部分的介绍。

第Ⅰ部分："导论"，探讨室内设计这个职业发展的历史，细致地介绍了室内设计师完成一个室内空间设计的全过程。图片和平面草图使初学者明白视觉表达在设计中的作用。

第 2 章介绍了室内设计中的人为因素，包括循证设计，通用设计以及健康，安全和关爱问题。此外，第 2 章扩展了内部环境对人类和地球的影响，从居民的个人空间需求和欲望到对自然世界的全球影响。用图解的方式专门讲述设计风格演变历史，目的是帮助学生熟悉历史上影响了现代室内设计的一些重要时期。

第Ⅱ部分："设计基础"，这是在创意领域学习的所有初学者必须打下的设计基本知识。这部分强调了视觉素养能力培养以及在技术和装饰上指导设计师的设计原则与要素，并对复杂的色彩部分给予了特别的关注。

第Ⅲ部分："小型独立住宅"，强调了设计中的建筑部件、照明、电气和设备等方面的内容。这部分帮助设计师理解在视觉艺术表现中，还要与电气、设备、结构工程师合作，甚至和客户以及设计团队中的其他成员共同协作，才能达到预期的设计效果。

第Ⅳ部分："空间"，主要强调了家具与房间平面规划中技术性和创意性的关系。告诉设计师要学会读二维平面图并联想到三维空间，鼓励设计师将空间看成是"体积"，从而自内而外进行设计。

第Ⅴ部分："材料、饰面和织物"，为理解设计师可用的众多选择提供了基础。这部分首先是理解空间表面中地板、天花板和墙壁的设计意图，然后是家具和纺织品配置，最后是装饰元素选择。

第VI部分："室内设计的职业化"，探讨了成为一名专业室内设计师所必需的学习环节。此外，对基本的商业惯例、职业道德和职业发展前景也进行了描述。最后一章，文字和图像指出了学生可以获得的各种设计机会，教师可以根据实际情况将本节与第1章合并讲授。

如果您对本书有什么意见和建议，请发送邮件至 lmjones@brenau.edu，标题中请带有"Beginnings of Interior Environment"字样。

致谢

首先，向那些为本书提供图片和信息资料的摄影师、设计师、建筑师和制造商们致谢。写作本书最有价值的经历之一就是我们收集了诸多才华横溢的设计师们的设计实例。特别要感谢摄影师 Gabriel Benzur、Chris Little、Jeffrey Jacobs 和 Robert Thien，并感谢 Hedrich Blessing 公司的摄影师 Hedrich Blessing。感谢 TVS 的 Jenny Fidler 和 Creel McCormack，Design Directions 公司的 Kim Scarbourgh，Stonehurst Place 的 Barbara Shadomy，Lifetime 电视台的 Barbara Brennan，感谢 Wilson 协会的 Amy Tessier 在回答项目问题和提供图片方面的贡献。Pineapple House 室内设计的 Cynthia Pararo 和 Hughes 的 Shelly Hughes | Litton | Godwin 在本版本的大部分内容中共享资源、图片和项目。非常感谢他们对细节的关注。

其次，还有很多人协助我们对本书的信息资料进行了核实和审阅，以确保其科学性和可读性。我也非常感谢他们坦诚且有建设性的意见，并且根据他们的建议对内容做了大量修改。

感谢以下审稿人：密西西比州立大学的 Robin Carroll，德克萨斯理工大学的 Zane D. Curry，佛罗里达大西洋大学的 Deirdre J. Hardy、Sharon Hodson，田纳西大学的 Catherine Kendall，帕克大学 Evelyn Everett Knowles，佛罗里达大学的 Jason Meneely，Immaculate 大学的 Denise M. Mollica 姐妹，美国河流学院的 Janet P. Pazdemik，俄勒冈州立大学的 Marilyn A. Read，肯尼亚达学院的 Nancy Wolford。每个人不同的领域和价值观才使专业内容越来越丰富。

之前的版本中 Chris Strawbridge（UPS 设计方案），Felicia Arfaoui 和 Deirdre O'Sullivan（三得利案例），Tom Szumlic（概念设计），Andrea Birch（概念设计），Janet Morley（纺织品）和 Carol Platt（现代设计史）等部分得到了专业领域的肯定。

在我的设计生涯中，Paul Petrie，Steve Clem，Marcia Davis，Charles Gandy 和 Roger Godwin 一直在设计趋势方面给予鼓励。感谢 Carol Platt 手绘了空间规划过程、视觉解读、家具类型和三维透视图。

感谢 WordCraft 的 Linda Zuk，她不仅是我与 S4-Carlisle 之间很好的联系人，还给予本书细节的建议。衷心感谢编辑 Marianne L'Abbate 和索引制作人 Karen Winget 对细节的审查。培生出版社（Pearson / Prentice Hall）的 Laura Weaver 和 Alicia Ritchey 在整个过程中都给予了支持，并对图像和文本，特别是纸张选择进行了必要的调整。感谢培生出版社所有的员工对此次升级版本的设计。比尔史密斯集团的乔安妮·卡苏利（Joanne Casulli）对图片版权和网站的确认。

向美国室内设计师协会（ASID）、国际室内设计联盟（IDEC）和布鲁诺大学（Brenau University）的同事以及我的学生表示衷心的感谢，感谢你们的支持和理解。感谢我在格鲁吉亚、印第安纳和北福克的朋友和家人，能让我们有充足的经历来完成本书的写作。感谢我的父母 Verle 和 Nona Fiegle 给予我的坚韧和奉献精神，特别是母亲的温暖一直引导着我的思绪。

最后，我对我的丈夫 Philip 的感激难以言表，为了这本书，他耗费了大量时间帮助我对书稿进行润色，我将永远感谢他给予的精神支撑和长期以来的鼓励。

本书的再版过程

菲莉丝·斯隆·艾伦（Phyllis Sloan Allen）于 1968 年出版了《室内设计概论》的第 1 版，并对教科书进行了 5 次重要改版。到第 6 版时，她的学生米丽亚姆·F·斯廷普森（Miriam F. Stimpson）协助进行了改编，增加了关于历史、家具、CAD 和住宅空间规划的新内容。从第 7 版开始，米丽亚姆增加了照明章节，并扩展了配件方面的信息，介绍了商业空间设计，更换了一半以上的照片。从第 8 版起，由琳恩·M·琼斯（Lynn M. Jones）负责并一直更新。

本书作者

琳恩·M·琼斯是美国室内设计师协会（ASID）、国际室内设计联盟（IDEC）、室内设计教育委员会，绿色建筑认证体系 LEEDAP 的成员。她从很小时候起就决心研究室内建筑学，小学时的她已经开始在方格纸上做自己的房屋设计，用落叶和积雪模拟自己的房屋设计方案，卧室内家具更经常被她移来移去。琳恩以优等毕业生的成绩从普度大学获得环境设计学士学位，23 岁就获得美国国家室内设计资格认证委员会（NCIDQ）证书，在佐治亚大学历史遗迹保护专业获得硕士学位并被授予最优秀学生称号。为了完成她的论文《国家公园游客中心设计：论建筑与环境的关系》，她和她的丈夫考察了世界 100 多处国家公园。她还获得了 MBA 学位。

琳恩在亚特兰大担任设计师多年，专注于酒店和商业办公室设计，她从 1984 年起开始其教学生涯。为了配合她的教育事业，她于 1989 年开设了自己的公司琼斯室内设计（Jones Interiors），作品获得了 ASID，AIA 和 IDEC 的奖项。她作为布鲁诺大学一位优秀的教师，自 1988 至 2000 年担任室内设计项目主任，1997 年至 2005 年担任艺术与设计主席，2006 年至 2011 年担任室内设计主席及研究生协调员，目前为布鲁诺大学本科学院副院长。

每年夏天，琳恩和她的丈夫居住在蒙大拿州西北部的一个偏远的小屋里。在那里，她不仅度假休息，同时从自然的美丽和简洁中获取灵感。

目　录

第III部分
小型独立住宅

导　论

Introduction to Interior Environments

室内设计通过依靠科学工具来制作三维空间的功能元素以及美学元素，将看似对立的艺术和科学结合在一起。

——国际室内设计协会

图 I-1A　FIDER 公司的室内设计，体现了艺术与科学的完美融合。开放的办公空间满足团队合作的要求，封闭的工作空间符合不同客户的需要。公司入口处采用暖色调，搭配耐用性强的竹地板，为来访者和使用者营造了一个温馨亲切的环境。如图 I-1B平面布置图所示，强烈动感的倾斜轴线形成导向作用，引导来访者进入工作空间。（设计：AE 公司；摄影：Kevin Beswick）

纵观历史，人类始终在改造和美化环境，使其不断符合自身的生理和心理的需求。在这个过程中不仅开发和改进了各种工具和产品，同时家具、纺织品和装饰手法都在更新，从而使房间的布局、家具陈设、设备和电气配置都在根据审美和功能需要不断发展与变化。今天，室内设计师正在为更多的客户提供更加多样化的服务（图I-1A，B）。

室内设计的定义和室内设计师的职责

室内设计这一行业多年来经历了许多变化，行业的经营范围在拓展，就业机会在增加，而且行业标准也在不断提高之中。这一专业的发展和成熟体现在室内设计师定义的形成。美国国家室内设计资格认证委员会（NCIDQ）在明确了室内设计职业范畴的基础上，对"室内设计师"进行了定义：

室内设计涉及多方面的专业，为了创造一个良好的室内环境，设计师需要通过运用创意和技术去解决。解决的不仅是功能，还要提高使用者的生活质量和文化品位，并使设计具有美学上的吸引力。室内设计虽然呈现在建筑外部结构与内部表面，但内部空间设计不仅要求与建筑外部要协调，还需要兼顾建筑不可移动性的特点，满足项目地理位置和社会文脉的要求。当然设计必须遵守各种行业规范和政府监管要求，并符合环境可持续性原则。从规划、建筑、室内设计、家具设计到配饰是一个完整系统，所以设计过程需要遵循系统性方法，包括研究、分析和将专业知识整合到设计过程中，从而满足客户的需求，最终完成一个满足项目目标的内部空间。

室内设计包括一系列的服务，专业设计从业者通过教育、经验和资格考试来保证设计质量，从而保障和改善公众的生活质量、生活健康、生活安全和舒适程度。这些设计服务主要包括以下内容：

- 研究和分析客户的目标和需求，完成相应的设计需求、绘制图纸和图表；
- 整合客户需求，并基于室内设计

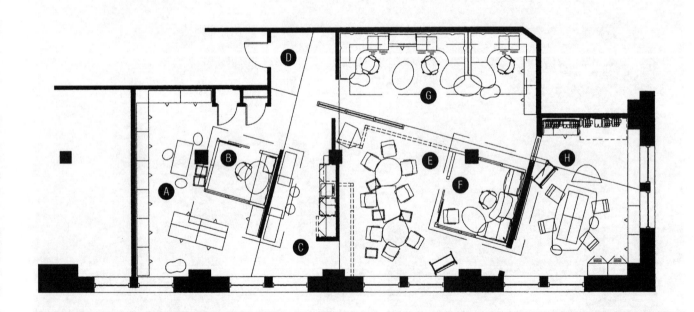

图I-1B FIDER公司的平面布置图是室内设计中强调概念、功能和美学完美融合的例证。倾斜的轴线，引导来访者进入空间。室内设计师通过平面布置图的二维展示，使空间视觉化。平面布置图说明了室内各空间的功能、家具摆放和交通流线组织。（设计：AE公司）

平面图
A. 资料室　　　　E. 开放式办公室
B. 私人办公室　　F. 私人办公室
C. 厨房、咖啡间　G. 个人工作单元
D. 入口　　　　　H. 项目工作室

原则和人类行为学理论为客户提供二维和三维的空间初步设计概念和设计草图；

- 确认初步空间规划和设计概念是安全的、功能齐备并且美观的，能够符合所有的公共健康、安全和舒适方面的要求，包括法规、可实施性、环境可持续性；
- 选择适当的颜色、材料和表面装饰肌理来传达设计理念，同时满足客户的社会心理、功能、后期维护、全生命周期的性能，以及环境和安全要求；
- 选择并给出家具、设备和木制品的规格，包括平面布置图和详细的产品说明；制定家具的定价、采购和安装合同文件；
- 提供项目管理服务，包括编制项目预算和进度表；
- 准备施工文件，包括平面图、立面图、大样图和规格图，给出满足结构要求的隔断布局图；水电和通讯系统定位图；天花图和照明设计图；标明材料和饰面，家具布局图；
- 准备施工文件，保证内部空间设计遵守当地建筑和防火规范、市政规范及其他相关法规、规章和指南；
- 与其他专业设计人员协调和合作，包括但不限于：建筑师、结构工程师、机电工程师，以及其他专业顾问；
- 确认非结构和非抗震部分的施工文件由项目负责的室内设计师签署并盖章，以便向相关部门提交具有法律依据的备案；
- 作为客户的代理人管理合同文件，投标和谈判；
- 作为客户的代表和代表客户，在

项目进行期间进行监督并提交阶段报告；并出具完工评估报告。

来源：http://ncidq.org/AboutUs/AboutInterior Design/DefinitionofInteriorDesign.aspx

为多元文化的环境而设计

不同的文化对室内设计中的空间、色彩等视觉要素方面有着不同的理解，设计师需要协调社会多元文化对室内环境的需求。特别是随着知识的全球化和互联网的发展，设计师通常会涉及海外客户的工程项目，设计更加社会化，这样需要设计师对不同文化背景的客户的品位和喜好具有良好的敏感性，以便做出相适应的设计方案（图 I-2）。

图 I-2　不同文化背景的客户给室内设计市场带来不断地拓展。这个休息区位于迪拜柏悦酒店，是根据客户要求的"极简的阿拉伯建筑形式结合明确简单的希腊建筑元素"而设计的。定制形状、复杂图案、精致造型和本土材料，反映了这个国家的当地文化。强烈的建筑形式则反映了古典希腊设计。(室内设计：Wilson Associates；摄影：Michael Wilson)

为可持续发展的环境而设计

对资源的有限性以及我们生存环境脆弱性的认识进一步改变了室内设计观念，越来越多的室内设计师在设计过程中开始使用可再生的资源，努力保护环境。甚至在进行设计方案时就考虑到环境因素，利用可以再循环和可以回收的产品，这就是"可持续发展设计或绿色设计"（图 I-3）。

相关链接
美国室内设计师协会可持续设计知识中心

www.asid.org/designknow ledge/sustain
美国建筑研究所可持续设计资源指南
www.aiasdrg.org

为弱势群体的环境而设计

根据 Anita Rui Olds《儿童关怀设计指导》的研究表明，5 岁以下

图 I-3　这座以太阳能作为能源供给的住宅，用木块和泥土包裹轮胎形成墙体。墙面用水泥进行拉毛处理，西南墙面的室内形成黏土墙面的效果。窗户南向设置。A 图是建筑外观；B 图是室内大厅，回头看向前门；C 图是起居空间。（设计：Michael Reynolds；摄影：Philip A .Jones）

A

B

C

的孩子每三个孩子中就有一个需要部分时间照管或全天候照管。相反，到 2030 年，年龄超过 65 岁的人将约占人口总数的 26%，而且他们中的大多数更愿意在家养老，所谓"在适当的地方变老"。当前，室内设计师越来越关注为改善所有年龄和行为能力的人的生活环境而设计，设计师必须更多地了解包括老人、孩子和残疾人，甚至那些暂时需要帮助的弱势群体的各种各样的复杂需求。当然，与此紧密相连的就是设计的通用性，即室内设计师必须在一个单位空间内考虑不同人的多样化需求，这种需求往往是通过空间组织和家具与陈设布局来完成的，对于人的年龄和行为能力往往不做深入考虑。

相关链接

通用设计中心 www.design.ncsu.edu/cud

通用设计联盟 www.universaldesign.org

室内设计师、室内建筑师和软装设计师的区别

室内设计师（interior designer）、室内建筑师（interior architect）、软装设计师（interior decorator），这三个术语有不同的含义。室内设计体现的是美国国家室内设计资格认证委员会（NCIDQ）之前的定义（参见第 2 页）。在一些国家，"室内设计"等同于"室内建筑"。

美国的一些大学也将"室内建筑"作为其"室内设计"专业的名称。国际室内建筑师、设计师联合会（IFI）是一个成立于 1963 年的非营利组织，以"作为全球教育、研究和实践中知识和经验的交流和发展的全球论坛"而蜚声国际。请

注意该组织使用的抬头：室内建筑师、设计师。国际室内建筑师、设计师联合会（IFI）"在国际和社会各个层面，通过知识和经验的交流和发展，在教育、实践和会员中保留和扩大室内建筑、设计专业的贡献。"IFI 对专业室内建筑师 / 设计师的定义与美国国家室内设计资格认证委员会（NCIDQ）的定义相似，定义如下：

通过教育、经验和应用技能的资格认证，专业室内建筑师、设计师承担以下责任：

- 识别、研究，并创造性地解决与室内环境的功能和质量有关的问题；
- 利用专业知识如室内结构、建筑系统和部件、建筑法规、设备、材料、表面装饰等，来提供与室内空间相关的服务，包括规划、设计分析、空间设计、美学，以及工地监督；
- 准备与室内空间设计有关的方案草图、图纸和文件，以提高生活质量，保护公众的健康、安全、舒适以及环境。

来源：http://ifiworld.org/#Definition_of_an_IA/D

然而，在美国，建筑界对"建筑师"一词用于"室内建筑师"表示质疑。目前，"室内建筑师"这一头衔仅限于那些从被认可的机构获得建筑学位，并有实践经验，且通过国家注册建筑师考试的人。美国室内设计（及室内建筑）课程的本科毕业生将结合他们的学术和专业经验，来参加美国国家室内设计资格认证委员会（NCIDQ）。

美国许多州都有法案，可以通

过实践或学位来获得室内设计的资格认证。这些法案通常与建筑规范相结合，由州委员会制定。在这些州，使用"注册室内设计师"或类似的称号，需要提交由室内设计认证委员会（CIDA）认可的学士学位（见下文），并通过美国国家室内设计资格认证委员会（NCIDQ）考试，作为注册的基础。然而，在没有这些法案的州，个人可以在没有教育、经验和或考试的情况下作为室内设计师进行实践。室内设计专业界在美国全国范围内进行了大量努力，以确保在所有州实施注册制度，以保证设计的专业度和公众安全。立法在不断变化，因此，鼓励从事室内设计职业的学生参与本地的注册制度（有关更多信息，请参见第 14 章）。

软装设计，通过使用饰面、织物和选择家具来布置和装饰室内，是室内设计的一个组成部分。软装设计师不需要完成本科学位，通常只进行家装设计。

需要强调的是，尽管室内设计师有时需要通过调整承重墙的设计解决室内设计方案，但室内设计并不包括建筑物的结构设计，特别是在机电系统和建筑部件设计方面，室内设计师需要与相关专业团队合作。

正如美国国家室内设计资格认证委员会（NCIDQ）早先所定义的那样，室内设计师"通过教育、实践和认证考试获得资格，以保护和改善公众的生活、健康、安全和幸福。"室内设计认证委员会（Council for Interior Design Accreditation, CIDA）是一个自我管理的组织，审查和认可室内设计教育课程（以及

名为"室内建筑"的大学课程)。通过从业者和教育工作者的投入，由室内设计认证委员会（CIDA）制定的标准形成了所有室内设计师所需的共同知识体系，覆盖各种具体的职业方向。室内设计认证委员会（CIDA）认证的大学课程确保有抱负的入门级的室内设计师获得适当的知识内容。

相关链接

室内设计认证委员会 www.accredit-id.org

国际室内建筑师／设计师联合会 http://ifiworld.org/#About_IFI

美国国家室内设计鉴定委员会 www.ncidq.org

与相关职业的关系

在为客户进行新建空间项目设计或改造项目设计时，室内设计师可能要与建筑师、建造师、室内装饰师、景观设计师、设备工程师、电气工程师、结构工程师、产品设计师和平面设计师一起工作，甚至还有灯光音响和视频专业人员，历史文物保护学者，室内装饰、纺织品、家具和陈设品的专业承包人，设计师需要把自己当作设计团队的一员，因为设计工作的成功有赖于与各种专业人员的交流与合作。

对室内设计师特点和知识的要求

成功的室内设计师有着强大的沟通和业务能力，以便有效地与客户和相关专业人员合作。既是一位倾听者同时又是沟通者，专业室内设计师的关键能力是人际沟通能力。面对各式各样的专业内容内沟通，设计师需要简洁有效的互动，以确保项目规范的准确性和及时性。与书面沟通技巧同样重要的是视觉传达能力，这可以使设计师能够清楚地描述设计解决方案。设计师同时也是聪明的经理和企业家。在项目中，设计师需要管理预算、进度、合同和其他法律文档。设计师必须能够使自己的想法实现，管理自己的时间，并与团队协同工作。设计师必须有知识储备，以便为他们的设计决策和项目解决方案提供支持。结合广泛的文科基础和室内设计专业知识，可以为室内设计专业人士的事业成功打好基础。这本教科书为有抱负的室内设计师研究室内设计打下基础。

本书内容结构

第Ⅰ部分："导论"，首先讨论室内设计这个职业的发展历史，详细地讲述室内设计的工作程序。其次是设计表达，学生通过学习手工绘图和计算机辅助设计制图，掌握设计表达的主要方法——设计图学，它包含了所有设计职业都需要具备的视觉信息（图I-4）。本节还扩大到了室内环境对人类和地球的影响——每个人无论国籍或身份对空间需求和居住愿望都应考虑到设计对自然界乃至全球的影响。最后，以文字配插图的方式追溯了风格历史，说明了过去的社会历史发展是如何影响室内环境演变的。

第Ⅱ部分："设计基础"，是为所有从事创意工作的人员学习设计建立基础，包括设计思维过程、视觉素养和概念深化的重要性。第Ⅱ部分强调了设计的原则和要素，指导设计师进行技术和装饰设计的决策。由于色彩的知识非常复杂，本章还重点突出了关于色彩的内容。

第Ⅲ部分："小型独立住宅"，重点强调建筑、电气和设备方面的工程设计。这部分知识可以帮助未来的设计师了解与结构电气、设备、工程师以及客户和设计队伍中的其他成员共同合作时需要的技术信息。

第Ⅳ部分："空间"，主要是协调技术因素和平面布置、空间需求的关系。设计师要学会看懂平面图，并思考和想象三维立体图，鼓励设计师从体积的角度认识空间，以"由里向外"的方法设计空间。

第Ⅴ部分：材料、饰面和织物，为设计师掌握和选择设计中大量的材料和产品奠定基础。例如，设计师需要掌握选择簇绒地毯或圈绒地毯，选择亚光乳胶漆或半亚光醇酸树脂漆的好处和弊端。

第Ⅵ部分："室内设计职业"，论述成为室内设计专业人员所需要履行的程序，讨论基本的商务规则和职业道德规范，最后展望了室内设计职业的发展前景。

相关链接

由专业设计机构赞助的求职网站 www.careersininteriordesign.com/what.html

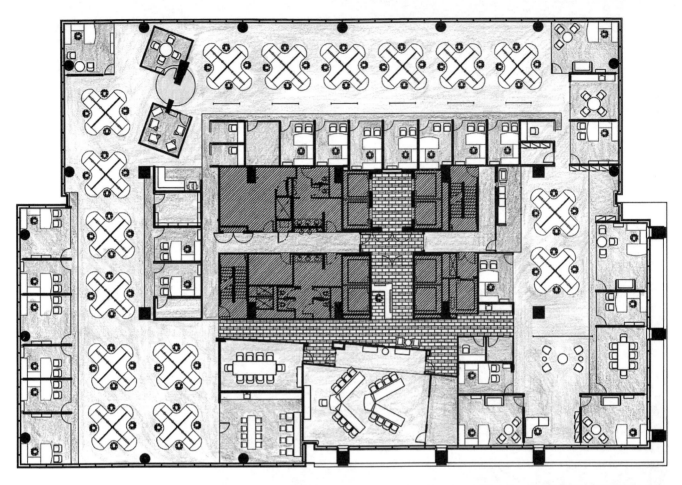

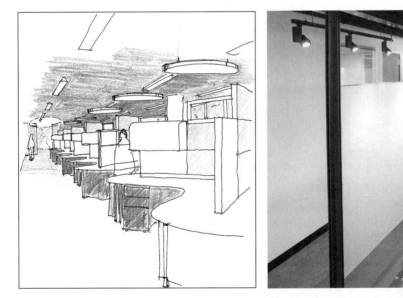

图 I-4　视觉传达要求设计师在项目完成之前以可视化的方式向客户表达设计的想法。在这个项目中，设计师使用 CAD 软件创建了平面图，视图则通过在 CAD 中先创建三维线条图，然后以钢笔淡彩形式绘手绘草图效果，照片则用来示意完成效果。(建筑 / 设计师：Hughes|Litton|Godwin. 摄影：John Haigwood)

第 1 章

理解室内设计

图 1-1 这间卡罗来纳州的酒店大堂，充满暖意而又引人入胜，给客人宾至如归的舒适感，设计师从酒店经营者和客人双重角度进行设计，从而获得了室内的舒适感。（设计：Glave 公司；摄影：Robert Miller）

即使通过直接与间接的资料，我们仍很难了解原始社会室内整体的情形，但由于装饰和人的精神追求密不可分，所以原始社会人类居住的室内中一定或多或少地拥有装饰。古埃及、古希腊、古罗马时期产生的古代设计，奠定了室内设计的基础。中世纪和文艺复兴时期，装饰设计被广泛应用在室内环境中，这种现象在欧洲尤其突出。在18世纪，英国设计师罗伯特·亚当（Robert Adam）和他的家人把家具设计、室内建筑和装饰等室内环境必备的要素结合在一起，最初形成了一个具有商业化特征的创造性的室内空间（详见第2章"风格史：英国风格"部分内容）。与罗伯特·亚当有相同观点的人，如摄政时期伦敦的主要设计者英国建筑师约翰·纳什（John Nash，1752—1835）和18世纪末19世纪初英国最伟大的建筑师约翰·索恩（John Soane，1753—1837）爵士等，以及橱柜制造商、油漆商、家具装饰用品商、石膏商、皮匠等人，从自己的住宅或工作室设计开始共同协作进行室内环境设计，他们的理想就是完成一个：光、空间和装饰品完美结合的诗化建筑。可见，室内设计工作在职业确立之前就已经存在，当时从事室内设计的人主要是家具设计师、橱柜制造商、建筑师和其他在装饰艺术方面工作的人。

室内设计作为一个新兴的职业，到19世纪末期和20世纪早期才逐渐形成，在第二次世界大战期间完全确立起来。在如今被专业认可的室内设计师职业建立前，室内设计的相关工作是由如罗伯特·亚当的家具设计师、橱柜制造商、建筑师和其他活跃于装饰艺术的人员来完成的。

1.1 室内设计职业的发展

19世纪50年代，工业革命的发展，导致了设计领域出现风格任意模仿和为商业销售而大规模生产的家庭用品美学质量低下的状况，社会普遍认为机器的使用创造了低劣的产品和设计。莫里斯（William Morris，1834—1896）把艺术和道德联系在一起，他认为："整个社会的基础已经腐朽堕落得不可救药了。"他和19世纪60年代的英国工艺美术运动参与者共同倡导优秀的设计属于每个人："若不是人人都能享受艺术，那艺术跟我们究竟有什么关系？"莫里斯在1877—1894年间发表了35篇著作和社会问题的演讲，并通过他的

设计和公司产品来宣传他的思想。但是，莫里斯的学说注定了他在实践中必然走到自相矛盾的境地。首先，他背离了时代，认为现代生产方式破坏了社会的平衡，始终不能欣赏新的生产方式。其次，公司制作的手工艺产品比工业化制造的产品成本要高昂许多。因此，莫里斯未能实现他的理想。但是，他在艺术家、建筑师和评论家当中吸引了大批支持者，包括英国作家、道德说教士查尔斯·伊斯特莱克（Charles Eastlake）。伊斯特莱克在1868年出版了室内装饰方面最早的书籍《家庭品位指南》一书，在美国产生了很大影响。美国的工艺美术运动的领导者古斯塔夫·斯蒂克利（Gustav Stickley）也在19世纪初出版了以刊登大量的家居设计方面的文章为特色的《手工艺匠》杂志。到19世纪后期，各种各样的出版物，像《妇女杂志》《城市的商业区》《新月刊》和《妇女家庭杂志》等都推出了更出色的室内设计作品。1890年，坎德斯·惠勒（Candace Wheeler）发表了题为《作为女性职业的室内装饰》的文章，促成了今天室内设计师这一职业的产生。10年后，美国作家埃迪斯·华顿（Edith Wharton，1862—1937）和欧格登·考德曼（Ogden Codman）出版了《住宅装饰》专著，阐述室内装饰的目的是展示精心设计的房间比例尺度。其后，康耐特（W. C. Cannet）撰写并自行印刷了名为《美丽的住宅》的系列文章，受其影响和推动，相同标题的杂志于1896年首次大量公开出版发行，很快促成了其他家居装饰期刊在市场上涌现，对室内设计的发展起到了推动作用。

在20世纪初，美国的学校开始讲授室内装饰的课程，有系统地推动了室内装饰的普及。1913年，南希·麦克兰莱（Nancy McClelland）在纽约的百货商店开设了第一个从事装饰服务的柜台。此后，在1924年美国第一家专业室内装饰公司——麦克米伦公司成立，使得室内装饰专业又大大向前推进了一步。

第二次世界大战以来，科学技术和经济飞速发展，随着人们对室内环境质量要求的不断提高，以及行为科学、环境心理学、人体工程学和技术美学等相关学科的影响，极大促进了室内设计学科的发展，并与建筑开始分离。室内设计师们开始认识到，早期现代主义的做法过于简单，已经无法适应时代发展的新要求，而应从形式美感、人文价值、个性化、民族性、地方性和人情化等各个方面来探寻现代室内设计，使室内

设计既有高度的科学性，又有浓郁的人情味，使技术的物质水平与人性的精神需要平衡起来，使得室内设计开始走向多元化。

（1）坎德斯·惠勒（Candace Wheeler）

惠勒是纺织品设计师，受雇于路易斯·康福特·蒂芙尼（Louis Comfort Tiffany）的公司，管理纺织品方面的事务。他为美国铁路大亨范德比尔特（Cornelius Vanderbilt）和英国第一批舞台演出的社会知名女演员莉莉·兰季（Lily Langtry，1852—1929）设计的住宅墙面，采用自然图案为主题的纺织品装饰，表现了高贵优雅的格调；他还为马克·吐温（Mark Twain）的两栋住宅做了室内装饰，一栋位于 Hartford，另一栋是位于 Onteora 的夏季度假住宅。并且在 19 世纪 70 年代后期，他创立了装饰艺术协会，所以被很多人看作是第一位室内设计师。

（2）埃尔西·德·沃尔夫（Elsie de Wolfe）

室内装潢服务的最著名人物之一是纽约女演员埃尔西·德·沃尔夫（Elsie de Wolfe），她是法国家具和古董方面的专家。沃尔夫既是一位演员又是一位设计监理，她不依靠艺术家和制作者，而是从美学和理性的角度，独立做出自己的判断和评价。因此，她成为了一位专门从事室内装饰设计的专业人员。

1898 年，沃尔夫从自己纽约的家开始改造美国住宅中典型的维多利亚风格的室内装饰，将看似一个昏暗的、笨重的、杂乱的具有维多利亚风格的房间布置成简洁雅致、空间流畅、通风良好，具有新古典风格的室内环境（图 1-2）。1901 年，她作为"美国首位职业室内装饰师"开始了她的职业生涯。

1910 年，她通过系列讲座推广了作为自己标志的轻巧舒适的新古典风格，扩大了自己的影响，确立了自己在装饰领域的权威地位。直至 1913 年，沃尔夫出版了专著《高品位的居室》，由此为室内设计专业的形成奠定了基础。

通过她和同时期志同道合的设计师的共同推动，室内装饰职业创立起来。这些设计师包括以"白色"室内装饰闻名的英国设计师塞雷·莫姆（Syrie Mangham），《装饰指南》专栏著名主持和酒店设计的先驱多罗西·德

A

B

图 1-2　图 A 是埃尔西·德·沃尔夫（Elsie de Wolfe）职业生涯早期设计的餐厅；图 B 是同一餐厅的重新设计，更加精致、鲜活，反映了她后期作品的设计特征。（照片来自纽约博物馆收藏）

雷珀（Dorothy Draper），以及后来被尊称为"装饰大师"的比利·鲍德温（Billy Baldwin）。

（3）弗兰克·劳埃德·赖特（Frank Lloyd Wright）

20 世纪早期的建筑师弗兰克·劳埃德·赖特（Frank Lloyd Wright）在室内设计中把结构和设计结合起来，强调关注空间、功能、结构三者之间的关系。他通过家具

的布置来限定和分隔空间，他把家具与陈设、灯具、装饰细部和建筑材料融合为一个整体，并称之为有机设计。如同他所有"草原式住宅"一样，罗比住宅（Robie House）（图1-3）也把壁炉作为装饰的中心，用在室外的材料被引入室内成为壁炉的一部分，壁炉是住宅的中心或核心，作为美国家庭力量的象征。美国和欧洲其他进步的设计师也开始注意到：把室外环境与室内空间、家具与陈设相融合很受客户欢迎。

相关链接

关于罗伯特·亚当　www.greatbuildings.com/architects/Robert_Adam.html

关于坎德斯·惠勒　http://ocp.hul.harvard.edu/ww/wheeler.html and www.metmuseum.org/special/Candace_Wheeler/Wheeler_more.htm

关于埃尔西·德·沃尔夫　www.architecturaldigest.com/architects/legends/archive/dewolfe_article_012000

弗兰克·劳埃德·赖特基金会 www.franklloydwright.org

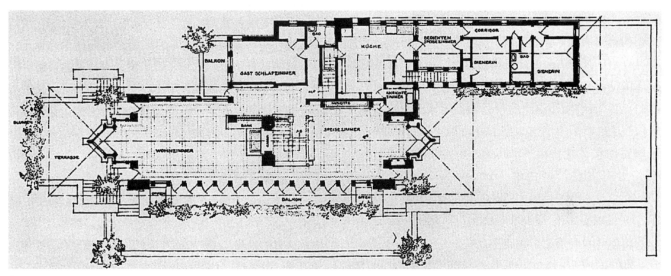

A

B

图1-3　A图是弗兰克·劳埃德·赖特（FrankLloyd Wright）于1909年设计的罗比住宅平面图，赖特非常强调壁炉，将它放置在中央位置，作为住宅的中心；B图是从餐厅往起居室方向看到的室内场景，左侧的窗框将室外景观引入室内。（A图是赖特的手稿）

1.2 室内设计职业组织

美国室内装饰者协会（AIID）的出色工作，给室内装饰这一新兴职业带来广泛的社会可信度，促使了职业设计师自己的室内设计协会在 20 世纪 30 年代正式成立。职业室内设计师协会章程规定，设计师必须受过专业教育并经过专业训练，才能成为会员。当时协会的重点是强调设计团队和设计院校学生的继续教育、道德规范和与相关职业的协作。这些价值观美国室内设计师协会延续至今（参见第 14 章）。

但第二次世界大战以后，商业市场快速发展，装饰师也开始从事酒店、办公室和百货商店等大型公共空间的环境设计，空间规划成为装饰师和设计团队共同关注的焦点。"装饰师"这个称呼开始不能适应他的工作内容，于是在 1957 年美国成立了第二个职业设计组织——国家室内设计师协会（NSID），1975 年两个组织合并成美国室内设计师协会（American Society of Interior Designers，ASID），成为当时世界上最大的专业设计组织。该组织目前有 18 000 名会员，7 500 个会员单位，以及约 10 500 位学生会员。

20 世纪 70 年代和 80 年代，很多其他的专业设计组织发展起来。80 年代和 90 年代间兴起了一个被称为"联合声音"的运动，运动的主旨是把所有室内设计组织团结在一起。1994 年，商业设计师协会、室内设计师委员会和国际室内设计师协会三者合并成为国际室内设计联盟（IIDA）。无论是美国室内设计师协会还是国际室内设计联盟，都规定只有通过美国国家室内设计资格认证委员会（NCIDQ）的考试，才能成为该组织成员。2002 年，美国室内设计师协会和国际室内设计联盟又试图合并成一个室内设计组织，遗憾的是，双方在关键的议题上没能达成一致意见。可是，两个组织仍然继续合作，尤其在地区范围内。

2011 年，在室内设计教育者委员会（IDEC）的大力鼓励下，"联合声音"重开。这两个专业组织仍然会继续合作，特别是在地方一级。加拿大室内设计师可以加入 1980 年成立的专业组织——加拿大室内设计师（Interior Designers of Canada，IDC）。IDC 与 ASID 及 IIDA 密切合作，并与 NCIDQ 合作。关于这些组织的更多资料，在第Ⅵ部分"室内设计职业"中讲述。

相关链接
美国室内设计师协会 www.asid.org
加拿大室内设计师协会 www.interiordesigncanada.org
国际室内设计联盟 www.iida.org
美国国家室内设计资格认证委员会 www.ncidq.org

1.3 室内设计的目标

室内设计师深知，原始的室内环境对居住者生活的作用仅仅是庇护，现代室内环境需要设计师具备专业技术知识和美学鉴赏力，既能创造高效且使人愉悦的空间，又能为使用者提供生理和心理的舒适，同时设计师还应具有清晰的经济分配意识。简单说，设计师的最终目标是：如果室内空间既满足了客户对功能的需求，又符合美学标准，并且在客户经济预算范围内完成，这个项目就是成功的（图 1-1）。

1.3.1 功能和人的因素

室内设计要履行它的预期功能：满足使用者的需求，人类才能生存下去。在设计工作开始阶段，需要对空间功能做认真的思考。决定空间功能时，人的因素是首要考虑的要素（图 1-4），这是室内设计的第一个目标。例如孩子、老人和残疾人等有特殊需求的使用者的需要是必须考虑的，所以进行托儿所、老年人福利院或大学教室等设计项目时，设计师所要考虑的人的因素的内容是完全不同的。

从心理学角度分析，人类对空间的比例尺度要感到舒适，需要从建筑顶面的高度、墙面的宽度和结构支撑等三维方面考虑。空间过大或过小，使用者都会觉得心理不适应。当然，满足人的心理需要同样涉及其他设计要素，包括造型、色彩、灯光、材料的选择和搭配。

室内空间和固定设备设施的尺寸既要符合使用者的比例，也要符合其生理的需求，并且根据功能需要设置一定比例的储存空间。例如，休闲椅不仅要符合使用者放松状态对尺寸的要求，而且与桌子的高度要相匹配，同时台灯要有足够的照度但没有眩光。

设计师创造的环境不仅满足客户的需求，而且使用起来也必须是安全的，这就要求必须遵守相应的建筑法规。无论室内空间看起来多么美观，如果不能在安全的前提下有效地满足使用者对空间活动和功能的需要，那么设计就是失败的。第 2 章对此展开了阐述。

图1-4　个人空间的需求因每个人生理和心理的不同而有很大差异,室内环境的一个重要目标是消除这两方面潜在的障碍来满足这些需求。(© Yuri Arcurs / Fotolia; © Picture-Factory / Fotolia; © pressmaster / Fotolia; © Darrin Henry / Fotolia)

1.3.2　美学

室内设计第二个目标是创造使人心情愉快和动人的空间环境,所以培养室内设计专业学生的审美意识和对美的敏感性是最基本的。这些室内环境包括住宅、办公空间、商业空间、医院和健康关怀中心等。通常,任何人都可以表达个人的喜好,但是真正的审美鉴赏力需要高水平的辨别能力,这种辨别能力需要多年的训练和观察才能培养出来。出色的设计没有绝对的公式,可是,比例尺度、韵律、平衡、强调和协调等美学法则的成功应用,可以帮助设计师提升设计方案的艺术内涵,增加设计师项目成功的机会。下列的指导能够让初次从事室内设计这一职业的设计师拥有识别优秀设计项目的能力:

- 必须理解和应用设计要素和设计原理(在第3章讲述);
- 必须认真观察自然界的事物,它们的光影、形状、质感、图案和色彩都是很好的设计范例(图1-5)。
- 学习设计史是进行设计方案的基础。
- 设计期刊会提供有价值的参考(见参考文献列表的末尾有一个所选期刊的列表)。
- 时尚不是评价优质设计项目的标准,就像时装趋势一样,家居装饰的时尚也会过时,而国家形象、国际形势和名人效应一样会可以影响个人品味,但这并不代表这是好的设计。

- 简洁是优质设计项目的关键,著名的建筑师密斯·凡·德·罗(Ludwig Mies Van der Rohe)有一句名言:"少就是多"。
- 所有的设计决定和设计语汇应具有整体性;装饰表面看起来应与其品质相吻合,如品质低的三聚氰胺板看起来不仅像塑料,而且木纹模糊缺乏天然木材的质感和肌理。
- 优质的设计不仅仅是"取悦于人的"。
- 优质的设计是不受时间影响的。

埃尔西·德·沃尔夫(Elsie de Wolfe)通过"简洁,适用性和比例"表达了室内设计的美感。创造出色设计所需具备的知识能够培养和教育客户,帮助设计师引导客户做出科学的设计选择。同时也体现出优秀的设计是一个长期的投资,尽管有时是昂贵的,却是值得花费的。

1.3.3　经济学和生态学

室内设计的第三个目标是不超出项目的预算,这通常被看作是设计师或设计机构信誉的标志。设计师的工作是通过设计满足客户的需求,并且控制在双方同意的合理预算范围内。如果设计师在方案阶段发现项目超出了最初的预算,设计师有道义上的责任告知客户。在设计和选择室内材料及产品时,价格成为重要因素。设计师在考虑把

| 辐射状平衡 | 不对称平衡 | 对称平衡 |

图1-5　自然界的万物显示各式各样的平衡，蜘蛛网表示的是辐射状平衡，树表明的是不对称的平衡，而蝴蝶则是对称平衡的实例。

哪些产品推荐给客户时，需要考虑长期的维护费，甚至是产品全生命周期的所需费用（产品使用周期内的制造、维护费用），这就是技术经济统筹。例如，客户书房用的座椅，在本地的办公用品商场可以用700元买到，但是座椅小脚轮很容易掉或设计没有满足人体工程学，它的价值就会很低；相反，一把有五点着地的基座，扶手、靠背和座面可调节的办公用椅通常被认为更具长期使用性，虽然价格比较贵，但对客户而言可能更值得。

经济的考虑也与生态和环境有关，经济应该是在生态学的平台上进行，设计师不能为了节约投资选用可能危害人体健康的材料。例如，一些价格便宜的地毯垫料能够使用，但是从垫料里释放出的气体对居住者是有害的。同样，设计师在使用一些稀有的、将对环境产生破坏的资源时，应考虑环境的长期消费。例如，珍贵的木材看起来很漂亮，设计师使用它们就会加速木材砍伐、破坏森林。优质的环境设计应该为下一代考虑，要尽量使用能确保环境可持续发展的材料来创造室内空间（图1-6）。可持续发展的设计方法详见第2章，同时，每章中都有关于可持续发展的相关主题。

A

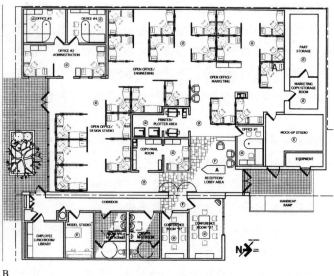

B

图1-6　这家工业和机械工程公司的办公室的设计旨在引入自然光线的感觉。由于建筑物只有一侧向阳，因此顶棚用了阳光板，这种半透明的阳光板顶棚可以让自然光洒入室内。（建筑设计：Lippert & Lippert Design, Palo Alto, CA. 摄影：Don Roper）

1.4　设计程序和服务范畴

知道与客户接触时从哪里开始，需要了解哪些信息，如何把空间配备完善并获得客户的认可，是一项复杂的工作。设计师需要按照设计进程，制订有创造性的、全面的设计方案。设计方案既要满足客户的需求和期望，同时又与室内设计的目标相符合（表1-1）。

设计师可以用很多术语来描述完成一个项目的设计进程或方法，但是所有的术语和方法的核心都是设计方案的分析和综合。

分析的焦点是发现。分析一个设计项目需要收集信息、理解目标、搜集相关的法规和其他技术资料，全面理解设计难题，确定设计标准。设计师一旦吸收了这些资料，并开始综合处理，便产生设计方案。

像分析阶段一样，综合阶段也需要大量的当代设计思想。设计师发挥想象，针对设计项目做两套、甚至更多的设计方案，然后，设计师回到分析阶段，通过分析选择最佳解决方案并加以改进来满足客户需求。设计师要创造方案、选择方案并通过视觉信息交流的方法进行设计演示以接受客户审查。根据客户反馈的信息，设计师要回到分析阶段，重新思考并设计方案。

设计进程是动态和循环进行的，下面是根据室内设计的进程，设计师通常需要进行的程序和步骤。

1.4.1　客户接洽

最初的客户接触是设计进程中的必不可少的部分，设计师和客户通过最初的接触和交流来找出他们之间的一致性。设计师要对该项目是否适合他们公司的目标市场、时间安排有无问题和工作人员是否有能力承担进行评估。客户要对公司根据客户需要做的最初方案进行评价。客户和设计师要相互认真磋商寻找能合作的理由。最后，设计师确定服务范畴，制定大概的时限和预算，并确定与客户再一次会面的时间。

Shelly Hughes，Hughes | Litton | Godwin 的实际控制人兼创始人，将这项面向客户的工作称为"视觉"。"协作会议可能包括讨论客户所需的形象和美学、财务驱动因素、运营、招聘目标，以及文化方面相关因素。"这对于设计师了解商业客户的企业文化是非常重要的。如目前知名房地产开发商，往往会通过为知名企业定制办公楼来获取未来办公趋势而进行自己房地产项目的设计研发。

一些项目可能包含循证设计（evidence-based design，EBD）。循证设计从前用于医疗保健行业，但也适用于所有设计领域。当应用循证设计时，在联系客户的最初阶段就需要讨论目的和目标。在第2章中详细地讲述了循证设计。

在客户接洽进入尾声的时候，设计师需要给定服务范围，预估项目周期和预算，并草拟合同。

表1-1　设计程序							
	服务范畴						
设计师的术语	客户接洽	信息收集	概念设计 图解设计	设计深化	合同文件	合同履约	满意度回馈
					└─── 投标 ───┘		
设计程序步骤	项目委托	确定问题 收集资料	分析论证 产生观点 头脑风暴	选择和推敲	补充		评价
	◄─────── 分析 ───────►			◄─────────── 综合 ───────────►			

1.4.2 信息收集

在住宅项目中，设计师通常采用私人会晤的方法分析客户的需求。设计师应该和家庭中每一个成员会晤，附录 A 是一个典型的住宅客户信息收集的问卷调查。在公共建筑室内项目中，业主和设备供应商会作为客户与设计师接触，也许会指派一个工作团队与设计师交流。设计师要了解商业客户的公司文化、风格喜好、空间需求和工作内容的相互关系。有规划的信息收集帮助设计师形成对整个项目的设计观点。这方面的更多问题在第 II 部分中论述。

首先，设计师要对目前的状况和需要保留的物品（家具、艺术品等）进行分析整理。家具和艺术品要列出清单并拍照，帮助设计师提取其中的信息。

其次，绘制平面图。有时，客户有由家庭或建造者画的测量图，但设计师应该测量并绘制室内平面图。平面图通常被看做是设计师与客户进行视觉信息交流的第一步。

再次，设计师要查找相应项目的法律法规，如防火规范等，并在必要时开始与其他专家协调。与设计过程的所有阶段一样，设计人员将审核预算和进度并提出变更建议。如果纳入 EBD，设计师还会研究和解释已有案例，并建立与项目范围相关的统计数据，以便为后续的设计决策提供信息。

最后，设计师应该全面综合项目信息，制定《设计概念说明》来概括项目所有的需要。这个工作也许只需要一个下午（例如：如果客户只需要进行一间小浴室的改造），或许需要数个月来完成（例如：为有几百名员工的客户提供商业设计服务）。通常一个设计项目的 5%~15% 的时间花费在信息收集上，而且设计师在进入下一个设计阶段之前，要和客户复查和确认最终形成的文件，并考虑客户反馈的信息。

1.4.3 草图和概念深化

在这个阶段，设计师要确切地表达自己的设计观点，包括项目的特点、功能要求和风格倾向，并且需要得到客户的确认。

（1）空间规划

在为客户做住宅改造设计时，设计师要给客户看平面布置图。首先，说明对新的和原有家具做了哪些布置调整。其次，设计师要向客户提供一些饰面材料和油漆样本，并做美学方面的指导。客户对平面图和需要选购的材料及家具全面理解后，设计师要花数小时陪同客户选择沙发、陈设品和织物。

但是，在公共建筑室内设计项目和定制的住宅项目中，设计师的工作首先要从绘制反映居住个体或部门工作内容和空间需求关系的矩阵图开始（有时称为共生矩阵）（图 1-7A）。然后，绘制逻辑关系图，帮助客户分析空间需要（图 1-7B），气泡逻辑关系图可以引导出空间逻辑形式图，帮助确定房间的流线和布局，形成最终的空间形式（图 1-7C，D）。做多层住宅或高使用率的办公空间的设计时可以绘制功能逻辑分析图（参见设计方案章节），帮助分析每层应该设置哪些部门的房间。

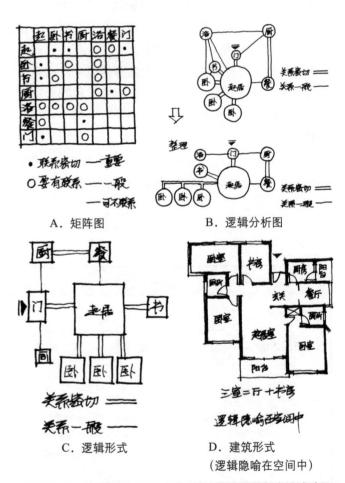

A. 矩阵图　　　　　B. 逻辑分析图

C. 逻辑形式　　　　D. 建筑形式
　　　　　　　　　　（逻辑隐喻在空间中）

图 1-7　这一系列图展示了一个住宅户型平面图的概念设计过程。

由此可以看出，设计师在楼层平面图上反映所有获得的信息，合理规划空间的布局，这一程序就是空间规划。

（2）概念表达

设计师为了帮助客户认识设计的新空间，需要通过一些图表、图样、草图和照片等增加视觉信息的沟通。主要包括项目中的色彩和主要材料的样品、织物和家具的概念性图片，以及设计师三维彩色立体图或透视图等（图1-8）。

（3）设计文件

设计文件主要包括项目相关法律法规、设计意图说明、可持续设计选项和造价概算等（所有这些都会在稍后的章节介绍）。只有这些文件获得客户同意后，设计

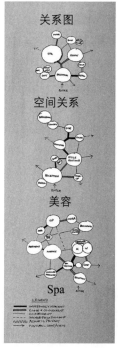

关系图

空间关系

美容

Spa

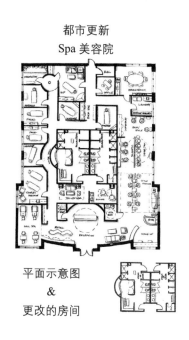

都市更新
Spa 美容院

平面示意图
&
更改的房间

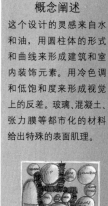

概念阐述

这个设计的灵感来自水和油，用圆柱体的形式和曲线来形成建筑和室内装饰元素。用冷色调和低饱和度来形成视觉上的反差。玻璃、混凝土、张力膜等都市化的材料给出特殊的表面肌理。

气泡图

图1-8 概念深化图纸包括概念意向图、功能关系图、家具概念图和透视草图。目的是为了将空间的感觉传递给客户，并对项目设计方向上达成一致。草图是便于客户对项目的方向进行调整；如果图纸表达过于详细可能会让客户认为他们难以改变方向或降低参与度。所以，用一种可以让客户积极参与的方式，体现共同合作是更好的方法，客户觉得是自己参与创造了最终设计方案的形成。（设计师：Jonalisa M. Kelley. 摄影：Tom Askew）

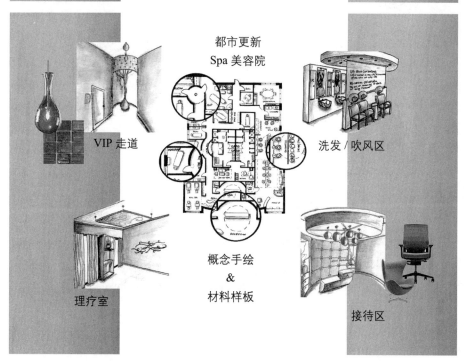

VIP 走道

理疗室

都市更新
Spa 美容院

概念手绘
&
材料样板

洗发 / 吹风区

接待区

师才可以进入下一个设计程序。通常概念设计阶段要用去整个设计阶段 15%～20% 的时间。

1.4.4 设计深化

设计深化阶段是设计过程中一个关键阶段。在这个阶段，设计师首先根据客户在概念设计评估后反馈的信息来确定空间规划和家具布置，并对墙、窗、门、壁炉、楼梯和顶面等重要节点进行细化设计。其次是对家具、艺术品配置图表进行深化，以便将所有的家具、织物、五金件和照明设备选择好并请客户确认。

在这个阶段，全部的资料都要展示给客户。一个小型住宅项目，除平面图外，还包括选用家具的照片，织物、地面墙面材料的样品。如果可能，还需要带客户到商品陈列室或装饰艺术中心去选择。更复杂的住宅项目或公共建筑室内项目通常需要一系列的展板来说明室内空间设计方案（图 1-9），包括：黑白的或彩色的平面图、立面图、透视图；织物和设备的样品；家具、艺术品和附属物的照片；甚至做空间模型，例如入口大厅，或者高耸的天花设计等（图 1-10）。当然，如果采用计算机辅助设计，更能够让客户通过计算机在室内做视觉漫步，有如身临其境（图 1-11）。与之前的设计阶段一样，设计人员始终在预算范围内进行设计，满足安全规范和通

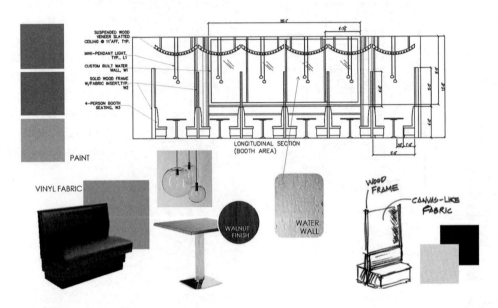

A. FF & E 及立面，餐厅

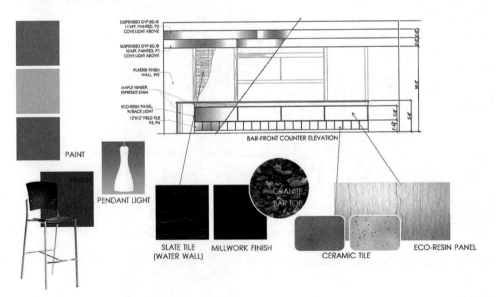

B. FF & E 及立面，吧台区

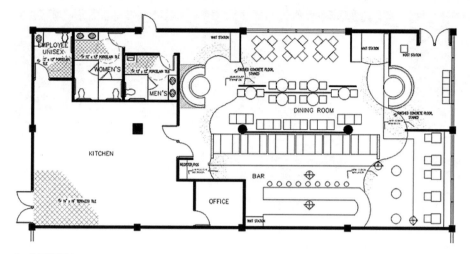

C. 底层平面

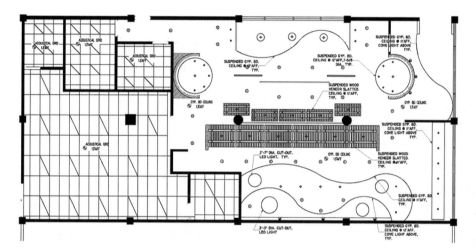

D. 顶棚图

E. 吧台区透视图

图 1-9　对于该项目的设计深化阶段，设计师准备了电子演示文稿。客户希望开设一家墨西哥餐厅，并要求根据墨西哥城市景观进行设计。图 C 是平面方案图；图 D 是顶棚图，其中包括照明位置、灯具类型以及天花的标高和形状的变化；图 A 给出了隔间区域的标高，以及饰面和织物的示意图；图 B 为吧台设计及其表面装饰的可能性；图 E 是隔间和吧台的透视图。（设计师：Kristen McKey）

图 1-10　在这个设计深化演示中，设计师们作为一个团队，以展板、模型和 PPT 等多媒体的演示手段向客户展示了他们对这个多层建筑的构想。他们还向客户提供了方案手册，其中包括先前的信息收集和概念深化、最新的场地规划、平面图和预算。重要的是要把演讲现场照明聚焦在项目而不是演讲人身上，以提高客户的关注度。（设计师：GTTO. 摄影：Mark A. Taylor）

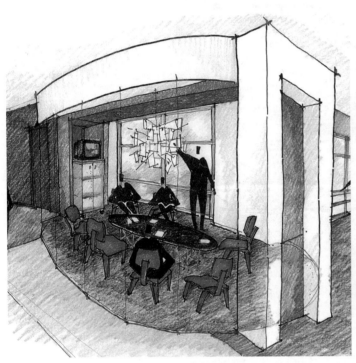

A

B

图 1-11　A 图是计算机生成的联合办公公共空间，B 图是完成后的实景照片。（建筑设计：Thompson，Ventulett，Stainback & Associates，Inc. 设计师：TVS Interiors. 摄影：Brian Gassel）

用设计的要求。在客户批准设计之前，不进行任何施工。这个阶段约占用整个项目 25%～30% 的时间。

1.4.5　合同文件

　　在这个阶段，设计师要把前面各设计阶段客户所确认的内容用图纸文件表达。设计师不仅要将平面图、立面图、构造详图等设计图提供给建筑师或相关机构进行沟通，同时还要和电气、设备、结构等方面的专业人员合作，对设计进行技术方面的综合考虑。

　　针对具体项目，独立住宅合同文件仅仅签订家具、织物和其他需要向商家购买或安装的购买清单。而大型住宅项目或公共建筑室内项目，设计师首先要深化平面图、立面图、构造详图等，并且要清楚注明材料规格，这些设计图纸是竞标的依据。其次，设计师还要提供所有家具和不依附于建筑物的、可移动的工程配套产品的说明书，以供经销商竞标。所有这些文件统一汇总后，进行审查通过，合同文件阶段才完成。一旦投标被受理、审查并通过，那么合同文件阶段就完成了。这个阶段既严谨又很重要，它大约用去整个设计阶段30%～50%的时间。如果为预算做的这些准备是充分和有效的，投标结果就会和预算相符。然而，设计师也必须做好材料、设备可替换的准备，因为客户有时会喜欢超出预算购买高档的材料和设备。

1.4.6 合同履约

合同履约是影响项目完成度的关键阶段，设计方案将变成现实，需要完全按照合同文件规定的条款执行。

对于小型住宅项目，设计师只需发出产品订单，并监督运输和安装过程。对于大型项目，设计师要定期地视察工程现场，以证实在按图施工，并且有计划地实施；界面施工完成后，设计师还要监督家具、陈设和灯具的安装；最后，设计师准备"穿孔一览表"，对没有完成或需要整改的所有项目进行标示；项目完成后余款才能付给承包商。这个阶段要花去整个设计阶段5%～15%的时间。

1.4.7 满意度反馈

在设计的最后阶段，设计师与客户要对设计方案的有效性进行评估，设计师可以与客户面谈，了解他们对于新的室内空间的满意度，也可以拍摄照片分析设计结果。这种用户满意度和用户—环境适应度的评估方法，对项目作出改进并为将来的项目设计提高和积累专业知识提供了机会。

在循证设计（EBD）项目中，要对采用EBD概念和目标进行测评。这些测评基于预设的目标和基础测评值。然后，这些结果将被分析并与客户共享。这些结果也应该公布，以便其他人可以从过程中学习。

综上，美国国家室内设计资格认证委员会（NCIDQ）给出了关于室内设计定义的解释：室内设计进程要运用系统方法和协作方法，在设计创作过程中，通过信息资料的研究、分析和综合以产生宜人的室内环境；同时，设计师在设计创作中把握设计进程的各个阶段，以确保室内空间不仅满足客户的需要，而且利于项目成功。

信息流需要在设计的每个阶段保持连续，贯穿于设计过程中。当然，为了计费和教育目的，建立单独的类别会更简单，不过这些类别会在实践中阶段性合并。例如，在住宅设计中，客户可以和设计师一起去采购。在采购途中，可以同时完成商品的选择、规格和购买（对应于设计深化，合同文件和合同管理阶段）。在这种情况下，重要的是要注意设计师在购买之前已经帮助客户完成了信息收集和概念阶段（对应于分析和初始设计）。本章末尾的设计案例为一个成功的商业设计项目。

相关链接
设计过程的进一步分析 www.iida.org/i4a/pages/index.cfm?pageid=379
施工规范研究所相关信息 www.csinet.org/Functional-Menu-Category/About-CSI.aspx

1.5 室内设计职业说明

随着高品质的建筑、产品和配套设施等需求的增加，室内设计师的设计创作机会越来越多。如果以设计作为职业，设计师可以有多种多样的选择，包括住宅设计、公共建筑设计、产品设计或其他相关的设计专业。但不变的宗旨就是：设计师是为满足业主需求而解决问题的人，不是自身独立施展个性的行为。

1.5.1 住宅室内设计

住宅设计是指私人居住空间的设计，包括独立住宅、公寓、可移动的住宅，以及租赁的房屋（图1-12）。具体设计类型为：厨房设计、浴室设计、灯光布置、房屋的修复改建，甚至包括为特殊人群，如老人、儿童或残疾人使用的住房提供设计。住宅设计师通常与他们的客户——空间的最终使用者密切合作，共同创造个性化的居住环境。

1.5.2 公共建筑室内设计

公共建筑室内设计在美国称作商业建筑室内设计，是指非住宅项目设计，包括所有非住宅类的各种室内设计，主要有办公建筑、商业建筑、医疗护理建筑，以及监禁场所。这一类型设计最初称为合约设计，主要原因是公共建筑室内装修所有部件等是通过合同采购的，而不像住宅装修采用的材料部件是通过零售的方式购买的，而且这一类建筑设计要符合有关法律法规的要求，

图 1-12 定制的桃花心木门给这个室内空间增加了韵味，设计师营造的环境强调了使用者的绘画收藏品和装饰艺术品。（设计师：BRITO Design Studio. 摄影：Brian Gassel. 摘自《亚特兰大家居和生活方式》）

表 1-2 公共建筑设计的类型	
主要专业领域	
办公空间设计	包括大量的空间规划和设计，从小到大的公司办公环境。
健康护理中心设计	包括医院、诊所、养老院、残疾人和老年人保健机构、医生办公室（图 1-13）。老年人保健中心把这些特殊需求和酒店空间的设计相融合，成为当下受欢迎的新趋势。
餐饮酒店空间设计	包括酒店、汽车旅馆、餐厅、度假村、酒吧和饭店。
公共机构设计	包括政府建筑例如法院、大会堂、图书馆、博物馆，也包括各种教育机构例如大学、中学和小学。
卖场设计	包括大型购物中心、超市、小商店、展览室。设计师必须能够把商品以合适的方式陈列在各种各样的环境中。
次要专业领域	
娱乐空间设计	包括剧院、音乐厅、会堂、会展中心。
金融机构空间设计	包括银行、股票交易中心、信贷联盟、储蓄和贷款机构。
工业建筑空间设计	包括货栈、工厂、实验室、车间、制造工厂。
运动健身空间设计	包括健康和 SPA 中心、游泳馆、保龄球馆，以及其他的体育运动机构。
交通运输空间设计	包括机场、火车站、地铁、轮船和飞机内部，以及收费站、监控中心等其他交通运输的服务机构。

相关链接

室内设计专业 www.careersininteriordesign.com/interior_disciplines.html

如必须严格遵守防火和安全规范，表面材料、织物、家具与陈设等必须不危及公众的健康、安全和利益等。

公共建筑室内设计的机会很多，表 1-2 列举了几种公共建筑设计的类型，并为每个空间配有简短说明，所以公共建筑室内设计要为各种各样的客户工作，有些客户有可能不是最终的使用者。例如，从事饭店设计的设计师可能会和投资方、开发商和管理方会谈，来了解各方对环境的需求。而餐饮空间，设计师最终却是为客户的客户——将在餐厅用餐的顾客做设计（图 1-13）。

另外要说明，工业、交通、信息技术、娱乐、政府机构等领域，都是具有挑战性的设计项目。

当然，设计师也可以选择一个特定的领域或设计阶段作为职业。如音响与影视设计，展览展示设计，样板房设计，绿色设计；橱柜与系统家具设计；一些设计师可以把布料和窗帘的选择，或其他的家具与陈设的选用（例如：地面和墙面的覆面材料的选用）作为重点，提供咨询服务；甚至有些设计师可能会发现他们有非常强的销售技巧，可以像销售代表一样工作；特别要强调的是，产品设计是一个特别需要有创造思想的领域，纺织品、墙面和地面材料、家具、灯具和五金件都是产品设计师创造的用于室内空间的重要设计元素。

图1-13　在医疗环境设计中，对生活品质的敏感度是最重要的因素。一个对生理和心理需求能够有互动的环境，会让患者痊愈得更快。在迪拜购物中心的医疗中心接待大厅里，大理石地面、沉静的帷幔和带LED照明的天花等元素，使这个5574m²的医疗中心为患者带来了宁静和舒适。（设计公司：NBBJ；摄影：Tim Griffith）

此外在工业、制造业、运输业、通讯业、娱乐业，以及政府部门监督管理方面，会涉及设计行业的长期规划和技术研发，这对于设计的专业能力很重要。表1-3列举了设计行业相关的职业。

1.6　相关职业

室内设计师必须与建筑和工业设计等方面的专业人员建立密切的工作关系，增强彼此的交流与合作，并形成设计团队，密切协作。

（1）建筑师

建筑师通常设计建筑外观和内部空间构成，并在结构和机械设备方面给出建议，直接为客户工作。建筑师和室内设计师通常在室内非承重构造方面合作，但不排除建筑师对室内设计中涉及建筑结构方面内容的监督。

相关链接
美国建筑师协会 www.aia.org

表1-3　设计行业相关的职业	
历史建筑改造设计师	为历史建筑的修复和重建工作的人员。
买家	为家具、部门或者商家选购商品的人员。
色彩咨询师	帮助客户解决居住空间或者非居住空间设计中色彩相关问题的人员。
媒体设计人员	以报纸、杂志或出版为商机解决各种各样内部设计问题的人员。
绘图员	为建筑师、设计师、建造师、陈设与配饰制造商绘制精确设计图的人员，通常采用计算机绘图。
教育工作者	在获得较高的学位以后，在大学或者学院从事设计教育工作的人员。
物业管理人员	为公司服务，解决空间和设备使用等问题的人员。
纯艺术和配饰设计师	为个人或者公司选择和购买艺术品和配饰的人员。
历史建筑保护设计师	对历史建筑进行维修和保护，使其保持历史原貌的人员。
照明专家	在设计过程中进行照明规划设计的人员。
采购代理	按照设计师的要求制定订单、协调关系、组织安装的人员。
三维渲染人员	为室内空间制作三维的效果图，表达设计师的设计意图和理念的人员。
展示设计师或舞美师	为电视台、影剧院和影视公司工作，或者为家具公司、广告制造商进行展示设计的人员。
绿色设计顾问	帮助设计师或者业主选择材料，确保环境的可持续性的人员。
无障碍环境设计师	专为老年人或者残疾人士进行空间设计的人员。

（2）工程师

工程师与建筑师、设计师共同工作，为建筑绘制电气施工图、给排水和煤气管道施工图、采暖和通风工程图，以及弱电系统图和点位图。与工程师工作时，设计师要确保设计方案与工程师的技术限定相符合。

（3）总承包公司

总承包公司通常控制整个建造过程，协调和其他合作专业团队的工作。

相关链接

美国总包商协会 www.agc.org

美国国家建设业妇女协会 www.nawic.org

（4）平面设计师

在公共建筑室内设计中，平面设计师通常进行标识系统、产品包装，以及宣传册、菜单等设计。

相关链接

美国平面艺术研究所 www.aiga.org

平面设计协会国际委员会 www.icograda.org

（5）景观设计师

设计过程也包括景观设计师的参与，因为他们要参与最初的选址。景观设计师、建筑师交流可能会影响建筑造型和平面布局。在合同文件阶段，景观设计师要提供涉及水、可能的污染、植被等环境问题的确切方案。

相关链接

美国景观设计师协会 http://asla.org

本章小结

从 19 世纪末到 20 世纪初，室内设计已经从工业化大生产中突显出来，成为新兴的职业。正如美国国家室内设计资格认证委员会（NCIDQ）所阐述的，室内设计职业已经发展成包含社会责任、生活秩序、公共关系和市场机会的职业。因此，职业室内设计师的组织积极支持美国国家室内设计资格认证委员会（NCIDQ）的工作。例如美国室内设计师协会（ASID）和国际室内设计联盟（IIDA）规定只有通过美国国家室内设计资格认证委员会（NCIDQ）考试，才能成为协会会员。

设计师能够成功解决在室内环境设计中遇到的诸多方面问题，主要是依靠明确的设计目标：功能和人的因素、美学、经济学和生态学。在具体设计时，认真分析每一个设计项目所需的全部信息资料并进行综合分析，有利于产生合适的设计方案，可以推进设计进度，拓展服务范畴。设计过程中的每一个阶段是环环相扣的，每一阶段都可能产生客户需要的创造性的设计方案，当然，这些阶段都要考虑到低碳经济与可持续发展的问题。最后，只有相关设计职业共同合作，相互交流，才能创造成功的室内环境。

项目概述

一家财富 500 强公司聘用 Hughes | Litton | Godwin 公司，完成的工作场所研究实现了项目多个目标：

- 创建工作场所来吸引"Y"世代；
- 改善部门间的交流和协同工作；
- 促进开放的协同办公环境。
- 通过调整每个办公位的面积数来实现增长；
- 消除重复的办公辅助空间；
- 通过灵活的工作计划获得员工的认可；
- 确定哪些员工可以共用办公位；
- 通过削减、整合办公空间来降低办公室租赁成本；
- 制定计划，以降低因建设和搬迁而产生的成本。

Hughes | Litton | Godwin 的互动方法包括使用研究小组获取关键信息并建立共识，其目的是以此鼓励员工的能动性。

信息收集

图 DS1-1 至图 DS1-3 给出了研究小组会议的总体结果。Hughes | Litton | Godwin 开发了一系列工作模块，每种模块都对应了最终用户的某种工作类型。在研究小组会议上，就这些工作模块进行了讨论，并用于制定员工需求的标准。图 DS1-1 和下表显示了设计中最需要进行设计的十大工作模块。

前十个工作模块及其需求		
#1	独立工作	18
#2	面对面的小组交流	12
#3	小组网络交流	15
#4	灵活的办公安排	6
#5	个人工作空间	14
#6	创造发明	10
#7	私密会谈	7
#8	思考空间	9
#9	文化、社会性交流	8
#10	多样化的办公空间	13

#1

#2

#3

#4

#5

#6

#7

#8

#9

#10

Hughes | Litton | Godwin　a Design Partnership

图 DS1-1　信息收集阶段：研究小组得出的所有部门的前十个工作模块。工作模块分析是 Hughes | Litton | Godwin 公司的一种设计方法，用于定义员工的需求，通过这些图表呈现给客户。（建筑师 / 室内设计师：Hughes|Litton|Godwin）

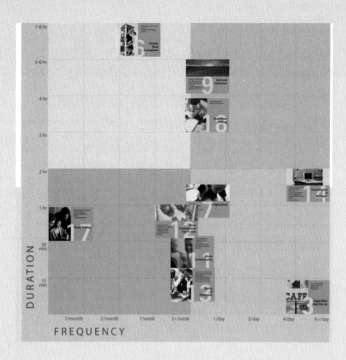

图 DS1-2 以坐标图的形式定义了使用客户服务部门的工作模块，此图还显示了每个特定工作区块的使用频率和使用时间。图 DS1-3 汇总了项目二层的单位面积与需求。

图 DS1-2　信息收集阶段：根据工作模块分析每个部门的需求。然后客户服务部门为例，将这些内容放置到坐标图的相应位置中。该图表首先说明了工作的频率与其持续时间的关系。其他的图表用来说明工作模块与公司发展之间的关系。（建筑师 / 室内设计师：Hughes|Litton|Godwin）

图 DS1-3　信息收集阶段：二楼预计单位面积与需求的汇总表。（建筑师 / 室内设计师：Hughes | Litton | Godwin）

Fortune 500 Consumer Product Company, 2nd Floor Bldg. 100　*Space Planning Program*

50% circulation factor

Description	Current			Growth			Work space	Square Ft.	Total Square Ft.	Comments/Requirements
	office	ws	other	office	ws	other				
A) Staff										
Executive										
President	1						11'-6" × 12'	138	138	
Vice President	1						11'-6" × 12'	138	138	Adjacent to President's office
Admin. Assistant		1					11'-6" × 12'	138	138	Supports President & Vice President
Subtotal	2	1	0	0	0	0			414	
Circulation									207	
Total	2	1	0	0	0	0			621	
Staff										
Director	8						11'-6" × 12'	138	1,104	
Staff		66			4		6' × 8'	48	3,360	
HR	1						11'-6" × 12'	138	138	Located in Main Lobby
Subtotal	9	66	0	0	4	0			4,602	
Circulation									2,301	
Total	9	66	0	0	4	0			6,903	
Total Staff	11	67	0	0	4	0			5,016	
Circulation									2,508	
Total Area A:	**11**	**67**	**0**	**0**	**4**	**0**			**7,524**	
B) Support Spaces										
Lobby/Security	1						30' × 30'	900	900	Includes (1) Security Desk, (1) Security Photo Room & (4) Guest Lounge Chairs
HR Waiting Room	1						10'-6 × 6'	2 people	63	63	Located adjacent to HR office
Conference Room	1						15' × 40'	16 people	600	600	Projector, Projection Screen, Whiteboard & AV Closet
Existing Conference Room	1						19'-6" × 29'-6"	16 people	575	575	Update finishes only
Conference Room	2						10' × 14'	6 people	128	256	Locate in Lobby
Huddle	6						11'-6" × 12'	4 people	138	828	Wall mounted TV
Huddle	1						11'-6" × 18'	8 people	207	207	Wall mounted TV
Library	1						11'-6" × 12'	4 people	138	138	Tablet Arm Seating
Phone Rooms	7						5' × 6'	1 person	30	210	Sound attenuation
Executive Coffee	1						6' × 11'		66	66	Locate near Executive Admin. Assistant
Breakroom	1						11' × 28'		308	308	Locate adjacent to Collaborative Area. Include (2) Ref, (1) Icemaker, (1) Coffee, (2) Microwave & (1) Double Sink. Interchangeable product display
Collaborative Area	1						25' × 30'	10-12 people	750	750	Include variety of seating options, wall mounted TV & conferencing.
Touchdown Area	1						10' × 15'-6"	4 people	155	155	Locate adjacent to Collaborative Area.
Mail/Copy	2						10' × 18'		180	360	Design as a pass through
Existing AV Closet	1						10'-6" +/- × 24'-6"		189	189	Existing finishes to remain
AV Closet	1						5' × 12'		60	60	Located in 16 person conference room.
Supply	1						10' × 17'-6"		175	175	Secure storage, recorrds
Subtotal B									4,877	
Circulation									2,439	
Total Area B:									**7,316**	
Total Space Requirements									**14,840**	**USF**　Available SF - 18, 980 USF
Total workspaces	82	*(including growth)*						Total usf/person =		181

26　■　Ⅰ 导　论

概念 / 草图阶段

在与客户共享收集到的信息之后，甲方对设计公司的需求分析工作表示满意，并聘请 Hughes | Litton | Godwin 公司继续进行设施改造工作，以满足甲方的需求和目标。图 DS1-4 是第三层和第四层的平面概念手绘示意图。图 DS1-5 是开放式办公区域的初步设计。设计公司还与客户分享了初步的 FF & E 选择。

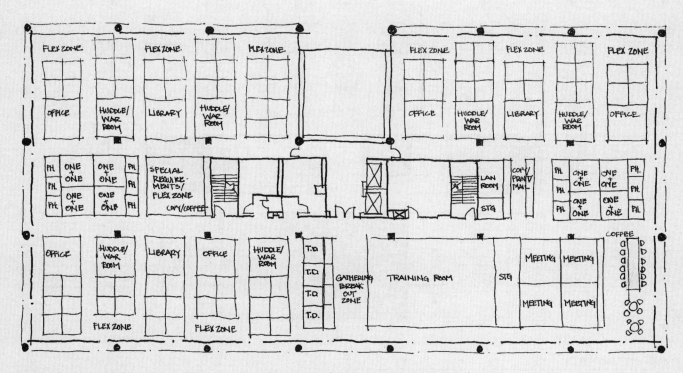

图 DS1-4 第三层和第四层的平面示意图。（建筑师 / 室内设计师：Hughes|Litton|Godwin）

图 DS1-5 开放式办公单元的示意图。（建筑师 / 室内设计师：Hughes|Litton|Godwin）

设计深化

根据客户对概念设计的反馈和认可，Hughes | Litton | Godwin 公司继续完善设计方案，并选择饰面和家具的样板，同时设计节点大样和标高。设计深化的演示文件包括以色彩标出主要工作空间（图 DS1-6）的彩色 CAD 平面图和计算机生成的透视图和渲染图（图 DS1-7 和图 DS1-8）。

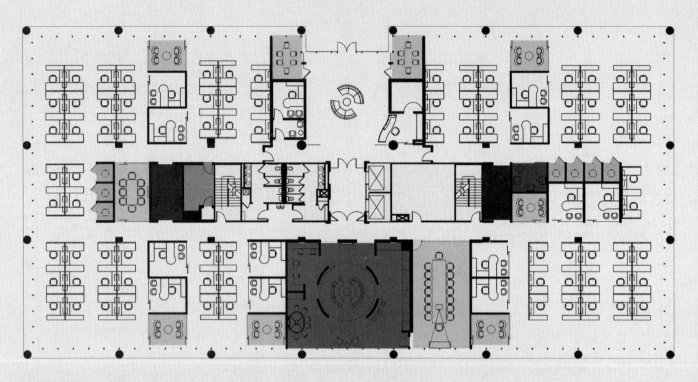

标准工作空间平面图

▉ 会议区　　▉ 电话间　　▉ 公共储藏间

▉ 交流区　　▉ 图书馆　　▉ 打印间

图 DS1-6　设计深化阶段：计算机生成的标准工作空间平面图。（建筑师 / 室内设计师：Hughes|Litton|Godwin）

图 DS1-7　设计深化阶段：开放式办公区域的透视图。（建筑师 / 室内设计师：Hughes|Litton|Godwin）

图 DS1-8　设计深化阶段：休息区的透视图。（建筑师 / 室内设计师：Hughes|Litton|Godwin）

合同履约

在合同文件阶段，Hughes | Litton | Godwin 公司制作了大量的施工图纸和建筑及家具规格图。图 DS1-9 选取了二楼的强、弱电施工图，图 DS1-10 包括电梯大厅和休息区的尺寸详图和天花图，图 DS1-11 是接待台详图。图 DS1-12 至图 DS1-14 显示了已完成的空间，包括休息区，开放式办公室的一部分和等候区。

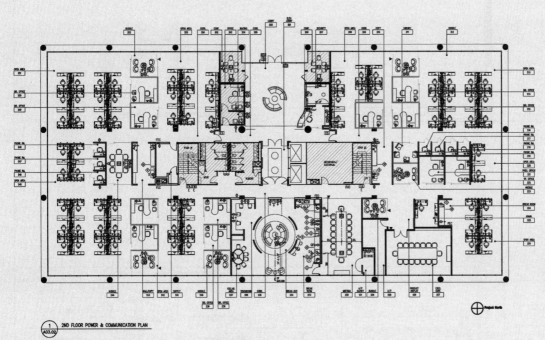

图 DS1-9 施工图：二楼强、弱电布局。（建筑师/室内设计师：Hughes|Litton|Godwin）

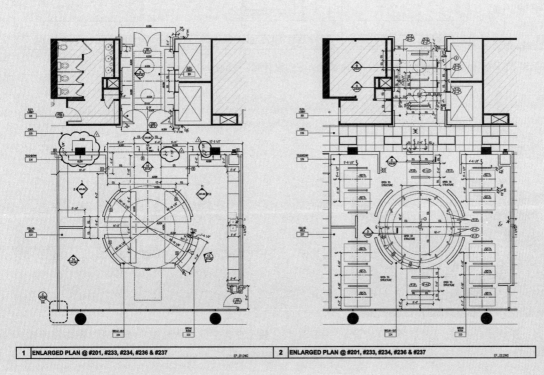

图 DS1-10 施工图：电梯大厅和休息区的详图。左图为施工尺寸图；右图为天花布置图。（建筑师/室内设计师：Hughes|Litton|Godwin）

竣工交付空间

图 DS1-12 至图 DS1-14 显示了完工后的空间，包括休息区，开放式办公室的一部分和等候区，关键是设计深化图（图 DS1-8 和图 DS1-9）要清楚地反映最终空间的效果。

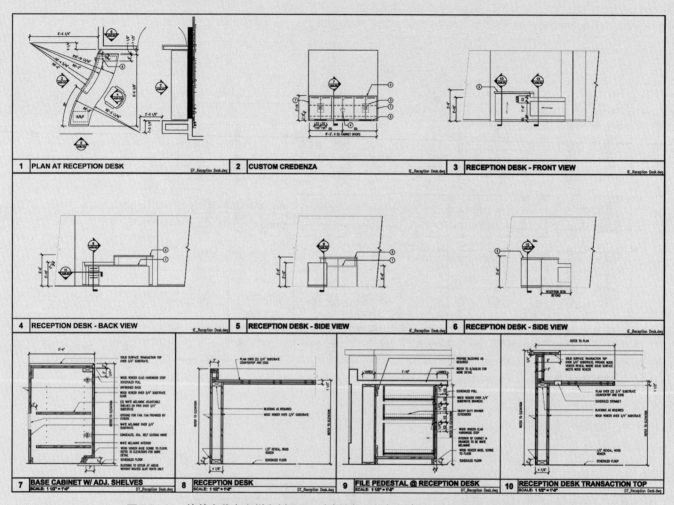

图 DS1-11　接待台节点大样和剖面图。（建筑师 / 室内设计师：Hughes|Litton|Godwin）

图 DS1-12　竣工交付空间：开放式办公室。（建筑师 / 室内设计师：Hughes|Litton|Godwin）

图 DS1-13　竣工交付空间：休息区。（建筑师 / 室内设计师：Hughes|Litton|Godwin）

图 DS1-14　竣工交付空间：等候区。(建筑师 / 室内设计师：Hughes|Litton|Godwin)

第2章

设计的价值：健康、安全、幸福

←

图 2-1　优秀员工是公司最宝贵的资产，一个好公司在吸引新员工的同时更会留住他们的老员工。依据上图这个空间的设计师的说法，对客户而言"员工的幸福感至关重要"。舒适的椅子、带有电脑接口的高度可调节办公桌、防止屏幕出现眩光的顶光照明，绚丽的色彩和动感的形式，使得室内设计更加生动。设置明确的出口指示牌是所有建筑物的安全要求。(建筑设计 / 室内设计：Jova/Daniels/Busby；摄影：David Schilling)

如第 1 章所述，室内设计的三个总体目标是：功能和人的因素、美学、经济学和生态学。本章将详细介绍室内设计的内在价值：居住者健康、安全和幸福（人的因素），以及室内设计与环境可持续性（生态学）的关系。虽然美学在室内设计中起着至关重要的作用，但如果居民的需求和幸福得不到满足，那么再吸引人的室内设计都只是形式而已。同样，如果产品和设计方案对环境产生负面影响，或者对居住者的健康和安全产生了问题，那么室内设计就缺乏系统性。

2.1 健康、安全、幸福

由于室内设计影响公众的健康、安全和幸福，因此美国许多州都对室内设计有专业监管，要求室内设计师拥有专业资质。室内设计中的许多因素都影响用户的健康和安全，包括但不限于：影响室内空气质量的材料质量（IAQ）、照明充足且不会产生眩光、安全通道尺寸适当、选择符合静摩擦系数的材料表面，以及满足消防疏散和防火规范等。幸福，通常被定义为健康和良好的状态，表明了使用者的身心健康（图 2-1）。室内设计不仅要满足客户的功能需求，还必须满足舒适性和安全性的需求，同时要创造一种场所感。

2.1.1 本土意识

原著第 11 版封面选取的照片（图 2-2）来自卢旺达

图 2-2 尼永圭森林小屋

的尼永圭森林小屋（Nyungwe Forest Lodge），照片拍出了这个小屋的场所感。这个森林小屋毗邻的尼永圭国家公园是一片鸟类、猴子和珍稀大猩猩生息繁衍的热带雨林，小屋的设计旨在反映当地文化和环境的精神与特征。

小屋位于相邻的吉斯喀拉茶园（Gisakura Tea Plantation）。主屋坚实且低至地面，反映了它与土地的连接；套房在另一边，靠近热带雨林的边缘，高耸在木桩上。这些轻量级的建筑让客人可以看到森林并被森林环绕。

小屋尽可能地采用了可持续建筑的技术。在装饰和设计元素中可以看到当地的材料、图案和色彩。本地工匠完成了大部分室内艺术品，包括由 Keith Mehner 设计并由 Ikhaya Design 制造的"茶球"吊灯。

设计师对真正的卢旺达本土文化很敏感，并避免了殖民地色彩；同时，他们根据卢旺达民间传统和习俗开发了现代设计。这个项目的设计师 Keith Mehner 和建筑师 Mark Treon，认识到需要创造这种本土意识，因为卢旺达致力于推广其本土的文化并掩盖其黯淡的过去。封面上的图像位于主屋中，称为茶室。

相关链接

尼永圭森林小屋 www.nyungweforestlodge.com

2.2 室内环境理论：为什么我们需要构筑环境

居所是人类的主要需求。小汤姆·布朗（Tom Brown, Jr.），一位关于荒野生存的权威作家，解释了人类的 4 个主要需求，依次是：居所、水、火和食物。没水的话我们能活几天？没有食物还能多坚持几天？但如果缺乏合适的居所，在严峻的条件下可能我们几个小时内就会丧命。

2.2.1 马斯洛需求

对居所的需求是与生俱来的。心理学家亚伯拉罕·马斯洛（Abraham Maslow）提出了人类需求的层次理论（图 2-3）。根据他的理论，只有当我们最基本的需求得到满足时，才能进入到下一级需求。在马斯洛的人类需求水平上，"居所"处于需求金字塔的最底层，只是生理需求的一部分。在需求金字塔的第二层，居所仍有其位，因为人需要安全和保护。需求金字塔的第三层解决

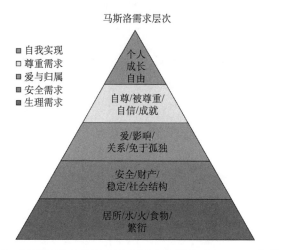

马斯洛需求层次

■ 自我实现
□ 尊重需求
▨ 爱与归属
▨ 安全需求
■ 生理需求

个人
成长
自由

自尊/被尊重/
自信/成就

爱/影响/
关系/免于孤独

安全/财产/
稳定/社会结构

居所/水/火/食物/
繁衍

图2-3 马斯洛的人类需求层次以金字塔形式表示。马斯洛的理论认为，在个人进入下一级需求之前，必须满足较低层次的需求，即基础需求。

了爱与归属的需要，第四层解决了被尊重的需要，而周遭环境都会促进爱与归属以及被尊重。需求金字塔的第五层是自我实现的需求，在这一层面，往往会通过参与到艺术行为中来实现。

2.2.2 个人空间的社区：家庭和舒适

早期人类发现或创造了庇护所，以满足生理需求中最基本的需求；后来，人们发明了简单的建筑结构。当低层次的生理需求被满足后，宗教和政治类建筑的建设就被社会提上了日程，这类建筑被赋予提供心灵港湾和构建社会秩序的意义。这与人类的下一个需求水平相当：安全和保障。这些宗教和政治类建筑之后是商业建筑；之后乡村和城镇发展起来，成为有社会属性地方，满足了归属的需要（马斯洛需求的第三级）。这些结构还为统治者、所有者和建筑师提供了实现地位的手段，从而满足了第四级的被尊重的需求。马斯洛的需求层次结构反映在建筑环境的演变中，如图2-4所示。

在儿童建构环境的努力中，人们可以看到定义自己空间的愿望被最好地实现——找到他们可以称为自己的安全岛的空间。当我们成年的时候，我们把寻求创造自己的舒适和家庭的愿望将延续下去。在《家》一书中，韦托德（Witold Rybczynski）写到：（家是）一个创意的发展简史，这个创意就是"舒适"。尽管舒适性的发展经历了希腊、罗马、荷兰和法国的影响，但韦托德却对英国乔治王时期 [Georgian England，译者注：指英国乔治一世到四世时期 (1714—1830)，前承斯图尔特王朝，下启

维多利亚时代，瓦特蒸汽机开启工业革命的年代] 的舒适感赞不绝口："那时，多亏经济、社会条件和民族性欢聚一堂，它繁盛了。"他进一步指出，乔治王时期英国人对"家"的意义也在构筑。乡村对于生性独立的英国人来说是一笔财富，他们骄傲于拥有乡间财富并在那里获得了他们所渴望的隐私。那时的英国人被说成是："在伦敦有房子（houses），但他们的家 (homes) 在乡下。"

在乔治王时期的浪漫主义运动（Romantic Movement）的很多重要的文学作品中找到当时的艺术发展和个人成就。这一运动反映了当时人们对回归自然和人性的需要。它允许思想和精神的自由，这就是马斯洛需求的第5级——自我实现。

对个人空间的需求和愿望，即一个被称为"家"（任何语言）的空间，是任何文化中共有的。以下关于家庭个人意义的引述来自两个人，一个是美国人，另一个是日本人。虽然从日语英语互译过程中明显地确定出哪个例子属于哪个人，但相同点同样明显：

（1）个例一

我仍然相信家是温暖舒适的空间，感觉像母亲的臂弯……之前我只是简单地认为家是一个我们可以放松的地方，但我从未深入思考为什么人们可以在家里放松或感到舒适。人们会有不同的理由感到舒服，人们感觉到舒服是因为他们感受到隐私、家庭或安全。我们大多数人都有自己的私人房间，有自己的时间。每个家都有起居室用来与家人聚会，享受欢乐时光。我们相信家是一个安全的地方。

我可以在家里放松，因为我知道家是安全的。因为我相信并信任我的家人，他们给我平静的感觉，在家里感到舒适。因此，我可以放松、睡觉、感觉舒适而不用担心任何事情……因为在家感觉舒适的所有理由都会促使我回家。我相信家是我们可以回归并感到舒适的地方。

（2）个例二

我的家对我来说意味着很多东西。对我来说是一个关于传统和家庭的地方。这是我每天回来时的庇护所，也是每天微笑着送我出发的地方。这是一个让我放松、拥有隐私，并真正属于我自己的地方。它承载着我结婚、孩子们迈出第一步和第一次摔倒、感恩节家庭团聚时的回忆，也是我们度假后总是赶回去的地方。家调动了我各种感官。我喜欢听到女儿的笑声、

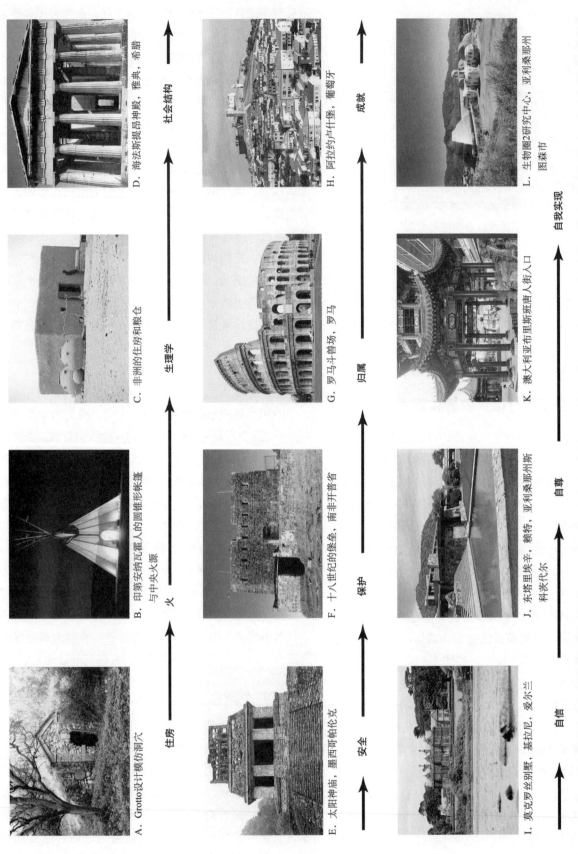

图 2-4　马斯洛需求层次在建筑环境中的应用。（A: Geoff Dann © Dorling Kindersley; B: Demetrio Carrasco © Dorling Kindersley; C: Christopher and Sally Gable © Dorling Kindersley; F: Shaen Adey © Dorling Kindersley; G: Mike Dunning © Dorling Kindersley; H: Paul Harris © Dorling Kindersley; I: Joe Cornish © Dorling Kindersley; J and L: Alan Keohane © Dorling Kindersley; K: Rob Reichenfeld © Dorling Kindersley)

弹钢琴声、特别是开动洗碗机的声音。家总有一种我熟悉的味道。在视觉上，它是我可以创造并展示我们喜欢的家具和艺术品的地方。上床盖上鸭绒被的感觉也是想家的一个部分。

在我生命的不同时期，家在不同的地方。从与父母一起成长，毕业后离开爸妈家，最后结婚成家，家都各有不同。虽然家的位置变了，但舒适的概念随我一同转入到新家。我希望房屋和家庭的传统也意味着我的丈夫和我坐在摇椅中，和我们的子孙同乐，这种感觉也成为他们家庭的传承。我想不出任何比家更好的地方。

2.2.3 社会集体价值观

在《建筑环境》（The Built Environment）一书中，温蒂·麦库尔（Wendy McClure）和汤姆·巴图斯卡（Tom Bartuska）根据劳伦斯·科尔伯格（Lawrence Kohlberg）的六个道德发展阶段讨论了人类价值驱动的需求。科尔伯格的研究表明，道德行为是基于道德推理的。他将道德推理分为三个水平六个阶段，如下：

（1）第一个水平：前习俗水平

阶段1 服从和惩罚取向。行为是基于权威人物的力量和不受惩罚的愿望。

阶段2 个人化或自我利益导向。行为是基于个人利益或个人获得的奖励。

（2）第二个水平：习俗水平

阶段3 人际关系。行为是基于希望获得他人的赞许。

阶段4 遵守法律或社会秩序。行为是基于一个人的责任感和避免负罪感的愿望。

（3）第三个水平：后习俗水平

阶段5 个人权利和社会契约。行为是基于心中有他人和真正利他的愿望。

阶段6 普遍的道德原则。行为是由良心引导的。在道德发展阶段5，一个人的道德行为是由社会平等——通用设计驱动的。在普遍伦理原则的最高阶段，行为需要环境意识。社会集体价值观展现了我们对特殊人群的需求以及我们对文化和全球环境重要性的新认识和欣赏。

相关链接
W. C. Crain 著《发展理论》（1985，培生出版社）第118-136页：
http://faculty.plts.edu/gpence/html/kohlberg.htm

2.3 历史保护

历史保护的应用是展现社会人类价值观集体水平的一个很好的例子。历史保护即认识到延续社区文化遗产的重要性，以丰富生活质量和社区多样性。根据历史保护咨询委员会的说法，支持保留保护的原因各不相同。

- 有些人希望有一种切实的永久性和社区感，而其他人则希望以直接和有个人意义的方式了解和接受美国的遗产。
- 认识到历史保护往往与经济成功相关是一个重要原因，因为许多人认为保护历史街区、遗址、建筑物、结构和物件可以提高他们的生活质量，为他们生活和工作的环境增加文化景观的多样性和质感（图 2-5）。

正是因为群众这种高度的响应，公众对历史保护的支持从底层开始蓬勃发展，使其在最真实的意义上成为草根运动，而不仅是一个政府计划。

2.3.1 基层发展

保护美国文化遗产的需要始于19世纪的草根运动，并继续在社区层面取得最有效的成果。保存下来的第一批建筑物之一是乔治·华盛顿的故居——弗农山（Mount Vernon）。弗农山女士协会（The Mount Vernon Ladies Association）成立后，筹集资金用于购买和恢复19世纪80年代的房屋，该协会还负责华盛顿故居的房屋保护和观光。

在20世纪之前，美国人开始认识到需要保护其国宝。大片土地被划为国家公园（这是美国人发展出的观念），国家古迹和历史遗址。1914年，国家公园管理局（the National Park Service）成立，以管理这些国家公园并规划未来的收购。在整个20世纪初期，许多房屋和建筑物被保存和修复，用作博物馆来定义美国的遗产。威廉斯堡（Williamsburg）是一个重建的村庄，它展示了美国早期社区的生活和工作方式。国家公园管理局自1933年开始美国建筑遗迹调查（The Historic American

图 2-5 对历史结构的敏感和使其再利用需要融合对文化遗产的欣赏和可持续设计。在这个商业办公室环境中,为了保持原始木框架结构的视觉特征并改建成一个声学效果良好的会议室,会议室被设计成一个由玻璃包裹的盒子,而顶上的天花板则被设计于原有木梁之下。背景墙使用铜板,可以带来视觉上的隐私性和材料使用的对比度。在图书馆和储藏室之间,巨大的维多利亚式门被放置在滑轨上,通过门的开合,实现空间的流动。(摄影:© Richard Greenhouse;建筑设计 / 室内设计:Gensler;业主方:Gordon and Betty Moore)

Buildings Survey, HABS),当时就做了 24 000 张历史建筑的测绘图。

美国国家历史保护信托基金(The National Trust for Historic Preservation)1949 年成立于华盛顿特区,是美国最大的一个致力于保护历史建筑、地区和社区的组织。它的使命是"提供领导、教育、宣传和资源,以拯救美国多元化的历史名胜,振兴我们的社区。"作为一个非营利性的会员组织,该基金会还负责国家遗产名录(The National Historic Register)的维护;管理作为博物馆的历史建筑;向历史遗迹的所有者和广大公众传播有关保护的信息;并协助全国各地的各种保护、修复和恢复工作。

但是,值得注意的是,进入国家遗产名录并不能确保建筑物被持续保护。国家遗产名录只是一种认可状态,要求国有建筑物在被建议拆迁之前需要进行环境审查。任何决心保持其当地历史特色的社区必须援引当地法令和法规来保护其建筑物。

从 20 世纪 50 年代到 70 年代,许多国家遗产都以进步的名义被摧毁,有一半以上在 20 世纪 30 年代 HABS 调查中的建筑被拆除。认识到需要重申美国的历史遗产,基层运动游说国会于 1980 年对《国家历史保护法》(the national Historic Preservation Act)进行了补充,建立了税收减免和补助金(以及其他重要的立法行动)以促进保护。市中心的社区通过《主要街道计划》(Mainstreet Program)获得资金,以挽救其历史性的市

中心特色。翻新历史建筑、公共建筑甚至是老厂房的企业,开创了旧建筑再利用设计方向。

2.3.2 出版物和标准

美国内政部长通过国家公园管理局公布了保护、修复、恢复和重建历史建筑和考古遗址的标准。遵循这些指南,可以帮助社区使用最佳实践进行保护,同时也通过税收激励措施为经济增长提供了机会。国家公园管理局还出版了《保护简报》(Preservation Briefs),包含有关恢复历史建筑材料的重要技术数据。

通过许多在基层的个人和组织的努力,在欧洲人到达美洲大陆之前和之后的美国文化遗产,如建筑物、历史遗迹、聚落、国家公园的开放地区,以及古迹,可以开放参观(图 2-6)。美国人已经认识到需要保持一种地方感,他们还认识到自然资源、精心设计的建筑和独特的细节一旦被损坏,更换成本很高,而且很多都是无可替代的。

室内设计承认并尊重大学课程中有关历史建筑和室内设计的研究,以及相关设计问题研究的专业流程。设计师使用历史案例来提供设计解决方案。室内设计认证委员会(CIDA)标准中,第 8 条历史声明中写到,"入门级室内设计师需掌握在历史和文化背景下运用室内设计、建筑设计、艺术和装饰艺术的知识"(CIDA Professional Standard 2011)。

对历史室内空间的认可和保护或其敏感的适应性使

图 2-6 由罗伯特·雷默（Robert Reamer）设计的黄石国家公园（Oldstone National Park）的老忠实旅馆（Old Faithful Inn，1901）被列入国家历史名胜名录。雷默创造了乡村小屋，作为野外安全避难所。Wilson Associates 是一家建筑和设计公司，设计了迪斯尼乐园的荒野小屋堡（Fort Wilderness Lodge），以反映老忠实旅馆的历史特色。（摄影：Lynn M. Jones）

用，为社区提供了文化和经济价值。

本书第 I 部分末尾关于设计风格史的图解提供了历史上各时代的设计简要概述。

相关链接
美国历史保护资讯协会 www.achp.gov
美国历史保护信托基金会 www.preservationnation.org

2.4 多元文化环境

对多元文化室内设计需求的欣赏和认识也反映了我们的集体社会价值观。设计业务是全球性的，几家领先的加拿大和美国设计公司在海外都设立了分公司，如中国、迪拜和英国等国家和地区。能用第二语言甚至第三语言流利地交流，并且愿意旅行，这将有助于确保一个人在设计公司中的位置。

然而，对其他文化的认识不仅仅是语言和地理位置。对多元文化理解还需要对民族习俗、地域哲学、土著特征、宗教信仰和精神传统以及社会价值观较为敏感。在与来自其他文化的客户合作时，设计师需要将自己沉浸在对这些客户文化的研究中，作为信息收集阶段的一部分。

爱伦·卢普敦（Ellen Lupton）是巴尔的摩马里兰艺术学院（MICA）平面设计 MFA 项目主任和库珀休伊特国家设计博物馆（Contemporary Design at Cooper-Hewitt National Design Museum）的当代设计策展人。他指出：设计是一种国际现象。世界上的每一种文化都在用到设计，既可用于当地社区内部的交流，也可以向更大的世界发声。我们了解其他文化，就是去了解与我们不同的人和他们的行为，同时也是去发现是什么把我们聚集在一起，我们有什么样的共同点，是什么使我们成为同一个星球上的邻居。其他人与我们有不同点，但在很多方面我们有共同点。设计是一种强大的力量，它通过共享的视觉语言以及个人和文化特征将人们聚集在一起。

设计师应具有丰富的设计、艺术和文化历史背景，以及文学、哲学、宗教等人文科学背景，社会科学以及其他文科课程对室内设计师的教育至关重要。室内设计认证委员会（CIDA）要求所有认可的课程体系中包括至少 30 个学时的"多元化的大学文科和理科学"，并且该课程"至少达到学士学位"（《CIDA 专业标准 (2011)》）。

客户的背景和经历会影响他们的喜好。例如，第 4 章讨论了各种文化中的颜色及其含义。文化教养会影响感知。优秀的设计师能以客户的角度来感知环境。对跨文化价值的认识上，室内设计需要通过内部环境的物质化来表达（图 2-7）。

图 2-7 位于印度尼西亚巴厘岛的这家酒店与外界环境相通的休息室。建筑线条反映了印度尼西亚的特征。(© LOOK Die Bildagentur der Fotografen GmbH / Alamy)

2.5 空间行为学

文化、社会、行为和社会价值观影响建筑环境的设计。但是，这些影响必须与空间的物质要求相协调。这种关系是共生的。满足物质需求需要一个功能空间及相关配件。用户会对充分的设计解决方案产生积极响应，而如果解决方案不充分，则会引起负面影响。例如，专为轮椅用户设计的无障碍酒店，在浴室设计中可能会拥有更宽裕的空间以满足轮椅周转；然而，如果卧室区域空间估计不足，导致轮椅在墙壁和床之间没有足够的空间，那么就丧失了最终用户的使用价值。

建筑环境中的空间需求研究与社会学和心理学的科学重叠。关于这一主题的两个值得注意的话题是爱德华·霍尔（Edward T. Hall）的开创性著作《隐藏的维度》（*The Hidden Dimension*）和罗伯特·索默（Robert Sommer）的关于设计社会学的著作《设计社会学：创造建筑，心有他人》（*Social Design: Creating Buildings with People in Mind*）。

2.5.1 空间关系学和设计社会学

空间关系学（proxemics）研究人类在特定文化中对空间的使用。每个人都包裹在一个隐藏着的舒适区或称为"空间泡泡"的周边区域中。霍尔在他的书中展示了"空间泡泡"扩展到四个区域(图 2-8)。当具有较小"空间泡泡"的人太靠近具有较大"空间泡泡"的人时，可能会导致不适。我们的个人舒适区域的范围因我们的文化和背景

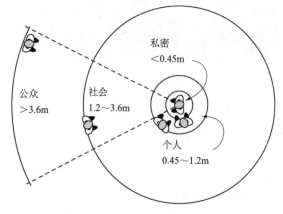

图 2-8 爱德华·霍尔在其著作《隐藏的维度》中讨论了四个距离区：亲密、个人、社会和公众。

经验而异。设计师可以利用这些信息创造出具有舒适性和空间特殊需求的家具环境，尤其是在非住宅环境中。在所有环境中，大多数人都想要一个属于他们的空间——例如卧室、家庭房中的某个椅子或私密的休息室。共用卧室的孩子们经常会有私人空间的需求，例如他们可以定义房间的哪一侧是他们的，或者衣柜的哪一部分仅用于放置他们的物品。对个人空间的这种需求通常会延续到成人生活中，敏感的设计师会相应地规划陈设。

罗伯特·索默写了大量有关个人空间、建筑环境的文章，研究覆盖设计和社会科学。在他的《设计社会学：创造建筑，心有他人》一文中，他扩展了这种关系，创造了"设计社会学"（social design）这个术语："设计社会学正在与人们一起合作而不是为了他们而做；让人们参与到其周围空间的规划和管理中来；教他们明智地、

创造性地利用环境，以实现社会、物质和自然环境之间的和谐平衡。"空间关系学和设计社会学融合了文化、生理和心理因素，在室内环境中创造出合适的空间。在人体测量学（anthropometrics）和人体工程学（ergonomics）这两门学科的基础上，对物理空间需求的更科学的研究，称为人因工程（human factor engineering）。

2.5.2　人体测量学

居住者的身心舒适是空间规划过程的一个重要方面。人们应该对建筑的规模和比例感到舒适。空间的三个维度都必须被考虑，因为如果空间太空旷或太窄小，人们可能都会觉得不适。为了确保舒适性，家具应尺度合理，并按照用途和效率摆放，也应易于使用和操作。例如，书桌和办公椅应高度合适，储物高柜应配上架子供用户拿取高处物品。此外，易于移动或重新排布，容易保洁，也是用户友好型家具的特征。

人体测量学研究人体的大小和比例，也包括文化给人们带来的变化。该领域的研究确定了各种姿势的典型人体高度、宽度和尺寸。该信息可用于确定最终用户所需的最佳空间需求和移动性，以及物理强度。人体维度数据分为不同的类别，如族裔、男性、女性和儿童，记录单位使用公制和美国惯用的英制。这些数据定义了第95和第5百分位数范围内的信息；例如，如图2-9所示，

90%的女性眼睛高度将介于143cm（56.3in）和156cm（64.1in）之间。人体工程学就是应用这些信息的科学。例如，如前所示，眼睛的高度尺寸可以引导设计者确定房门上猫眼安装高度。而在无障碍房间中，则需要在一个较低高度安装另一个猫眼，以配合坐在轮椅上的人的需要。

2.5.3　人体工程学

人体工程学是对人类的研究，并研究人类在各种工作条件和环境下的反应。人体工程学数据为设计师提供有关座位舒适度以及视觉和声学等相关信息。例如，一张可以提供最大的背部、手臂和腿部支撑的电脑椅，可以被称为是符合人体工程学的设计的（图2-10）。

人体测量学和人体工程学的研究，对制定《美国残疾人法案》和"通用设计指南"非常有价值。室内设计通过创造适应客户身心和文化的空间，为环境增添价值。

相关链接

人体测量学官方网站 www.hf.faa.gov/Webtraining/HFModel/Variance/anthropometrics1.htm

人体工程学专业网站 www.ergonomics.org

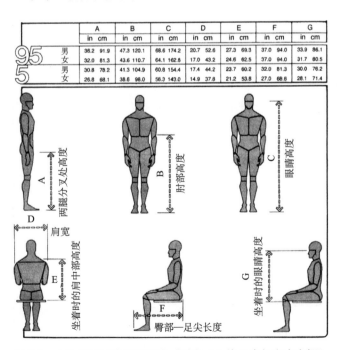

图2-9　人体结构尺度的测量表（引自《人体尺度与室内空间》，Panero 和 Zelnick 著，龚锦编译，1979）。

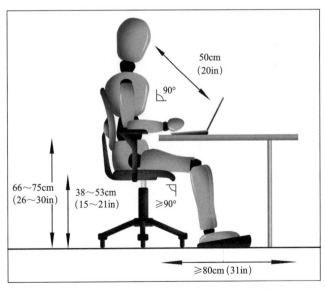

图2-10　符合人体工程学的家具设计灵活，可根据不同用户进行调整。背部和脚部支撑以及键盘的肘部支撑水平有助于最终用户。
© Maluson/Shutterstock

2.6 通用设计

通用设计（universal design）是尽最大可能地使所有人都可以使用的产品和环境的设计，而无需适应或专门设计。通用设计的原则列于表2-1中。该列表的作者包括了建筑师、产品设计师、工程师和环境设计研究人员，他们共同编写了这7个原则来指导设计流程，并向设计师和消费者介绍更多可用性产品和环境的特征。

重新强调了建筑环境中的物理功能和文化、社会、行为、社会价值之间的共生关系，为我们带来了完整的循环。"通用设计中心"用以下内容来解释：

- 通用设计原理只涉及普遍可用的设计，且设计实践不仅仅考虑可用性，设计师还必须在设计过程中纳入经济、工程、文化、性别和环境问题等其他考虑因素。这些原则为设计师提供了指导，以便在满足尽可能多的用户的需求时能够更好地整合要素。

- 遵循通用设计准则，可以让一个室内设计师在创造一个空间的时候，无论能力如何都能容纳各种各样的人。应用这些原则，通过创造一个更安全、更适用的室内，最终为用户带来价值，并在最大限度上减少不利的内部环境条件。

- 通用设计联盟（the Universal Design Alliance）是全美第一批将通用设计原则应用于展示场所的。桑德拉·麦克

表2-1　通用设计原理

原则	描述	指南
原则一： 公平使用	该设计对于具有不同能力的人来说是有用的和有市场的。	1a. 为所有用户提供相同的使用方法：尽可能相同；如果不同的话，尽可能平等。 1b. 避免隔离或侮辱任何用户。 1c. 所有用户应平等地享有隐私、保障和安全的权利。 1d. 使设计吸引所有用户。
原则二： 使用灵活	该设计广泛适应各种个人喜好和能力。	2a. 提供使用方法的选择。 2b. 左手或右手均可以使用。 2c. 促成用户的准确性和精确度。 2d. 提供适应用户节奏的适应性。
原则三： 简单直观的使用	无论用户的经验、知识、语言技能或当前的注意力程度如何，都很容易理解设计的使用。	3a. 消除不必要的复杂性。 3b. 符合用户的期望和直觉。 3c. 适应各种识字和语言技能。 3d. 按其重要性来安排信息。 3e. 在任务完成期间和之后提供有效的提示和反馈。
原则四： 感知信息	无论环境条件或用户的感官能力如何，该设计都能有效地向用户传达必要的信息。	4a. 使用不同的模式（图形、声音、触觉）来多样化呈现基本信息。 4b. 将重要信息突出呈现在周围环境中。 4c. 将重要信息的"易读性"最大化。 4d. 将元素区分开，使之可以被描述（即，使得给出指令或指示变得容易）。 4e. 为使用的各种技术或设备的具有感官障碍的人（如轮椅使用者）提供兼容性。
原则五： 容忍错误	该设计最大程度地减少了意外或意外动作带来的危险和不良后果。	5a. 化学元素使用上尽量减少危害和错误：最常用的元素，最容易得到；消除、隔离或屏蔽有害元素。 5b. 提供危险和错误的警告。 5c. 提供故障保护功能。 5d. 避免需要警惕的任务中的无意识行动。
原则六： 低体力	该设计可以有效和舒适地使用，并使疲劳最小化。	6a. 允许用户保持自然的身体姿势。 6b. 使用合理的操作力。 6c. 尽量减少重复操作。 6d. 尽量减少持续的体力劳动。
原则七： 尺寸和空间 方法和用途	无论用户的身体大小、姿势或移动性如何，都提供适当的尺寸和空间用于接近、触及、操纵和使用。	7a. 不论坐或站，用户都能清晰地看到重要信息。 7b. 不论坐或站，用户都能舒适地拿到所有的东西。 7c. 可以适应手和握把尺寸的变化。 7d. 为使用辅助设备或他人协助的用户提供足够的空间。

资料来源：按通用设计倡导者编制，按字母顺序排列：Bettye Rose Connell，Mike Jones，Ron Mace，Jim Mueller，Abir Mullick，Elaine Ostroff，Jon Sanford，Ed Steinfeld，Molly Story 和 Gregg Vanderheiden。主要资金来自：美国教育部国家残疾与康复研究所。版权所有 ©1997 北卡罗来纳州立大学通用设计中心。

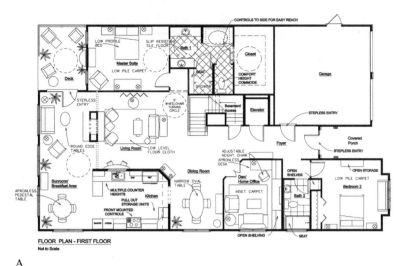

A

B

C

图 2-11　位于佐治亚州亚特兰大市的通用设计联盟赞助了一个反映通用设计原则的展厅。平面图 A 适用于包括电梯、无障碍入口、无障碍浴室和厨房设施，B 图是无障碍厨房设施，C 图是饰品和饰面中的许多其他的通用原则。(设计师：餐厅：Rita Goldstein，ASID，室内设计 Rita；起居室：Anna Marie Hendry，Allied Member ASID，经典室内设计 Anna Marie；日光室和 CAD 制图：Maria Nutt，Allied Member ASID，McLaurin Interiors；厨房：Pamela Goldstein Sanchez，CMKBD，Allied Member ASID，Pamela Sanchez Designs and Fusion Design Group，LLC。摄影：Fred Gerlich Photography)

格温（Sandra G. McGowen），FASID 和联盟的联合创始人表示，"我们的'展厅'的独特之处在于我们将它视为展厅并使用专业设计师。我们想要表明，通用设计既美观又实用，而非条条框框。我们想要消除打上'残疾人'标签而给使用者带来的耻辱感。对每个人来说，这只是一个很好的设计。"图 2-11 展示了他们的一些解决方案。

2.7　为特殊人群设计

正如本书第 I 部分所述，室内设计师有责任设计出满足所有人（无论年龄和身体状况）需求的室内环境。在室内设计中，要特别考虑为儿童、老人和特殊用户群的设计。

商业设计市场在联邦法规（例如《美国残疾人法案》或 ADA）的监管下，需要提供无障碍环境。然而，在住宅设计中并没有受到联邦政府的严密监控，住宅客户有权选择个性化的室内设计，无须参照 ADA。不过，设计师有责任与客户分享设计理念，以便为所有用户带来有品质的生活环境设计。此外，住房市场对适应性设计有着显著的需求和潜力，让住房不仅适用于有子女的家庭，也适用于那些希望在家养老的人。通用设计概念支持这些设计理念。

2.7.1　美国残疾人法案

美国残疾人法案（Americans with Disabilities Act，ADA）是一项 1990 年通过的民权法案，对建筑设计产生

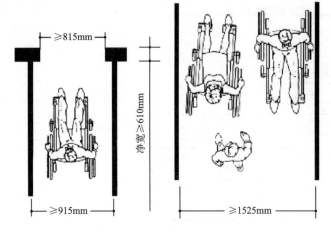

图 2-12　轮椅的最小净宽（来自 ADA 指南）

了很大影响。ADA 要求政府大楼、共用建筑设施（包括第 1 章，表 1-2 中讨论的所有专业区域）、公共居住建筑（住宅或其他）以及公共交通系统，以便为所有人设计，无论残疾与否，提供平等的无障碍环境。许多 ADA 的法规都是基于 1986 年美国国家标准协会（ANSI）法规（之后不断更新）。设计人员经常参考 ADA"建筑物和设施辅助功能指南"（Accessibility Guidelines for Buildings and Facilities，可从美国建筑和运输障碍合规委员会获取）这些法规的样本如图 2-12 所示。需要重点强调的是，这些是国家强制执行的法律，而不是法规或标准。这些法律的监督因州而异，但优质的室内设计方案需要整合这些设计规则。

2.7.2　儿童

　　为儿童设计需要在许多与尺寸、体能、安全和人体尺度相关的方面进行改动。由于儿童本身差异性就很大，比如幼儿园孩子和小学生之间就有很大差别，所以在尺寸和比例这些方面的调整是比较困难的；孩子们不断变化的心理发展和对环境的敏感度也让为孩子做设计变得复杂（图 2-13）。

　　当设计要容纳儿童的空间时，设计师应牢记以下几点：

- 必须考虑不同年龄 / 年级儿童的人体测量和人体工程学统计数据，设计必须满足用户的生理尺寸。
- 儿童的空间必须符合他们的认知能力。例如，幼儿无法阅读文字，因此需要设计出对他们来说直观的图形来帮助他们理解他们正在进入的空间，象征符号是他们可以理解的。

图 2-13　儿童需要符合人体工程学和人体测量学需求的空间。陈设和饰面应耐用、可清洁、安全。重的物品应放在低的位置，玩具应放在适合儿童伸手可及的水平。这个游乐区是儿童癌症中心的一部分，里面包括充足的存储空间，弹性材料和吸音墙体。（建筑设计 / 室内设计：Perkins＋Will. 摄影：Chris Little Photography）

- 安全性对于儿童空间的设计至关重要。由于儿童天生好奇和活跃，因此需要设计场所以安全地容纳他们进行活动。例如，在等候室的儿童游乐区不可以设置标准高度的强电插座；展示玩具的书架必须在儿童接触范围内，否则儿童将用他们自己的方式去够上面的东西；植物必须是无毒的。
- 儿童区域也必须耐用且易于清洁。例如，孩子们会爬上家具，但他们的鞋子可能先前踩过草、烂泥、泡泡糖等。
- 针对用户的设计必须满足用户的比例。例如，在眼高 90cm 处看到的是与在眼高 160cm 处看到的东西明显是不同的。对于试图从孩子的角度来看世界的成年设计师而言，爬行是一种极好的锻炼。

　　在地板上，设计师可以看到把物体当玩具的所有机会：灯光开关成为肘关节玩具；电源插座是隐藏小东西的地方；床帘绳可以缠起来玩；茶几和椅子用于攀爬（图 2-14）。这样，设计师可以像孩子一样思考，进入了儿童发展期间难以捉摸的舞台。

　　专注于儿童设计的公司 White Hutchinson Leisure & Learning Group 的首席执行官兰迪·怀特（Randy White）在他的文章"成年人来自地球，孩子们来自月球"中指出，孩子们对使用环境的过程更感兴趣，而成年人则对

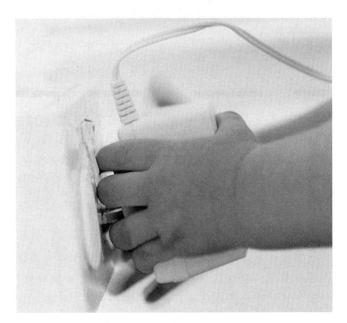

图2-14 孩子将对象视为可以玩的和操作的东西。将电源插座放置在孩子可触及的范围内可能会导致严重的伤害。(Eddie Lawrence © Dorling Kindersley)

达成结果更感兴趣。"在看待环境方面,成年人关注形式、形状、结构和背景方面。因此,如果像沙发这样的东西在公共场所,成年人只会因其社会可接受的用途而对其进行解释。但是孩子则从整体上解释环境,并从各种可以互动的角度对其进行评估。"

儿童如何利用环境与儿童的心理发展以及儿童受社会行为规范影响的程度有关。我们大多数人都能记住偷偷"干坏事"的时候,其中包括在床上跳和攀爬沙发的乐趣(当成年人看不到时)。这并不是坏行为,只是当前社会不接受的行为。怀特接着说:大多数幼儿的游戏都伴随着他们令人难以置信的想象力。需要在环境中通过道具和各种小玩意的来促进和支持富有想象力的角色扮演。但是,环境需要是开放式的,孩子们从而可以利用他们的想象力开发自己的游戏脚本。而高度脚本化、结构化和过度主题化的环境会扼杀儿童的创造力,让游戏固化,孩子们很快就会觉得无聊。

为儿童的设计因儿童的持续发展而变得更加复杂,这就需要设计师在满足以人为本的同时,应该尊重一个人不同年龄阶段的特征。儿童区域必须有可适应性,特别是在住宅设计方面。儿童家具需要与孩子一起成长。例如,设计成船或飞碟的床孩子们可能喜欢一两年,但这个设计主题和家具尺寸会很快过时。

对孩子来说,今天有趣的事情到了明天就可能变得

过时。如果客户要求一个儿童的主题房间,设计方案中应该包含自然的装饰解决方案。可以用涂料和亚麻壁纸创造主题,如果将来要改变主题,也会相对便宜和环保。

相关链接
为儿童设计:成人来自地球,儿童来自月亮 www.whitehutchinson.com/children/articles/earthmoon.shtml

2.7.3 老年人和特殊用户群

设计师在为老年人和有特殊需要的人设计空间时,遵循创建儿童环境的指导原则也适用。我们通过心理过程和生理过程,如移动和感官等来体验我们的环境。当其中一个受损时,我们对环境的解释就会改变。在为老年人或任何特殊用户群进行设计时,设计人员需要调整环境以适应特殊需求(图2-15)。

图2-15 老年人的设计需要对特殊需求的敏感性。这个位于日本神奈川县太阳城的持续护理退休设施也需要对多元文化意识进行特殊研究。(建筑师/室内设计师:Hellmuth, Obata & Kassabaum, Tokyo and San Francisco;摄影师:Jaime Ardiles-Arce)

(1) 有精神疾病的用户

阿尔茨海默氏症和痴呆症患者需要安全可靠的室内环境，同时标识要清晰，以便识别。例如，为了帮助患者辨别道路，设计师可以用不同颜色来区分区域；在独立房间外面，可以有作为视觉提示的记忆盒，以帮助患者识别这是他们的空间。因为大多数阿尔茨海默症患者都是活跃和喜欢走动的，所以哪里也去不了的封闭走廊会让他们感到沮丧，设计回廊提供流动性并鼓励在其中进行互动。大反差的图案和频繁的地面铺装变化可能会阻碍他们走动并给他们带来困扰。如今有超过400万人受到阿尔茨海默氏症的影响，针对这些患者的室内环境设计需要广泛的研究，设计质量至关重要。

自闭症患者在设计时也需要特别考虑。柔和的色彩和简单且没有过多图案的空间可以让心灵平静。患有精神疾病的患者需要一个安全、稳固的空间。最重要的是，为患有精神疾病的患者设计一个环境应该考虑整体性，包括环境、护理人员和家庭，同时考虑患者的需求和安全。

(2) 行动不便者

ADA 重点是要创建所有人都可以到达的环境。这种环境的目标之一是无障碍。无障碍设计不存在物理障碍或围栏，允许残障人士自由行动。设计人员需要了解广泛的 ADA 法规并在设计解决方案中符合相关法规。无障碍设计至少应包括以下内容：

- 残障人士的停车位必须方便放置，数量充足，标记清楚，不得在斜坡上。
- 无论是内部还是外部环境，在建筑上应该没有障碍，方便那些可能使用轮椅、拐杖或助行器的人可以轻松地在各个区域通行。在商业环境中，门必须至少910mm 宽，并且必须有按压式把手。推门一侧至少455mm（最好610mm），内部应没有任何障碍物。虽然法律不要求，在居住环境中这种方法也适用于行动不便的人（图 2-16）。
- 安全通道或走廊必须保持整洁，且宽度足以便于在轮椅或步行者在其中通过（图 2-12）。
- 坚固、平整、防滑的铺地材料能最有效地让人安全、轻松地通过。如果使用地毯，最好用高密度短绒地毯。通常应避免使用块毯。门槛与地面齐平，或不超过

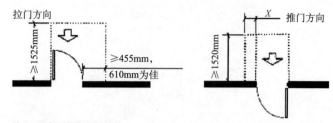

注：双向开门 X=305mm

图 2-16　无障碍开门的最低通过尺寸要求。（美国联邦纪事，第 56 卷，No. 144，图 25，门的机动间隙，1991 年 7 月 26 日）

1.3cm 高。

- 在厨房中，人们特别容易发生事故，所以高度、间隙等的设计应该方便和安全。可以拉出来的工作台面和带有拉篮的存储区很有用。嵌入式洗碗机和洗衣机、烘干机、立式冰箱和嵌入式烤箱都很方便。对于那些使用轮椅的人来说，烤箱和洗碗机门侧开更好；但是，对于有低龄儿童的家庭来说，使用嵌入式的家电可能不是最好的解决方案。
- 浴室和固定装置必须方便、安全，并有足够的操作轮椅的空间。靠近浴缸和卫生间的拉手提供了更多的安全性（图 2-17）。
- 标牌、饮水器、壁灯、电话和紧急警报器也必须方便残障人士使用。

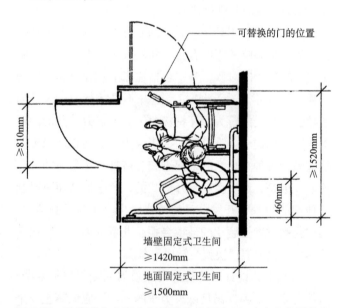

图 2-17　无障碍公共卫生间区域的典型布局。（来自美国住房和城市发展部）

(3) 听力障碍

虽然不到 0.05% 的美国人患有功能性耳聋（根据美

国听力损失协会统计），但有 2800 万美国人有某种形式的听力损失。设计师需要注意的是，许多公众可能无法察觉用作通知的声音——有听力障碍的人需要依靠视觉线索。例如，火警报警器需要与明亮的闪烁灯相连，电话需要闪烁的灯光来指示来电，交通车辆上需要有清晰的指示系统。

设计合理的室内设计有助于提高声学效果。混响，或声音的反射或回声，会让人辨识不清声音。来自室外的噪声也会干扰室内听众。第 5 章讨论了面向所有用户的室内声学设计。

（4）视力障碍

作为衰老过程的一部分，所有人都会经历一定程度的视力下降。视力下降可能是由于青光眼、白内障、黄斑变性、糖尿病或其他疾病引起的并发症等。老年人的眼睛也会对色彩的解析产生变化，加上一种淡黄的色调。在为老年人设计时，设计师会发现在选择色板时，戴上一副黄色太阳镜来协助理解老年人的色彩感觉。

根据视力减退的原因，改变室内设计有助于改善视力和防止跌倒。选项很多，但至少应包括以下内容：

- 可能需要提高光照水平（或根据疾病降低）。
- 灯具的摆放位置以避免眩光和阴影。
- 应避免光照水平的显著变化。
- 标牌应包括凸起的字母（盲文），字体简练，字号够大，易于辨识。
- 台阶式的地坪高差应该避免。如果不能避免，需要在相应位置给以明显标记。
- 桌子和其他表面如柜台的边缘，应通过表面纹理或颜色的变化来清晰提示。
- 应提高听觉和触觉设计质量，因为这些感觉对于有视力缺陷的人更为敏感。

正如演员对角色进行研究一样，室内设计师必须研究客户的需求。设计师理解客户的最佳方式是与客户换位思考。你坐在轮椅上有多高？你怎么去到厕所？坐在轮椅上试吧。如果你是盲人，你怎么知道推哪个电梯按钮？如果你听不见，你怎么知道你所在的建筑物是否有火灾报警或龙卷风演习？如果你拄着拐杖怎么办？你会如何携带书籍和笔记本电脑？对一直以来普遍的设计

方案来说，室内设计以创造性和创新性的设计为公众所用并让空间变得来去自如。

相关链接
阿尔兹海默症患者协会 www.alz.org
美国阿尔兹海默症患者基金会 www.alzfdn.org
美国盲人基金会 www.afb.org
人因研究相关网站 www.humanics-es.com/index.html

2.8 循证设计

健康设计中心（the Center for Health Design）将循证设计（evidence-based design, EBD）定义为"基于对建造环境可靠研究的决策以实现最佳结果的过程"（www.healthdesign.org/chd）。此外，EBD 记录了设计解决方案的结果，并发布了这些研究结果，以促进研究共享。这种做法源于医学界，但正在扩展到建筑行业的各个方面。

2.8.1 历史

健康设计中心是一个始于 1993 年的基层组织。其最初的关注点是利用设计"在医疗环境中改善病患康复"。该中心已经发展成为提供广泛的资源、研究、会议和计划，并已启动一个名为 Ripple 的可搜索数据库。

Pebble 项目于 2000 年启动，是该中心的一个研究组成部分。他们的网站指出，"工作的目的是通过提供研究和医疗保健设施样本记录来改变医疗保健行业，这些医疗保健设施的设计在改善病患康复和员工工作方面以及运营效率方面都发挥了重要作用。"该中心还监督循证设计认证和证书计划（the Evidence-Based Design Accreditation and Certification program, EDAC）。

田纳西州克利夫兰布拉德利医疗中心前任总裁兼首席执行官 Jim Whitlock 博士研究了室内设计在医疗保健行业中的作用，还在 20 世纪 90 年代和 21 世纪初，领导了布拉德利医疗中心的病人满意度改革。著名作家 David Zimmerman 所著的《医疗保健客户服务的革命》（*The Healthcare Customer Service Revolution*）一书中记录了他的案例。他提供了以下有关医疗行业的历史分析，在室内设计和循证设计方面的价值。

美国国会于 1946 年通过了《Hill-Burton 法案》，为

全美数百家，甚至成千上万家在乡村新成立的医院提供资金。与当时的大多数政府大楼不同，这些新建医院是砖混建筑，由混凝土和煤渣砌块构成，内墙涂了一层厚厚的绿色涂料。石膏板天花、荧光灯和瓷砖地面，提示这里需要保持清洁和无菌，这就是那些新医院的形象。建筑外部和内部的设计决策通常由当地医生决定，他们的关注重点是应用新技术。

1965 年，美国国会终于通过了第一次医疗改革议案，并向医生和医疗服务提供者提供数十亿美元用于照顾穷人和老年人，民营医疗保健行业因此诞生了。这个新兴产业迅速进入到美国乡村，带来了新的医生、新技术和现代建筑。室内设计现在成为新建医院和保持医院竞争力的一个要素，医疗保健类建筑和室内设计行业合并成为了专业设计领域。

具有讽刺意味的是，这些好处并不直接带来经济效益，研究表明，患者的康复直接受其环境的影响。20世纪 70 年代和 80 年代的流行词是整体医学（Holistic Medicine），即对患者做出整体性的治疗，而不仅仅是治疗生理疾病。在当今竞争激烈的医疗保健市场中，患者根据"护理质量"做出决策，也就是说"质量"的定义在旁观者眼中。因此，患者开始从他们看到的建筑、泊车、进入建筑物、受到的迎接等等生理和心理上的因素形成他们对"质量"评判。这些空间的室内设计对患者心中对"质量"的感知产生了影响，患者们开始喜欢上这种室内空间舒适的体验感，乐观地认为那些护理他们的人和周围环境一样令人满意。无论情况是否属实，空间舒适意味着不满意率降低。

这些环境不仅激励了患者也激励了员工，研究表明环境确实影响组织的文化，这样的文化激励员工为患者提供"优质护理"。这也证实了我的个人理念，即关怀不能靠立法实施，而必须是患者和护理人员之间的自然过渡。我相信室内设计在这种转变中起着巨大的作用。专业设计人员已经接受了医疗保健行业的 EBD 流程，通过记录结果来改善患者的治疗效果。目前，专业人士还将其应用于企业部门，以记录员工绩效和满意度的提高，并提高企业生产力。

2.8.2 与设计过程的关系

多年来，循证设计（EBD）过程的一部分已经以设计实践的形式应用于后期评估。设计师在客户入住几个月后去项目现场访问，并通过与最终用户的访谈和个人观察，来评估他们设计的有效性。这样，设计师可以了解哪些设计在实践中是有效的，而哪些无效。以往，如果没有设定后期比较的初始预设值，这样比较的结果往往是主观的。然而，EBD 通过在实施中应用科学方法消除了这种主观性。表 2-2 说明了 EBD 过程如何与第 1 章中讨论的设计流程呼应。

表 2-2 循证设计（EBD）流程与设计流程的呼应

传统的设计流程	与这些阶段相关的 EBD 内容
最初阶段	定义 EBD 目标和目的
——客户接洽	定义关键的研究问题
信息收集	研究相关来源
	解释相关证据
	定义和收集基准数据
草图和概念深化	提出一个假设
设计深化	在适用的情况下将 EBD 概念融入设计中
合同文件	准备包含研究的合同文件
合同履约	监控施工
满意度回馈	测评结果
	发布绩效研究

2.8.3 职业发展

内布拉斯加大学（University of Nebraska）的室内设计研究生 Deborah R. Dunlap 研究了大学设计课程中循证设计（EBD）的价值。在她的研究中，将 EBD 定义为：

支持设计用于衡量建筑环境创建成功与失败，同时也是分享知识并获得可信度的研究或证据。通过利用这些信息，室内设计师可以为客户提供最佳的设计解决方案。满意的客户从这些解决方案中受益，并将室内设计师视为未来项目的可靠资源。EBD 的价值体现在通过对最终设计质量的评估，对改进结果的记录，以及为设计师和客户之间带来的信任，为室内设计师及其服务的客户创造了一个双赢局面。

这种双赢的局面为最终用户、业主和设计师创造了价值。使用 EBD 方法记录的结果促进了室内设计专业的发展。

相关链接

健康设计中心网站 www.healthdesign.org

前瞻设计研究与评估中心网址 www.cadreresearch.org

2.9 环境：可持续设计

如本书第Ⅰ部分所述，可持续环境设计是室内设计的关键组成部分。这也是过去十年中最受关注，并被探讨和研究的室内设计主题之一。ASID，IIDA 和 IDEC 在其网站上均包含专门的可持续性部分。

为了反映当前环境教育的需求，CIDA 在 2006 年和 2009 年更新了其标准。Interiors & Sources 出版社出版了"绿色指南"和《环境设计通报》（Enviro Design Journal）。在建筑业，关于可持续的内容和电子资源铺天盖地。

大多数制造商在其库存中包含绿色产品，第三方检验是常见的做法。能源法规定了商业建筑中的能耗的限制。可持续设计不再是一个细分业务，而是涵盖在指导建筑物的基本形式及其内部环境中。

2.9.1 环境、经济和公平

绿色设计（green design）、生态学设计（ecological design）、生态设计（ecodesign）、环境设计（environmental design）等术语的含义不尽相同；然而，所有的术语都关注可持续性的一个总体使命："发展满足当前的需求，同时不对后代满足其需求的能力产生影响。"（取自 www.un-documents.net/ocf-02.htm ，第 1 段）

这份声明来自我们《共同的未来》（Our Common Future），通常被称为 1987 年世界环境与发展委员会发布的《布伦特兰宣言》（Brundtland Commission）。该宣言还包含以下结论，有助于进一步确定可持续性的广度：从最广泛的意义上讲，可持续发展战略旨在促进人与人之间以及人与自然之间的和谐……追求可持续发展需要：

- 一个确保公民有效参与决策的政治制度；
- 一个能够在自力更生和持续的基础上产生盈余和技术知识的经济体系；
- 一个为由不和谐发展而引起的紧张局势提供解决方案的社会系统；
- 一个尊重保护发展生态基础的义务的生产系统；
- 一个可以不断搜索新解决方案的技术系统；
- 一个促进可持续贸易和金融模式的国际体系；
- 一个灵活且具有自我修正能力的管理系统。（第 81 段）

在一本关于可持续设计的有影响力的书《从摇篮到摇篮》（Cradle to Cradle）中，威廉·麦克唐纳（William McDonough）和马歇尔·布朗哥特（Michael Braungart）呼吁："通过生态智慧设计改造人类产业"。这本书重点介绍了"从摇篮到摇篮"制造的理念和策略，即物品及其零配件可以被重复使用，或者商业实践是可以自我循环的。

讨论可持续发展还包括其三个概念组成部分：环境伦理—环境可持续性、经济可持续性，社会可持续性或公平和参与。因此，真正可持续的设计超越了对环保建材的范畴，而是扩展到包括社会价值观和经济活力与稳定性方面（图 2-18）。

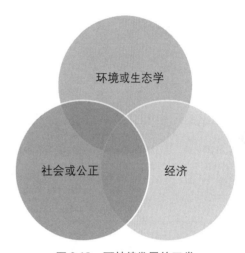

图 2-18　可持续发展的三类

对设计师来说，这种可持续设计的整体方法带来的挑战不仅要考虑明智的绿色设计解决方案，还要考虑设计解决方案的社会影响，从而与通用设计的使命重叠，以创造富有社会意义的室内设计。此外，商业或住宅的金融活力与室内设计的经济目标一致。尽管如此，如何选择绿色材料和可持续建筑方法仍然是室内设计的首要问题，值得进一步研究。

2.9.2 减量、重复使用、循环使用

绿色设计的 3R 原则：减量（reduce）、重复使用（reuse）和循环使用（recycle），仍然是所有可持续环境设计标准的基础。生命周期评估（LCA）审查一个产品全生命周期的各个方面，评估其重复使用或再生成其他产品的能力。绿色设计已经变得有市场，市场上充斥着绿色产品。设计师的困难在于确定哪些环保产品真正可持续。

国际标准化组织（International Standards Organization）是世界领先的各类标准开发组织，拥有超过 160 名国际会员。ISO 14000 系列的标准涉及环境管理，特别是生态认证（eco-labeling）。作为一项合作项目——联邦电子挑战（The Federal Electronics Challenge) 指出，"生态标识是一种在全球范围内实施的环境绩效认证的自愿方法。符合指定性能标准或标准的产品可以使用生态标识以资证明。第三方组织为确定符合特定环境标准的产品或服务颁发的生态标识比制造商和服务商自己给出的更有公信力。根据室内设计和资源"绿色指南"，ISO 组织已经开发了三个级别的生态标识来协助设计师。表 2-3 定义了这些级别。表 2-4 列出了第三方资源及其专业领域。

表 2-3　国际标准化组织的生态认证（Eco-Labels）

类型	特征
类型 I 传统生态认证	具有多种环境影响 不需要生命周期评估（LCA） 提供第三方认证
类型 II 制造商自有	不需要第三方认证 可以包含单个或多个影响 可能包括产品生命周期认证
类型 III 新一代生态认证和 环境型产品声明	需要使用产品生命周期认证来衡量环境影响 可以包括其他产品性能数据（例如安全性、人类健康等） 要求提供所有产品信息的第三方认证

表 2-4　第三方认证组织

摇篮到摇篮认证 Cradle-to-Cradle Certification (C2C)	CradletoCradle® 认证是一种多属性生态标识，可评估产品对人类和环境的安全性以及未来生命周期的设计。
能源之星 Energy Star	能源之星是一项由政府支持的计划，旨在通过卓越的能源效率帮助企业和个人保护环境。 更多网络资源 @ www.energystar.gov
EPP 认证 EPP Certification	EPP 计划认证 100% 回收和低排放的人造板产品。 更多网络资源 @ www.pbmdf.com/index.asp?bid=1050
FSC 认证 (Forest Stewardship Council)	森林管理委员会（FSC）是一个致力于鼓励负责任地管理世界森林的非营利组织。FSC 制定了高标准，确保林业以环保、社会效益和经济可行的方式实施。 更多网络资源 @ http://fscus.org
GREENGUARD 室内空气质量认证	GREENGUARD 室内空气质量认证计划确保设计用于办公环境和其他室内空间的产品符合严格的化学排放限制，这有助于创造更健康的内部空间。 更多网络资源 @ www.greenguard.org/en/CertificationPrograms/CertificationPrograms_indoorAirQuality.aspx
绿色标签＋ Green Label Plus （地毯 & 块毯 研究所）	CRI Green Label Plus 标志证明该产品已经独立实验室的测试，并且符合 IAQ 低排放和高标准的严格标准。（另见第 11 章铺地材料可持续设计案例） 更多网络资源 @ www.carpet-rug.org/commercial-customers/green-building-and-the-environment/green-label-plus
绿色印章 Green Seal	为产品、服务和公司制定基于生命周期的可持续性标准，并为符合标准标准的人员提供第三方认证。
SCS 认证系统	SCS 提供广泛的绿色产品认证。SCS 为地毯、纺织品、瓷砖、建筑产品、木制品、隔热材料、地板、清洁剂和珠宝制造商提供材料成分认证和评估服务。FloorScore® 由弹性地板覆盖研究所（RFCI）与科学认证系统（SCS）共同开发，用于测试和认证地板产品，以符合加州采用的室内空气质量排放要求。室内空气质量认证计划是 SCS 不断努力改善建筑产品环境绩效的一部分。SCS 可持续选择（SCS Sustainable Choice）是一个多属性认证标签，适用于符合环境，社会和质量标准的家具、地毯和其他建筑产品。 更多网络资源 @ www.scscertified.com/gbc/index.php
SMART 可持续产品标准 (MTS)	为建筑产品、面料、服装、纺织品和地板提供实质性的全球效益，覆盖全球 80% 以上的产品，符合环境、社会和经济标准。 更多网络资源 @ http://mts.sustainableproducts.com/ SMaRT_product_standard.html
SFI 认证 （可持续森林倡议）	可持续林业倡议 ®（SFI®）标签表示您从经过认证的来源购买木材和纸制品，并经过严格的第三方认证审核。 更多网络资源 @ www.sfiprogram.org

2.9.3　与可持续设计相关的研究领域

可持续设计包括许多研究领域，包括太阳能设计（被动和主动）、半地下建筑（earth-sheltered buildings）、能效设计，如智能家居、地球工艺，以及ASID与USGBC制定的"REGREEN住宅改造指南"，ANSI/BIFMA e3-2010家具可持续性标准，茅草砌筑墙房（straw bale homes），被动式太阳能节能住宅（Earthships），历史保护和本章前面提到的自适应用途。另一个研究领域是LEED（能源和环境设计领导力,Leadership in Energy and Environmental Design, LEED），这是一个国际公认的节能建筑评级系统。

美国绿色建筑委员会(USGBC)开发了LEED计划。该计划涉及建筑设计的所有阶段，分为不同商业和住宅类别。LEED评级系统领域包括新建筑、建筑核心和外表面、学校、医疗保健、零售、商业室内设计、现有建筑的运营和维护，以及住宅和社区发展。其他系统领域也正被考虑纳入。

根据他们的网站，"LEED通过认证5个人类和环境健康关键领域的绩效，承认一栋建筑整体达到了可持续发展"包括以下5个可持续发展领域：场地可持续性、用水效率、能源和大气、材料和来源、室内环境质量。LEED的最新版本增加了另外2个领域：设计创新和区域优先。建筑物在每个关键领域或类别中都遵守指导原则，获得LEED积分。LEED建筑物可以通过四级认证(见表2-5和表2-6)。

表2-5　LEED对新建筑物认证的分类系统

LEED分类	可能的分值
场地可持续 - SS	21
用水效率 - WE	11
能源和大气 - EA	37
材料和来源 - MA	14
室内环境质量 - IAQ	17
设计创新 - ID	6
区域优先 - RP	4

表2-6　LEED建筑认证等级

认证等级	需要的分数
白金级	80+
黄金级	60～79
白银级	50～59
认证级	40～49

设计师也可以成为通过LEED认证的专业人士。所有LEED专业人员必须首先完成绿色协会认证（Green Associates credentialing）。然后，设计专业人员通过实践，可以在建筑设计＋结构、室内设计＋结构、LEED住宅、建筑运营＋维护、LEED社区发展领域获得LEED专业认证。美国绿色建筑委员会（USGBC）还赞助世界上最大的绿色建筑会议和展览会"Greenbuild"。2015年，美国绿色建筑委员会授予中国"上海中心"LEED-CS白金级认证，该项目成为全球范围内高度400m以上的第一栋LEED-CS白金级建筑。

美国建筑认证协会（GBCI）和美国WELL建筑研究所（IWBI）正式将WELL建筑可持续的新标准引入建筑市场。

本书中的"可持续设计"部分讨论了可持续建筑系统，技术和产品。每个部分还包括相关网站链接，以便进一步详尽研究这个主题。主题包括以下内容：

第4章中的"着色剂"
第5章中的"节能玻璃"
第5章中的"太阳能"
第5章中的"室内空气质量－病态建筑综合症"
第6章中的"LEED能源规范和照明"
第8章中的"空间设计经济学"
第9章中的"铺地材料"
第10章中的"可移动墙系统"
第11章中的"家具"
第11章中的"LEED CI和e3-2010"
第12章中的"纤维和纺织品"
第13章中的"节能窗处理"
第14章中的"太阳能建筑和被动式太阳能住宅"

可持续设计的实践增加了室内环境的价值。为居住者提供更健康的室内设施，例如改善室内空气质量，业主通过节能设计解决方案节省了资金，社区受益于新经济,可参见本章末尾的设计案例"威尔逊临终关怀中心"。可持续性不仅可以保护地球的资源，还可以对当代和后代的生活质量产生积极的影响。

相关链接
国际标准化组织网址 www.iso.org

美国绿色建筑协会 www.usgbc.org

本章小结

室内设计影响公众的健康、安全和福祉。室内设计师有责任创造对社会负责任的空间设计解决方案，拥抱可持续设计理念，促进生活质量的进步。

从功能上讲，我们需要居所才能生存，并需要一个让我们安全的地方。我们的社区建筑和住宅部分满足了我们的归属需求。这些空间的设计有助于建立我们在社会中的声誉并定义我们的成就，从而有助于满足我们在尊重方面的需求。无论是家还是办公室，个人空间里变化的元素都有助于我们实现个人成长和自我实现（图 2-19）。

图 2-19　室内设计需要反映企业理念以及员工的需求。在这个商业空间中，员工需要激发创造性的、灵活的空间来分享想法并做头脑风暴。在这个非正式的环境中，轻松的氛围是通过休闲座椅、欢快的灯光、引入日光以及天花板和地面的变化而创造出来的。（建筑师/室内设计师：Gensler. 摄影：Sherman Takata）

室内设计反映了社会价值，对文化和全球环境的尊重体现了我们对社会需求的认识，这直接反映在历史保护、多元文化、以及可持续设计的研究中。对通用设计、ADA 要求、空间行为学以及人体测量学和人体工程学的研究也反映了对功能和社会需求的认识。设计师对特殊用户群体（如儿童和老人）的需求的敏感性，使得无论使用人群的年龄和能力如何室内设计能被所有人普遍接受和使用。

通过循证设计（EBD）流程，室内设计师使用研究来形成指导设计概念和应用的假设。EBD项目的结果通过改善患者康复、商业效能和员工满意度等方面来定量地定义室内设计的价值。

室内设计超越了基础的功能和美学，还包括公众的福祉。室内设计师通过注重人的因素提高对人类需求和欲望的认识和敏感度。除了为人类体验增添价值外，室内设计还可实现以下目标：

- 丰富用户的生活质量
- 帮助用户理解他们所处的物质世界
- 帮助用户确立个性和身份的角色
- 确定社区的特征
- 促进文化保护
- 唤起对不同文化和独特用户群的敏感性
- 改善和加速身体康复
- 提高员工的工作效率和满意度
- 触及人的心灵
- 吸引最终用户的情感和精神
- 通过明智的使用来尊重地球的资源
- 促进经济可持续性

以下设计方案——威尔逊临终关怀中心，是许多方面体现室内设计价值的杰出范例。

临终关怀中心必须考虑到许多特殊人群的身体需求，并且旨在满足患者及其家人和朋友的心理需求。Perkins ＋Will 设计事务所将这些特征纳入了威尔逊临终关怀中心（Willson Hospice House）的设计中（图 DS2-1）。

图 DS2-1　景观规划。建筑在 81 万 m² 的土地中占用了 5.7 万 m²。（建筑设计 / 室内设计：Perkins＋Will）

客户希望建筑设计成一个南方版的赖特式建筑，空间可以满足家庭成员可以在附近并能够过夜的需求。这个临终关怀服务于 11 个乡村，并得到了社区的支持，超过一半的建设预算来自社区捐款。

景观规划（图 DS2-2）占地 5.67hm²，包括连接纪念花园、小教堂花园和康复花园的步行区。从病房中是看不见员工和访客停车的。当地的民间组织、医疗团体、童子军也可以使用这些场地和设施。

园区规划（图 DS2-3）包括一个行政楼和三个病房楼。行政楼容纳了覆盖周边 11 个乡村的 50 名家庭护理工作者，楼里还有公共会议空间、图书馆和团队工作室。3 个病房楼，或称之为小屋，每个小屋包含 6 个单人病房并合用一个公共区域，公共区域适合阅读、就餐或接待来访（图 DS2-4）。病房楼区还设有家庭小厨房、小教堂、游戏室和休息室。

该建筑获得了老龄化环境（the Environments for Aging）和奥杜邦协会（Audubon Society，一个美国非营利性环境组织）颁发的 LEED 银奖和设计奖。威尔逊临终关怀中心体现了室内设计行业中对健康、安全和幸福

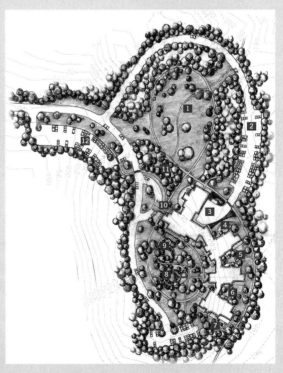

图 DS2-2　威尔逊临终关怀中心外观，行政部门入口。该建筑使用钢结构、胶合木和节能玻璃。（建筑设计 / 室内设计：Perkins＋Will；摄影师：Jim Roof Creative Photography）

关注的重要性。设计所表达的人与环境融合的体验体现了设计专业的价值。每个病房（图 DS2-5）都通向一个宁静的花园，有一个可以看到花园空间的飘窗，这个飘窗同时也可供家庭成员陪夜。面向花园的双开门的设计，可以让病床被移至室外。床后面及床上部的木制隔板中隐藏了医疗设备和床头灯。

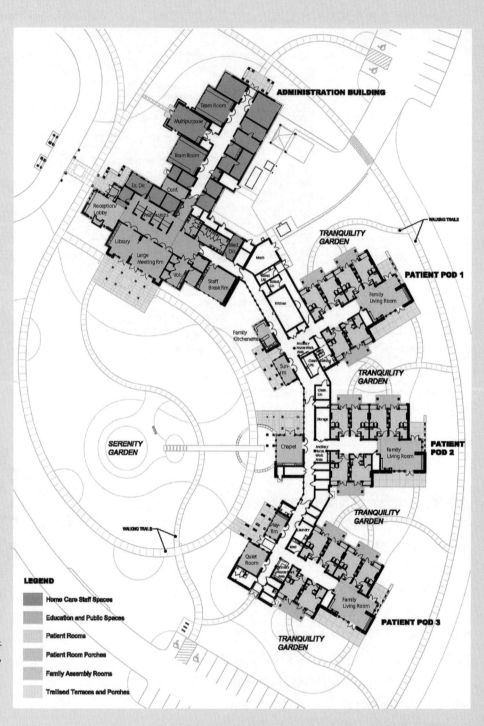

图 DS2-3　园区规划。包括一个行政楼和三个被设计师称为"小屋"患者楼。(建筑设计/室内设计: Perkins + Will)

图 DS2-4　其中一间小屋的家庭空间。使用了竹地板、羊毛地毯和抗菌地胶等环保材料。根据 LEED 认证要求还使用了当地的南方松和节水设施。(建筑设计 / 室内设计：Perkins＋Will，摄影师：Jim Roof Creative Photography)

图 DS2-5　病房。室内设计采用了如奶油糖果和焦糖般的暖色调，用以调和外景中的绿色和蓝色等冷色。医疗设备隐藏在床后面和上面的染色桦木板后面。(建筑设计 / 室内设计：Perkins＋Will，摄影师：Jim Roof Creative Photography)

风格的历史

历史风格及其演变

古代

古埃及（公元前 4500—前 330 年）

古希腊（公元前 3000—公元 150 年）

古罗马（公元前 750—公元 400 年）

中世纪（325—1500 年）

文艺复兴时期（1400—1660 年）

巴洛克时期（1600—1715 年）

法国风格

从洛可可到路易十五时期（1715—1774 年）

从新古典到路易十六时期（1760—1789 年）

帝政时期（1804—1815 年）

乡土风格（18 世纪至今）

中国风格（古代至近代）

西班牙风格（公元 1200 年至今）

非洲风格（公元 1000 年至今）

日本风格（古代至今）

英国风格

都铎建筑风格、伊丽莎白时期和詹姆士一世时期（约 1440—1770 年）

乔治王早期和安妮女王时期式样（1700—1745 年）

乔治王中期：奇彭代尔式样（1745—1770 年）

乔治王中期：亚当、赫普怀特、谢拉顿式样（约 1760—1810 年）

美国风格

殖民地风格（1600—1700 年）

乔治殖民时期（1700—1790 年）

新古典时期（1790—1845 年）

历史风格的小结

现代设计的演变

维多利亚时期（约 1840—1920 年）

传统复兴（约 1880—1920 年）

早期现代主义

工艺美术运动（1860 年代至 1920 年代）

摩天楼（1880 年代至 1920 年代）

新艺术运动（约 1890—1910 年）

现代风格

有机建筑（约 1894 年至今）

国际风格（20 世纪初至 1950 年代）

装饰艺术风格（约 1909—1940 年）

二战以后风格（1950 年代至 1970 年代）

后现代主义（1960 年代至今）

现代设计的小结

风格的选择

泰姬陵建造于 1631 年，是印度历史上莫卧尔穆斯林王朝的第 5 位皇帝沙贾汗（Shah Jaham）为纪念他的妻子而修建。泰姬陵可以看做是"花冠宫殿"，穹顶为白色大理石，墙面是瓷砖拼合的复杂图案。(Shutterstock)

风格的历史

设计的艺术性通常包括基本美学法则和风格流派为代表的文化内涵两个方面。对设计风格的了解不仅可以加深室内设计师的美学鉴赏能力，还会成为设计师创造性设计思维的孵化器。

室内设计风格的形成，是不同时代思潮和地区特点通过创作构思的表现，从而发展成为具有代表性的室内设计形式。一种典型风格的形成除了与空间环境、视觉环境、物理环境和心理环境等因素有关之外，还与自然环境、历史文脉、宗教和政治背景等多种环境因素密切相关。往往是这些环境因素的变化，影响设计师不断修正和发展以前的设计理论和设计思想，并在随后的创作实践上得到体现。历史本身就是不断流动的过程，所以设计风格不仅没有明确的起点和终点，而且不同地区的设计风格也会相互影响、相互交融共同发展。

本章以图解方式讲述设计风格，简单勾勒出了对建筑和室内发展有影响的主要风格流派。第一部分是设计风格历史及其发展的介绍，将各类古典设计风格结合他们与设计历史的关系进行讲述。其中古代、中世纪、文艺复兴和巴洛克时期等普遍认知的设计风格以纵向历史发展阶段进行介绍；而法国风格、中国风格、西班牙风格、非洲风格、日本风格、英国风格和美国风格等以横向地区特点进行介绍。第二部分现代设计的演变，则关注现代设计的发展和这些设计风格与设计哲学思想的关系。

相关链接

世界著名建筑浏览 http://www.greatbuildings.com/

华盛顿大学世界 5000 建筑索引 http://www.washington.edu/ark2/

重要历史建筑图像网站 www.greatbuildings.com

历史风格及其演变

欧洲 18 世纪爆发的工业革命（也称产业革命）是人类文明史上一个极其重要的转折点，它是西方世界真正从封建社会进入资本主义社会的标志，又是人类从手工业时代进入工业文明的开端。社会历史学家一般将 1760 年前后的这段时间作为这一转折点的分界，尽管本书认为这并不等于设计史的真正历史划分点，但工业革命的产生是触发工业设计生成的最直接、最深刻的原因，这却是毫无疑义的。

室内设计和装饰的历史可以追溯至旧石器时期。在一些历史遗迹中可以逐步得到证实：首先，是在石器、象牙和陶器上的雕刻描述了象征繁殖能力的人体形状；其次，在西班牙和法国的洞穴里发现了具有空间组合图案的墙面装饰，并且具有透视效果；最后，制陶技术的发展使人类摆脱了自然材料的局限，成为进一步发挥创造力的开端。通过这些绘画和手工艺术品可以得出以下两个重要结论：人具有本能的创造性表达。设计艺术与人类的历史同时发展，并成为人类精神世界的一个组成部分。

在过去几千年间，古埃及出现了世界上第一批纪念性建筑，它纷繁的艺术形式和建筑型制对室内设计领域的发展做出了持久的贡献。

古代·古埃及（公元前 4500—前 330 年）

（1）古埃及的设计与社会地位密切相关，因国王和法老的陵墓金字塔而著名。

（2）产生横梁式结构，其中竖向立柱支撑横梁。

（3）象形文字雕刻于墙面。

（4）最原始的圆柱可能就是成捆的纸莎草秆做成的，其竖向线条导致了圆柱开槽形式的形成。

（5）家具造型遵循严格的对称规则，华贵中呈现威仪、拘谨中具有动感。

（6）家具中使用榫卯结构。

（7）家具高型化，出现猛兽、太阳等具有体现权贵的装饰。

（8）家具装饰手法多为豪华的镶嵌、涂饰和雕刻。

（9）家具图案包括莲花茎、芦苇、纸莎草和百合花。

（10）跟随拿破仑参加埃及战争的艺术家们将这埃及家具图样带回欧洲，强烈影响了 19 世纪初期的欧洲家具发展。

古埃及椅　　　　　　　　　　　　横梁式结构

古代·古希腊（公元前 3000—公元 150 年）

（1）民主的社会结构，对古代希腊艺术、文学、哲学和科学诸方面产生重要影响。

（2）造型适合人类生活的要求，实现了功能与形式的统一，因设计的规则、比例和优雅而著名。

（3）建造祭拜神灵的庙宇，四周围绕门廊和立柱。

（4）发展形成桁架建筑体系，通过三角承重结构支撑斜屋顶，这个三角体构造就叫山形墙。

（5）古希腊人的住宅面积没有古罗马人住宅面积大，只是在最小限度内配备必要的房间和满足功能的家具，这对于现在的室内设计具有指导意义。

（6）发展形成了带有细部的建筑柱式系统，包括多立克柱式、爱奥尼柱式和科林斯柱式。

帕特农神庙位于希腊雅典地区的雅典卫城，公元前 438 年建成，是雅典娜女神的祭祀庙。建筑四面是多立克柱廊。（摄影：Adam Crowley）

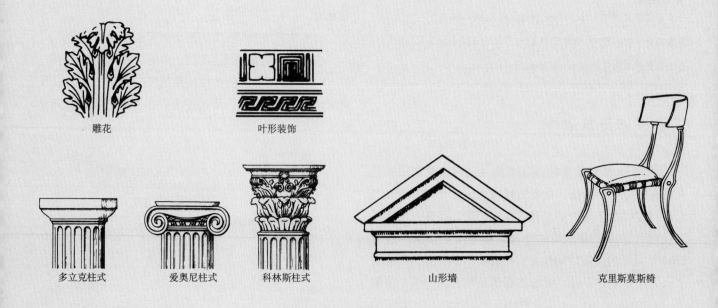

雕花　　　　叶形装饰

多立克柱式　　爱奥尼柱式　　科林斯柱式　　　山形墙　　　克里斯莫斯椅

古代·古罗马（公元前750—公元400年）

（1）工程技术发展起步，特别是道路和输水管道发展情况。

（2）对希腊设计的掌握。

（3）罗马建筑师维特鲁威，制定了建筑尺度和柱式标准比例。

（4）不仅出现壁柱（柱子的一部分在墙面以内），还增加了两种古典柱式：与多立克柱式相同不过没有柱面开槽的塔斯干柱式，以及柱头是卷叶和螺旋纹的混合体的混合柱式。

（5）出现混凝土建筑，以及拱顶和穹窿顶建筑形式。

（6）装饰图案内容有海豚、鹰、天鹅和各种幻想的人体或动物的奇异图形。

（7）古罗马上层倾心于建造高级住宅，于是在继承中庭式格局基础上形成了院落式和公寓式两种住宅方式。

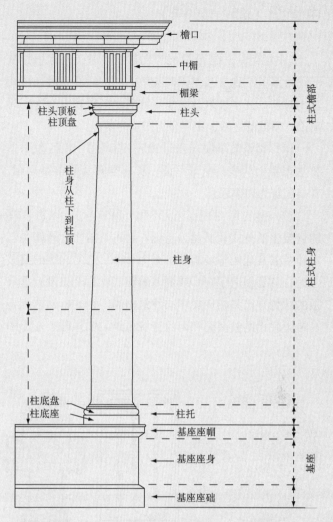

维特鲁威（Vitruvius）确定的塔斯干柱式

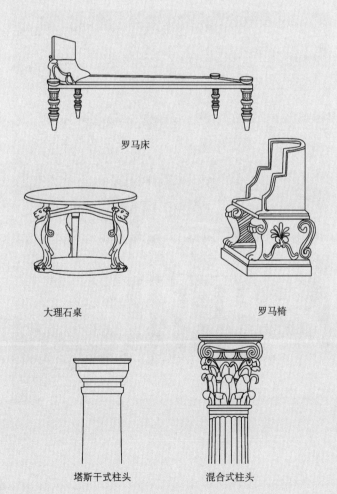

罗马床

大理石桌　　　　　罗马椅

塔斯干式柱头　　　混合式柱头

罗马万神庙内部

中世纪（325—1500 年）

"中世纪"一词最早出于文艺复兴时代，意思是从罗马帝国灭亡到文艺复兴时代中间的这段漫长时期。在这个时期，艺术被宗教垄断，特别是基督教成为这一时期设计领域的主宰，主要分为四个时期：

（1）基督教早期（公元 325—800 年）：巴西里卡斯教堂布置为代表：矩形平面，长向空间两侧布置走廊，有高侧窗为内部采光。

（2）拜占庭时期（公元 330—1450 年）：以古罗马的贵族生活方式和文化为基础，融古希腊文化的精美艺术和东方宫廷的华丽表现形式为一体。它的建筑的突破之处，就是创造了四个或更多的独立支柱上架设大型穹顶的结构方法和相应集中式建筑型制。它的装饰艺术是在希腊晚期的镶嵌画和两河流域传统装饰基础上形成的彩色玻璃镶嵌画。

（3）罗马时期（诺曼人统治英国时期，公元 800—1150 年）：是罗马文化与民间艺术的融合，由浓重的宗教气氛统治，沉重的墙、柱墩和拱顶引起信徒忧郁而内省的情绪。所以建筑中传统因素很多，一直保留着稳定、平展、简洁的古典建筑性格。它的建筑特色在于半圆形造型，拱券和筒形拱顶成为这一时期的主体结构。建筑装饰从门窗洞口线脚的几何纹样或植物形象逐渐过渡到主体空间立面的圣者雕像。家具采用曲面构件，成为后来温莎式家具的基础。

（4）哥特时期（公元 1150—1500 年）：市民开始用教堂来荣耀自己的城市，教堂建筑围绕教义展开设计，教堂以垂直向上的动势形象地展现了一切朝向上帝的宗教精神，主要包括尖顶拱架、飞扶壁和尖拱镶嵌彩色玻璃窗等建筑装饰。另外，贵族生活方式开始由城堡向府邸转化。

早期的玫瑰窗

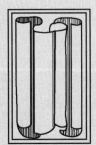
以圣书为主题的装饰

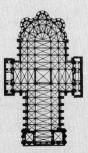
哥特式教堂平面

中世纪主要建筑特征

法国巴黎的夏尔特尔圣母大教堂（Chartres cathedral）是哥特式教堂的代表作，具有典型的彩画窗和高耸的室内空间。（摄影：PhotoDisc 的 Martial Colomb）

文艺复兴时期（1400—1660年）

（1）文艺复兴的意义在于"再生"，它在形式上表现为对古希腊罗马文化的重新振兴，但在实际内容上却包含着资产阶级文化的萌芽。

（2）主要源于毛纺业和金融业中心意大利佛罗伦萨，然后影响整个欧洲。

（3）它是对中世纪设计思想的抛弃和古典设计思想的回归，设计上追求庄严、含蓄和均衡的艺术效果，为后来的巴洛克、洛可可风格的设计提供了进一步精雕细琢的条件。

（4）大师级代表人物有帕拉第奥（Andrea Palladio）、米开朗基罗（Michelangelo）和达·芬奇（Leonardo da Vinci）。

（5）文艺复兴后期形成了设计的概念，其中包括计划、意图和图样的含义。

萨佛纳罗拉（Savonarola，1452—1498年）椅是以意大利"但丁"（Alighieri Dante，1265—1321年）椅子为基础制作的，这种椅子能够折叠，靠背大部分是固定的

巴洛克时期（1600—1715年）

（1）巴洛克一词源于西班牙文 Barrcco，意思是"畸形的珍珠"，含有扭曲、怪诞的意思。

（2）由于文艺复兴在西欧各地兴起时间有差别，因此巴洛克发展也不一致，最早发源地是意大利和法国。

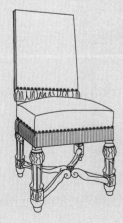

巴洛克风格的靠背椅

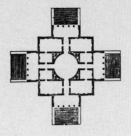

帕拉第奥设计的著名圆厅别墅是集中式组合平面的代表

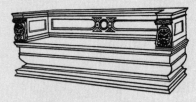

文艺复兴时期代表性的卡萨盘卡椅，由长箱加上靠背和扶手演变而来，可以说是原始的长沙发

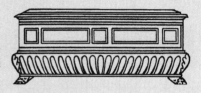

兼作储藏和陈设品的卡索奈长箱，是文艺复兴时期最典型的婚礼用家具

由帕拉第奥设计于1552年在维琴察（vicenza）设计的圆厅别墅促使了古典风格建筑的产生。（来源：Alinari/Art Resource）

（3）以浪漫主义精神作为形式设计的出发点强调华丽非对称设计，以及夸张的大比例尺度。

（4）家具造型上细部集中处理并且服从整体结构，开创了家具设计的新途径。

罗马的圣彼得主教堂是意大利文艺复兴时期最伟大的里程碑，世界上最大的天主教堂，文艺复兴盛期的著名建筑师和艺术家几乎都参与了设计与施工。（来源：Alinari/Art Resource）

这座多功能的可容纳 10 000 人的建筑组合群,由路易十四宫中艺术总管查尔斯·勒·布伦(Charles Le Brun)组织设计,它的巴洛克风格的环境设计成为以后法国都市设计的范例。(来源:Photodisc)

法国风格·从洛可可到路易十五时期(1715—1774 年)

(1)洛可可一词源于法语,简称 Rococo,意思是"岩石和贝壳"。暗示出这种装饰的自然造型。

(2)用于室内设计比用于建筑的部分多。

(3)设计风格追求柔美细腻的情调,注重精美的细节装饰和自由曲线。

(4)色彩鲜艳。

(5)采用鎏金、描色或中国式亮漆面家具。

(6)是法国宫廷中形成的一种室内装饰手法,盛行于路易十五时期,蓬帕杜尔(Pompadour)夫人是最初的影响者。

(7)设计图案多为回形纹饰和受中国传统装饰影响的异域风情的花草、鸟、宝塔、动物等。

贵妇们在沙龙内使用的安乐椅

陈设台及镜子

法国传统豪华卧室中带有壁龛的床

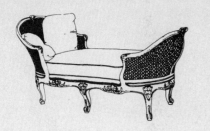
法式躺椅（约1740—1750）

强调转角和腿端装饰的曲线桌腿

小型整理用衣柜

法国风格·从新古典到路易十六时期（1760—1789年）

（1）将中国自然主义设计和希腊风格为基调的古典主义样式融合，形成盛行于世的新古典主义风格。

（2）风格与洛可可相似，不过主要采用直线条、矩形轮廓和对称体量布局。

（3）设计主题和设计风格受到庞贝古城遗迹的影响。

（4）玛丽·安托瓦内（Maria Antoinette，1755—1793）王后引领了设计热潮。

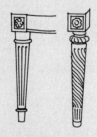
腿部凹槽装饰

维也纳的新古典茶几

佛提尤（Fauteuil）会议用扶手椅

贝尔杰尔（Bergère）安乐椅

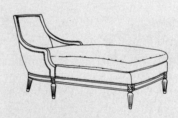
罗马式靠榻

花环为代表题材的镀金饰品

法国风格·帝政时期（1804—1815年）

（1）盛行于拿破仑（Napoleon）统治时期，艺术成为显示权利的象征。

（2）提倡回到过去强盛时期古希腊、罗马和埃及的设计标准。

（3）厚重、严谨对称的设计构图形式。

古埃及胜利女神雕饰摆设台

灵镜

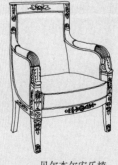
贝尔杰尔安乐椅

具有权利象征的桌腿支撑装饰

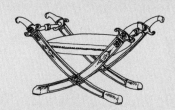
"X"形座凳

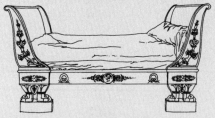
以古代罗马床为基础的法式船形床

狮爪足

佛提尤会议用扶手椅

法国风格·乡土风格（18世纪至今）

（1）比较乡村化或非商业化的风格。

（2）复制或采用洛可可和新古典风格的某些手法，不过更加简单，装饰较少。

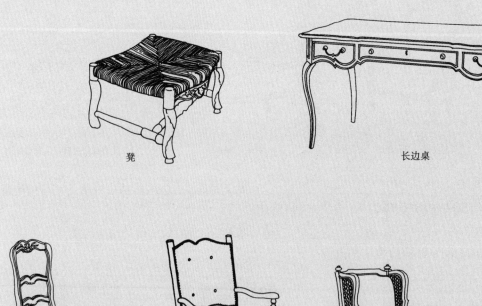

凳　　　　　　　　　长边桌

高背椅　　　　　扶手椅　　　　法式沙发椅　　　　高身柜

中国风格（古代至近代）

(1) 中国古代建筑是通过屋顶形式和开间多少来体现建筑等级和明确功能的。

(2) 对法国洛可可和新古典风格影响巨大。

(3) 明显具有中国特征的是中国家具。

(4) 设计主题与动物、宝塔等吉祥物和宫廷人物有关。

陶瓷花瓶

中式藤面交椅

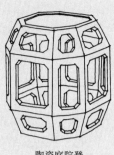

陶瓷庭院凳

黑漆描金柜

圈椅

中国艺术风格题材

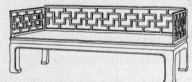

中国古建筑构架

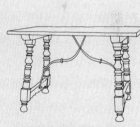

黑漆万字纹罗汉床

西班牙风格（公元 1200 年至今）

(1) 受到摩尔人影响，与中东、意大利文艺复兴风格相似。

(2) 摩尔风格室内装饰精美，喜欢用马蹄形拱。

(3) 常用大理石、几何形图案、瓦坯墙体和铸铁饰件。

(4) 雕花木门、百叶窗、木镶板式屋顶。

(5) 美洲地区受此影响产生的建筑叫作殖民地风格。

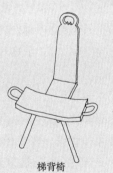

梯背椅

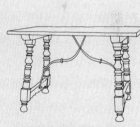

17世纪末西班牙硬木餐桌

镶板门

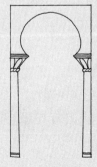

摩尔拱券

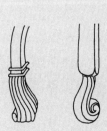

西班牙式家具脚

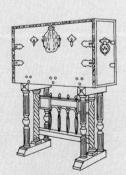

西班牙式橱柜

牧师椅

非洲风格（公元1000年至今）

（1）建筑和设计受到宗教影响。

（2）艺术作品用于化解争端、教育人民和传递宗教信仰。

（3）视觉文化财富丰富，各类图式包含文化蕴意。

（4）每个家具都是非常个性化的物品。

（5）广泛运用几何图案，黑檀木和象牙镶嵌较常见。

扎伊尔圆屋

伟大的Djenne清真寺（建于1906—1909）

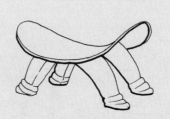

苏丹丁卡人椅

库苏部落的扎伊尔木椅

日本风格（古代至今）

（1）强调朴素、水平线条和非对称平衡。

（2）房间内部围绕榻榻米布置。

（3）用半透明材料制作的推拉门分隔房间内部空间。

（4）壁龛作为室内凹进部分放置特殊的展示物品，如用于陈列插花、画轴或其他艺术品。

（5）地方设计思想作为一种艺术表现形式影响了美国建筑学家弗兰克·劳埃德·赖特（Frank Lioyd Wright，1869—1959）、苏格兰建筑学家查尔斯·伦尼·麦金托什（Charles Rennie Mackintosh，1766—1843）等一批现代设计师。

乌木屏风

配有黄铜饰件和"马蹄足"腿立柜

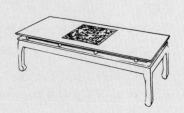

酒桌

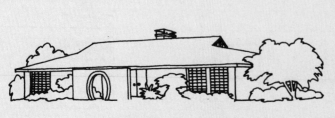

日本传统建筑

藤制扶手椅

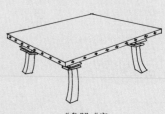

"象腿"案

英国风格·都铎建筑风格、伊丽莎白时期和詹姆士一世时期（约1440—1770年）

(1) 主要流行厚重、阳刚气质的设计。

(2) 建筑特征体现在半木构造房屋（建筑外观为木质材料）和凸窗（突出开间立面）。

(3) 室内特征是朴素的抹灰墙面或华丽的雕刻嵌板墙面。

(4) 家具材料常采用橡木。

(5) 伊丽莎白式样家具具有球形腿。

(6) 詹姆士一世式样家具腿部有旋转线条。

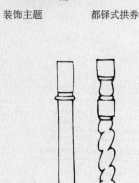

装饰主题　　都铎式拱券

詹姆士一世坐卧两用椅

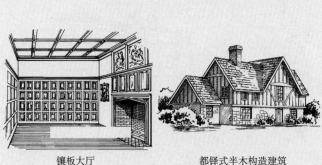

镶板大厅　　　都铎式半木构造建筑

1612年与1656年椅腿　　詹姆士一世扶手椅

英国风格·乔治王早期和安妮女王时期式样（1700—1745年）

(1) 国民生活水平迅速上升，大量建造豪华住宅。

(2) 设计对称，显示庄重，反映了古希腊、罗马建筑特点。

(3) 安妮女王时期家具具有轻盈、优美、典雅的曲线。

(4) 最著名家具是薄板靠背椅。

雷恩·乔治式建筑

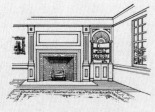

有贝壳装饰的壁柜

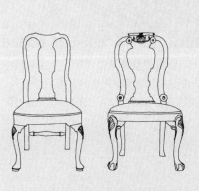

1705年和1710年的薄板靠背椅

尖顶饰

高脚桌

圆屋顶

矮脚高柜

落地座钟

英国风格·乔治王中期：奇彭代尔式样（1745—1770年）

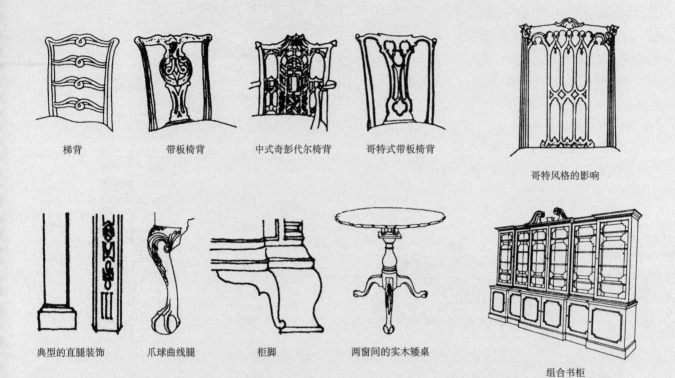

梯背　　　　带板椅背　　　中式奇彭代尔椅背　　哥特式带板椅背

哥特风格的影响

典型的直腿装饰　　爪球曲线腿　　　柜脚　　　两窗间的实木矮桌

组合书柜

  （1）是家具师的黄金时代，其中包括英国著名家具师托马斯·奇彭代尔（Thomas Chippendale，1718—1779），他是第一个以设计师的名字而命名家具风格的，从而打破了历来以君主而命名家具风格的习惯。

  （2）1754年奇彭代尔写下《绅士与细木工作指南》。

  （3）奇彭代尔椅是最具有代表性的，其座板在中国式、安妮女王式、哥特式、法国式和新古典式家具中较为突出。

  （4）风格形成最初受到法国摄政式的影响，从18世纪50年代起受路易十五影响，大胆采用洛可可式的自由曲线。

瑞士温特图尔博物馆的乔治亚风格皇家港口展厅。乔治亚风格包括具有安妮女王装饰的奇彭代尔家具，典型的东方风格地毯，以及木地板、护壁板、檐板和断山花顶饰。（温特图尔博物馆提供）

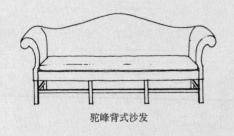

驼峰背式沙发

英国风格·乔治王中期：亚当、赫普怀特、谢拉顿式样（约1760—1810年）

（1）亚当式样：亚当兄弟是著名家具和建筑师，其中以罗伯特·亚当（Robert adam，1728—1792）为代表，开创了家具和建筑的英国新古典主义风格，历史上称为"英国的路易十六式"。

（2）赫普尔怀特式样：19世纪末期英国设计师赫普尔怀特（Georgo Hepplewhite，1700—1786）命名的家具式样，呈现出轻巧优雅的轮廓、兼有古典式的华丽和路易十六的纤巧。设计特点是直线条、正方形、楔形腿，以及盾形或心形椅背。

（3）托马斯·谢拉顿式样：源于1800年，谢拉顿（Thomas Sheraton，1751—1806）是乔治王朝四大名师的最后一位，他塑造了以简洁的设计、直线、细腿及古典装饰为特征的英国家具风格，开创了轻便和朴素的现代家具先河。

（4）建筑受到帕拉第奥（Roman Palladian）式样影响。

（5）有法国新古典风格印迹，受庞贝古城发现的影响。

（6）罗伯特·亚当和他的四个儿子设计了古典风格室内作品。主要特点是餐具柜设计，擅长用玫瑰花瓣装饰。

朗佛罗住宅，1750年建于麻省剑桥，古典细部包括具有帕拉第奥风格的三角形门头。（来源：国家公园服务处，Longfellow House-国家历史遗迹华盛顿总部）

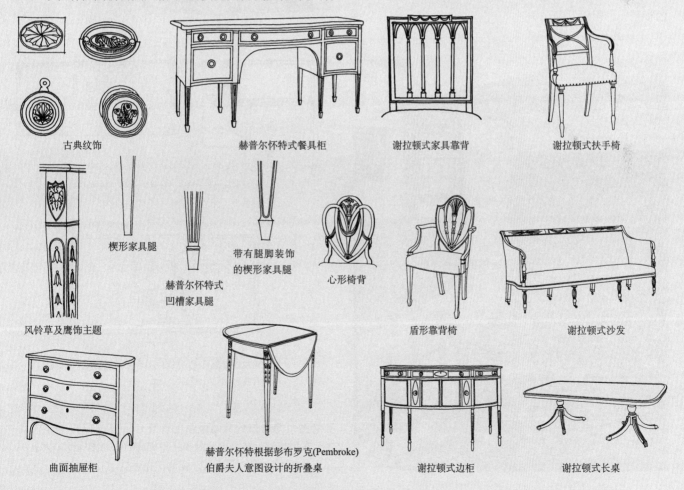

古典纹饰　　　　赫普尔怀特式餐具柜　　　　谢拉顿式家具靠背　　　　谢拉顿式扶手椅

楔形家具腿

赫普尔怀特式凹槽家具腿

带有腿脚装饰的楔形家具腿

心形椅背

风铃草及鹰饰主题

曲面抽屉柜

赫普尔怀特根据彭布罗克(Pembroke)伯爵夫人意图设计的折叠桌

盾形靠背椅

谢拉顿式沙发

谢拉顿式边柜

谢拉顿式长桌

美国风格·殖民地风格（1600—1700 年）

（1）受到荷兰、德国、瑞典、英国、法国和西班牙风格的影响。

（2）公认的美国地方建筑设计风格特点如下：

不对称双坡顶：房屋的前部房间和后部房间各在一个坡度内。

要塞式（码头式）：第二层立面伸出第一层形成挑出层。

复折顶式：屋顶有一个折线，使得顶层阁楼使用空间加大。

（3）其他特点包括老虎窗、乔治亚风格的细部和双框窗。

（4）大多数早期美国室内设计受到都铎式、伊丽莎白式、詹姆士一世式和西班牙殖民地风格的影响。

（5）在美国南部，家具风格叫圣达菲风格（美国圣达菲风格：始于 17 世纪 60 年代的农民装束，是须边、天鹅绒、流苏、刺绣、装饰、拖地长裙、短胖珠子等的结合），色彩粗犷，常用几何图案。

不对称双坡顶

要塞式

复折顶式

科德角式

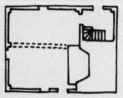

1650年建造的一半是露台的房间平面

1675年建造的带有两室的大平层住宅平面

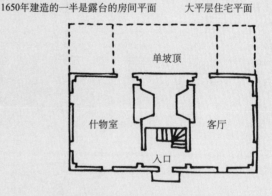

单坡顶

什物室　　客厅

入口

单坡顶或不对称双坡顶平面（Lean-to单坡顶、Keeping room什物室、Parlor客厅、Entry 入口）

温特图尔博物馆的牡蛎湾住宅室内是典型的 17 世纪室内场景：东方风格地毯搭配木地板、粉刷墙面、肋梁屋顶、大火炉和简单的木家具。（温特图尔博物馆提供）

土坯屋

栏杆靠背椅

卡佛椅

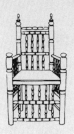

布鲁斯特椅

萨帕塔式(双斗拱)

典型结构形式:
萨帕塔式（双斗拱）

乡居松木立柱椅

皮革木椅

温莎椅

希契科克椅

印第安陶器

印第安篮及羊毛毯

桁条　密椽

壁龛

土坯屋及其室内

一个体现了圣达菲风格的当代改造设计——设在拐角处的土坯壁炉、有着白色纹理的墙壁，以及凉爽的瓷砖铺地。(BUILT Images / Alamy 版权所有)

美国风格·乔治殖民时期（1700—1790 年）

（1）英国乔治时代的多变化的平面为早期美国带来了对活力、智慧和创造力的独特而崭新的理解。

（2）主要受到欧洲庄园形式的影响，使房间更具功能性。

（3）早期美国人开始从丰富的森林中伐木，不仅强调木材使用的变化，而且强调特定的装饰形式和设计比例。

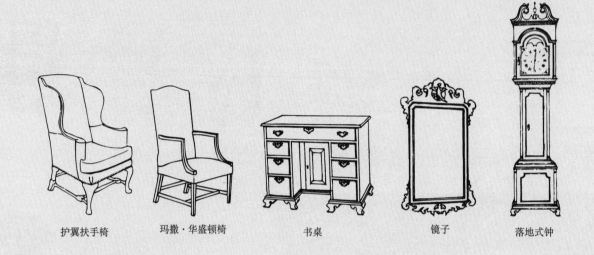

| 护翼扶手椅 | 玛撒·华盛顿椅 | 书桌 | 镜子 | 落地式钟 |

美国风格·新古典时期（1790—1845 年）

（1）联邦式设计风格：1783 年美国独立战争获得胜利，在设计史上也将独立后至 19 世纪上半期的家具称为联邦式。自独立战争后，美国在政治上脱离英国转向法国，另外法国大革命后有许多法国新古典主义设计师和流亡贵族来到美国，促成了法国路易十六式家具在美国的传播和推广。当然，也强调希腊罗马设计风格的改进，托马斯·杰弗逊（Thomas Jefferson，1743—1826）是提倡者。

（2）希腊复兴风格：黑奴解放运动和南北战争高扬起"人权"和"自由"的旗帜，以致希腊复兴建筑在美国南部种植园地区非常流行，主要是西方古典建筑风格在美国小型建筑上应用。

（3）美国建筑曾受希腊设计强烈影响，其中希腊复兴建筑风格在美国南部建筑中尤其明显。

（4）法夫风格：此风格的家具以美国家具师邓肯·法夫（Duncan Phyfe，1768—1854）的名字命名，它以完美的比例和简洁线条为特征。艺术史学家认为，这类家具与其说是对亚当家具（Robert Adam）、谢拉顿家具（Sheraton）、赫普尔怀特式家具（Hepplewhite）和帝政式风格家具（Empire）的修正和改良，不如说是一种自成一格的风格体系。

（5）工业革命（约 19 世纪 30 年代—1900 年）带来机械制造、大批量生产的家具，而家具制作艺术水准逐步下降。

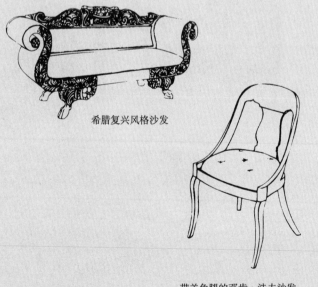

希腊复兴风格沙发

带羊角腿的邓肯·法夫沙发

由托马斯·杰弗逊设计。杰弗逊为早期古典复兴风格添加了民间风格气息。建筑受到联邦风格影响，尤其在 18 世纪晚期和 19 世纪早期，其特点是古典形式与典型美国图案的联合采用。（由 Photodisc/ Izzy Schwarta 提供）

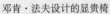

邓肯·法夫设计的显贵椅

美国帝政式窗间桌

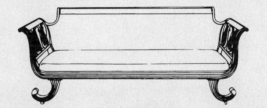

邓肯·法夫设计的长椅

火焰纹牛眼镜

1826 年建成的农庄会堂，位于南卡罗来纳州彭德尔顿市，是希腊复兴建筑的杰出样板。（由 Lynn M.Jones 提供）

希腊复兴风格和帝国风格的客厅室内设计（由温特图尔博物馆提供）

当代希腊复兴风格设计项目。通过金色和蓝绿色、地毯图案、灯台和躺椅的非对称布置塑造了19世纪早期的风格。（古色古香的奥布松建筑，由 F.J.Hakimian,Inc 和 Robert Metzger Interiors 提供；摄影：Phillip Ennis）

历史风格的小结

在研究设计历史时，可以看到，工业革命促使设计发生了重大转变。大量生产的机器制造的家具使得手工艺生产的家具黯然失色。因此，历史/经典时代终结于1830年代，之后开启了一个新的设计时代。

在设计的一个自然循环中，我们可以看到繁与简之间的不断循环：从古埃及和古希腊的自然清晰到古罗马的繁复装饰；从英国安妮女王早期简约风格到乔治风格和联邦风格，再到帝国时代的华丽沉重的装饰风格。设计的本质是从最纯净最原始的形式开始，然后一次又一次地修饰这些形式，直到下一代必须再次挣脱（或"重生"）新经典。接下来的部分从另一个充满装饰的时代开始——维多利亚时代。从这种华丽的装饰风格开始，设计师又再一次反对繁复的装饰和设计，自此建筑和室内设计进入到现代设计。

现代设计的演变

现代主义的根源主要可追溯到工业革命，这一时期从19世纪初一直持续到20世纪初。在这个时代，机器被用于制造家具和其他现代设施，从而改变了人们的生活方式。技术的进步和新材料的发展带来了非凡的建筑创新。例如，金属框架结构的使用使得建筑师可以为火车站、展览馆、图书馆、证券交易所、剧院和其他公共建筑建成大跨空间。

1851年在伦敦举行的第一届世界博览会暨展览会是现代设计的基本出发点。由约瑟夫·帕克斯顿（Joseph Paxton）设计的博览会的水晶宫长达488米，这得益于玻璃和铁的使用技术的进步。这次展览是古典与现代设计之间的过渡，虽说现代工业化住宅要到20世纪才产生，但用机械加工装饰部品和建筑细部却植根于那个时代。

维多利亚时期（约1840—1920年）

（1）盛行于维多利亚女王时期。

（2）利用机器制作复杂的图案、产品细部和雕刻，体现怀旧的风格。

（3）其他维多利亚风格包括异国情调追求的复苏。

（4）各种有图案的墙纸、织物和地毯大量应用于室内装饰。

（5）法国洛可可风格、新古典风格、哥特风格、文艺复兴风格、东方风格和伊丽莎白风格的家具被广泛使用。

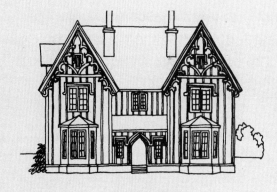

卡彭特哥特式建筑

复折式维多利亚风格

安妮女王风格

意大利维多利亚风格

当代维多利亚风格室内设计，设计师显示了折衷主义倾向。室内主要包含了都铎风格、摩尔风格、法国风格和希腊复兴风格等，其中地毯图案和大量的饰品传递了维多利亚风格的感觉。（古典法式乡村住宅，引自 F.J.Hakimian,.Inc., N.Y.,Michael R. LaRocca, Ltd. 摄影：Phillip Ennis）

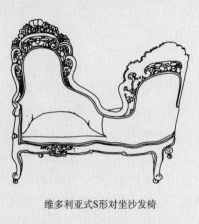

维多利亚式S形对坐沙发椅

伊斯莱克椅　　　　　带形刻花红木沙发

传统复兴（约 1880—1920 年）

（1）欧洲中世纪风格的复兴。

（2）最具代表性的项目是由贝利（Charles Baeey，1795—1860）和普金（A. W. N Pugin，1812—1852）合作设计的英国国会大厦。

（3）包括法国学院派艺术风格、古堡风格（Chateauesque，源于法国 16 世纪古城堡建筑，将早期哥特风格和文艺复兴装饰技艺融于一体）、乔治亚复兴风格、西班牙殖民地风格、新古典风格、都铎风格、殖民地复兴风格、法国折衷风格和意大利文艺复兴风格。

1911 年建成的乔治亚州亚特兰大市装饰艺术风格住宅，位于著名的德鲁山历史保护地区。（摄影：Lynn M. Jones）

博缪公寓（1888—1895）是建筑师理查德·莫里斯·亨特为美国航运大王乔治·威廉·范德比尔设计的仿制文艺复兴古堡风格府邸。（摄影：Lynn M.Jones）

1912 年建成的意大利文艺复兴式建筑，佛罗里达州芙娜蒂娜海滩美国邮政局。（摄影：Lynn M. Jones）

早期现代主义

（1）与维多利亚时期和传统复兴有关。

（2）前期设计师反对历史折衷主义。

（3）使用先进技术工艺，如铁结构框架、层压板和平板玻璃窗。

（4）桥梁艺术和技术的发展。

（5）早期的设计来自夏克尔风格（Shaker，其特征为简洁、无装饰、实用并做工精良），这是一个宗教团体，相信美存在于基本的功能和简洁的装饰中。

（6）奥地利设计师托奈特（Michael Thonet，1830—1870），掌握了把木材弯曲成曲线的技术，他的设计今天仍在使用。

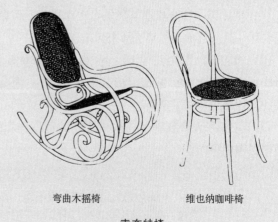

弯曲木摇椅　　　　维也纳咖啡椅

索奈特椅

早期现代主义·工艺美术运动（1860年代至1920年代）

格林兄弟设计的位于加利福尼亚州帕萨迪那市的甘布住宅，是手工艺在建筑中运用的最好样板。（来源：甘布住宅，摄影：Alexander Vertikoff）

甘布住宅室内场景，其中建筑构件和家具均为手工制作。（摄影：Tim Street-Porter）

（1）抵制机械制造的产品。

（2）提倡手工家具和装饰品。

（3）著名英国建筑师和家具设计师有：威廉·莫里斯、查尔斯·伊斯特莱克、爱德华·戈德温、菲利普·韦伯（Philip Speakman Webb，1831—1915）、欧内斯特·吉姆森（Ernest Gimson，1863—1919）和查尔斯·伏伊赛（Charles F. A. Voysey，1857—1941）。

（4）著名美国建筑师和家具设计师有：古斯塔夫·斯蒂克利（Gustav Stickley，1858—1942）、赖特（Frank Lloyd Wright，1869—1959）、理查森（Henry Hobson Richardson）、格林兄弟和亨利（Charles and Henry Greene）。

（5）格林兄弟发展了豪华别墅设计。

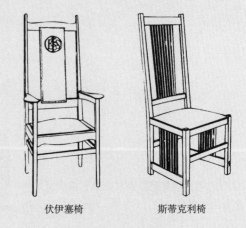

伏伊塞椅　　　斯蒂克利椅

早期现代主义·摩天楼（1880年代至1920年代）

（1）虽然第一幢金属框架建筑出现在纽约，但摩天楼的名称还是与芝加哥的建筑师密切相连。

（2）摩天楼之父路易斯·沙利文（Louis Henry Sullivan，1856—1924）提出"形式追随功能"，为功能主义的设计思想开辟了道路。

（3）许多摩天楼反映了柱式三部分的特点：底层、中间楼层和屋顶。

W·L·詹尼设计的芝加哥家庭保险公司大楼（1883—1885）是第一座全钢构架建筑，他就学于巴黎中央工艺美术学院制造专业，不幸的是办公楼1931年被毁。

早期现代主义·新艺术运动（约 1890—1910 年）

(1) 基于自然，有机曲线形式的风格。

(2) 主要提倡者包括维克多·霍塔（Victor Horta, 1861—1947）、亨利·温迪（Henri van de Velde, 1863—1957）、赫克托·吉玛尔（Hector Guimard）和安东尼奥·高迪（Antonio Gaudi）。

(3) 麦金托什（Charles Rennie Mackintosh, 1868—1928）把新艺术表现用鲜明的几何形式加以归类。

(4) 蒂凡尼（Louis Comfort Tiffany, 1848—1933）发展了一种用于玻璃门窗、灯罩和其他装饰品的最著名新艺术风格的彩绘玻璃设计。

赫克托·吉玛尔
的新艺术风格椅

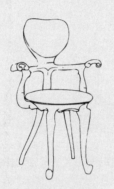

安东尼奥·高迪的
新艺术风格椅

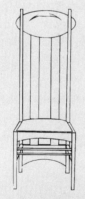

麦金托什阿盖尔椅

现代风格·有机建筑（约 1894 年至今）

(1) 建筑的特征表现为"如出自于自然环境"。

(2) 最重要人物是赖特。

(3) 赖特发展了草原风格住宅。

塔塞尔住宅（1892—1893）位于比利时布鲁塞尔，是维克多·霍塔的著名住宅设计之一，也是最早的新艺术风格的私人住宅之一。旋涡形装饰布满建筑，优雅的楼梯扶手和踏步板是铁制品。（来源：当代艺术博物馆）

流水别墅（1936）是赖特的现代住宅设计作品，位于宾夕法尼亚州匹兹堡附近的一处瀑布之上。体现了设计师的哲学理念：建筑应该来自大地。（引自：西宾夕法尼亚州保护区）

现代风格·国际风格（20 世纪初至 1950 年）

（1）国际风格的基本内涵是功能主义和线条纯净。

（2）设计术语遵从美国建筑师菲利普·约翰逊（Philip Johnson）的理念。

（3）常用材料包括钢筋混凝土、钢和玻璃。

（4）开放的建筑平面和大面积延展的玻璃窗。

（5）国际风格运动推动了设计发展的一些全新风格的出现：

分离派：以奥地利瓦格纳（Otto Wagner，1841—1918）为首的一个艺术运动，宣称要和过去的传统决裂，主张造型简洁和集中装饰。

风格派：以荷兰为中心的设计流派，把设计元素减少到最基本，甚至颜色只包括红、蓝、黄、黑、灰和白。代表人物有画家蒙特利安（Piet Mondrian，1872—1944）、建筑师里特维德（Gerrit Reitveld，1888—1964）。

包豪斯：德国实验性设计学校，提倡简单设计风格，追求最纯粹的功能及恰当比例的机械制造。著名人物有格罗皮乌斯（Walter Gropius，1883—1969）和密斯·凡·德·罗（Ludwig Mies van der Rohe），密斯的名句是"少就是多"。

勒·柯布西耶（Le Corbusier，又名 Charles-Edouard Jeanneret-Gris，1886—1965）：现代建筑巨匠，设计作品有萨沃伊别墅（Villa Savoye，1928—1930）、朗香教堂（the chapel at Ronchamp）和家具杰作。

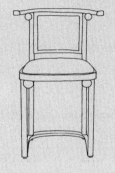

约瑟夫·霍夫曼的蝙蝠椅　　约瑟夫·霍夫曼的布拉格椅

奥托·瓦格纳的　　吉瑞特·里特维德的　　约瑟夫·霍夫曼的
分离派风格椅　　　"Z"形椅　　　　　汉斯椅

密斯·凡·德·罗的巴塞罗那椅　　柯布西耶的大安乐椅

最好的风格派家具作品是红蓝椅（1918），荷兰的里特维德设计，采用抽象的木结构构架原理，色彩有红、蓝、黄、黑。（来源：Cassina USA Inc）

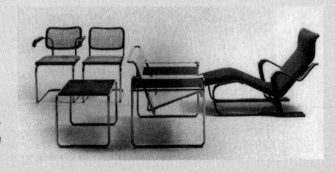

建筑及家具设计大师马歇·布劳耶的经典包豪斯家具。从左到右，塞斯卡椅、辣椒桌和瓦西里休闲椅，都是布劳耶在包豪斯教学时期的作品，最右侧的沙发是他 1935 年在英格兰设计的。（来源：Knoll）

由勒·柯布西耶（Le Corbusier）设计的萨沃伊别墅（Villa Savoye）分为三层。主要生活水平位于二楼，可通往露台，三楼是屋顶花园。柯布西耶写道："房子就像是一台生活的机器。"（版权属于 Bildarchiv Monheim GmbH / Alamy)

建筑师菲利普·约翰逊（Philip Johnson）在康涅狄格州新迦南设计的"玻璃房"(1949)，配置玻璃墙和密斯的巴塞罗那系列家具。约翰逊是密斯·凡·德·罗（Mies van der Rohe）的早期追随者。（来源：AP WideWorld Photos）

现代风格·装饰艺术风格（约 1909—1940 年）

（1）装饰艺术风格提倡完全的几何形状，如金字塔、中亚神塔（梯形金字塔）、锯齿形和太阳光四射形状。

（2）灵感来自电影和戏剧的魅力，还有爵士音乐、非洲艺术和新科技。

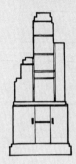

保罗·法兰克促进了 20 世纪二三十年代美国家具的发展，并将独特的美国高层建筑设计灵感作为一种艺术装饰风格主题被用于自己的作品之中。

老沙里宁 1929 年在克兰布鲁克艺术学院设计的蓝椅，蓝色漆框配以金箔的艺术装饰。

现代风格·二战以后风格（1950 年代至 1970 年代）

（1）新建筑风格出现。

（2）以设备和材料为代表的新技术出现。

（3）独特的斯堪的纳维亚设计师，有阿尔瓦·阿尔托（Alvar Aalto，1898—1976）、汉斯·威格纳（Hans Wegner，1914—2007）。

（4）意大利设计师维科·马吉斯特提（Vico Magistretti，1920—）对高分子材料深入研究和应用。

（5）美国设计师有下面几位：

查尔斯·伊姆斯（Charles Eames，1907—1978）：美国设计师，将多层胶合板椅从双向弯曲发展到了三维曲面椅，成为家具设计的杰出人物。

艾罗·沙里宁（Eero Saarinen，1910—1961）：芬兰裔美国建筑师，他曾设计了密歇根州通用汽车技术中心（1951—1955）和纽约市肯尼迪国际机场候机楼，以其胎式椅和郁金香球椅著名。

野兽派艺术的发展是以国际主义风格的对立面而发展的，代表作品是耶鲁大学艺术馆（1954）。

美国伊姆斯椅　　　　美国小沙里宁郁金香椅

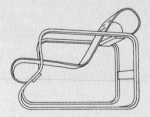

阿尔法·阿尔托椅

芬兰设计师阿尔托 1946 年设计的悬臂椅和桦木桌，采用桦木层压板作为主要材料，是斯堪的纳维亚现代家具的杰出设计作品。（Artek Oy Ab）

汉斯·威格纳孔雀椅　　　汉斯·威格纳椅

1967 年蒙特利尔世博会穹顶帐篷美国馆，由富勒设计，是构造化几何圆顶建筑，此建筑形式获得专利。（版权属于 M&N / Alamy）

现代风格·后现代主义（1960 年代至今）

（1）风格借用了过去的风格。

（2）主要代表有格雷夫斯（Michael Graves，1903—1972）、文丘里（Robert Venturi，1925—）、摩尔（Charles Moore，1925—1993），以及把后现代主义归结为文脉主义、隐喻主义和装饰主义的美国建筑师斯特恩（Robert Stern）。

（3）家具设计风格包括手工艺复兴、艺术家具、人体工程家具和为配合工作场所而制作的家具。

（4）其他后现代时期的设计趋势通常分为四类：

高技派：注重工业技术的倾向，创新地采用工业化部件和预制化装配。

孟菲斯风格：后现代主义的设计流派，推崇风格、色彩和形态的自由表现。

新古典主义：受古希腊设计影响，倡导古典、简洁优雅。

解构主义：对现代设计领域的极端否定，代表人物是盖里（Frank O. Gehry）。

迈克尔·格拉夫 1986 年在新泽西设计的后现代住宅。入口处埃及风格的柱头笼罩在高处的灯柱之中。而在远处的起居室，壁炉主宰了空间。（摄影：William Taylor）

达科塔·杰克逊设计了许多功能多种多样的家具。(来源：Dakota Jackson)

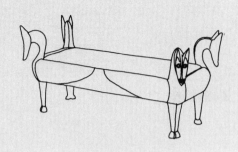

朱迪·玛柯设计的马形长凳

后现代的格雷夫斯椅

后现代的文丘里椅

现代经典安吉拉·冬黑尔凹槽椅

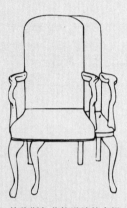

特伦斯与劳拉设计的安妮女王风格艺术家具

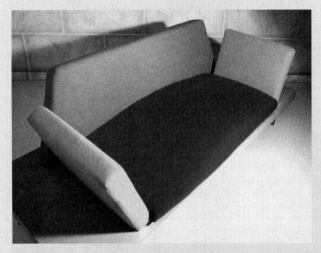

这款颜色鲜明的孟菲斯风格的沙发以鲜艳的色彩装饰著称，是由奥地利出生的意大利设计师索特萨斯创造的。风格提倡表达自由，尤其是在将颜色和形式结合在一起时。(版权属于 Elizabeth & Associates / Alamy)

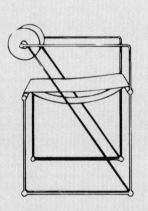

意大利马里奥·博塔设计的设计作品

菲利普斯达克的路易斯幽灵椅（来源： S+ARCK NETWORK）

1997 年建成的西班牙毕尔巴鄂的古根海姆博物馆，设计师弗兰克·盖里创造性地采用钛板覆盖的曲线形外轮廓。（版权属于 Eric Vandeville）

现代设计的小结

历史学家发现很难定义从现在起至 100 年后将被视为经典的东西。当前的设计趋势可能仅被记作过时的时尚，抑或可能会开启一个全新的历史运动。请注意，设计似乎再次到达了循环的起点：由有机建筑和包豪斯的纯粹主义推动的设计是干净、清晰且不复杂的，而如今浓墨重彩的孟菲斯风格，重返经典安妮女王椅的风格和色彩设计，以及解构主义的激进性质，表明下一个循环趋势可能是向新的简单迈进。

风格的选择

对以下这些设计风格的学习，可以让你认真考虑如何在当前的室内设计中对设计风格流派进行取舍和铺陈。选择某一设计风格，需要完全了解业主对此的感受。通常古典风格、新现代风格、田园风格、后现代风格和折衷风格会对业主有一定指导作用。

显富贵、大气和高雅。有些风格的家具经调整和修改，既保持原有特色又适应了现在的需要。传统风格的范围包括有英国的安妮女王式、奇彭代尔式、亚当式、赫波怀特式和谢拉顿式；法国宫廷风格有路易十五式、路易十六式和帝政式以及美国联邦式等。

古典风格

古典风格是古代设计风格的精心提炼。许多古典设计风格都源于 18 世纪和 19 世纪早期的西方繁荣时期，当时艺术活动兴旺。这个时期的法国和英国家具风格尽

新现代风格

主要强调既具理性、重视功能、与环境融合，又能够体现设计师个性和文化内涵。新现代风格气氛可以通过现代家具、装饰品和室内背景装饰的配置所产生的雅

致的装饰环境形成。新艺术风格、装饰艺术风格、新古典风格和后现代风格的家具都很适合。意大利式，分离主义、维也纳学派、荷兰新艺术运动、包豪斯和国际式的家具可能非常正式和精致，具体取决于周围环境。现代东方风格也经常被用于正式场合。

田园风格

从历史上看，田园风格的家具都产于乡村。这种家具采用当地木材和手工技术，模仿精美奢侈的家具。乡村的室内装饰通常是手工的，简朴而简单，外观平常。家具观感朴实、舒适而粗糙，多种地区风格家具可以相互搭配，哪怕有些家具历史久远都可以相互组合，显现田园魅力和休闲气氛。最普遍的能够产生这种感觉的是美国殖民地风格、英国中世纪风格、法国乡村风格和西班牙风格。

后现代风格

无数风格形式的现代家具充斥市场，主要是欧洲、东方和美国设计师的作品。一个后现代风格家具的产生通常是不经意构造的选定和混合饰面、简单材料、朴素表面的使用。后现代家具还采用有趣、有形的设计。塑料和可变家具也属于这个类型。后现代家具风格与斯堪的纳维亚风格非常相似，受到日本元素和手工艺复兴风格的启发。

折衷风格

折衷主义设计不是大杂烩。家具的尺度和选材制作是有具体要求的。通常是利用一些元素的整合以表达主题。例如田园风格的形成，重点是不要太正式，所有的田园风格家具不论在哪里使用都是折衷设计的结果。而传统家具的形成过程中，庄重是重点，几乎所有的精髓都能够进行组合成为美好的新家具。折衷主义风格可以利用在大胆而富于想象的室内空间。

任何形式的房间，室内表现都不能过分单一，否则会有单调的感觉。有惊喜才有情趣。例如，一把维多利亚椅放置在现代空间会为房间增色。一个现代风格的沙发会使展示空间新颖、前卫。而经过仔细推敲的现代装饰背景会成为高艺术价值古董的最有效背景。正如多萝西·德雷珀（Dorothy Draper）所言，"我会在空间里放入一个有争议的东西，它会让人们产生话题。"

这些椅子使用LED灯从内部照明。该椅子专为户外使用而设计，将经典的设计风格与最先进的电子产品融合在一起。(设计师：Matthew Quinn and Rick Parrish. 摄影：Mali Azima)

设计基础

Design Fundamentals

对对称、均衡和节奏的渴望是人类最根深蒂固的本能。
　　　　　　——Edith Wharton 和 Codman，Jr（《房屋装饰》）

图 II-1　在商业办公空间设计中，温馨的接待区是满足客户和雇员期望的重要因素。在这个空间中，下降的天花板对接待区域起到了界定和识别作用，并在视觉上提示客户在前往等候区之前停下来。（设计：Gensler；摄影：Sherman Takata）

正如在第 1 章中讨论的那样，设计进程是复杂的，还受到设计和预算的限制，然而正是这种复杂性点燃了设计师的激情。设计就是在给出的一系列限制的条件下，探索出可能性的解决方案。思考一下古埃及坟墓、古希腊神庙、中世纪大教堂，以及现代摩天大楼，这些结构体的建造资源是有限的，设计师们基于当时可靠的工程技术和工期限制内的劳动力投入，完成了设计和建造。然而，这些建筑物却超越了这些局限成为永恒的设计，几百甚至上千年后依然被学习。

设计思维

设计师从不同角度思考问题，在表面看似不同的想法之间形成联系。设计师在心理上感知这些想法，研究与之相关的概念和理论，综合和记录这些概念，并依据一定的原理创造出预期的结果。设计师们像组装拼图一样拼装头脑中形成的碎片，同时创建这些碎片的三维图像。

设计是一种广泛的思维方法，包括调查和诠释，关联与组合，解决和反思……如此循环往复。形成设计思维的目的是在设计进程中融入适度的创造力。

调查和诠释

思维过程始于人文社科的广泛教育，而人文社科教育是形成思维过程的根基。设计师们除了熟悉建筑材料和施工方法等详情与细节之外，还要了解全球视野、商业与金融以及人类行为等方面的知识。

设计师们要知道如何研究——去调查他们不知道的东西，他们是信息的海绵，不断探索寻求创新，并查找历史事实。

设计师们要认真倾听——客户也许不知道自己想要什么，或者仅仅知道自己不想要什么，或者可能仅仅知道他们现有的资源能够做什么。设计师们的广泛知识基础可以分析客户的这些需要，为特定问题探索解决方案。

关联与组合

设计师将广泛的信息资源进行综合，他们既寻找并行性，也思考关联性。通过思考信息的关联性，形成字面的或者具有比喻寓意的新的群组。正如 Plan（战略咨询公司）创始人凯文·梅古拉（Kevin McCullagh）所指出的：设计师擅长于"把它变成事实"。他们画设计草图、概念化设计方案，他们书写、制作。

作为组合的一部分，设计师们还要试验与尝试各种潜在的解决方案（图 II-2）。这些尝试又引出其他想法，产生可能导致完全不同决策的新思维和新进程。设计师们行走在混乱的边缘，在混乱中发现秩序。

解决与反思

设计师们继续设计思维进程。他们习惯于在限定时间内和了解预算的情况下，如期完成项目。设计师们审查他们的成果，评判优和劣，设法从中获取经验。他们还会通过分享他们的成果以提高专业知识基础。他们的设计思维能力是由他们的意识水平、分析周围环境的能力，以及视觉化地与他人分享他们的见解能力推动的。

视觉素养

设计师在思维过程中要运用许多工具。正如语言的掌握与精通是个人成功的关键，视觉素养是设计师在设计思维过程中运用的重要工具。

每一种文化，都要学习阅读和写作，或识字。孩子们在整个成长过程中被教授字母、拼写、适当的语法和句法。掌握与精通语言对个人成功至关重要，一旦精通，每一个短语、每一篇文章、每一份报告、每一本书都呈现个人独特的创造力，并成为独一无二的作品。

类似的情况发生在音乐领域。音乐家们将 12 个不同的音高（由钢琴上的 7 个白键和 5 个黑键表示）进行无限组合，并通过渐进和节奏的变化创造出各种不同的歌曲和风格。同样，有效地创作广告、布局网页、制定平面布局图、设计一个完整的室内空间环境都需要具有一定的视觉素养。

视觉素养需要有效地应用设计要素和原则，同时需要理解和掌握图案、秩序和视觉认知知识（图 II-1）。视觉素养体现设计师的思维方式。

环境认知

对环境的感知是连接行为与环境的重要心理过程，人由于受到物理环境的刺激而获得感知，从而产生各种各样的心理反应，这被称为物理环境的知觉特性。我们要想在环境中有所行动，第一步就是了解环境，用视觉、听觉、嗅觉、触觉、味觉等感觉接受环境信息。在人的各种感官中，视觉最为重要，人们从外界接收的信息中有 87% 是通过眼睛的。人不仅能够使眼睛自动记录看到的关键要素，而且能对视觉信息进行组织和分类。

个人在组织和分类信息中有一

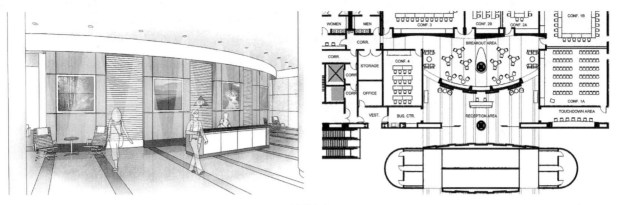

可选性方案1

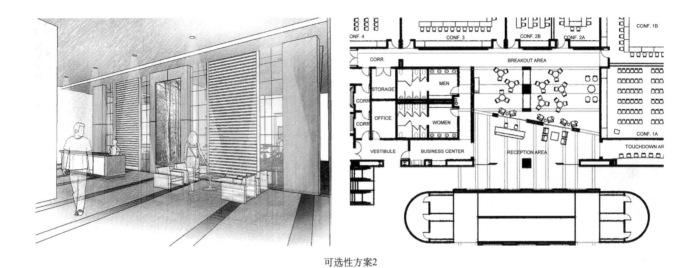

可选性方案2

可选性方案3

图 II-2　在这个项目中，设计师被要求在培训中心内的课间休息区设计全新的人流流线。作为设计思维的一部分，三个解决方案在设计过程中逐渐形成、优化，并呈现给客户。可选性方案 1 是基于对称均衡的、曲线形的、顺畅的交通流线设计；可选性方案 2 是一个成角度的非对称均衡设计；可选性方案 3 创造了一个组合式的成角度交通流线和一个弯曲的接待区。（建筑师 / 设计师：Hughes Litton Godwin）

个自然倾向。如同耳朵探寻以解析出一首歌曲的最后一个音符一样，眼睛会自动地被吸引到主导要素上，同时一个自然的进程引导着眼睛，使眼睛自动地在缺失的信息中探寻以感知图像的闭合性。眼睛试图发掘它所看到的任何事物的含义。这一现象的典型实例是卢宾反转图形（花瓶和脸部侧影）（图II-3）。在这个例子中，眼睛或者感知花瓶（白色部分）或者感知脸部侧影（黑色部分）。眼睛在整体图像中，或只是在墙壁与天花板（即上下部分的黑白交界处）或人行道的断裂（即白色部分的空隙）中寻找图像或秩序。眼睛通过从聚焦的图像转换到更广阔的视角的图像来感知这些变化。

图II-3 在这个例子中，眼睛试图探寻图形的含义：图形可以是互相对视的脸部的侧影，也可以是杯子。

卢宾反转图形的感知结果中，白色的杯子和黑色的双人侧面像可互为图形和背景，说明图形与背景的关系是相对的：在某些人看来是图形，而另一些人会将之看成为背景，这就是"图形背景理论"，即人们倾向于将物体理解为背景上的图形：图形较清晰，背景较模糊；图形较小，背景较大；图形是注意力的焦点，背景是图形的衬托。当然，运动着的图形在静止的背景上往往容易被感知，如街道上的人和汽车、喷泉和瀑布、闪烁的霓虹灯，通常都能抢占人们的视线。不过动与静是相对的，动背景前的一个静物和静止背景前的动者均为注意力的焦点。一般来说，图形与背景差别越大，图形就越容易被感知。

设计师可以创造环境帮助居住者获得这些感知倾向（图II-4）。冲突的设计组件，如错位的家具或计划不周的房间布局，会给居住者造成视觉和物理上的模糊。

相关链接
国际视觉素养协会 www.ivla.org

格式塔（完形）与知觉理论

格式塔（完形）心理学是关于人类如何感知他们所看到的事物的理论。20世纪初期，德国心理学家研究了大脑如何将元素组织分类成简单的图像，并以近似的轮廓闭合一个空间。设计师利用大脑的这个倾向，经常依据物体的相邻程度和相似程度，或通过感知运动与连续，对项目进行分组。同时，设计师们常常运用感知闭合特性和形式排列组合来定义空间。

例如，请注意图II-4A。虽然有11个不同的元素，但由于它们距离接近，眼睛自然地将它们组织成三组。图II-4B也是如此，13件不同的家具被设计师按照距离远近组合成三个会谈区。这是因为视觉认知有一个规律——接近律：当一些对象的位置靠的很近时，人们在感觉上往往把它们当做一个整体来感知。

此外，眼睛也具有按照相似性组织元素的趋势，即相似律：人们可以迅速辨认出相同或者相近的形状和图案，并理解成组。在图II-5中，眼睛倾向于将三角形和圆形按照斜线方向组织和识别。这种组织特性，在布置客户的附属收藏室或者酒店宴会厅中的多种椅子时，是非常有效的。图II-5也演示了对象的排列是如何将眼睛引导至所期望的方向的，本例是一个对角线平面。当眼睛继续沿着对角线移动时，就会出现连续性。

另一个常见的趋势是眼睛对所看到的图像进行完形补充，使图像具有整体性和完整性。这是人类认知的感知闭合特性。按照此特性，

图II-4A 利用相似性组织要素　　图II-4B 利用相似性组织相关要素进行室内平面布局

一个不完整的形体在眼睛看来是连续的、完整的。图II-6眼睛感知的是正方形和圆形，而不是一系列的线条。这种技术被用在标志设计中，虽然世界上有超过3000种语言，标志作为视觉素养的形式，却跨越了语言差异的障碍。如图II-7所示，眼睛完成对男性和女性形体特征的捕捉，理解由禁止吸烟和残障标志传递的信息。

在空间规划中，设计师通常利用感知闭合特性，创造不具有四面墙体、地面和顶面的空间。注意理解菲利浦·约翰逊（Philip Johnson）

的玻璃屋（Glass House）的地毯区域是如何界定出会客区的。眼睛通过吊顶高度、材料质感、形态甚至色彩的变化感知指定的空间。

在许多设计领域中应用的另一种知觉理论是形式排列组合。弗朗西斯·钦（Francis Ching）在《建筑：形式、空间、秩序》一书中讲述了形式和空间组合的五种形式：集中式、线式、辐射式、组团式和网格式。很多设计和建筑物都基于线式和网格式进行组织。需要注意的是线式和网格式的组织形式不要死板僵化。图II-8中，有机形态看起来像曲线

地图，或流动的河流，或一组鹅卵石。图II-10至图II-14是三得利水务集团（Sundory Water Group）的设计项目，这个开放式办公空间就是基于线式和网格式来组织平面布局的。平面组织将在第8章深入讨论。

视觉感知和格式塔（完形）心理学理论能够帮助设计师定义美学上令人愉悦的，同时满足项目的功能和经济要求的社会的和文化的解决方案。视觉素养，以有序的和敏感的方式构建要素，并应用于整个设计进程，包括室内环境设计的概念发展。

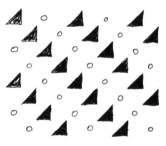

图II-5　利用相似图形的有序排列产生视觉倾向

图II-6　利用感知闭合特性感知图像

图II-9　这个设计概念的发展带着异想天开和诙谐的韵味。设计师为多恩宠物护理中心（Doane Pet Care）设计了一个令人愉快的入口。接待区刻画了一个狗活动的图像：有一个人在遛狗，还有一些狗在做他们的事情。为什么我们要关爱宠物，原因被分享在墙面图片的引语中。（建筑师／设计师：VOA；摄影：Nick Merrick©Hedrich Blessing）

图II-7　标志利用了视觉认知特性：男生和女生的标志利用了形态的近似效应。请勿吸烟和残障标志利用了感知闭合特性，即眼睛可以自动填补图像的空隙和细节，感知图像的整体。

相关链接
格式塔信息 www.usask.ca/education/course-work/skaalid/theory/gestalt/simila

http://daphne.palmar.edu/design/gestal.htm

艺术，设计和格式塔理论 www.leonardo.info/isast/articles/behrens.html

图II-8　有机图形应用网格形式排列

三得利水务集团（Suntory）项目需求

私人空间

区域和说明	人数	面积（m²）	扩展面积（m²）
高管办公室	5	11	56
督导员	9	7.4	67
客户服务代表	135	3.3	450
行政	7	7.4	52
小计	156		625
扩展需求系数（0.5）			312.5
全体职员合计	156		937.5

公共空间

区域和说明	房间数量	面积（m²）	扩展面积（m²）
服务功能空间需求			
私人办公室	5	9.3	46.4
团队办公室（16人座）	1	37.2	37.2
计算机培训中心（24人座）	1	74.4	74.4
会议室（12人座）	1	37.2	37.2
洽谈室	1	6	6
放映室（2~3人座）	1	9.3	9.3
人力资源部文件区	1	11.1	11.1
信息中心	1	27.9	27.9
设备区	2	9.3	18.6
中央休息区（50人座）	1	111.5	111.5
接待区（4~6人座）	1	46.5	46.5
静音室	1	21	21
康复室	1	9.3	9.3
存衣间	4	2	7.4
储藏室	3	7.4	22.3
小计			486.1
扩展需求系数（0.45）			210.6
服务功能需求合计			696.7
计算机功能需求			
电信和备用供电机房	1	74.3	74.3
配电室	1	14	14
电话/数据中心	1	9.3	9.3
洗手间	2	41.8	83.6
门卫室	1	5.6	5.6
小计			186.8
扩展需求系数（0.50）			93.4
计算机功能需求合计			280.2

合计

统计	总人数		总面积（m²）
全体职员			937.5
服务功能需求			696.7
计算机功能需求			280.2
合计	156		1914.4

图 II-10　作为设计进程的一部分，idea\span 设计公司创建了三得利水务集团两个主要领域的分析表：私人空间和公共空间。（设计师：idea\span）

概念

设计项目的一个重要基本方面是概念。概念是指定义设计问题解决方案的潜在思想和激励因素。概念可以包括设计和历史风格，但需要扩展这些具体要素让其含有抽象特征。佛罗里达州坦帕市的一名设计讲师汤姆·斯穆里奇（Tom Szumlic）指出："一个具体的想法是一把610cm高910cm宽的木质坐椅；一个抽象的想法是一个能坐的地方，一个可以阅读、与朋友聊天或者看向窗外的地方。"

概念使项目具有整体性和特征。它是帮助定义设计决策的一个参考点。概念可以从公司的经营理念、企业形象或典型产品中发掘（图 II-9）。

概念也可以从客户珍视的财产，或者喜欢的一首歌、一幅画、一首诗里找到；它可能源于设计师构思的缩略图，也可能源于抽象绘图或其局部图。局部图通常是包含几何形状或其他一系列线和形状的速写。平面布局和其他设计要素都由它发展而来。这个环节可以要求学生根据特定的概念，如特定的水果或蔬菜、某个品种的狗或汽车，设计一个房间。与所选择的概念有关的物理特征和抽象特征应该在空间设计特征中表现出来。

三得利水务集团项目（图 II-10 至图 II-14）通过概念强化验证了这种设计进程。此次该公司的新呼叫中心继续聘用商业设计公司——Idea/Span 设计公司承担设计。新的

呼叫中心要体现其推广的产品，并激励客户服务代表熟悉这些产品。呼叫中心的客户大部分是居民和小型企业，主要工作是回答关于水产品的区域电话咨询。新的一层呼叫中心大约1860m²。请参考这些图例，并注意对概念的强调，以及它是如何导致设计解决方案的形成的。

第二部分中设计基础部分的第3章，回顾两个基本设计方向：结构和装饰设计，然后详细探讨设计的要素和原则。请注意设计要素和原则是如何增强设计师的视觉素养和感知，以及概念理论的，又是如何辅助设计师在设计思维进程中进行设计思考的。第四章致力于色彩研究。第二部分的最后是另一个关于概念的设计案例。

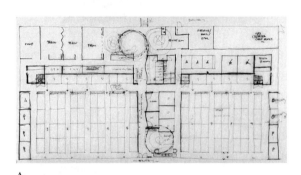

A

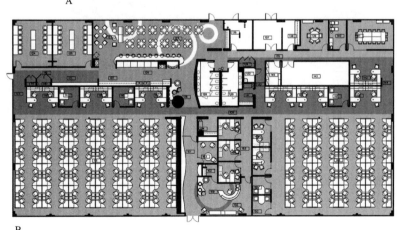

B

图 II-11　在概念和图解设计阶段，Idea\Span 设计公司基于三个设计概念制定了一个平面规划和家具与设备布局方案。概念 1（以客户为导向）设计了一个鼓励客服代表与客户可视化交流，并熟悉不同地区的所有产品（水）的空间。概念 2（产品和品牌）设计了一个用环境和产品本身来反映客户服务代表正在推广的产品的空间。概念 3 设计了一个促进员工和潜在客户的健康的空间。注意平面设计方案发展过程中的设计草图（A）。（设计：Idea\Span）

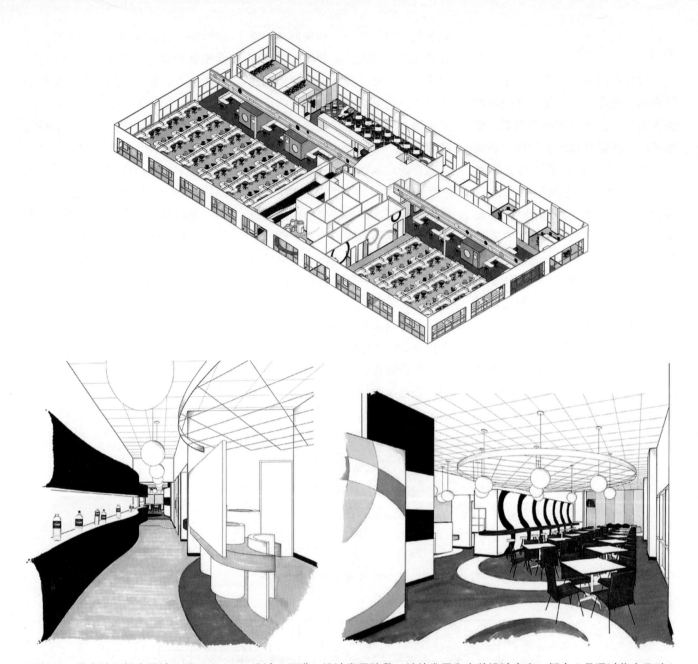

图 II-12　甲方认可概念设计之后，idea\span 设计公司进入设计发展阶段，继续发展和完善设计方案。概念 1 是通过将产品融入入口处面向客户的一面展示墙来实现的。概念 2 也利用展示墙向客服代表介绍每月新产品。整个空间都使用了与水有关的数字图像的层压板。地毯和室内建筑中使用了波浪线。休息室是一个"休闲的区域"，员工午餐时可以聚集在这里进行更多的交流。人体工程学在工作区布局和家具选择上发挥了重要作用。这些区域提供了健康的环境。（设计：idea\span）

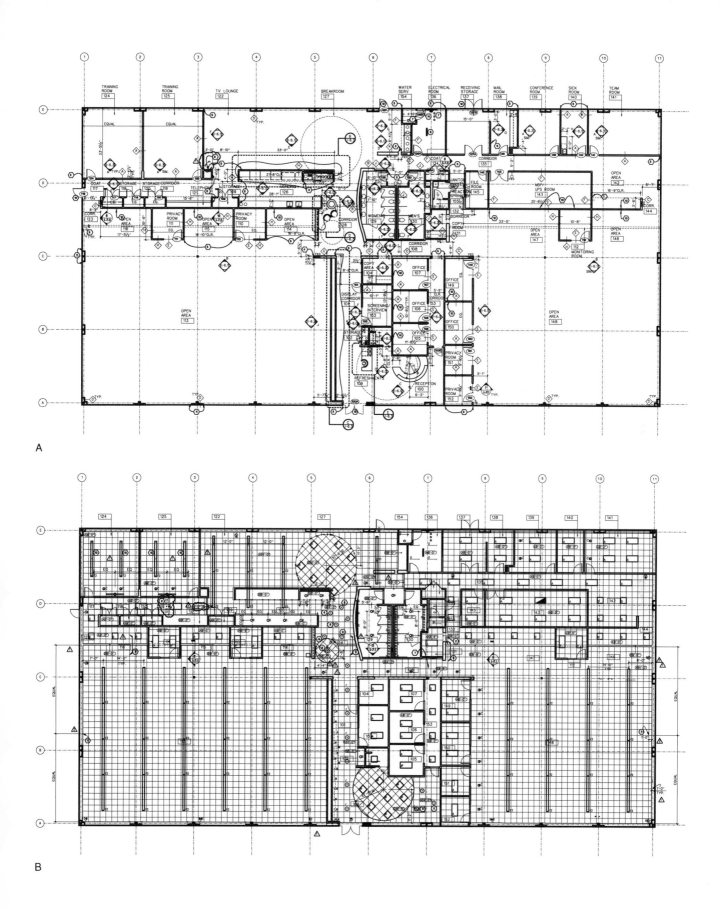

A

B

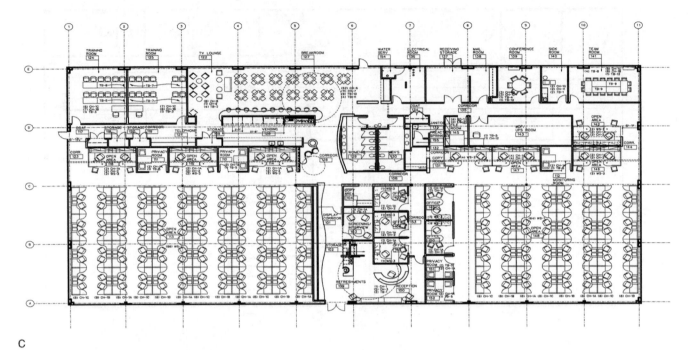

C

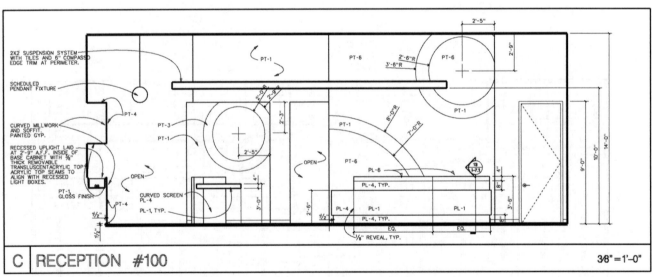

| C | RECEPTION #100 | 3/8" = 1'-0" |

D

图 II-13　在施工文件阶段，idea\span 设计公司制作了一套家具说明书和一系列施工图，其中包括机械设备、电器和机电专业顾问制作的机械设备和电气图。本图是这套图纸的一部分：尺寸分区平面图（A），顶面图（B），家具布置图（C）和接待区立面图（D）。（设计：idea\span）

A

B

C

图 II-14　在完成后的接待区（A）中，请注意设计概念是如何通过形态、陈设和空间布局表达出来的。进入接待区后（平面图上标注空间 100 和 109 的区域），使用者沿着展示廊（空间 101）前行到达中央聚集区（空间 128，图 II-14B）。由于中央聚集区恰好在休息室的外边，设计师将重点集中在公司（水）分销的产品以及消费这些产品的客户（终端用户）身上。吊顶的高度变化和色彩应用帮助使用者感知空间变化。圆形和波浪形强化了水的概念。穿过中央聚集区是员工休息室（空间 127，图 II-14C）。

第3章

设计要素和原则

图 3-1　在这个层次丰富的室内空间里，设计师创造了一系列富有魔力、令人身心愉悦的装饰元素。悬挂的弯曲木限定了下方空间的人体尺度。覆盖着织物的管状内框架暗藏灯光，既解决了空间的照明又使空间温暖舒适。作为迪拜柏悦酒店（Park Hyatt Dubai）的六个餐厅之一，这个空间"给用餐带来戏剧性"。大堂墙面的图像参见图 I-2，墙面细节参见图 10-31。（室内建筑设计师：Wilson 事务所；摄影：Michael Wilson）

设计是有计划的组织和安排基本要素和原则，以创建图像、物体或环境（图3-1）。出自设计师之手的被精心策划和精心设计的任何创造物，无论是一座黄铜烛台、一间卧室，还是整座办公楼，都源自于对空间、线、面和体以及质感、光、色和图案的认真分析，设计师综合运用这些要素，包括运用适当的比例、尺度、均衡、节奏和韵律以及重点，以确保设计的统一性和多样性。

3.1 设计的两种基本类型

在探讨设计要素和原则之前，我们必须先熟悉设计的两种基本类型：结构设计和装饰设计（图3-2）。

3.1.1 结构设计

我们初学绘画时，老师经常讲结构是生命，这说明结构是设计的重要组成部分。结构设计与反映在材料中的物体的大小和形状有关。例如，埃及的古金字塔是结构设计，因为它们将制作它们的石块暴露在外。当代建筑，无论是建筑内部还是外部，都揭示了构成其基本结构的材料，如木材、金属、砖、石头以及混凝土（图3-3）。在现代家具中，形态本身（图3-16所示的巴塞罗那椅的金属框架）就是结构的重要部分。成功的结构设计不仅简单，还要适合于所选用的材料。

（1）简单

一种结构，无论是作为成品本身存在，还是作为设计的支撑元件存在，都应保持简单。例如，一个房间如果开口、拱门和壁龛太多或位置不当，就很难令人身心愉悦。

（2）与材料的匹配性

制造不同的物体需要使用不同的材料，选择不同的施工方法。例如，玻璃要由熟练的工匠吹制，并搭配复杂精细的装饰；成型的塑料椅则是在装配线上模压出来的。将二者的工艺和材料改变或互换就不可行或不能达到预期效果。材料的选择和结构设计要适合彼此并符合预期目的。

3.1.2 装饰设计

装饰设计就是利用色彩、线条、肌理和图案对物体

结构设计　　　　　装饰设计

结构设计　　　　　装饰设计

图3-2　结构设计和装饰设计

图3-3　这间餐厅的设计属于结构设计。设计的简洁性使人忽视了对细节的关注。环形内凹的顶部造型因采用嵌入式灯和重点照明而表现出一定的装饰性。水平条窗将室外绿化引入室内。（设计：Bruce Benning, ASID/CID, Benning设计协会；摄影：David Duncan Livingston）

的表面进行美化和修饰。例如，东印度寺庙的外表面全部覆盖着色彩、线条和纹理的装饰。维多利亚风格的房子往往将奇特的装饰、明快的色彩搭配与独特的结构元件结合在一起。家具可以通过精美的雕刻来增添魅力和体现尊贵。织物、壁纸、地毯、配饰和陈设品都可以通过装饰性设计来增加吸引力（图3-4）。

图 3-4　这间餐厅的设计属于装饰设计。图案化的窗帘上添加了饰边帷幔遮挡窗帘盒，帷幔边饰是曲线形态；座椅软包用铜钉装饰；画框是镀金的装饰；高光的木质纹理也为装饰增添了新意。（设计：Jerry Pair；摄影：Chris 小摄影工作室）

装饰艺术设计有四个类别（图3-5）：自然主义、风格主义、抽象主义和几何主义。

- 自然主义、现实主义或写实设计以自然形式再现自然主题。在自然主义的装饰设计中，花的形态，就像花园里或者田野里生长的花一样。
- 风格主义的设计主题也来源于自然，但是更强调符合被装饰物的形态和用途。例如，在风格主义的设计中，花仍然是花，但是已经发生了改变或轻微调整。这种设计类型通常应用在室内陈设上。
- 抽象主义设计强调将主题从自然中提炼出来，相关要素是非写实的。美国艺术家会讲，我可以画的不像，但不能没有思想和追求。
- 几何主义设计以几何形态为主体组成，例如条纹、格子、V 形和 Z 形纹饰。

当然，成功的装饰设计取决于适宜性、位置恰当和形式得体。例如，要恰当地选择装饰部位与装饰形式，将装饰与物体功能进行合理匹配。此外，还要注意表面装饰的数量，注意不能破坏基本结构等。

（1）适宜性和位置恰当

装饰的目标是使设计物被快速识别。同时，任何装饰与点缀都不应该妨碍物品自身的功能性和舒适性。例如，壁板上的浅浮雕不仅有吸引力，还非常适宜，但是如果将这种浅浮雕用在椅子的座面上就会让使用者感到不舒服。

（2）形式得体

得体的装饰应该突出物体的形状和美感。例如，支撑柱上的垂直凹槽使柱子看起来更高大，但横梁似乎降低了柱子的高度，并削弱了建筑的庄重感。韦奇伍德（Wedgwood）花瓶上的古典文字强化了其圆润的轮廓，而若采用粗糙的线条，就会破坏它的美感。图 3-6 是结构设计和装饰设计对比图例。

   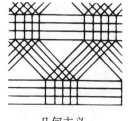

自然主义　　　　　　风格主义　　　　　　抽象主义　　　　　　几何主义

图 3-5　实用装饰的类型

A   B

图 3-6　图中两个走廊的设计说明了结构设计与装饰设计的不同。图 A 是芝加哥康复医疗中心，采用结构设计类型，强调垂直和水平的线条，以强化建筑的角部，装饰设计是受到限制的（设计：Farrington 设计公司；设计指导：Hiro Isogai；摄影：HedrichBlessing）。图 B 是芝加哥亚特兰大 MTV 网络中心，强调装饰设计，应用色彩要素，墙面和地面地毯都采用色彩装饰。（设计：Hiro Isogai；摄影：Rion Rizzo）

3.2　设计要素

设计要素是指空间、线、面和体、质感、光、色彩和图案。这些要素是设计师创造视觉环境的工具和手段。设计要素的组织和安排需要依据一定的设计原则，设计原则将在本章的后半部分探讨。

3.2.1　空间

建筑设计从过去的房间设计进展到空间设计是建筑学的一大进步。古典主义把建筑视为由地面、顶面和四周墙面围合而成的房间。现代设计运动之后，建筑空间理论得到发展，空间可以由内部和外部物体围合或限定而成。比如，空间可以由各种面、线进行限定，也可以由地面上划分的范围限定，由上部的天花板或装饰限定，空间还可以由连续的表面限定，形成流动性。

两千年前老子在《道德经》里提出："埏埴以为器，当其无，有器之用。凿户牖以为室，当其无，有室之用。故有之以为利，无之以为用。"指出"无"才是使用空间，才是有功能作用的。这正是现代建筑理论中的功能空间

论，即建筑的功能不在于建筑本身，而在于建筑所形成的空间。至此，建筑空间论代替了传统的建筑六面体房间概念，人的环境行为需要决定了功能空间的形式。

既然空间是封闭的、围合的或通过一定的设计手法限定的，空间就是真实的和可被感知的。人所感知到的空间，可以是一个人的房间，可以是房间的墙壁和天花板，院子周围的栅栏，甚至是国家与国家之间的边界线。而真正的空间是人活动的区域和范围。线、面、体、色彩、质感等系列要素在空间内共同作用，形成相互制约的符合人活动需要的积极空间形态和消极空间形态（图 3-7）。室内设计中，通常把人行道和交通通道界定为消极空间，家具与陈设界定为积极空间。经过精心规划和合理组织的空间应该即舒适又符合功能需要。

然而，在实际设计工作中，很多住宅的室内面临的问题是空间过小，不能满足基本功能需要。许多人拥有比所需多得多的"东西"；为了提供足够的空间，在某些情况下，设计师不得不小心翼翼地说服客户放弃他们的一些"珍贵货物"。住宅空间设计中，一方面，设计师要谨遵设计原则，即少就是多；另一方面，要知道纪念品的积累对老年人来说可能很重要，引用罗伯特·文

A   B

图 3-7 在这两幅作品中，艺术家创造了积极空间和消极空间。图 A 体现更多的自然主义和装饰性，图 B 体现了几何主义和结构设计特性。

丘里（Louis Sullivan）的话："少意味着乏味。"因此，设计师必须敏锐地洞悉客户的需求。

在商业环境中，空间的数量同等重要，尤其是在客户以面积为单位租赁商铺的情况下。一个懂得将空间看作高档商品，巧妙而有效地利用空间的设计师将在未来的设计项目中被业主重新聘用。第五部分的内容是空间，包含了家具布置和空间需求，以及各种房间的空间布局。

3.2.2 线

一个点可以延伸成一条线。点是自然静止的，而线是运动中的一点所描述的一条途径。它有长度，但没有宽度和深度。它在视觉上表现出方向、运动和生长，也就是说线能够表达设计的趋向和情感。所以，线的熟练应用在当代艺术和室内设计中尤为重要（图 3-8）。

从表面上看，线能够使物体或者整个房间的比例发生变化。例如，图 3-9 中两个容易识别的长方形被分割：一个垂直分割，另一个水平分割。当眼睛沿着垂直线条运动时，长方形好像高些；沿着水平被分割区域运动时，眼睛被引导着横穿长方形，长方形显得更宽些。这说明房间中每一种线都让使用者有不同的心理反应。为了获得理想的设计效果，室内设计师应该注意区分每种线的心理效应。

垂直线具有高大、强壮和庄严的表情。这些表情在柱廊的建筑物外表，和以竖直建筑构件为主的室内空间表现尤其明显。而一件高大的家具、垂直百叶窗或布幔垂叠形成的长长的直线也传达了这样的表情。

水平线具有静止和稳定的表情。这些线通常在建筑

图 3-8 阿肯色州教堂中耸立的直线和交叉的斜线形成的光影效果，产生视觉和精神的双重冲击。（设计：E.Fay Jones）

檐口、柱身、书架和低矮的直线形家具上使用。赖特设计的著名的流水别墅就是水平线应用在建筑上的一个经典的例证。

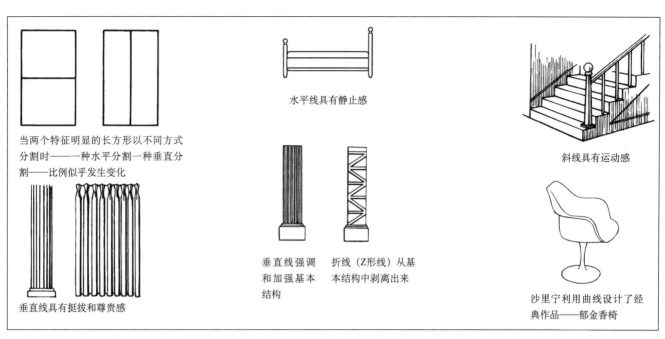

当两个特征明显的长方形以不同方式分割时——一种水平分割一种垂直分割——比例似乎发生变化

垂直线具有挺拔和尊贵感

水平线具有静止感

垂直线强调和加强基本结构

折线（Z形线）从基本结构中剥离出来

斜线具有运动感

沙里宁利用曲线设计了经典作品——郁金香椅

图 3-9　线的应用

斜线使房间产生积极和运动的感觉。斜面的顶棚、楼梯间、哥特式尖拱和有斜线的家具等都传达了这种表情。可是，房间中太多的斜线会产生不安定感。

曲线使房间具有优雅和精致的感觉。曲线常用于拱门和其他曲线形建筑的处理上，以及帷幔的挂落、圆形或弧形家具和圆形配饰上。曲线特征也可能出现在室内建筑元件上，例如柜台和固定装置（图 3-10）。曲线有下列四种常见类别：

- 大的凸起的曲线具有上升的趋势，例如凸起的楼梯间。
- 大的内凹曲线产生一种稳固感，在艺术作品中甚至唤起忧伤的感觉，艺术家常用这种线型激发哀悼和不幸的情感，此外凹陷的曲线如圆顶天花板或一系列拱券也非常引人注目。
- 沿水平方向铺展的长而流畅的曲线，如在海岸线或轻微弯曲的山路上看到的那些曲线，可能意味着宁静。
- 小的曲线，例如经常在地毯、块毯、织物图案中见到的曲线，给人轻盈和欢快的感觉，为空间增添活力和个性。

需要注意的是，空间中运用过多的线容易激发不稳定的情绪，所以线的运用的基本准则是均衡，均衡能使空间具有舒适与安定感。设计师可以用线创造风格、表达情感、引导人流、产生视错觉、获得均衡和韵律。通过各种线型的熟练混合应用，使房间产生变化和统一。

图 3-10　这间定制的浴室的设计重点是曲线。精致的瓷砖图案、流动的玻璃台面和有机形态的卫浴产品是设计的细节所在。(设计：Charles Greenwood，IIDA，Greenwood 设计集团公司；摄影：Robert Thien)

3.2.3 面和体

形状、面和体这三个术语尽管常常被混淆和互相替代使用，但是他们本质上是完全不同的概念。形状定义了一物区别于他物的设计上的基本特性：一架三角钢琴看起来是一架三角钢琴源于它的形状。物体的外形是通过面描绘和反映出来的，面由线组成。当二维的面出现第三维度时，它就成为由面勾勒出的可以计算体积的体。在室内布局中，体可以被视为需要一定空间并可以变换放置位置的物体（例如家具）。家具的陈设与布局将在第7章讨论。基本的体（或如下所说的形状）或面有下面三种类别：

- 长方形和正方形是建筑和室内设计中最主要的形态，具有统一感和稳定感，容易互相协调，并且在规划布局时节省空间。可是，过多的长方形和正方形会产生单调乏味的感觉，在空间中融入圆形和有一定角度的形状可以减少这种单调感。
- 斜面形态通常来源于三角形面的组合。三角形底部对底部排列形成菱形。多种多样的有对角线的面都可以以这种方式创造。这种形状在倾斜的吊顶，以及织物和墙纸的装饰图案上比较常见。三角形、菱形以及其他对角形状通常用于地面材料、家具、陈设等处，创

造动态的效果。
- 曲面形态包括球面、圆形面、圆锥面和柱面。曲面在自然界中随处可见（人体的轮廓就是曲面的）。曲面形态给人恒定的、统一的和愉悦的感觉。室内环境中运用曲面形态，例如旋转楼梯和圆顶，可以产生戏剧化效果。曲面形态的物体还有陶器、餐具、灯具、圆桌、雕塑等陈设品。曲面形态可以使以倾斜和平直形态为主要特点的房间产生起伏和变化。

单一形状或形态的室内空间几乎是不存在的。通常情况下，线、面、体三种基本形态需要巧妙结合与运用，来改善和提升环境。可是，太多的形状或形态的变化会使房间产生一种混乱的感觉。视觉从一个物体向另一个物体的转换应该是自然的和愉悦的。当曲面形态被放置在矩形平面上时，创造了一个设计重点，它对于缓解房间中其他端庄稳定形态带来的紧张严肃感有意想不到的效果。图3-11是与矩形房间配合使用的曲线平面布局所产生的效果。各种形状的复杂组合在现代风格和传统风格的设计中都很常见。

3.2.4 质感

质感就是物体表面的品质或特性，质感不但能够通

图3-11 在这个教育环境设计中，设计师创造了一个与矩形墙面形成对比的弯曲坡道。圆形吊顶和黄色地毯限定了计算机工作区域。家具布局（B）显示了弯曲坡道作为设计重点是如何增加计算机工作区中所有空间的趣味性的。该坡道还满足 ADA 对级别变化的要求。（设计：Jova/Daniels/Busby；摄影：Robert Thien 公司）

过触觉感知，而且能够唤起记忆感知。在艺术和设计的基本原则中，质感经常与图案搭配在一起进行讨论。在室内设计中，由于人具有天生的触觉感知特性，质感与图案更容易被识别。砂岩的粗糙、羊毛地毯的柔软、玻璃的光滑、正在生长中的植物叶片的光泽，所有这些都会在人的心理上产生一种独特的感觉，这是由材料的质感特性引起的。

　　大致来说，质感有如下几种：软或硬、光滑或粗糙、有光泽或无光泽。自古以来，光滑、高抛光的表面、有光泽的金属，以及缎面和丝绸、亚麻织物等材料都象征着财富和地位；相反，粗糙的手工织物和家纺织物是低收入阶层的象征。但是，这些观念现在正逐步改变。很多富人越来越喜欢手工制品，看起来朴拙的手工制品的价格也和精致的工业化产品一样昂贵甚至更贵。此外，光滑和光亮的表面往往在正式的室内空间中采用，而无光泽、粗糙的质感多用来处理非正式空间。不管风格如何，质感的合理有效应用都能赋予空间某种意义和特征，比如，羊毛地毯能为空间增添柔软和素雅的气息。接下来讨论质感的特性和决定因素。

（1）视觉趣味、美感和特色

　　质感能增加环境的视觉趣味性，它不仅反映特定的地域文化特色，还能产生独特的心理感受。早期希腊人认为光滑、美丽的大理石地面令人心情愉悦；伊朗人以手工编织地毯的优良质感为傲；日本人喜欢被称为榻榻米的草垫的编织质感和外观。由于物体表面的质感具有独特的特征和独一无二的美感，能形成持久的生理或心理印象，现代室内设计依据质感的物理印象，创造出了具有多样性和趣味性的室内环境（图3-12）。

（2）光反射

　　每种质地的材料表面都具有光反射特性。玻璃、镜子、缎子、瓷器、高抛光木材等光滑、光洁的表面，比砖、混凝土、石头和粗糙的木材等粗糙、无光泽的表面反射的光要多。反射了光线的表面光亮炫丽，它能使房间变亮，但也可能引起眩光。

（3）维护

　　选用特殊质感的材料意味着特殊的维护。光滑的质感容易留下手指的印痕；有光泽的质感容易产生擦痕；粗糙的质感更耐久，却容易在缝隙堆积灰尘。具有闪亮

图3-12　这座建筑的入口设计是运用质感的例证。表面粗糙的石块堆叠成的石墙，与光洁的石质壁架形成鲜明对比。定制的铁质五金件使木质纹理的大门更加醒目。门的上口用闪闪发光的钢板装饰。地面上，镶嵌于粗糙石板上的参差不齐的光滑石板，强调了入口通道。表面带釉色的花瓶的光泽恰好适宜，不会削弱整个空间的质朴感觉和魅力。（设计师：Gandy / Peace，William B. Peace，ASID；摄影：Chris Little Photography）

光泽的涂料可以保持更长的时间，但是却更容易显现和暴露墙面的瑕疵；哑光面漆可能无法清洗，但它却可以掩盖墙面的瑕疵。

（4）声学

　　材料能够吸收和反射声音。光滑坚硬的表面使声音增强，而柔软和粗糙的材料有吸收声音的效果。穿过一间未装修的地面材料冷硬的房间，会有很响的脚步声。但如果房间铺设地毯，使用织物和帷幔，并布置家具，脚步声就会明显减弱。设计师通过不同质感的材料的明智搭配与组合，可以控制特定空间的声学效果。

（5）质感的组合

　　除非想获得特定的效果，否则像缎纹和抛光大理石这类适用于正式环境的材料，和诸如粗麻布和石头等适合非正式环境的材料，通常不会在同一个环境里混用。房间

中占主导地位的视觉物的质感通常依据建筑背景来确定。例如，传统观念认为，一个镶嵌优美纹理和高度抛光的木质墙板的房间，或者墙面用传统的正式墙纸覆盖的房间，通常习惯上会搭配更加有光泽的木制家具和织物，而不是纹理模糊的木材，或曝露构造的砖石。现代人在设计中运用质感这一要素时，可能会打破这些传统规则，产生令人惊奇的效果。无论是标新立异的环境，还是保守的环境氛围，多种质感的组合都会强化视觉体验。

3.2.5 光

光要素结合了艺术和科学技术的创造力。光能影响用户的身体和情感舒适度，一个房间必须有充足的光，但光照过强或者使用不合理则可能会引起头痛和降低工作效率。通过使用光可以极大地改变房间的氛围甚至外观。通常，均匀的光（缺乏对比度的光）会让人感到无聊而且缺乏活力。一个被精心设计的房间，光的数量和质量至关重要。变化的光可以使房间富有趣味性，但也会影响人对室内环境的色彩感知。总之，没有光，任何视觉要素都不能被感知。光对使用者的影响，以及对它的正确设置和选择会在第4章和第6章深入探讨。

3.2.6 色彩

色彩取决于光。色彩能够改变人对物体的形状、尺度和位置的感知，它能够使质感产生错觉、激发情趣、缓解嘈杂（图3-13）。色彩对使用者有强烈的心理影响。因为色彩在设计中处于核心地位，我们将在第4章中作重点介绍。

3.2.7 图案

作为设计要素之一，图案是不以独立的艺术形式存在的，它通常与面、线、质感以及光等其他要素互相作用并结合，此外，色彩也被融入到图案中，以增加图案

的特征和焦点性。室内设计中的平面布局设计、立面设计以及空间设计，都涉及到图案的创造和应用。如图 II-11B，请注意开放式办公空间的平面布局就形成了一种图案效果。再比如，乔纳森·黑尔（Jonathan Hale）在《旧的观察方式》（*The Old Way of Seeing*）中介绍了弗兰克·劳埃德·赖特(Frank Lloyd Wright)在芝加哥罗比住宅(Robie House）设计中，是如何将建筑立面形成的图案应用在窗户设计上的（图3-14）。这些图案的比例通常接近黄金分割比（后边的章节将会讨论），这有利于眼睛通过感知图案寻找空间秩序。

图 3-13　这个入口大厅运用了形状、面、线和色彩，这些要素的配合使用影响了内部空间的比例和尺度感。当使用者通过楼梯进入主要接待区时，空间将使用者包围。这对使用者来说是一种奇妙无比的感官体验。（摄影：Brian Gassel / tvsdesign）

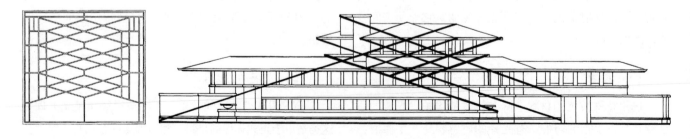

图 3-14　赖特设计的罗比住宅的立面，创造了一个斜线的图案。赖特把这个图案缩小，在窗户上重复使用。

图案也用作装饰设计要素。例如，日本的设计以其细碎精致的图案装饰而闻名。从远处看，材料或饰面装饰呈现为一个整体，只有近距离观察，这些图案的趣味性才被感知。

图案的有效运用可以创造空间的视觉趣味。不过，太多的图案会使房间显得太"乱"和不舒服，相反，避免使用图案进行装饰的房间就显得光秃秃的缺乏魅力。虽然房间中物品的总体布局可以产生一个整体的图案效果，但比较明显的图案通常出现在织物和墙纸上。图案以及图案的组合运用将在第12章"织物"中做更全面的介绍。

3.3 设计原则

设计原则是几个世纪以来，人类通过对自然和艺术的仔细观察发展而来的。对尺度与比例、均衡、节奏与韵律、重点、协调等设计原则进行认真思考并慎重使用，能够促成设计目标的实现。本章的第一部分讨论的设计要素：空间、线、面和体、质感、光、色彩和图案，在运用中都需要遵循一定的设计原则（图3-13）。虽然在创建一个具体的设计项目时不存在绝对的设计原则，但是大多数室内空间都通过遵守这些基本原则以增色。尽管一些成功的设计违反了这些经过时间检验的原则，但是我们要知道，理解这些原则对提升室内设计师的创造力至关重要，对刚刚开始从事设计工作的设计师来说也是必不可少的。

3.3.1 尺度

尺度和比例都取决于对象的大小和对象之间的相互关系。尺度是将一个物体或空间与某些已知尺寸进行比较的结果。例如，要了解尺度（或尺寸）过小的起居室，意味着必须知道起居室的标准尺度或尺寸。再比如，小学生的房间或家具需要缩小尺度，以满足孩子们的使用要求。

人体尺度是进行室内设计时最常见的参考依据。室内设计通过参照人体尺度，处理好契合人体尺度的尺寸关系（图3-15、图3-16）。古代、中世纪和文艺复兴时期的古典风格建筑的规模是基于人体尺度设计的：英尺是根据人脚长度定的，1ft包含12in，而每英寸大约等于拇指从尖端到第一关节的长度。值得注意的是，正如乔纳森·黑尔（Jonathan Hale）所言，1ft的测量值等于地球

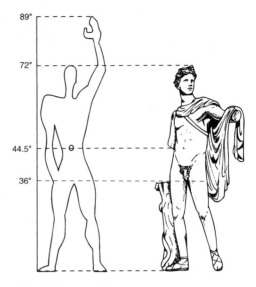

图3-15　勒·柯布西耶（Le Corbusier）在进行建筑设计时，都以人体模型的比例作为依据（左）。同样的理想比例在阿波罗的雕塑（右）中也得到应用，这尊大理石雕像可能是公元前一世纪的罗马人复制公元前四世纪古希腊人的原作的产物。

图3-16　1929年巴塞罗那展览会上，密斯·凡·德·罗（Ludwig Mies van der Rohe）设计的著名的巴塞罗那椅，因其优美的线条和匀称的比例而广受赞誉，成为传世经典作品。

周长的1/360（一度）的1/360 000，这个数值已经精确到99%。在工业化前的日本，英尺被称为shaku，长度为11.93in；埃及为12.25in。另外，从肘部到中指尖的长度是45.7cm（18in）；一个身高1.83m（6ft）的人的中点（通常在腿的顶部）是0.91m（3ft或者1yd）。日本人则经常使用榻榻米垫子（畳）做尺寸测量依据，日本不同地区标准榻榻米的尺度略有不同，公寓房中常用的标准榻榻米尺寸是910mm×1820mm。人体尺度的重要性跨越了文化界限，所有成功的设计方案都显而易见地参考了人体的尺度。

当然，尺度也基于感知。感知的物体尺寸，会因围绕它周围物体的不同而不同。请注意图 3-17 中的中间圆大小的感知差异，这就是家具的尺寸要与周围环境以及房间的尺度相匹配的原因。如大体量的家具如果塞在一个小房间里，会使房间显得更小；而体量太小的家具放置在尺度很大的房间时，家具会显得更小。所以巨大的软体家具不应该放置在一个小起居室里（图 3-18）。此外，一件较大体量的家具周围环绕着小型家具时，它看起来比被大体量家具环绕时更大。如腿部纤细的小桌放在看起来笨重的沙发或椅子的旁边是不合适的；一张大桌子靠近精致的椅子摆放也不合适。同样，镜子、挂画和台灯等陈设品需要与所处的环境以及周围的物品在尺度上协调。台灯通常不能超过桌子的尺寸，但也不能太小，否则看起来过于滑稽。

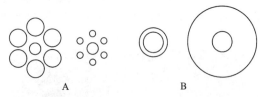

图 3-17　注意观察：每一组图形位于中心的圆是完全相同的，由于围绕中心圆周围的圆尺寸不同，中心圆的尺度看起来明显不同。

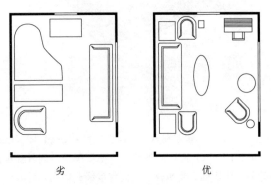

图 3-18　通过比较这两组平面图，揭示了家具与空间尺度和比例上的协调与不协调关系。

3.3.2　比例

尺度是一个相对的概念，它依赖另一个已知物体的尺寸。比例也是一个相对的概念，但是它不依赖于一个已知物体的尺寸而存在，它讲究物体间的相互关系。比例既包括对象的一个部分与另一个部分或整体的关系，也包括一个对象与另一个对象之间的关系。因此，在上述台灯的例子中，灯罩和底座在比例上必须协调。

比例是贯穿各个时代的创造性思维的焦点。虽然所有设计项目都不存在适当比例的绝对公式，但是希腊人却在 2000 年前发现了优美比例的秘密，制定了一些规则，并且流传使用至今。例如，正方形的空间被认为是视觉感受最乏味的空间类型，希腊人创造了宽度和长度比为 2：3 的黄金分割比矩形。黄金分割成为最愉悦的比例关系，并一直被普遍应用。黄金比矩形应用的例子可以参见图 3-19，在这个 7.3m（24ft）见方的由车库改造的楼层平面图布局中，设计师通过家具和室内其他陈设品的巧妙布局，让正方形的空间产生长方形空间的视觉效果。

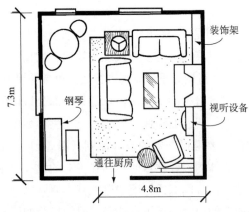

图 3-19　在这个由车库改造的楼层平面图中，设计师通过设置家具和运用不同的地面材料，使会客区座椅的安排更接近地反映了黄金比矩形的比例。

希腊人发现的黄金分割还包含线和图形的分割，如图 3-20，在这里，短线段和长线段的比率与长线段和整体的比率相同。级数 2、3、5、8、13、21、34 等，每一个数字都是前面两个数字的总和，相邻两数的比值是黄金分割比的近似值。例如，2：3 大约等于 3：5，5：8 大约等于 8：13，以此类推。另外一个完美的比率是 4：7。这些比率能够帮助设计师决定房间的尺寸和形状，以及最令人愉悦的窗户和壁炉装饰的开口比例。事实上，这些比例在平面规划以及陈设品布置时主要用于确定空间尺寸与面积的关系。例如，如果一个房间的长度是 7.5m，理想的宽度就是 4.2m。再比如，一件 1.2m 宽的家具依托在 2.1m 长的墙边放置，其视觉感受最完美。因为这种尺寸能够得到期望的 4：7 的比率。甚至人体本身也包含着黄金分割：从脚到肚脐的尺寸和人身高的比率是 1：1.618，是精确的黄金分割比率。

古希腊人的另一个发现是，一条直线的分割点位于总长度的 1/2 到 1/3 处时最优美，这种分割被称为黄金分割。它可以被用来规划墙面的所有组成部分，例如壁炉的高度、悬挂的画框、镜子以及烛台的位置（图 3-21）。此外，希腊人也观察到，奇数比偶数引人注目。由三件物品组成的一组物体比两件或者四件更让人愉快。选择沙发软垫数量或在墙壁上布置画作时，可以以此为指南。

除了形状，在决定比例和尺度时也需要考虑色彩、质感、图案和文化传统等要素。图案和厚重色彩的物体似乎比具有光洁质感、小幅图案和轻快明亮色彩的同种物体显得大。熟练应用这些规则，能使房间和物体的尺度和比例产生令人愉悦的效果（图 3-22）。

3.3.3 均衡

均衡是指一个创建了平静感和宁静感的房间所表现出来的品质。它是通过眼睛感知到的一种重量感。一般来说，人类生活的方方面面都离不开均衡。室内环境中的均衡能够形成舒适的环境氛围。

均衡主要基于视觉感知。《视觉认知入门》（*A Primer of Visual Literacy*）一书中指出了运动均衡的重要性。在图 3-23 中，第一个圆是均衡和静止的，第二个圆显然有向右滚动的趋势。

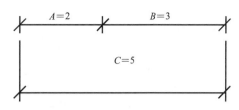

图 3-20　*A/B* 近似于 *B/C*，换言之，2/3 近似等于 3/5。在黄金分割中精确比率是 1∶1.618。

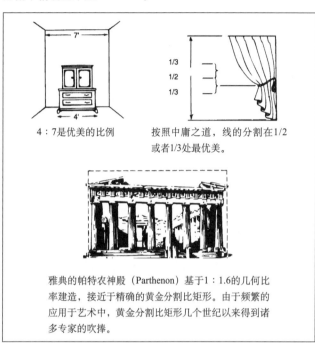

4∶7 是优美的比例

按照中庸之道，线的分割在 1/2 或者 1/3 处最优美。

雅典的帕特农神殿（Parthenon）基于 1∶1.6 的几何比率建造，接近于精确的黄金分割比矩形。由于频繁的应用于艺术中，黄金分割比矩形几个世纪以来得到诸多专家的吹捧。

图 3-21　希腊比例的应用

图 3-22　这个教堂的设计很好地运用了比例和尺度原则。在这个大教堂里，柱上楣构的高度大约是这个结构高度的 2/3；柱子的高度大约是拱门高度的 2/3。人们的身心因这个圣所所创造的理想比例而得到放松。（©Jeffrey Jacobs）

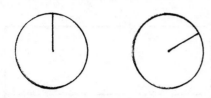

图3-23 请注意，垂直的直线获得均衡的效果，而第二个圆中的斜线增加了圆的动感。

均衡能带来秩序感。例如，图3-24，A中的正方形体现均衡，点位于正方形的中心位置；B中正方形里的点虽然不在中心位置，但由于位于对角线上，视觉感觉也很舒适；而C中点的位置产生不安和不确定的感觉。另外，空间中的建筑要素门、窗、墙板、壁炉以及配套设施，也需要通过有效的排列达到均衡和稳定的视觉效果。关于均衡运用需要考虑以下几个方面：

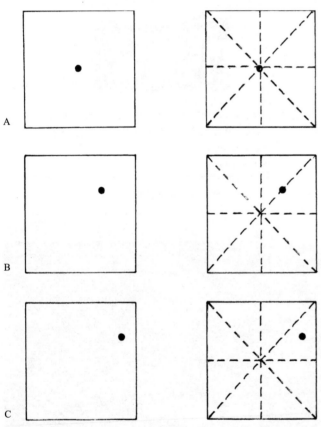

图3-24 正方形A和B中，点放置在垂直或对角轴线处，产生秩序感。正方形C中的点随意放置，产生不稳定感。

- 室内相对应的墙壁、空间以及物体应通过高低以及大小的合理分布与搭配来获得舒适的均衡感。
- 陈设品放置在视平线以上，比放置在视平线以下显得厚重。
- 明亮的色彩、厚重的质感、特殊的形状、醒目的图案

和强烈的照明比较容易引起注意，通过巧妙处理可以达到均衡。

- 空间中大型陈设品可以用与之相邻放置的一组小物体来补充，从而形成令人耳目一新的鲜明对比。反之亦然。

均衡包括对称、不对称和发散三种类型（图3-25）。

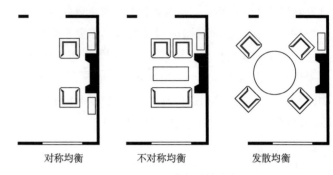

对称均衡　　　　不对称均衡　　　　发散均衡

图3-25 三种类型的均衡

（1）对称均衡

在对称均衡中，相同物体在一条假想线的两侧均匀排列。这种均衡通常用在传统和正式的环境中，为空间增添一种庄重感（图3-26）。由于对称均衡容易被感知和欣赏，所以它能产生悠闲和平和的心理效果，但是过多的对称运用会使空间显得单调乏味。

（2）不对称均衡

不对称均衡比对称均衡更微妙，创造不对称均衡需要更深入的思考和想象，一旦实现，就会在较长时间保持这种情趣。这种均衡中，不同尺寸、不同形状、不同色彩的物体可以无限制地组合：两个小的物体可以和一个大的物体形成均衡；一个小的富有光泽的物体可以与一件大的灰暗的物体形成均衡；色彩明亮的点可以和大面积的中性色形成均衡；一件靠近中心点的较大物体可以与一件远离中心点的较小物体形成均衡（图3-26）。关于这些不同的物体放置在哪一点会产生不对称均衡，不像黄金分割一样有具体的比例数据，不对称均衡在哪一点才能达到均衡需要进行判断。所以有人把对称均衡比作西方的天平，把不对称均衡比作中国的秤。

不对称均衡：

- 倾向于将焦点从中心转移，并通过不同物体之间产生的视觉张力达到均衡。

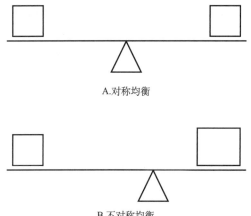

A.对称均衡

B.不对称均衡

图3-26 在不对称均衡中，三角形平衡点必须向右移动，才能保持跷跷板的平衡。

- 在当代室内设计中处于优先地位（图3-27）。
- 多用于非正式场所的设计。
- 通常比对称均衡更积极、活跃。
- 产生更宽泛和充满变化的外观效果。

（3）发散均衡

在发散均衡中，设计的所有元件都如同从轮毂向外辐射的轮辐一样，从中心点向外辐射。房间中围绕圆形桌子设置的座椅、花瓣一样排列的陈设品、枝形吊灯等就是这种均衡。发散均衡也用于宽大的有聚集效应的空间，例如酒店和办公室门厅（图3-28）以及购物广场的中心区。发散均衡通常与另外两种均衡相配合，创造愉悦的视觉空间。

图3-27 逾11 000m² 的仓库改造为公司的营销与运营部。轮廓突出的几何形态，如形状独特的弧形会议墙创造了一个非对称均衡，并与棱角分明的再生木镶板墙面并置。能够反映和映射出这本是一间仓库的抛光混凝土地板，与暖色调的平台、地毯以及超大尺度的皮椅形成对比。（设计：Smallwood，Reynolds，Stewart，Stewart）

图3-28 这个投资公司的门厅，从圆顶、地面图案到家具布置都应用了发散均衡的设计方法。（设计：VOA 设计团队；摄影：StevenHall/Hedrich Blessing）

总之，所有的房间设计与布局都需要遵循均衡的原则，大多数房间都不同程度地混合运用对称、不对称和发散均衡的法则。三者的混合运用可以创造一个经久不厌的令人身心愉悦的内部环境。

3.3.4 节奏与韵律

条理性和重复性是创造节奏与韵律的必要条件。节奏与韵律有助于人的视线快速从一个区域向另一个区域移动，创造流动的空间效果。节奏可以通过重复、渐变或过渡获得（图3-29）。

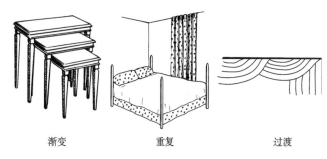

渐变　　　　重复　　　　过渡

图3-29 韵律的种类：渐变、重复、过渡

图 3-30　这个商业空间从建筑到室内大厅重复应用了正方形。网格不仅划分了柱子和地砖，还应用在桌子上，与桌子上的木质材料形成对比。（设计：Godwin 及其合伙人；摄影：Gabe Benzur）

重复的韵律是指通过色彩、图案、质感、线、光或形式等创造的节奏感。例如，沙发表面包覆织物的色彩可以在座椅、窗帘和靠枕上重复，产生节奏感。此外，一个物体或图案在一个序列中交替出现也是重复（图 3-30）。空间设计中应用重复最容易获得节奏感，但是过多的重复，会使空间缺乏变化，显得单调、乏味。

过渡是重复的一种，环境中的曲线相当于一个过渡，它能引导眼睛轻松地越过建筑构件，例如，拱形窗户、或陈设品中的像窗帘帷幔这样的曲线和曲面物品。再如，一张摆放在房间角落里的圆桌搭配一把曲线形座椅，能够弱化墙角和墙面的界限，使空间具有视觉上的流动性。在图 3-31 中，弧形窗户柔化了房间的角落，而且产生连续的韵律感。

渐变的韵律是通过物体尺寸由大到小的变化，或者色彩由暗到明的转换获得的。辐射线不仅能创造均衡的形式美（如前文所述），也能够获得渐变的韵律美（注意图 3-28 中天花板上的凹槽）。渐变韵律的例子还有：从一个等级向另一个等级的渐变；小的储盐罐到中等大小的糖罐，再到大型的面粉罐的渐变；一块具有黑色外边框、较淡的中部边框，和明亮的内部区域的地毯的色彩渐变。

3.3.5　重点

室内空间的重点又称为焦点，是指空间中引起视觉注意的中心物体。一个精心设计的房间，运用一个特征反复地吸引眼球能使人印象深刻。运用重点或焦点的设计使空间具有秩序和统一感，所有其他物体都从属于它（图 3-31）。一个缺少重点的房间，会因为视觉上无趣而产生枯燥单调感。过多的重点也会让人烦躁不安。

重点受视觉感知影响。我们的眼睛通过扫视房间，搜寻重点获得寄托。一旦搜寻到影像，眼睛首先观察影像的左下角。广告设计中，公司的标志通常设计在这个位置。线性排列和网格排列也可以产生重点，引导视线到达预定的位置。分析房间的组成要素，确定哪些是重点，哪些是从属，是一项具有挑战性的工作。常规方法是按照重点的四个层次观察房间，然后确定各组成部分的层级。

第一层次：显著。这种特征可能包括惹人注目的景物、壁炉或者其他建筑要素。例如，如果建筑本身设计了壁炉并且位置突出，壁炉自然成为空间的焦点；此外，燃烧的火焰预示着温暖、运动、彩色和好客——必然成为安排会客区主要座位的地方。不过，很多房间的设计是没有这种显著特征的。

第二层次：强调。很多情况下，这是大多数设计师运用重点进行设计的第一层级。如果一个房间缺少惹人注目的特征，就需要创造一个占主导地位的视觉焦点。这种情况下，壁炉可能不是建筑的显著特征，但是可以通过强调使其成为空间的重点。其他可以强调的特征包括整个墙面的书籍、一组挂画、一件精美的家具或者花园景观。

第三层次：次重点。主要指为突出焦点而设置的陈设品，以及大件的家具或窗户、吊顶、地面处理等，也包括为突出壁炉的重点而在壁炉前放置的家具。

第四层次：附属。包括台灯、植物、艺术品、小型家具等陈设。

把空间组成物按照上述的层次进行分级，陈设品以及建筑特征在上述四个层次框架内按照预期效果重新安

图 3-31　在这个大房间里，圆弧形窗户和大型沙发使交汇在一起的建筑平面的边缘变得柔和。建筑的视觉焦点是壁炉墙。J. D. Challenger 的令人惊叹的绘画作品，由于其位置和设计要素而异常引人注目。这些设计要素的应用把视觉注意力从空间的任何位置吸引过来。（室内设计师：Carol Conway；建筑师：Kevin Bain；摄影：Mark Boisclair）

排，对设计师是有帮助的。空间的重点可以通过应用设计要素与原则来规划和控制，具体方式如下：

- 色彩是最重要的要素，它可以使物体快速被识别。艺术性地运用色彩可以突出重点。
- 空间中安排的家具和放置的陈设品通常涉及形态，所以它们也通常是设计中被强调的重点。出现在家具或建筑背景上的奇异形态是占主导地位的，甚至具有戏剧性。
- 质感，无论是粗糙的、光滑的、有光泽的还是暗淡的，都能引起视觉注意。设计师可以运用质感来强调某个部分或某物，也可以运用质感将房间中的某个要素融入背景中。
- 巧妙地应用照明可以把空间的各个层次紧密地联系在一起，使空间富有戏剧性，吸引注意力，或创造视觉焦点。
- 图案，尤其是具有强烈的色彩和明度对比的图案，能够将目光吸引到期望的焦点上。

需要注意的是，房间中的重点是经过精心计划的，甚至是通过使用设计要素来控制的，因此所有部分都必须相互关联和支持。

3.3.6　协调

协调是统一与变化的混合体。一个统一的主题或常规的共同特性应贯穿空间的所有组成部分，并将它们融合在一起（图 3-32）。设计中形成的关系融洽的统一能使建筑内外充满吸引力，但为了激发人的兴趣，变化的一面也是不可或缺的。变化能创造视觉焦点或产生火花，使房间充满活力。以下是创造协调的居住环境时需要考虑的最常见和最重要的因素：

- 每个房间的室内建筑界面都是决定性因素。与建筑的室内外要保持一致，一个房间的家具与陈设也要与建筑背景协调。例如，模压塑料座椅通常不会与具有 18 世纪风格的护墙板一同搭配，路易十六风格的座椅也不会以混凝土砖墙为背景。把似乎不相关的物体反常态的并置，可以增加轻松愉快的气氛，但是这需要进行复杂的比较和判断才能实现。
- 房间里的家具看起来应该是属于这个空间的。无论房间大还是小，陈设品都要尺度恰当。例如，如果建筑背景强烈，比如有暴露在外的梁和砖石结构，那么选用的家具也应该给人相同的感觉，或具有相似的质感特征。

图 3-32　这是一个酒店的大堂，色彩、形态、质感、光和图案都为视觉中心服务。植物柔化了建筑的边角，民俗风情的地毯界定休息区和大楼梯。设计要素与设计原则共同作用，创造了统一又多样的协调的室内环境。(设计：Marcia Davis 和其合伙人；摄影：Peter Paige；感谢：Lacey-Champion 公司)

- 设计中应考虑适合陈设品的风格和尺度的色彩，不过现今的室内空间经常在色彩使用方面表现出更大的灵活性。为了使室内陈设、建筑背景和整体风格的色彩协调并富于感染力，运用色彩搭配方案是至关重要的。
- 材料表面的质感，如光滑、粗糙、明亮、灰暗等是创造完美协调的决定因素。所选物体的质感要与所有陈设品的风格和设计相一致。例如，粗糙的手织物不能与赫普尔怀特（Hepplewhite，18 世纪英国家具设计师）椅搭配，精致的丝织锦缎也不能与粗糙的有手工痕迹的橡木座椅搭配。
- 窗户的处理有助于整个房间的协调。为了符合设计主题与风格，一个硬朗或者柔美的线性处理是非常有必

要的。例如，褶皱的乡村风格的窗帘不适合东方风格的房子，纤巧的锦缎垂饰不适合乡村农舍。
- 地面材料的精心选用有助于主题的统一。硬质地面材料，如木材、瓷砖和石材，具有通用性，可以使大多数生活区的环境得到提升。局部地毯，例如波斯地毯，几乎适合于任何装饰搭配，满铺地毯可以使空间整体统一。
- 配饰可以增强或完全破坏空间的预期效果。添加到房间的最后的润色比其他任何陈设品更容易体现个性，在创造有魅力的和有趣味性的房间时不容忽视。然而，本身设计精良并富有吸引力的配饰，使用不当时有可能会适得其反。例如，优雅的涡卷纹装饰的铸铁烛台能够为西班牙风格或者中世纪风格添彩，但如果将其

放在一间配有精致陈设的色调柔和的房间里，就会显得沉重且不合时宜（第 13 章详细论述配饰）。

- 统一或者协调通过实现基本的风格而获得。风格不能盲目模仿，但应始终保持一种普遍的统一感（参见图文最后一节，《风格选择》）。设计师可以在保持一个主导风格的前提下，借鉴和结合来自多个时期的优秀设计。这样的混搭，偶尔产生的惊喜，带给人多样性和兴趣感，可以增添空间的魅力和个性。一个设计概念被建立并始终遵循也可以使空间获得统一或协调。这个设计概念可能包含基本风格，但却超出了具象要素的限制，包含了适合于设计解决方案的各种抽象特征。

本章小结

设计要素（空间、线、面和体、质感、光、色彩、图案）和设计原则（尺度与比例、均衡、节奏与韵律、重点、协调）是设计的基础，这些原则和要素的有序应用，形成了视觉素养。结合第 1 章的设计程序和方法，能够形成符合客户功能需求和期望的高品质的设计。所有的设计要素与原则的运用，包括色彩和照明（在后面的章节论述），能够帮助设计师创造出符合生理和心理需求的，并且具有独特视觉吸引力的室内环境。

第4章

色　彩

←

图 4-1　这家极具视觉震撼力的餐厅运用了高纯度的鲜艳色彩，色彩在这个空间中具有决定性作用。（设计：Engstrom 设计小组；摄影：Dennis Anderson）

到过牛津大学的人都知道拉斯金艺术学院，它是以英国著名作家、艺术评论家约翰·拉斯金（John Ruskin，1819—1900）的名字命名的。约翰·拉斯金领导了英国工艺美术/艺术与工艺运动，他在《现代画家》一书中指出：色彩是所有可见事物拥有的诸元素中最神圣的元素。的确，在我们以视觉认识世界的感觉经验积累过程中，色彩始终与人们形影不离，人们对客观世界的感觉经验80%以上依赖于视觉的信息积累。

设计师们普遍认为，色彩是所有设计要素中最重要的和最具表现力的要素，如图4-1所示。因此，设计师必须对色彩的属性和特性、色彩理论、配色方案、色彩关联，以及在住宅与商业室内设计中应用色彩的其他决定性因素等知识，有一个全面系统的了解和掌握，这对设计师来说非常重要。

色彩可以产生心理影响，它可以使房间充满活力与生气，也可以令房间充盈柔和安宁的气息。与色彩不可分割的要素——光，也有同样的效果。光能影响我们对色彩的感知。午后明媚的阳光下，色彩清脆明快；傍晚日落时分，红色和橙色的色调投射出温暖的光辉；在烛光或月光下，色彩柔和而暗淡。所以，我们研究色彩的时候必须知道这个前提条件，即色彩源于光线。

4.1　光与色

《圣经》开篇就提到光。室内设计中依赖光来体现效果的不仅仅是色彩，还有其他一些设计要素。光是一切对象色彩感知的唯一来源。光刺激到人的视网膜时形成色觉，没有光，就没有色彩。古希腊哲学家亚里士多德就认为：光即是色彩。只有有光的情况下人才能感知色彩，没有光就没有任何景象。

光是一种能量形式，是电磁光谱的一部分。光的波长范围很广，日光或人类能够在可见光谱中看到的光，都属于可见光波长范围。可见光是指波长在380~760nm之间的光，是人眼在正常情况下能见到的光。当波长过长或过短时，人的肉眼就无法看见：红外线波、X射线，甚至无线电波也是电磁光谱中的能量形式，但是人眼是看不见的。色彩是光分解成不同波长的光谱的电磁震动。波长最长的形成红色，接下来依次是橙色、黄色、绿色、蓝色和紫色。这种效应可以在彩虹中看到，或者当光通过棱镜时看到，棱镜可以分离或分裂光谱（图4-2）。模

拟太阳光的人工照明被称为白光，其他类型的人工照明可以通过组合应用来改变物体的颜色或外观。有关光的内容将在第6章详细探讨。不过，需要再次提醒的是，没有光，色彩就不存在。

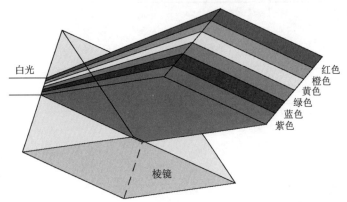

图4-2　光线透过棱镜分离出清晰的色彩。在可见的光谱中，波长最长的是红色，紧接着是橙色、黄色、绿色、蓝色，以及可见波长最短的紫色。

我们在物体中实际看到的色彩，是没有被物体吸收的光的色彩，经由物体表面反射进入眼睛形成的。一个特定表面吸收还是反射光谱的色彩，取决于它的成分，这种现象被称为减色，因为物体减去了可见波长之外的所有波长。例如，青色地毯之所以被感知为青色，是因为光作用下，地毯减去了除了某些蓝色和绿色波长之外的所有波长，蓝色和绿色波长被反射回来；黑色瓷砖墙则减去了所有波长。一般而言，白色物体几乎反射光线中所有的色彩，黑色物体几乎吸收所有的色彩。

物体中的色彩被称为颜料色。颜料是可以磨成细粉的各种物质，用做染料和油漆涂饰。颜料混合可以产生某种色彩，例如，红色和黄色混合可以获得橙色。颜料可能是天然的（正如可持续设计专题中所讨论的那样），也可能是人造的，或者是两者的结合。

4.2　暖色、冷色和中性色

色彩有各种分类方式，最简单的分类方式是将所有的色彩区分为暖色、冷色和中性色。

4.2.1　暖色

光谱的暖色包括红色、橙红色、橙色、黄橙色和黄色。一般来说，这些暖色被认为是迷人的、活跃的、积

极的、愉快的、惬意的和刺激的。暖色具有扑面而来的倾向，容易形成空间围合的效果。但是，大面积和高饱和度的暖色，可能会使人感到烦躁。

4.2.2　冷色

冷色有蓝色、蓝绿色、绿色、紫色和蓝紫色。冷色通常给人放松、安逸和舒缓的感觉。冷色有后退和使空间被扩大的感觉倾向。但是冷色的房间也会使人感觉冷漠、不友好和缺乏多样性。

4.2.3　中性色和中性化色彩

严格意义上的中性色是指灰色、白色和黑色，因为它们没有可识别的色相。中性色通常被称为"非彩色的"，在希腊语中，它的意思是"没有颜色"。此外，介于暖色和冷色组之间的色彩，如米色、棕色、灰褐色、奶油色、象牙色、灰黑色、米白色（白色中添加少量其他颜色），被称为中性化色彩。中性化色彩在每种配色方案中都很重要。它们给人的感觉是休闲的、宁静的、宜居的、低调的和鼓励的。但是，中性色和中性化色彩如果使用不当，会产生无聊和疲倦的感觉。

4.3　标准色轮

使用标准色轮（图4-3）最容易分辨出暖色和冷色。这种色彩理论被称为调色板理论、普朗（Prang）理论或布鲁斯特（Brewster）色彩理论，它是最简单和最著名的色彩理论或色彩系统。标准色轮系统基于三种原色制作：黄色、红色和蓝色（图4-4）。原色意味着这些色彩不能通过其他颜料的混合产生，也不能分解成其他成分。理论上，常用的五管绘画颜料——三原色加上黑色和白

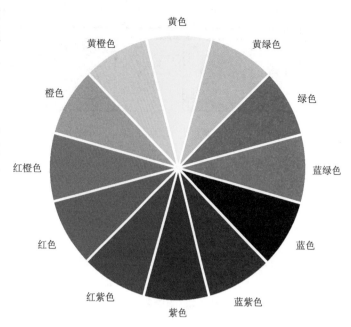

图4-3　标准色轮。它通常被称为普朗（Prang）色轮，最初是由大卫·布鲁斯特（David Brewster）为布鲁斯特（Brewster）色彩理论开发的。

色——互相混合就可以产生所有色彩，尽管精度不尽如人意。不过，三原色的混合可以产生整个色轮上的十二种色彩。

任何两种原色的等量混合都会产生二次色或间色（图4-5）。色轮中的三种间色：绿色由等量的黄色和蓝色混合产生；紫罗兰色由等量的蓝色和红色混合产生；橙色由等量的红色和黄色混合产生。每种间色恰好在两个原色的正中间位置。

以类似的方式混合等量的原色和间色，可以创建第三次色或复色（图4-6）。复色位于产生它们的两种颜色的中间位置，并通过在两个色彩的名称之间加上连字符来命名，例如，蓝—绿色、红—橙色和红—紫色。

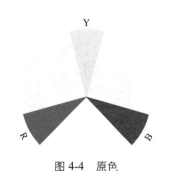

图4-4　原色

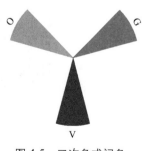

图4-5　二次色或间色

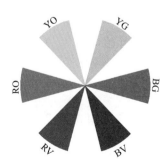

图4-6　三次色或复色

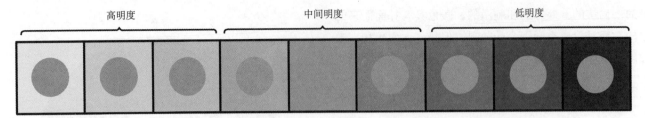

图 4-7　在从白色到黑色的九个明度等级中，小圆形是同一明度的，这说明眼睛感知色彩时不限于色彩本身，还包括它与环境的关系。

4.4　色彩的属性

色彩有三个属性，也称色彩三要素，即色相、明度、饱和度或色度，这三者在一个物体上同时显现，不可分割。色彩的三个维度（色相、明度和色度）能够精确测量，是设想或描述色彩时必不可少的参数。

4.4.1　色相

色相，即色彩的名称或色彩所呈现的面貌，它是一种色彩区别于其他色彩的独特特征。一种色彩可以变亮或变暗，可以饱和度高些也可以饱和度低些。如果蓝色是被选用的色相，则最终的蓝色可能是浅蓝色、深蓝色、亮蓝色或灰蓝色，它们的色相都是蓝色。总之，在色相的大约 150 种全色度变化中，只有 24 种全色度的基本色相有足够的变化，可以实际使用。

4.4.2　明度

明度是指因黑色和白色的加入造成的色相的亮度或明暗变化的程度。图 4-7 中，肉眼很容易感知到色彩从白色到黑色的九个明度等级。任何色相都可以通过添加白色来提高明度，形成淡色。同样地，任何色相都可以通过添加黑色或其他变黑剂降低明度，形成深色。例如，红色变淡是粉红色，红色变深形成勃艮第的红色，即紫红色。

除了深色和浅色，色彩还有明暗。在一种色相中同时添加黑色和白色，色彩就出现明暗的灰度变化。这些变灰的色相在创建配色方案时非常有用，因为色彩配色中常常需要用柔和的色彩来降低更亮的色相（图 4-8）。

4.4.3　饱和度或色度

饱和度或色度是指纯色的保有程度。它描述了一种色相含有的纯色的明暗强弱程度。如前所述，任何色彩的

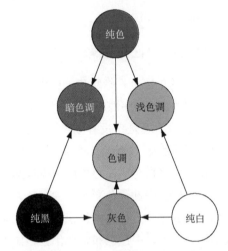

图 4-8　虽然黑白颜料不被认为是真正的色彩，但将它们添加到彩色颜料中会产生浅色、深色和灰度色。

明度都可以通过添加白色或者黑色来升高或者降低。同样的，任何色彩的饱和度都可以通过添加纯的色度增强，或者通过添加补色（在标准色轮上直接与之相对的颜色）降低。色彩的补色添加的越多，则最初色相所包含的纯色越低。相同色相和相同的明度的两种色彩，仍然可能因为有不同的色彩强度或饱和度而明显不同（图 4-9）。高色度使物体在视觉上被放大了。

熟练和巧妙地运用色彩的色相、明度和饱和度，在

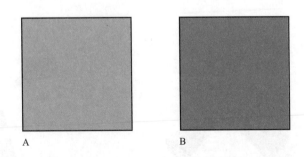

图 4-9　在这个图例中，左边的绿色是高饱和度的，但是当绿色中添加了它的互补色——红色时，饱和度就降低了。

创造令人愉悦的和宜居的室内环境中发挥着至关重要的作用。即使所有的色相都通力协作，房间也可能缺乏兴趣，此时，在色彩协调的情况下增加明度或饱和度的对比，能增添房间的趣味性和多样性。

相关链接：
舍温－威廉姆斯（Sherwin-Williams）理论 www.sherwin-will-iams.com/do_it_yourself/paint_colors/paint_colors_education/color_theory/index.jsp

4.5 创建配色方案

配色方案的规划和组织是一项富有挑战性的工作，也是一项能给人带来成就感和满足感的工作。由于可供选择的色彩无法计数，个人的色彩偏好就成为惯常的考虑因素。此外，依据标准色轮选择和搭配和谐的色彩也是一种比较流行的方法。

基本的配色方案是非彩色、单调色、单色、相似色、互补色。除此之外，配色方案也可能受国际化影响，如日本的"涩"（Shibui）和中国的风水（Fengshui）。虽然专业的室内设计很少能完美地契合上述的配色方案，但是大多数房间的配色设计都可以归类到上述七种配色方案之中。简言之，室内设计的配色方案主要有如下七种：

非彩色、单调色、单色、相似色、互补色、涩（Shibui，日本）、风水（Fengshui，中国）。

4.5.1 非彩色

非彩色的配色方案是运用黑色、白色或不同程度的灰色创造的。黑、白、灰等色彩在物理上通常被认为是没有色彩的，它们不包含任何可识别的色相，只包含明度（图4-10）。但在心理上以及设计与艺术上却都把它们作为出色的色彩来对待。尤其在中国，自古以来就有墨分五彩之说。非彩色配色的室内环境中，点缀色彩浓重的艺术品或绿色植物，不仅不影响整体配色方案，还为环境增添生机和活力。

4.5.2 单调色

单调色色彩配色方案由低色度的色彩创建。换句话说，单调色配色方案与非彩色或无色度配色方案相比，含有一定的色度。介于暖色和冷色之间的中性化色彩，可以用作配色的色调。最典型的中性化或单调色包括离白（白色中间夹杂少量其他颜色）、脱黑（饱和度高的褐黑色）、米黄色、乳白色、黄褐色和褐色（图4-11）。这种配色方案通常会搭配体量小的色彩饱和度高的物体，如小型家具和配饰。这些配饰不仅不会改变中性化色彩的配色方案，反而为空间增添视觉趣味性。

图4-10 这个厨房和餐厅的配色方案是非彩色的，水台上陈列的食物的色彩成为这个空间最重要的特色。（设计师：Pineapple House；摄影：Scott Moore）

图 4-11　这个复杂而又让人放松的室内空间应用了单调色配色方案。隐隐的淡黄色为这个居住空间增加了温暖感，而色彩强烈的艺术品形成了视觉中心，同时增加了空间趣味。(设计师：David Mitchell；摄影：Scott Frances)

4.5.3　单色

单色配色方案是从一个单一色相发展来的，但带有一系列的明度和不同程度的饱和度变化，而且，如果明度高的色相占主导地位，空间有被扩展的感觉。这种配色方案最显著的特点是统一。当然，这种配色方案也最容易显得单调乏味，不过这不是问题，看看自然界，指导原则随处可见，那里从来都不单调。例如，仔细观察自然界中玫瑰花的花瓣，可以发现其中蕴含着从娇嫩的粉红色到深红色的明暗变化。单色配色方案中，绿色植物的配置是画龙点睛之笔。例如，一个房间，墙面大面积使用柔和的中性化色调，地毯采用稍深的色调，大型家具使用中等色调，而鲜艳的色调则用于突出重点，如果再搭配绿色植物，植物绿色叶子的各种明暗、深浅和色度的变化，会使房间充满生机和活力。

除了绿色植物，单色配色方案通常还可以通过织物、木材、石头、金属和玻璃等材料的质感搭配来强化配色效果（图 4-12）。此外，图案的使用能增添单色配色方案空间的多样化和独特性。在不改变空间单色配色特征的情况下，还可以使用黑色和白色，事实上，黑白灰的使用可以使空间感更加强烈并增添情趣。

图 4-12　在这个充满戏剧性的单色配色的房间中，室内设计师设计了看似普通的香草色的地面铺饰和笨拙的通风窗。然而，从地板到天花板的窗帘将窗户遮掩起来，沙发的红色布料起到了刺激感官的作用。此外，各种各样的质感的运用也增加了房间的气氛。(设计师：Jackie Naylor；摄影：Robert Thien)

4.5.4　类似色

　　类似色配色方案是通过运用标准色轮上相邻色彩的一个色段创建的，不过配色的色彩不能超过标准色轮色彩的一半，如图4-13所示。类似色的配色很容易获得协调的效果，因为配色中通常只有一种主色。例如，黄色是橙色和绿色中都有的色彩，通过运用他们的中间色——黄橙色和黄绿色，室内设计师可以在明度和饱和度多种多样的变化中建立色彩之间的联系，形成协调的色彩效果。

图4-13　这间温馨迷人的房间体现了设计师认真负责的设计匠心。例如，桌子的高度是根据客户的身材量身打造的；墙面仿皮的壁纸装饰使空间富有层次和质感；仿古照明和常规照明相结合，使类似色的配色更加醒目和突出。（设计：Tory Winn 和 Agora 工作室；摄影：Brian Gassel）

4.5.5　互补色

　　互补色或对比色的配色方案因其多种多样的变化性而被广泛使用。这是设计师在大型动态空间设计中擅长使用的一种配色方案。互补色或称对比色配色方案是将色轮上相对位置的色彩搭配使用，如红与绿、黄与紫，其中一个为原色，另一个为二次色。这种配色方案中，

色彩的明度和饱和度可以根据使用情况或被覆盖面积的情况变化。有三点需要注意：第一，所有并排放置的对比色都会互相增强，如果饱和度接近，它们相互增强：一个让另一个看起来更激烈；第二，互补色的配色方案中始终包含暖色和冷色，因为它们在色轮上的位置是相对的；第三，互补色的配色方案里，强色调能使空间显得活泼而充满活力；偏灰的色调则使空间显得柔和而宁静。需要注意的是，决定空间气氛的通常是一种处于主导地位的色相。

　　互补色配色方案主要有六种：直接互补、分离互补、三色互补、两色互补、交替互补、四角互补（图4-14）。其中以前三种最常用。

（1）直接互补

　　直接互补是最简单的互补色配色方案，通过使用色轮上任意两种彼此直接相对的色彩可以形成直接互补配色，其中一个色彩占主导地位。如果一个房间中使用的补色数量相同，强度相当，就会产生冲突，进而产生不愉快的视觉和心理感受。因此，在直接互补配色时，中和小面积使用二次色或复色效果最好（图4-15）。

（2）分离互补

　　分离互补是一种三色配色方案，它由任一种色相加上与该色相的对比色相邻的两个色相组成。例如，如果选择黄色作为主色，则红紫色和蓝紫色就是补充色彩。黄色、红紫色和紫蓝色的三色配色形成的对比的强烈程度与冲突程度，要低于选用黄色与紫色搭配的直接互补配色方案。

（3）三色互补

　　三色互补是另一种三色对比配色方案。该配色方案中，互补的三种颜色可以是色轮上相互距离相等的任意三种。这些颜色对比鲜明。因此，在使用对比强烈的色彩，如三原色——红色搭配黄色和蓝色，或红橙色搭配黄绿色和蓝紫色时，可以中和、提高或降低它们的明度，以获得一个平和的配色方案。

4.5.6　日本色彩文化——"涩"

　　"涩"（Shibui，或 shibusa）是一个表达日本人对美的态度以及日本文化内在本质的词。英语和汉语中都找不到

单色 配色方案	类似色 配色方案	直接互补色 配色方案	分离互补色 配色方案	三色互补色 配色方案	两重互补色 配色方案	交替互补色 配色方案	四角互补色 配色方案

图 4-14 从色轮派生的基本配色方案

图 4-15 这家印度菜餐厅的配色方案是基于直接互补配色方案的设计。凉爽的橄榄绿色纺织品与温暖的柚木地板和长椅相得益彰。石灰石柱、钢制装饰和大理石墙面这些硬质材料，因为搭配了定制灯具、铜色餐具和织物桌布以及薄纱而被柔化。夹层可以俯瞰这间餐厅。（建筑师 / 设计师：Wid Chapman Architects.www.widchapman.com；摄影：Bjorn Magnea）

能够准确描述这个词所表达的意义的词。这个词表达的是日本文化中对宁静的欣赏和对炫耀的抗议。它是一种很复杂的哲学思想，支配它的力量是信仰：对有节制的和低调的力量的信仰。美国建筑师弗兰克·劳埃德·赖特（Frank Lloyd Wright）非常赞赏"涩"蕴含的设计哲学，他的很多作品中都遵循和体现了这个理念。

为了获得"涩"的效果，各种色彩需要汇集在一起，在一个和谐的整体中相互衬托，这样的环境即使长时间使用也非常令人满意。这种配色方案必须具有深度和复杂性，否则使用中很快就会变得无聊。获得这种配色效果的方法如下：

- 自然界的图案和质感随处可见，但必须通过仔细观察才能发现。
- 该配色方案的色彩概念是基于自然的。安静的和不受约束的（中性化的）色彩被最大面积地使用，明亮和鲜艳的色彩所占比例很小。
- 大自然有数千种色彩，但它们都不相匹配或统一。在自然界中，更深、更纯的颜色常出现在脚下。沿着地面向上看时，颜色越来越浅，越来越微妙，"地浊天青"。

- 大多数自然景观都呈现出略微带点光泽或闪光的哑光效果，如泛起涟漪的小溪上闪烁着的粼粼波光。
- 自然界中没有两种图案是相同的，统一是盛行的法则。自然的色彩、质感和图案起初看起来非常简单，只有近距离仔细观察才能发现它们相当复杂。

4.5.7 中国色彩文化——风水

风水的配色方案是基于中国古代的哲学和实践产生的。《易传·系辞上传》有云："易有太极，是生两仪，两仪生四象，四象生八卦，八卦定吉凶，吉凶生大业。"太极即为天地未开、混沌未分阴阳的状态；两仪指天地或阴阳；四象有多种解释，从方位的角度来说即指东、南、西、北四个方位；八卦指八个卦相，每个卦象对应一个名称，每个名称又有相应的方位与之相配。八卦是中国道家文化的深奥概念，是一套用三组阴阳组成的形而上的哲学符号，是中国风水学说或堪舆学说用来解释自然、社会现象的基础。中国古代的风水师依据八卦进行占卜，预测吉凶。

风水学说的物象表达是一个具有神话色彩的罗盘。这个罗盘上有一个八边形的图形，八边形的每个边分别对应一个方位：四个主方位（东、南、西、北）和四个复合方位（东南、西南、东北、西北），恰好是八个方位。

在中国传统文化中，方位、五行与色彩是密切关联的。按照风水学说，不同生辰的人有不同的命运，每个人的生辰里都蕴含着五行——金、木、水、火、土。五行相生相克，并且各对应一种颜色，即五行配五色。《皇帝内经》记载："东方木，在色为苍；南方火，在色为赤；中央土，在色为黄；西方金，在色为白，北方水，在色为黑。"事实上，风水学说中，不仅方位、色彩与五行形成联系，五行又是相生相克的，五行相生即：金生水、水生木、木生火、火生土、土生金，五行相克即：金克木、木克土、土克水、水克火、火克金，这导致五行对应的色彩也形成相容和对立的关系。

依据风水学说，不同年份出生的人因为五行不同，色彩方案也不同。例如，五行属木的人优选绿色作为配色方案，因为绿色代表木，他会避免使用红色，因为红色代表火，按照五行相生相克的原理，火克木。

此外，在风水学的配色方案中，白色因与光有关而受到高度重视，它象征着光明。黑色则需要有选择地使用，

使用时还必须小心谨慎，因为它代表水和金钱，这是它有价值的一面；它也代表黑暗甚至死亡，这是它消极的一面。

风水学的配色方案的另一个法则是阴阳的适度平衡，它体现的是互补色或二元论的平衡。完美的风水学配色方案能够有效地处理这些平衡，创造和谐的空间环境。

4.6　色彩理论家与色彩理论

迄今为止，室内设计师们根据实际工作需要已经开发并应用了许多色彩理论，或称为色彩系统，其中一些理论蕴含了色彩的生理和心理效应。20世纪20年代，约翰内斯·伊腾（Johannes Itten，1889—1967）在德国包豪斯（Bauhaus）担任教师的时候，就形成了他的色彩理论。他在他的色彩理论之一，"四季——个人色彩分析"中，创建了一个与一年的四个季节相关联的色彩调色板。此外，先后在德国包豪斯（Bauhaus）和耶鲁大学（Yale University）担任教师的现代设计先驱、色彩理论家约瑟夫·阿尔伯斯（Josef Albers，1888—1976），以色彩感知理论闻名于世。阿尔伯斯（Albers）在题为"向广场致敬"的系列画中，展示了一种色彩是如何因另一种色彩的比邻而居而被影响的。他发现，环境因素可以导致颜色发生很大变化。

已有的各种各样的色彩系统都是基于一组基本色创建的，不同的色彩系统的基本色不同。三个最常见的色彩系统是：

- 基于三种色相——黄色、红色和蓝色的色彩系统：布鲁斯特色彩理论/系统（Brewster color theory/system），即普朗（Prang）色轮或调色板系统（已讨论过）
- 基于四种主要色相——黄色、红色、蓝色和绿色，并加上黑白两色的色彩系统：奥斯特瓦尔德色彩理论/系统（Ostwald color theory/system）
- 以五种色相——黄色、红色、蓝色、绿色和紫色为基本色的色彩系统：蒙塞尔色彩理论/系统（Munsell color theory/system）

4.6.1 奥斯特瓦尔德色彩系统

奥斯特瓦尔德色彩系统是以创作者弗里德里希·威廉·奥斯特瓦尔德（Friedrich Wilhelm Ostwald，1853—1932）的名字命名的色彩系统。奥斯特瓦尔德色环以黄色、橙色、红色、紫色、深蓝色、青绿色、海绿色和叶

绿色八种色相为基本色，在这些色相中加上白色和黑色。理论上，混合这些色相以及添加纯白和纯黑可以得到24种色相。这24种色相加入纯白和纯黑后，每种又有28种变体，总共产生672个色相和8个中性色。奥斯特瓦尔德色环如图4-16所示。图中，冷色色相组和暖色色相组各占色环的一半。奥斯特瓦尔德把色相安排成一个圆锥形的结构，其明度和色度比例与孟赛尔系统相似。

4.6.2 孟赛尔系统

孟塞尔色彩系统的符号标记本质上是一个科学的概念，它从色相、明度和色度三个维度来描述和分析色彩。每种色彩的名称都以 Hv/c 做标记（图4-17）。色相用大写字母 H 表示，后跟一个分数，分子表示明度，分母表示色度。在图中，色相用圆环表示。明度用中心轴表示，该轴显示从底部最暗明度到顶部最亮明度的九个明显级层，中间灰色标记为 5/，纯黑色标记为 0/，纯白色标记为 10/。

在孟塞尔系统中，用色度来表示饱和度。色度符号被标记在从代表明度的中心轴向外延伸的水平带上。它表示给定色相相对于与之明度相同的中性灰色的偏离程度。

4.6.3 其他色彩系统

在各种各样的色彩系统中，没有一种色彩系统是被普遍接受的。大多数工业国家都有自己的色彩分类系统，令人遗憾的是，这些系统不可互换。实际工作中，从事与色彩相关工作的人通常会选择最符合特定项目需要的色彩系统类型。事实上，除了布鲁斯特·奥斯特瓦尔德和孟塞尔色彩系统外，设计师们还可以使用其他色彩系统。其中两个最著名的色彩系统是：基于色彩感知和六种基本色的格里特森（Gerritsen）色彩系统，以及基于六种基本色——蓝色、绿色、黄色、红色、青色（蓝绿色）和洋红色的库珀（Kuppers）色彩系统。

此外，许多主要油漆制造商也为客户提供以独特的方式表示公司产品色彩的方便的色彩系统、色彩钥匙和色彩代码。这些系统通常将色彩按照冷色、暖色和起协调作用的中性色这三种分类进行编码。

4.6.4 计算机应用

计算机能够执行许多与设计相关的任务，包括色彩分析和色彩匹配。目前，许多公司基于最新的计算机匹配技术为设计师和其他客户提供色彩匹配。这些系统包含数千种基于项目规范的色彩样本。计算机化的着色剂配方系统能够再现和记录大约1600万种色彩。而且，计算机化的着色剂配方系统可以精确地组合和再现这些颜色，显示诸如光反射和质感效果等标准，甚至可以处理同色异谱——即在一盏灯下匹配，换一盏灯就出现不匹配现象的样本趋势。打印输出则可以演示指定色彩在特定设置中的表现。总之，计算机技术是设计师色彩配色时的宝贵工具。

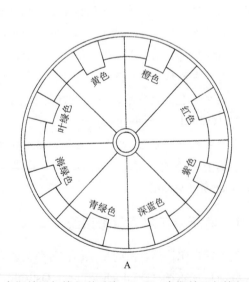

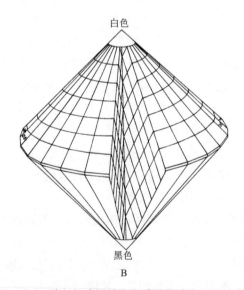

图4-16 奥斯特瓦尔德色彩系统。A 图：奥斯特瓦尔德色环有 24 种色相，这 24 种色相或是纯色，或是混合色，混合色是指纯色添加了白色和黑色的色相。主要色相是：黄色、橙色、红色、紫色、深蓝色、青绿色、海绿色和叶绿色。其他 16 种色相是这些色相的中间色。B 图：按照色相以及色相的明度和色度的范围布置而成的三维双锥。

图 4-17 孟赛尔色彩系统，包括色相、明度以及色度的关系。A 图：圆形带代表的是符合色彩序列规则的色相。垂直的中心轴代表明度等级。从中心向外延伸的路径，即色度轴，代表色度强度增加的级别，见数字标记。B 图：圆圈圈起的是 5 个基本色和 5 个中间色共计 10 个色相族的色相符号。外圈的标记代表这些色相分解后产生的 100 种色相。10 个色相族中，每个色相族可以分解为 4 部分（标记为 2.5、5、7.5 和 10），由此产生孟赛尔色彩书中出现的 40 个恒色色相表。C 图：色相、明度和色度是相互关联的。圆形带代表的是符合色彩序列规则的色相。垂直中心轴是明度的等级。从中心以半径方式向外延展的路径标记了色度等级，色度的强度如数字所示从内向外不断增加。（图片由孟赛尔色彩公司提供）

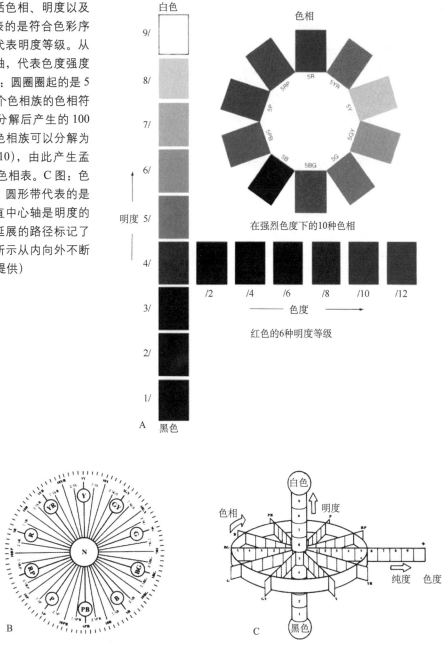

可持续设计

天然矿物颜料

　　天然矿物颜料是在矿物中发现的无机色素，主要是泥土中的氧化铁。他们通过清洗和沉淀后与其他物质混合产生油漆或颜料。矿物颜料通常包括赭土（黄色）、黄土、氧化铁（红色）、棕土（褐色）、绿土（绿色）。矿物颜料已使用长达几千年。例如，早在远古时期，埃及人就已采用这种颜料绘制坟墓的壁画，中世纪和文艺复兴时期的艺术家将其用作绘画颜料。矿物颜料至今仍有很多用途，特别是帮助保护物品免受腐蚀。它是目前可获取的最永久的颜料，通常无毒，而且不受大气条件影响。

4.7　色彩的心理和生理效应

色彩产生强烈的心理和生理（或物理）效应。心理效应通过大脑感知；生理效应却真的会导致身体的变化。需要重点注意的是，人们可能会因为他们以往经验或习得的行为对同一色彩做出不同的反应。研究表明：

- 色彩影响人对空间的感受或感觉：淡色和冷色使空间扩张，暗色和暖色使空间缩小。
- 色彩影响眼睛对物体的体量和尺寸的感知：暗色和暖色的物体看上去比淡色和冷色的更重，然而有趣的是，在时装设计中恰好表现出相反的效果：深色往往会使身材看上去苗条，而浅色通常被认为会让人看上去更胖。
- 色彩影响人对温度的感知。研究表明，人体温度确实会随色彩的变化而有所波动。例如，红色、橙色和黄色能使人体体温升高，冷色则有相反的效果。
- 色彩可以引起无聊和平静、或刺激活泼的情绪。色彩可能诱使神经系统焦躁不安，导致身体以消极的方式对这种刺激做出反应。
- 色彩可以影响人对声音、味道、气味和时间的感知。
- 色彩可以提高病人的康复率。

4.7.1　色彩的感觉与反应

与色彩相关的情绪反应是自发性的。反应通常是由人对色彩的感知而不是色彩本身引起的。人感知色彩引起的反应可能是积极的，也可能是消极的。以下部分讨论了色彩可能诱发的典型感觉和反应。需要提醒注意的是，个人可能会对相同的色彩做出不同的反应。

（1）红色（暖色—原色）

心理和生理的联想：勇气、激情、爱、兴奋、危险、牺牲、愤怒、火焰、力量。

应用：红色用在任何地方都很显眼，它活泼而刺激，使用时要非常谨慎。红色很容易和其他色彩调和，而且红色调的任何一种，哪怕只使用一点点，都能为房间增添活力。当红色变淡、变深、变鲜艳或变暗哑时，红色能派生出各种各样的流行色。例如，当红色变暗变轻柔时，它会变成栗色；当它变淡时会变成粉红色（图4-18）。粉红色是一种精致又迷人的色彩，它通常通过搭配更强烈的对比色来强化，并能与灰色、棕色、绿色、蓝色和紫色很好地协调。

（2）橙色（暖色—二次色）

心理和生理上的联想：高兴，鼓舞，日落，兴奋。橙色变淡变轻柔时，产生的橙色调给人清凉或清新的感觉。

应用：像红色一样，橙色也是鼓舞人心的色彩，但不如红色强烈。蜜桃色能衬托人的肤色。蜜桃色也可以

图4-18　在这间套房里，醒目突出的玫瑰粉色地毯，因为搭配了白色墙壁和奶油色家具而变得冷静。条纹状窗帘、主座沙发软垫、艺术品和椅子上都略带一些粉红色。古董与现代风格的陈设品融为一体，营造出迷人的客房环境。（设计师：Pineapple住宅室内设计；摄影：Scott Moore）

用作暖色和冷色的过渡，部分原因是它能让人想到水果。

（3）黄色（暖色—原色）

心理和生理上的联想：懦弱、欺骗、日光、乐观、温暖、启发和交流。

应用：正午时分的纯黄色是最具启发性和苛求的，用的时候要仔细斟酌；破晓时分的灰黄色是精细色彩如粉红色、蓝色和淡绿色的陪衬；午后的暖黄色能将木色衬托得更富层次也更温暖。铜抛光后的黄铜色给人一种镀金的感觉，使房间充满活力；金色，特别是用在重点部位或配饰上的金色，给人一种优雅和奢华的感觉。所有的黄色物体都是反光的，物体上因呈现其他色彩的色调而出现修饰性的高光（图4-19）。

图4-19 芝加哥凯悦麦考密克（Chicago Hyatt McCormick）酒店的大堂以温暖的金色和烧焦的橙色调迎接客人的到来。温暖的色调因其乐观、愉快和振奋的生理和心理感受而广受欢迎。棕榈树和充满活力的环境处理，与风城冬天寒冷的气候环境形成鲜明对比。（摄影：Brian Gassel/tvsdesign）

（4）蓝色（冷色—原色）

心理和生理上的联想：诚实、真理、忠诚、男性、拘谨、闲适、宁静、清醒、天空、深海。

应用：蓝色清凉舒缓，让人想起天空、水和冰（图4-20）。蓝色难于和其他色彩相容，并且在不同光照下的变化也比较大。此外，与其他色彩相比，蓝色受材质的影响更大。例如，漆器和玻璃具有反射性特点，能增强蓝色；深绒地毯的蓝色显得更加深邃；粗糙的织物使蓝色变柔和；闪亮的材料使蓝色看起来像磨砂了一样；淡蓝色的天花板给人清凉和像天空一样的感觉。如果使用不当，蓝色能引发忧郁、冰冷，甚至沮丧的感觉。

（5）绿色（冷色—二次色）

心理和生理上的联想：自然、宁静、希望、羡慕、安全、和平、被动、无忧无虑。

应用：绿色是大自然的色彩，它清新而友好，是一个优质的混合器，它能很好地与其他色彩相容，尤其是黄绿色、墨绿色或者森林绿（图4-21）。绿色中加入白色，绿色会因白色的介入呈现最佳品质。变灰、变暖或变冷的绿色能够成为一个很好的背景。变亮的绿色具有谦和和闲适宁静的感觉。在食物区出现绿色尤其令人愉快。此外，深暗的绿色是最受欢迎的地面材料颜色。

（6）紫色（冷色—二次色）

心理和生理上的联想：王权、高贵、势利、权力、戏剧、富裕、神秘、崇拜、尊严。

应用：暗调子的紫色，是蓝色和红色的混合色。紫色中加入粉色时，会变得温暖；加入蓝色时，会变得清凉。紫色能与粉色和蓝色很好地调和。高明度的紫色，即淡紫色，是薰衣草的色彩；其他紫色色相还有诸如李子、茄子和丁香等植物花果。紫色通常在设计中作为重点小面积使用，大面积的紫色可以产生戏剧性的，甚至令人烦躁不安的心理效应。

（7）白色（中性色—非彩色）和离白（中性化色彩）

心理和生理上的联想：纯净、清晰、贫瘠、高雅、崭新。

应用：离白是指白色中添加一点其他色彩诸如灰色、黄色等产生的色彩，如乳白色、米色、灰白色等。白色和离白色具有使房间里的所有色彩视觉上更清晰更生动的品质。暖色调的离白色用作柔和的背景色时被认为是无与伦比的；此外，暖色调的离白色在混合不同质

图 4-20 深蓝色和灰色搭配而成的冷色调创造出这家营销公司的专业形象。地面地毯中性色条纹能够引导访客前行至前台。墙面上，左侧墙面的艺术品与右侧的大窗形成视觉均衡的效果。天花板平面极富动感的设计形成空间高度上的视错觉。(©Jeffrey Jacobs)

感和风格的家具方面能创造奇妙的视觉效果。从白昼到黑夜的光线变化是一种离白或脱白，这个过程中产生的离白色于平静中蕴含活力。需要注意的是，单独使用白色和离白色时，会产生贫瘠和空虚的心理效应。

(8) 黑色（中性色——非彩色）和脱黑（黑褐色——中性化色彩）

心理和生理上的联想：哀悼、悲伤、沮丧、世故、神秘、魔力、夜晚。

应用：用在家具表面、小面积的织物、或配饰上的黑色和脱黑色（饱和度高的黑褐色）特别醒目，它能将其他色彩衬托得更鲜明和清晰。大面积使用的黑色极端扣人心弦，但也会产生压抑和幽闭恐惧的心理感受。

(9) 灰色（中性色——无彩色）

心理和生理上的联想：忏悔、忧郁、风暴、迷雾、沮丧、智慧、才智、商业、高科技、世故。

应用：在期望获得中性色的色彩环境时，我们使用灰色。但如果没有其他色彩的陈设品做点缀，空间就会显得乏味或单调。灰色是一种很好的调和剂，能与其他色彩很好地协调，特别是粉红色、紫色和蓝色。大面积的深灰色可能令人沮丧，浅灰色却是一个能使人精神愉悦的背景色彩。

图 4-21 在这个度假酒店中，清新、清凉的黄绿色与深蓝紫色紧密结合，营造了一个积极乐观的休息区氛围。曲线形的地面布局、具有雕塑感的天花板吊挂造型、和舒适的曲线形家具，共同营造出一个充满活力的空间环境。地毯的图案为空间增添了生气和戏谑的趣味，成为空间的重点。（设计：Design Directions, Inc；摄影：Neil Rashba）

（10）棕色（中性化色彩）

心理和生理上的联想：大地、木材、温暖、舒适、安全、支持、稳定。

应用：棕色色调营造的居家氛围和感觉，广受人们喜爱和推崇，特别是木制家具与陈设。从淡奶油的米黄色到深巧克力棕色，浓淡深浅变化繁多的棕色搭配在一个房间时，能产生无限变化。而且，浅棕色，能够创造出卓越非凡的背景效果。

4.7.2 色彩研究

设计师在规划和设计住宅和非住宅空间时，了解色彩的心理和生理效应具有非常重要的现实意义和价值。例如，依据红色使人兴奋、蓝色使人平静这个被普遍接受的观点，一些运动教练把本组运动员的更衣室涂成了鲜红色和橘黄色，而把来访者的更衣室涂成淡蓝色。教练们声称这确实有效。

再如，约翰·德雷福斯（John Dreyfuss）在《洛杉矶时报》上发表了一篇文章，报道了芝加哥的一个肉类市场因墙壁被漆成明亮、欢快的黄色而生意惨淡的事实。一位色彩顾问得知后迅速告知业主生意惨淡的原因：黄色的墙壁产生的蓝色余像投在肉上，使肉变成了紫色，肉看起来老而且像变质了一样。后来，市场的墙壁被重新漆成蓝绿色，墙壁的蓝绿色产生一个红色的余像，投射在肉上美化了肉的外观，销售迅速增长。

关于色彩的普遍假设所依据的背景知识通常是肤浅的，但色彩和情感却是密切相关的，人们对色彩的反应不仅各不相同，个人也有明确的色彩偏好。遗憾的是，当权者要么不承认色彩的情感效应，要么不了解色彩的情感效应到底是固有的还是后天习得的，导致第二个例子中类似的错误仍有发生。

迄今为止的一些色彩研究揭示了如下内容：

- 与单调的色彩环境相比，涂有令人愉悦的色彩的环境中的员工工作效率更高（图4-22）。
- 当色彩沉闷的墙面被粉刷成明亮的色彩时，拘留所里的年轻人反应更积极。
- 大多数人喜欢用白色而不是彩色餐盘盛装食物。
- 医生办公室用柔和、平静的色彩比用纯白色更能使患者感觉舒适。
- 快餐店倾向于在室内空间界面上使用明亮、温暖的色彩来刺激食欲，并使顾客快速用餐。
- 暖色最适合医院和养老院；冷色和平静的色彩更适合重症监护室。
- 工厂的工人抱怨他们搬运的黑色箱子有多重之后，一位色彩专家把箱子漆成浅蓝色。工人们随后表扬管理层，因为蓝色使箱子变轻了。

图4-22 色彩亮丽的会议室作为视觉重点活跃了工作环境氛围。演示与存储区设计成一堵隔墙，这是空间的重点。圆形的会议桌有助于彼此间友好亲切又平等的交流。（建筑师/设计师：Cooper Carry；摄影：Gabriel Benzur）

4.7.3 多元文化与色彩

色彩如同音乐一样，是一门国际语言。世界上几乎所有的物体都是通过色彩来识别的。然而，色彩在不同文化中可能有不同的含义。例如，绿色作为自然、新鲜或生态的标志被普遍接受；对穆斯林来说，绿色是神圣的色彩；而对凯尔特人来说，绿色与生育有关。

根据雷金纳德（Reginald）和格拉迪斯·劳宾（Gladys Laubin）在《印第安帐篷》（The Indian Tipi）中的描述，对于美洲原住民来说，在一个仪式中使用的白色可能象征北方，但在下一个仪式中，北方很可能用蓝色来代表；色彩的意义对于他们来说完全源自个人的想象。在西方文化中，白色与纯洁和虔诚联系在一起；然而，在许多亚洲文化中，比如中国白色是哀悼中使用的色彩，但是，在中国，白色也是吉祥的色彩，因为它象征光明。同样在中国，红色因象征幸福而被用在婚礼上。

在中国古代，黄色具有宗教意义；而在古希腊和古罗马，人们相信红色具有神奇的保护力量。在中世纪的欧洲，紫色是隶属于帝王的色彩，仅限于贵族使用，被称为"紫色王权"。查理曼大帝（Charlemagne，742—814）的遗体在12世纪中期被发掘时，棺材里被发现的华丽的天鹅绒长袍就是紫色的。

非洲文化赋予了色彩更多的意义并呈现在图案上。图案上的色彩来自沙漠环境，如草原绿、象牙色和明亮的黄色。根据罗德曼《室内环境中的图案》（Patterns in Interior Environments）一书的论述，这些色彩对非洲人来说意味着力量和独立。

设计师与来自不同文化背景的客户合作时，需要对文化与色彩的联系有敏锐的认知。仔细观察、深入研究和全面规划将有助于防止与文化关联的色彩的误用。

4.7.4 体现个性

色彩在彰显个性上是一种非常有价值的设计工具。然而，当多人共同使用同一个室内空间时，选择反映个性的色彩这个问题就变得复杂了。在做出最终色彩决定之前，应听取和考虑所有使用者的意见。设计中也要适当参考目前的色彩流行趋势，但不把它作为决定最终色彩的决定性因素。无论目前流行什么色彩，使用者的个人喜好始终是首要考虑的因素。

4.7.5 体现房间特征

和其他因素相比，色彩更易于创造房间的氛围。通常，强烈色度的色彩倾向于营造一种非正式的环境氛围，而柔和的中性化色彩适合于更正式环境氛围的渲染。因为房间是作为人活动的背景存在的，在没有特殊要求的情况下，色彩的设计目标是令人身心愉悦。但是，大面积强烈的色彩造成的心理影响可能是具有刺激性的，因此，在居住者消磨时间相对长的房间里，大面积背景色的明智选择应该是柔和的中性化色调，而不是强烈的色彩。

依据不同空间的特性制定的配色方案如下：

- 入口门厅引入家的方式，与接待区引入办公空间或酒店大堂的方式相同。入口区域的色彩配色方案能够有效地界定出空间在人的心理和生理上产生的感觉。
- 起居区、董事会会议室或会议室等具有更正式使用目的的空间，通常使用中性化的配色方案，这些配色方案往往会创造一种宁静的氛围（图4-23）。
- 用餐区的最佳状态是采用不引人注目和不唐突的色彩搭配，这种配色使餐桌具备了陈列各种各样的装饰品的条件，也创造了宁静的用餐氛围。不过，主题餐厅的配色方案差异很大，不能尽述。
- 家庭和娱乐室等非正式生活区，通常采用感觉刺激的配色方案进行处理，营造出轻松活泼的环境。厨房和休息室，只有大面积的色彩看起来明亮、清新和洁净时，才更理想和符合心意。
- 卧室是私人空间，个人偏好应该是选择色彩的决定因素。常规的法则是，主卧室应采用宁静的色调来满足居住者对舒适的需求。儿童应该拥有为自己的房间选择色彩的机会。
- 私人办公室和卧室一样，个人偏好应该是色彩选择的决定性因素；然而，与之相邻的隔间或办公小组的色彩搭配应该彼此关联和协调。
- 医院检查室应该舒适，色彩应该温暖和怡人。
- 浴室的色彩方案通常需要符合相邻房间的风格和气氛。选用柔和的暖色调可衬托肤色。浴室设备，如水槽、马桶、坐浴盆和淋浴器等，在流行时尚变化时，很难更换，而且更换成本也很高，建议选择色彩明亮并偏中性化的色彩。此外，深色的中性化色彩很难维护，

图 4-23　在这个空间中，温暖的棕色与柔软的杏色搭配窗帘面料，营造出一个宁静的空间环境。墙面与地面材料的质感、舒适的布艺沙发和燃烧的壁炉也渲染了房间的气氛。（建筑师：Harrison 设计联合；设计师：Phillip Sides 室内设计；摄影：Tria Giovan）

需要每天清洁，也是选择色彩明亮的偏中性化色彩的原因之一。设计中，可以在墙壁、地毯和其他陈设品和装饰元素中添加一些色彩。

色彩也与设计的要素和原则相互作用。所以，接下来会探讨色彩和这些设计准则之间的关系。

4.8　色彩和设计要素与原则的相互作用

4.8.1　空间

色彩因视觉距离不同而不同。同一个色彩，距离近比距离远看起来更浓更鲜亮。因此，大房间对明度低色度高的色彩需求少于小房间（相同色彩），也就是说，小房间比大房间更适合采用明度低色度高的色彩。此外，大面积使用的色彩的色度看起来更高。例如，一个房间

选定的一个小色卡的色彩看起来恰好合适，但是，这种色彩被涂在四面墙上后，它看起来比色板的色彩更浓更鲜亮，因为这时候，色彩的面积已经扩大成色卡面积的数千倍了。因此，当从小的色卡中选择墙面的色彩时，最好选择一种比空间既定的色彩淡几个层次的色彩。最便捷的方法就是在正式粉刷之前，在房间的对角处左右两边的墙上各刷一个大小相等的色块，并在白天、黑夜不同的时间里观察它们。

4.8.2　质感

质地不同，色彩看上去也不同。光滑的表面反射光线；而具有深织纹表面的织物，如绒毯、天鹅绒和各种各样的粗纺布等，在光照下会投射出微小的阴影。因此，相同色相、相同明度和色度的色彩，用在上述这些深织纹的织物上，比用在染色处理的光滑织物上显得更暗。同样的，粗糙质感的墙面在人造光线照射下显得更灰暗和脏污，因为光线投射在不平整的表面产生了阴影。暗淡或无光泽的表面吸收色彩，如果它是黑色的，它可能会吸收大部分的光。

4.8.3　尺度和比例

吸引视觉注意的对象通常看起来要更大些，因此，用强色度色彩的油漆涂饰或用强色度色彩的织物面料包覆的家具，可能显得更大。如果填满空间的空间主导色同时出现在背景和家具上，小房间可能看起来感觉更小了。浅色、冷色具有使房间扩大的视觉感受，看起来似乎创造了更多的空间。所以，通过巧妙地运用色彩，房间的尺度可以显著地改变，同时，建筑特征、家具与陈设能被突出显示或被最小化。

4.8.4　均衡

吸引视觉注意的对象看起来不仅更大，它们看起来也更重。所以，一小块明亮的色彩可以与一大块柔和暗淡的色彩保持均衡；一小块黑色也能够与一大块浅色保持均衡。例如，靠近桌案一端摆放的一小束色彩明亮的鲜花，与靠近桌案另一端附近摆放的一盏色彩柔和的大灯，可以保持均衡；一把湖蓝色的小椅子与一张比它大得多的灰蓝色沙发也能保持均衡。事实上，整个房间内部都可以运用色彩获得均衡。例如，用明亮或深色色彩处理的大的端墙，与摆放在房间另一边的黑色厚重家具保持着平衡。

4.8.5　色彩并置

　　色彩本身并不重要。重要的是，不同的色彩并置在一起时会发生什么。眼睛感知色彩与色彩环境有关。生理学家已经证实：人们成为色盲，不是在面对一种色彩的情况下，而是两种或四种色彩并置的时候，这时候眼睛感知的不是单一色彩，而是成对的色彩。我们熟知的视觉残像效应也证明了这个观点：如果一个人看任何一种色彩约 30 秒，然后立即去看一张白纸，白纸上就会出现该色彩的补色的影像（图 4-24）。此外，当眼睛看有色物体时，它会在环境中催生色彩的补色。例如，当绿色的椅子靠着浅色的中性化色彩背景放置时，眼睛会在该背景中看到一丝红色。

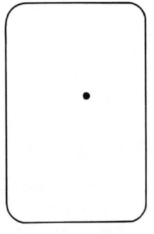

图 4-24　互补余像。盯着左边图像中心上方的黑色圆点 30 秒，然后看右边白色空间中的黑点。注意力长时间集中在任何色彩上都会降低眼睛对它的敏感性，而与此色彩反向的（互补）色彩不仅保持不受影响，还将在短暂的时间内控制余像，直至恢复平衡。具体来说，按照给定的方法观察左图，左图中的色彩的互补色形成余像，并在凝视右图黑点的时候出现在右图上一个短暂的时间后消失。

　　当两种原色并排放置时，它们看起来像是被省略的第三种原色着色了一样。例如，与蓝色并置的红色会呈现出一丝黄色。当具有相同明度和强色度的对比色或互补色并置使用时，它们会彼此冲突，这种不协调会产生令人疲惫的心理波动（图 4-25）。当具有强烈明度差异的对比色并置或相互使用时，色彩醒目突出但不会冲突。例如，一幅以橙色为主色相的画，如果挂在蓝色的墙上，橙色的色彩倾向将更加浓烈。和谐混合的中等明度的色彩并置时，倾向于混合在一起使用，在一段距离外，几乎辨识不出有什么差异（图 4-26）。后者的组合是大多

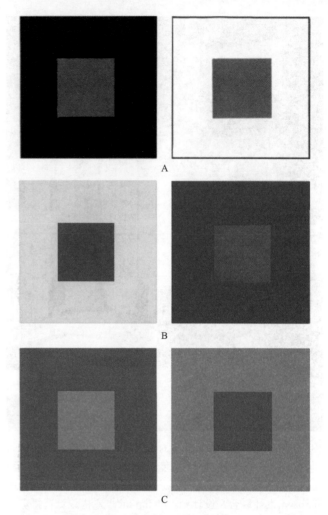

图 4-25　这些图说明了相邻色彩之间的影响。图 A：置于白的背景下的灰色看起来比置于黑色背景下的灰色更暗；图 B：彩色背景中的灰色或者其他中性色似乎被背景色彩的补色着色了；图 C：互补色并置时，相同色度的互补色相互冲突，不同色度的互补色相互增强。（图片由通用电气公司大灯部提供）

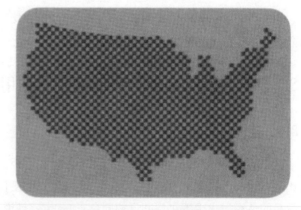

图 4-26　加性空间融合。从 6 到 8ft 的距离观看时，美国地图形状的绿点图案融合成连续的灰色。眼睛在这个距离不再区分各个颜色。（图片由通用电气公司大灯部提供）

数"涩"（Shibui）配色方案的基础。

黑色与白色的介入对其他色彩的视觉影响非常突出。黑色倾向于使相邻的色彩看起来更鲜艳，白色则能使相邻的色彩看起来更明亮。看起来毫无生气的房间，可以通过添加黑色、白色或者二者兼用，来增添活力和趣味。

色彩的并列不仅影响色相，还影响明度。当灰色圆圈置于白色背景上时，明度发生了变化，这种变化能够感知得到；而随着背景中黑色的增加，背景逐渐变暗，灰色圆圈逐渐变亮，这表明色彩可能会依据相邻色彩或背景色彩的明度状况变亮或变暗。运用鲜明的明度对比可以强调一个对象。当黑色和白色并排放置时，白色看起来更白，黑色看起来更黑。例如，深色家具如果放在浅色背景上，就会非常突出。此外，色彩紧密融合会隐藏一个对象，而色彩的对比能强调一个对象，如果一件家具的明度与背景相同，那么它就显得不引人注目（图4-27）。

设计和布置房间时，运用明度的方法有很多。随着明度的提高，物体的表观尺寸在视觉上也会增加。因此，选择座椅时要注意，色彩明度低的织物包覆的椅子看起来比色彩明度高的要小巧一些。依据浅色后退和暗色前进（视觉感知）的特性，设计师可以巧妙地改变单个物品或整个房间的表观尺寸和比例。此外，在小房间，大面积墙壁和天花采用明度高的色彩会使房间看起来扩大了；在狭长的房间里，端墙采用较低明度的色彩会使房间看起来更短。

房间或物体的外观尺寸和比例也可以通过色彩的色度来改变。色度高的色彩视觉感觉上放大了对象，同样的，色度高的墙面，和明度低的一样，似乎在前进，使房间显得更小。

4.8.6 光

像先前讨论的，没有光，色彩就不能显现，由于光与色彩紧密关联，因此需要对光和色彩的相互作用进行简要讨论（第6章详细论述）。规划房间配色方案时主要考虑因素是研究光的数量和质量以及照明方法。

照明程度会影响色彩的外观。当光线明亮时，色彩可能很刺激；低光则可以产生放松的感觉。光线不足时，色彩可能显得暗淡、没有生机并且沉闷；然而，太多的光则会洗掉一些色彩。通常，照度增加，色彩会变得更加鲜艳，因此，低照度的房间可以通过使用具有反光性质的色彩来扩大，高照度的房间采用较深的吸光色彩更能使人愉快。

设计师关注的一个问题是，自然光和人造光所拥有的各种各样的品质是如何改变对象表面的色彩视觉感知的，这种现象称为同色异谱现象。例如，两种织物的色彩在白天的日光下是协调的，而在夜晚的灯光下是不协调的。所有类型的光线（自然光和人工光，例如白炽光、荧光和卤素光等）都产生独特的效果。自然光的品质取决于它的射入方向和射入时间，人造光的色彩取决于所选光源和配套装置（例如灯罩、灯杯等）的类型。因此，选择背景色彩和家具色彩的时候，要在各种光线条件

色彩明度高的椅子与相似明度的背景交融

色彩明度低的椅子放置在明度高的背景中形成对比

色彩明度高的椅子放置在明度低的背景中对比更强烈

图4-27 明度的影响——三种处理方法

下查看每个表面，以确保色彩匹配或协调，这是非常重要的。

观察色轮证明：使一种色彩变灰或是变得中性化，应该增加它的补色；而强化一种色彩，应该增加它的基色。光线也能产生同样的效果：暖光能强化暖色调，中和冷色调；冷光则强化冷色调，抑制暖色调。例如，黄光使黄色变成黄绿色和黄橙色，冷光使蓝色变成蓝绿色和蓝紫色。温暖的灯光很友好，往往会使物体统一成整体；冷光则可以扩大空间，营造清新的氛围，并使单个物体脱颖而出。

照明方法也能影响色彩感知。从光源直接投射到表面的光线能创造一个温暖而热烈的局部区域。从天花板的凹处反射到天花板上的间接光，却能制造一个类似于正午光线的整体效果。

理解并熟练地运用光线，可以改变、抑制、突出或戏剧化房间的色彩。除了光，没有其他任何一种装饰媒介能够达到这种效果。因为光与色在任何状态下都有很多变量，所以为光和色的使用制订明确的规则是不切实际的。在做出最终选择前，最好的做法是在被使用的环境中尝试每种色彩，并在天亮和天暗下来之后的不同时段观察它。

4.9 色彩在室内背景中的应用

将色彩应用于房间的建筑背景需要仔细考虑。例如，离白色本身就是一种特定的色彩，它可以补充任何装饰，这是一个常见的概念。但是，这个概念是需要改进的。虽然离白色是一种带有任何色调的白色。然而，离白色只有在包含与房间其他区域相同或相似的色相时，才能与房间其他色彩兼容。而且，暖色调的白色比冷色调的白色更容易协调其他色彩，这让人想起了暖色和冷色的基本特征。

4.9.1 天花板

天花板是房间最大的未使用区域，其色彩对房间总氛围的营造起非常重要的作用。如果目标是使墙壁和天花板看起来相同，则天花板应该是墙壁的色彩，因为墙壁和地板的反射往往使天花板看起来比实际上更暗。如果墙面贴壁纸，天花板可以是背景的色彩或壁纸中最浅的色彩。如果墙面用深色木嵌板，天花板涂成白色或浅

木色时效果更好。如果木质装饰漆成白色，白色的天花板效果更好。如果天花板太高，较暗的明暗度或较亮的色相会使其看起来更低。对于较低的天花板，相反的处理可以使它看起来更高。

4.9.2 护墙板

深色木质镶板的房间，可以使用高色度的色彩，因为深木色调往往会吸收色彩。如果镶板木墙很轻，并且想获得协调的效果，房间可以用浅的并且不太强烈的色彩。更正式的木镶板需要更正式的配色方案；如果木镶板是非正式的，色彩应该增强这种随意与休闲的效果。

4.9.3 窗户处理

任何房间配色上的成功都在很大程度上依赖窗户处理，以及窗幔、窗帘、遮阳板、屏风、卷帘、百叶窗或其他窗户装饰所使用的色彩。如果目标是拥有完全协调的背景，则窗户处理应该选用与墙壁相同的色彩（色调、明度和色度都相同）。如果需要对比效果，窗户处理可以选用与墙壁形成对比的色彩，但它必须与整个房间的其他色彩协调。请注意考虑从窗户外面看帷幔衬里或薄纱是什么效果。通常，薄纱选用白色或离白色（白色中带有一丝其他色调，如黄色、灰色等）更令人愉悦。

4.9.4 木饰

对房间的配色方案来说，门、天花板、地板和其他建筑细部的木饰的色彩很重要。涂饰时，边饰的色彩可能是：①与墙壁相同的色相、明度和色度（这往往会导致木线条消隐在墙面中）；②墙面色彩较暗（可使木线条脱颖而出）；③与墙壁形成鲜明对比的色彩（强调木线条）。事实上，许多专业设计师坚持在整个室内环境中使用相同的木质装饰色彩，以实现从房间到房间的有效色彩过渡。

4.9.5 木材的色彩

因为每种木材都有独特的色彩、纹理和光泽，而且每种木材的美都是独一无二的，所以在规划配色方案时不能忽视木材。如图 4-28 所示，粗纹理的木材通常比细纹理的木材具有更粗大的纹理和更强的色彩。室内设计中，几种木材混合使用可以增加房间的趣味性，但是在视觉较近的位置使用木材时，最好选择感觉相似的木材。

图 4-28 在这个定制的室内办公空间中，细纹木材与温暖精致的面料混合搭配，营造了一个高档的室内环境。（设计：Martha Burns. 摄影 Peter Paige）

例如，粗纹理的金橡木搭配纹理规整细腻的红棕色桃花心木，效果通常不好；但细纹理的浅棕色枫木和褐色胡桃木搭配，效果通常很好。

在规划室内环境的色彩时，应考虑天花板、护墙板、窗户、木饰、木材本身等所有这些项目的处理。下一节的内容将有助于帮助初级设计师选择色彩搭配方案。

4.10　选择色彩配色方案

在决定配色方案时，设计师必须首先考虑客户的需求和愿望。很多时候，客户会选择一种特定的色彩作为内部环境的基础色，这是设计师色彩配色方案的首要着手点。配色方案的其他着手点还包括富有吸引力的织物或壁纸、地毯、或珍贵的绘画或艺术品。商业办公空间或酒店环境也可以从公司徽标或地毯图案着手规划配色方案。如前文所述，色彩配色方案应该源于设计概念并本着强化设计概念的原则制订。无论设计师从哪里开始，房间的色彩选择都必须考虑色彩的恰当分布，以及从一个房间到另一个房间的过渡。

4.10.1　色彩分布

色彩是室内设计师可以使用的所有要素中最能统一设计效果的要素，其巧妙的分布对获得统一协调的空间感觉至关重要。色彩分布的两种主要方法如下：

（1）规划明度分布是必不可少的步骤。为了达到预期效果，每个房间都可以用不同量的淡的、暗的和中等明度的色彩进行强化。在大多数情况下，最低明度用量最少，通常大面积区域会使用不那么强烈的或更中性化的明度，余下的区域的明度为中等。明度的这种应用方法被称为色彩分布法则。将色彩分布法则应用于一个房间时，地板、墙壁和天花板等背景的色彩要采用最中性化明度的色彩，大件家具采用的色彩应具有中等色度，小椅子和配饰等重点采用最高色度的色彩。

（2）许多色彩搭配成功的房间都是围绕着一个占主导地位的色相设计的。这种色彩不需要用在所有的家具上，但应至少重复一次，以产生统一感。统一也可以通过使用包含一个共有的色相的色彩来实现。例如，色彩轮上顺时针方向的色相，从红橙色到蓝绿色，都含有黄色，他们能很好地融合在一起。这个范围的色彩搭配使用时，共有的色相——黄色，会有后退感，而其他色彩更鲜明和突出。

虽然前面的指导方针给出了房间配色的最稳妥方法，但是偏离它们也是可能的，有时也是可取的（图 4-14）。例如，深色的墙面可以营造舒适、温暖和安全的氛围，而且能够统一房间里的家具。再比如，浅色地板在视觉上扩展了空间，当它与深色的墙面相邻时，能创造出戏剧性的效果。一方面，深色的天花板大多数情况下会使空间有被降低和压迫的感觉；另一方面，根据建筑层高状况，天花板可以用低明度的色彩营造出欣赏无限夜空的幻觉。在商业设计中，深色天花板经常被用于隐藏暖通空调系统（供暖、通风和空调）的网络、管道和电缆。

4.10.2　相邻房间的色彩过渡

任何情况下，只要两个房间相邻，它们的色彩就应该相互关联。从一个房间输送到另一个房间的一种或多种色彩——不一定以相同的方式使用——会使房间之间的过渡自然而舒服。例如，入口大厅的壁纸中的强调色可以被中和并用在相邻起居室的墙面上，或者突出显现在一块装饰织物中。

如果一个房间可以看到另一个房间，如同在会议室和接待区域那样，那么，两个房间运用密切相关的色彩可以创建色彩统一。以下是一些实现色彩转换的最常见和最有效的方法。

• 许多专业的设计师通常会保持地面覆盖材料从一个房

间到另一个房间的一致性。例如，除了入口、会议室或公用事务区采用硬的地面材料之外，所有房间都可以使用灰色地毯。

- 从一个房间到另一个房间运用相似或相匹配的墙面和天花板色彩，能够形成色彩过渡的连续性。
- 整套居室使用一致的线脚和建筑装饰线条有助于创建统一。
- 各种家具和窗户处理上使用的相关色彩应该考虑色彩过渡的有效性。
- 配饰可将色彩从一个内部空间传递到另一个内部空间，有助于创造有效的色彩流。

充分运用色彩分布法则、仔细斟酌相邻房间的色彩过渡，并结合其他配色方案的技巧的培养形成，需要一定的时间和耐心。所有设计师的目标都是在完成之前，先培养色彩配色方案的视觉传达技能。

4.10.3 视觉传达

在脑海中形成一幅色彩并列的图像并不容易，学生和客户可能需要视觉辅助。视觉传达技能能帮助设计师准备展示板、图表和计划，这些展示板、图表和计划能帮助客户和设计师设想已完成的空间。下面是色彩方案视觉传达的三种方法。它们通常在第1章讨论的概念设计和设计开发阶段完成。

（1）开发一个被使用的各种要素的近似比例的图表，例如墙面、地面、天花板、家具和配饰。将织物、油漆和硬质材料样品附在图表上。此方法虽然不能完全展示项目完成后的效果，但它很有帮助。

（2）组装一个包含所有要使用的项目的实际样本的装置，比例大致。这种方法更接近于房间施工完成后的样子。

（3）许多专业设计师开发的演示板，包括渲染的平面图、立面图和内部透视图（图4-29）。这些演示板还包括带有织物样品的家具图片。除此之外，还显示了所有墙壁、地面和其他表面的饰面情况。

设计师也可以使用其他色彩配色工具。涂料公司拥有室内和建筑样品套件，涂料样品为50mm×100mm或更大。潘通（Pantone）国际标准色卡是商业色彩识别的标准，它还生产彩色样本书，可以帮助设计师向客户传达色彩。无论使用何种方法，重要的是要记住，目标是在视觉上向客户解释配色方案的最终效果。

4.11 色彩预测

帮助确定美国住宅和非住宅设计的色彩偏好的组织，包括色彩营销集团、美国色彩协会、家庭时尚联盟、国际色彩管理局、国家装饰产品协会等。色彩预测主要来自色彩设计师和权威机构进行的最新研究，它们为消费者、专业设计师和销售专家提供年度预测。

美国色彩营销集团预测，色彩将与新技术相结合，

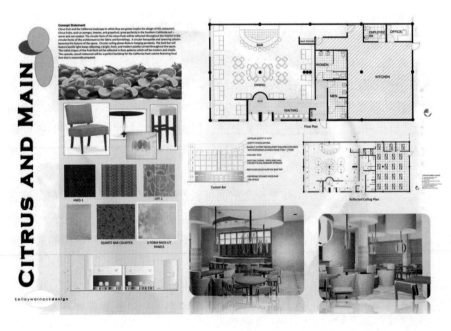

图 4-29 这家餐厅的视觉展示，设计师制作了平面图、立面图、透视图和镜像天花板图，以帮助客户了解 3D 室内环境。色彩、纺织品和家具图像以及整体设计概念也包括在内。（设计师：Kelley Warnock 室内设计）

产生很多具有维度感和深度感的色彩。未来的色彩将具有金属的、珍珠般的、传统大漆的、甚至是仿麂皮的外观。色彩营销集团的预测是基于色彩的社会学、经济和政治影响的研究做出的。

　　Sherwin-Williams 公司每年都会完成一项名为 color-mix.™ 的年度色彩趋势预测报告。他们最新的预测包括一种深奥的绿色，这种色包含大量的蓝调，与此前发布的基于绿叶菜的黄色完全背道而驰。蓝色与水有关，更浑浊，又有点柔和，而不是清新。此外，他们的最新预测还包括红色和中性色：红色倾向于橙色和金色的燃烧颜色，而中性色则有温暖的黄色底色。

　　在查看各种专业来源的色彩预测时，记住一点非常重要，即没有可以应用在任何特定时间的绝对的色彩规则。了解色彩趋势是必要的，但最终最有价值的考虑因素是个人偏好、舒适性以及愉悦感。室内设计师的职责是帮助客户选择适合个人环境的色彩。

相关链接：
色彩营销集团 www.colormarketing.org

一个富有创意并且有趣的关于色彩喜好的网站 www.colormatters.com

美国色彩协会 www.colorassociation.com

Sherwin-Williams Stir 网站 www.swstir.com/videos

本章小结

　　光与色之间的相互作用给设计师的设计工作带来巨大机遇，同时也带来独一无二的挑战（图 4-30）。在决定客户与配色方案有关的个人色彩喜好和品味时，详细规划和精准设计是必须的。配色方案的制定，可以以来自色环、自然界、艺术品或地毯图案等色彩源，但它们也应该符合最初确定的设计概念。配色方案的最终发展还必须考虑不同色彩彼此的并置、设计要素与原则的预期效果，以及色彩的适当分布。最终，所有设计师面临的最大挑战（也可能是最令人满意的奖励）是如何获得美观、宜居的方案，满足客户的需求。

图 4-30　质地和光线的变化在营造华美且温馨的室内生活环境中发挥重要作用。设计师特别注意光线的影响，因为它一整天都在变化。地板和天花板上的反光表面与粗糙的石墙形成鲜明对比，增添了空间的个性。（设计师：Gandy / Peace，Inc；摄影：Chris A. Little）

下面的项目说明了设计概念的全面发展和执行过程。Gensler 的亚特兰大办事处（一家室内设计和建筑公司）与他们的客户——联邦快递公司（United Parcel Service）密切合作，共同完成了此办公空间设计。

项目描述

现有建筑 167 000m²，其前身是一个家具制造厂，它即将被改造成为 UPS 企业办公空间。改造后的建筑将容纳 650 名员工。员工包括软件开发人员、发明人、信息技术专业人员和投资顾问，这些人因为一个共同的目标——"更快地将产品推向市场"而聚集在一起，他们为使 UPS 成为全球顶级电子商务公司之一而共同协作。

（1）程序设计

设计团队与被称为"电子商务创始人"的 UPS 员工会晤，以确定目标并明确新中心的方向。多次会晤后，Gensler 设计团队根据创始人的实际报价制作了一个描述商业目标的文案合订本。此外，Gensler 团队还研究了企业当前的和历史的相关文献，以帮助支持和定义目标。整个设计过程都提到了《联邦快递公司电子商务解决方案设施：建设计划》（UPS e-Solutions Facility：Building Program）的文件。目标包括以下内容：

- 通过有效的长期规划和发展，最大限度地提高房地产投资
- 创造并提供一个能够吸引高素质信息技术专业人员，并使他们保持激情认真履职的环境
- 创造并提供一个孕育和滋长创造性思维，并倡导灵活性和使人振奋的环境

下图 DS4-1 至图 DS4-3，是从建设计划文件中提取的页面。

（2）图解或概念设计

随着设计师/客户合作的深入，设计要求渐渐形成。具体要求包括：间接和自然照明，无荧光照明，休闲和休息区，多功能协作区（以"异花授粉"的形式鼓励员工之间自发的交流），可变的用户工作空间，"绿色"建筑环境，优质声学和安全系统，以及拥有安静空间的能

	Year end 2000	Year end 2001	Year end 2002	Hard Office Year end 2002	Type of work
Service Parts Logistics	70	75	80	4	Internet/other software development
Ups Capital	30	45	60	3	
PSI	30	50	50	5	
eVentures Core	30	30	30	12	Incubation
eVentures Team X	12	12	12		
eVentures Team Y	12	12	12		
Consumer Direct	115	120	150		
eLogistics	120	120	120		
Worldwide Logistics	60	80	100	5	IT Developers, WWL and transportation developers
eSolutions Development	131	300	450	23	
Interactive Communications	15	20	25	1	
Interactive Marketing	5	5	5	0	
EC Marketing Document Exchange					
CIM/eDeployment	10	15	18	1	
CIM/Functional Requirements	23	53	87	5	
CIM/Implementation & Support	25	30	33	1	
Human Resources	5	7	8	3	
Facilities	2	2	2	0	
Enterprise Support	3	4	6	0	
Total	698	980	1248	63	

图 DS4-1　作为程序设计阶段文件的一部分，Gensler 公司编制了一份人员配备表，表中标注了每个部门的预期雇员人数。（建筑师/设计师：Gensler）

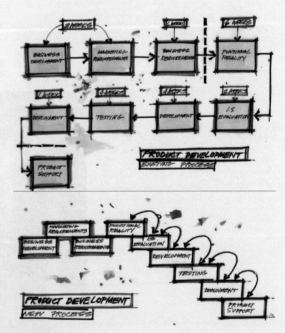

图 DS4-2　程序设计阶段的文件还以图形方式概述了现有产品和新产品开发过程。（建筑师/设计师：Gensler）

力。随着讨论的继续，围绕着社区这个词的概念开始建立起来。图 DS4-4 和图 DS4-5 是以社区这一概念为中心的概念设计图。

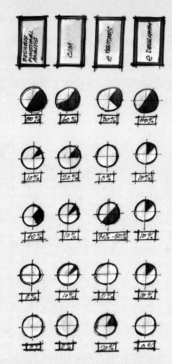

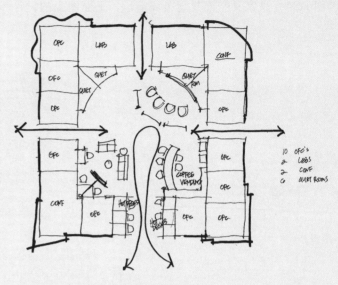

图 DS4-3　在观察了各个员工的工作模式后，Gensler 团队制定了一个时间表，以说明每个部门员工"生命中的一天"。（建筑师 / 设计师：Gensler）

图 DS4-4　在更具体的概念性平面规划中，办公室、实验室、会议区和静室围绕着公共中心架构了一个框架。（建筑师 / 设计师：Gensler）

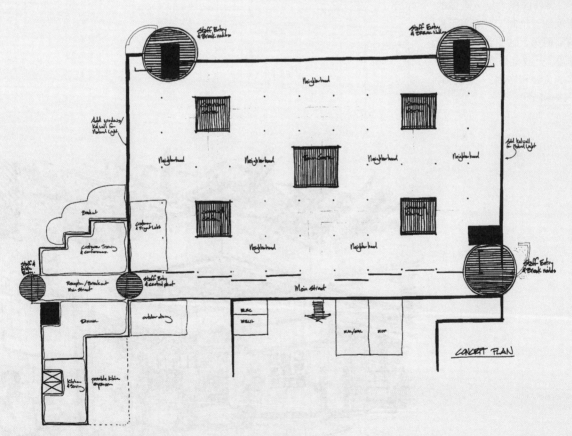

图 DS4-5　概念设计图体现了社区这一概念：城镇中心周围是社区（工作区）和公共中心（协作区）。（建筑师 / 设计师：Gensler）

（3）设计深化

该项目的设计发展阶段与图解设计阶段无缝对接。图 DS4-6 是家具平面规划布局演示，平面图上的设计

布局形成了强大的办公区和社区中心网络。图 DS4-7 描绘了这个空间所创造的社区感，包括：图 A "主街道" 入口，图 B 开放式办公区，以及图 C 社区休息区。

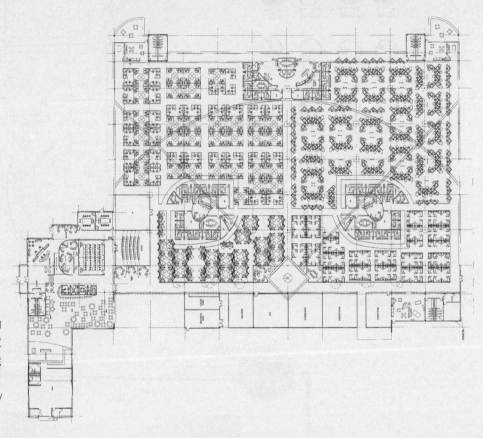

图 DS4-6　将社区概念纳入具体的建筑平面规划，绘制了一个展示家具布局的平面图，该图说明了可能的墙体位置、开放办公室平面布局，以及走廊的位置和布局。（建筑师／设计师：Gensler）

图 DS4-7A　"主街道" 入口的透视效果图。（建筑师／设计师：Gensler）

图 DS4-7B　开放式办公社区的透视效果图。(建筑师 / 设计师：Gensler)

图 DS4-7C　社区休息区的透视效果图。(建筑师 / 设计师：Gensler)

(4) 合同文件

本项目绘制施工图需要注意社区概念在设计细节中的体现，并遵守程序和概念设计阶段确定的设计要求。图 DS4-8 至图 DS4-10 是在这个阶段使用的文件的一些样本。图 DS4-11 至图 DS4-15 是完成后的室内空间设计效果。

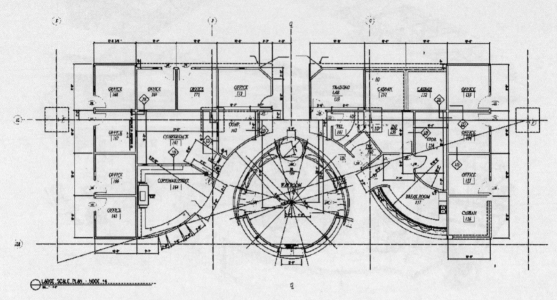

图 DS4-8　战略室的平面布置图。（建筑师／设计师：Gensler）

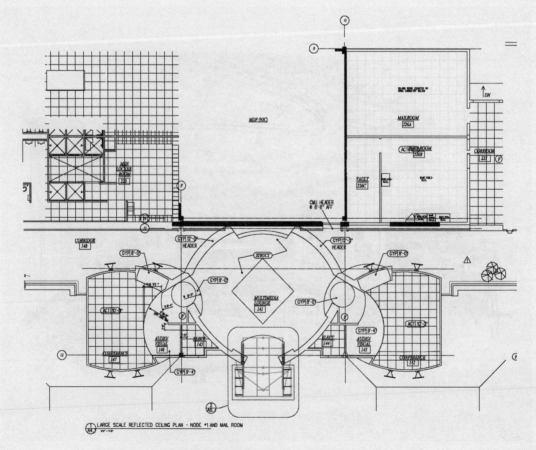

图 DS4-9　多媒体休息室的平面布置图。（建筑师／设计师：Gensler）

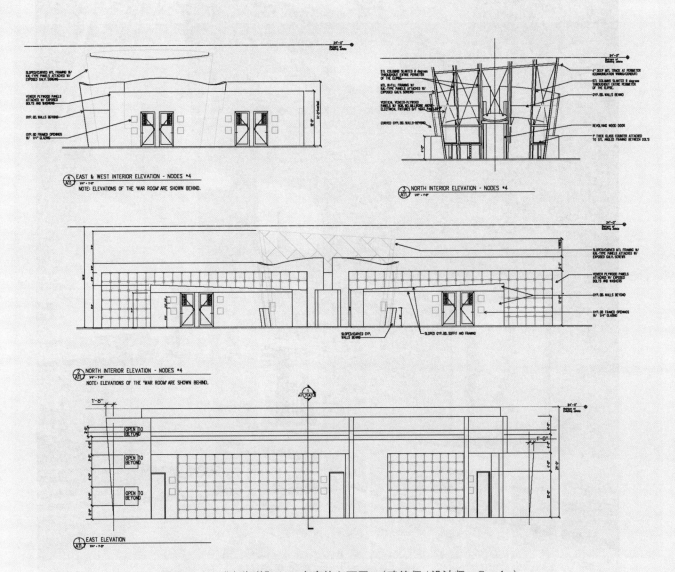

图 DS4-10 "主街道"入口走廊的立面图。(建筑师 / 设计师：Gensler)

图 DS4-11 "主街道"走廊采用醒目的色彩、相交的平面和强大的轴线，以奠定室内环境氛围的基调，即充满乐趣的和令人兴奋的室内环境。(建筑师 / 设计师：Gensler；图片提供：©Robert Thien)

图DS4-12

图 DS4-12 和 图 DS4-13　根 据 社 区概念和"多用途协作区域"的要求，Gensler 团队创建了一个街边座位区，该区主要用作即兴交流和预约会议活动场所。这些区域设计中的灵活性是必须考虑的因素，所谓的灵活性，是指允许交流参与者人数增加，或满足交流中的隐私需要。(建筑师／设计师：Gensler；图片提供：©Robert Thien)

图DS4-13

图 DS4-14　在另一个开放的社区区域，鼓励员工聚集在"酒吧"进行非正式讨论。强烈的色彩、弯曲的墙面和俏皮的艺术品营造了自由又充满活力的室内空间氛围。（建筑师 / 设计师：Gensler；图片提供：©Robert Thien）

图 DS4-15　透过入口看其中的一个公共中心，可以感知到，设计创造的环境在继续激发创造力。相交的平面和强烈的色彩仍在继续，但降低的天花板和放大的罩框，决定了形式的多样性，并使空间具有更强的秩序感。（建筑师 / 设计师：Gensler；图片提供：©Robert Thien）

小型独立住宅

Building Systems

这出戏似乎可以一直演下去，不要介意像演员吵架这样的小事，我唯一担心的是太阳。

——出自美国20世纪著名诗人Robert Frost的诗《It Bids Pretty Fair》

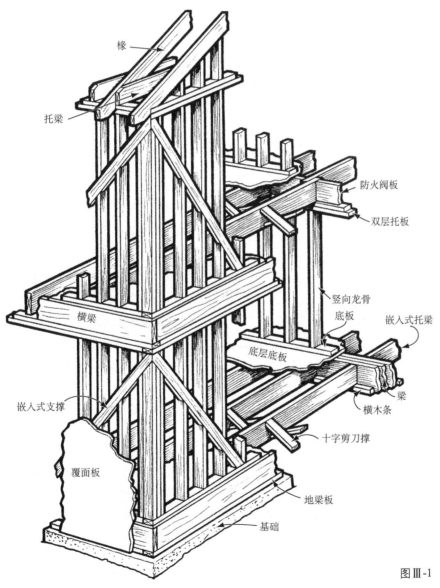

图III-1 典型北美轻型木结构以及各部分名称

通常隐藏在墙壁、天花板或地板中的建筑设备系统是构成室内环境中人类舒适性的物理基础。采暖、通风、空调、强电、照明、通信等管道系统被集成到建筑中，设计人员需要了解这些系统如何协同工作，以及在建造过程中何时安装这些系统，这样才能够在整个项目过程中准确地指导施工，确保项目按图施工，从而实现最初的设计目标。

虽然设计师应该熟悉施工过程，但是室内设计师只是设计团队的一员。多数情况下，室内设计师依据自身专业进行设计合作。在这个过程中，设计师要重视与业主和其他相关专业人员进行交流、沟通和协作。室内设计师不单需要熟悉建筑内部的知识，还应该了解基本的建筑设备和构造技术，这就需要熟悉理解各系统专业术语、标准体系和图示符号，这样才能提高与同事、客户有效沟通的能力。本章主要通过美国小型独立住宅的建造过程来讲述建筑的基本知识。

施工过程

建筑或改造结构项目的过程有五个步骤：选址，打好地基与基础，墙体框架及屋顶装配，覆面层、屋顶和室内建筑系统，内外装饰。关键是要绘制这个过程的时间表（或进度表）。例如，一项小型的改建工程可能只需要四五个星期就可以完成，而一幢标准的住宅可能需要四五个月，一座大型商业建筑可能需要一到三年才能完工。对于所有的新建项目，步骤的顺序是相似的，改扩建工程会略有差异，但工程的进度表都是由总承包商负责。下面讲述一个采用木框架结构建造的住宅的施工过程。请参

阅图表进一步了解。

相关链接
居住建筑案例 www.b4ubuild.com/resources/schedule/6kproj.shtml

选址

选址是施工过程中的第一步。在美国，政府不仅对住宅项目容积率进行控制，同时对外观风格也有明确要求，所以项目要根据本地块规定的边界条件设计建造房子外观。除此以外，现场工作还要对交通流量和建筑位置进行分析，做出最佳选择。

一旦选定了一个场地，并完成房屋图纸设计就必须开始场地施工准备。例如，把场地内燃气、电缆等设施与场地外公共市政管线接口连接，并按当地规范在地下埋管铺设(或串起来)；将需要调整的绿化用大型挖土机移除或保护起来；做好地基、基础墙、地下室或架空层的土方开挖。整个施工过程是连续的流水作业，直到排水沟、草坪、灌木、乔木、车道、人行道、平台、天井和停车场等全部景观绿化和附属工程安装完毕，工地工作才算结束。

相关链接
地下部分施工 www.b4ubuild.com/resources/index.shtml# sitework

地基与基础

现场施工准备工作完成并挖除基础土方后，需要进行仔细测量，并铺设模板用来浇筑地基所用的混凝土。如果是处在寒冷地区的建筑，还必须在冰冻线以下增设基脚。

地基的上部是基础墙。基础墙

可采用现场浇筑混凝土或砌筑混凝土砌块（图III-2）。（注：水泥是混凝土的干性成分。混凝土是水泥的混合物，由石灰、二氧化硅、砂、水，以及其他材料组成。）在基础墙上要为地下室的窗户（必须符合消防出口规范）或通风口留好尺寸足够的洞口。通风口设置在混凝土基础墙上是因为，避免在楼地面开洞对保温不利。此外通风口必须设计成对流通风，中间无阻隔，这样才能减少架空层的湿度，当然通风口还必须有足够强度，抵御动物或小孩的破坏。

有些建筑物有混凝土楼板，就需要把钢筋或钢丝网布置在混凝土中增加楼板的强度。在浇筑混凝土楼板之前，所有的给排水、电气和机械管道系统都必须合理布置在混凝土楼板中，结构师或设计师要到现场检查，确保电气和管道按照设计图上的说明进行安装。当然，也可以在混凝土板凝固后对楼板进行凿孔再铺设管道，这样会破坏楼板内部钢筋而且增加费用。当然，对于改造项目这种二次开孔是不可避免的，这就需要通过查阅施工图纸和经验判断以避开内部钢筋位置。需要提醒的是，混凝土凝固后，拆除模板，固定模板和脚手架的孔洞需要填满压实，避免今后有雨水渗漏。这样基础就完成了，下一步可以为这座建筑物建造框架了。

相关链接
混凝土施工工序 http://www.b4ubuild.com/photos/footing/foot_p01.shtml

墙体框架及屋顶装配

木框架结构是安装在基础墙上

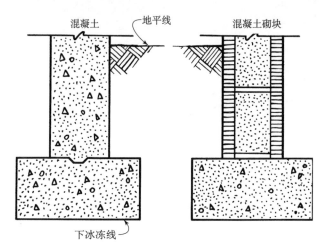

图Ⅲ-2 左侧图为现浇混凝土基础及基础墙，右图也是现浇混凝土基础，但基础墙为混凝土砌块。

的。木质墙体框架与基础墙是通过地梁板连接的，首先要将地梁板固定在基础上（图Ⅲ-1）。垂直方向上，在地梁板上安装竖向墙骨柱，下部用钉子沿45°方向将墙骨柱固定在地梁上，上部固定在顶梁板上，形成墙体基本框架。水平方向上，将格栅构件连接到四周顶梁板上，并在上面铺设一层楼面板。整体受力关系是屋顶的重量通过垂直承重墙来支撑，再将墙体荷载传递到基础墙，基础墙再将荷载传递到地基上。要知道并非所有的墙都是承重的，特别是在改建工程中，在考虑拆除一堵墙之前，设计师必须咨询建筑师或工程师，以确定哪些墙是承重的。拆除承重墙要进行结构替换后才能改动，这项工作必须得到结构工程师或专业施工单位认可。这里要补充说明，不是承重墙也不能随意拆除。因为，通常状况下荷载是垂直的，填充墙不会发挥作用；但地震来临时，除了垂直荷载还有水平力作用，这样没有填充墙的情况下，梁与柱构成的垂直四边形会变形，从而导致坍塌。

垂直的墙壁是由断面为50mm×100mm 或 50mm×150mm 的木材为墙骨柱，一般采用 50mm×150mm 的规格，这样不仅外墙保温效果好，更重要的是便于在墙骨柱上钻孔安装直径376mm 的水管。因为规范要求开孔深度不得超过墙骨柱截面高度的 40%，孔外缘离墙骨柱边不得少于15mm，一边安装石膏板墙面不至于木螺丝戳破电线套或水管。所以有时会在开孔处增加金属垫片

来保护管线。根据美国不同地区抗侧向力要求，底层墙体要根据规范要求用钉进行连接。通常墙壁上会为门窗设置预留孔（图Ⅲ-3），但在预留孔上方要设计门窗过梁板，以便将荷载传递到左右墙体通高的墙骨柱上，这样才能形成刚性框架单元。在墙体施工时，建筑师和室内设计师应该在现场仔细检查是否按照施工图标注位置安装门、窗和墙体，越早发现错误，就越容易改正。

接下来，屋顶是把框架和附属物安装到垂直墙体（图Ⅲ-4）上。通常木框架屋顶属于预制桁架系统在工厂建造的（图Ⅲ-5），这样既保证质量又经济实惠，因为传统屋盖的施工需要几天时间，而桁架屋面安装仅需几小时，又达到抗飓风要求。但桁架系统不允许在阁楼使用。

覆面层、屋顶和室内建筑系统

随着框架安装完成，就需要在建筑墙体框架外部和屋顶安装定向

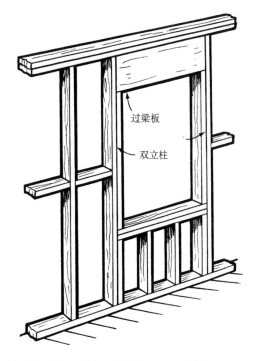

过梁板

双立柱

图Ⅲ-3 增加垂直方向龙骨和横向顶梁提高了预留孔框架强度，保证房间窗户稳定性。

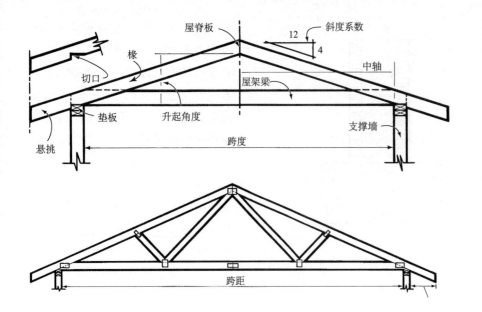

斜度系数

12
4

屋脊板
椽
切口
垫板
升起角度
悬挑
屋架梁
中轴
支撑墙
跨度

图Ⅲ-4 屋顶框架组合及其术语
（斜度为 4/12）

跨距

图Ⅲ-5 工业化预制装配屋架系统

刨花板、结构胶合板等墙面和楼面基层板。基层板避免框架变形而且增加了结构支撑，以及绝缘性。（图Ⅲ-6）。结构胶合板作为结构面板用来抵抗地震和风荷载，所以用作外墙基层和内部楼盖；定向刨花板与结构胶合板功能一样，但不能完全替代结构胶合板。

安装的步骤

一是屋顶材料放置在基层板上；二是安装窗户和门；三是管道、暖通空调和电线在墙壁内铺设或在地下室设置；四是安装淋浴间和浴缸等卫浴设施；五是通过室内装修细部收口覆盖接缝；六是同步安装中央吸尘、安保系统和呼叫对讲系统；七是仔细检查出风口、开关、顶灯、空调通风口、对讲机系统和其他指定部件的位置准确，尤其是墙壁材料用螺柱固定，成本高，而且难以进行更改。最后，在墙壁和天花板上增加保温材料。

内外装饰

建筑的外墙装饰材料可采用鱼鳞挂板、砖、抹灰或墙板，要视当

地情况而定。完成外装饰还要进行屋面收口下部的挑檐板（屋檐下区域）和垂直封檐板（屋檐前区域）安装（图Ⅲ-6）。最后是门窗套、混凝土门廊、走道、木平台和栏杆等附属工程装饰，以及景观照明等建筑周围配套设施。

室内装饰材料主要用在墙面，将在第 12 章中讨论。当室内油漆和保洁处理完毕后安装橱柜、台面、瓷砖地板和防溅板，以及管道和照明设备。然后安装室内门五金、电器、地毯和窗帘。最后是家具配送和布置艺术品及配件。

最终还要在设计列表中标出尚未完成的细节，并做好成品保护。因为，有时搬运工会损坏门框，地毯安装工会损坏墙壁，插座盖和加热器通风口会装错位置，以及灯泡初次使用会遇到质量问题等。所以，建筑师或室内设计师需要确保所有项目在工程交付前一切都完好无损再批准最终付款给承包商。

一般承包商的工作完成后，室内设计师还要监督家具的安装。家具布置通常是客户最了解的部分（图Ⅲ-7）。

虽然在技术上不是建筑系统的一部分，但承包商熟悉家具平面图有助于理解房间的未来布局，从而在施工中予以更多考虑。比如，墙面有搁架，就需要在墙面内部的墙骨柱间增加预埋，以便于安装搁架时固定螺丝。

建筑施工过程是复杂的，只有通过合理的计划，才能在合约规定的时间内完成。对细节的关注和所有相关专业人员的合作努力，才能确保空间满足客户的需求和期望。

以下两个章节提供更多的关于建筑体系的细节信息。如识别建筑符号、建筑系统各组成部分的认识和要求等，将有助于设计师更好地为业主服务和与相关专业人士的沟通。

相关链接

建筑施工术语词汇表 www.homebuilding-manual.com/Glossary.htm

普通住宅建筑网站 www.b4ubuild.com

全国住宅建筑商协会 www.nahb.com

全国住宅建筑商协会研究中心 www.nahbrc.org

建筑资源指南 www.products.construction.com

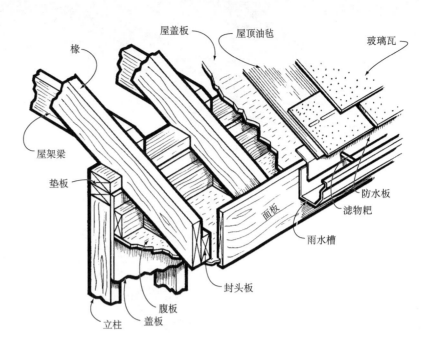

椽　屋盖板　屋顶油毡　玻璃瓦

屋架梁

垫板

面板

防水板

滤物耙

雨水槽

封头板

立柱　盖板　腹板

图Ⅲ-6　图示为屋顶与墙面交接点详图

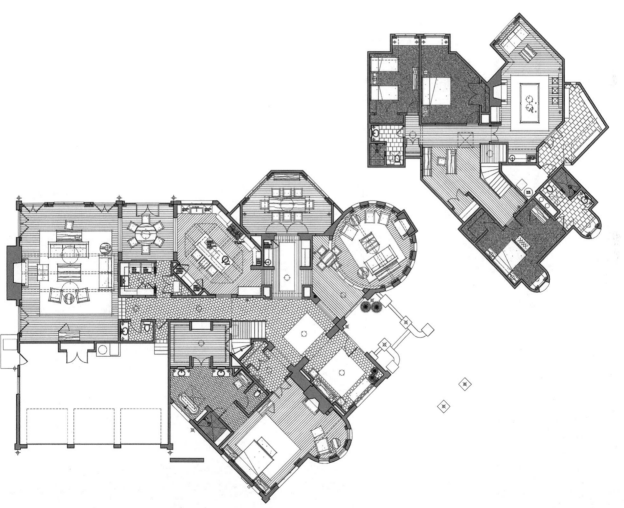

图Ⅲ-7　这是带有家具布置的两层住宅平面图。不同的房间通过实心墙体分隔，家具轮廓清晰，而地板材料等细节用细线填充。这样绘制二维图纸的目的是为后续创建三维表现做准备。（设计师：David Michael Miller Associates）

第 5 章

建筑构件、系统和规范

图 5-1　木框架结构会影响建筑系统。电气、空调设备和管道线路必须围绕结构梁布置。设计人员要与工程师紧密合作，确保所有系统协同工作。这种风格的装饰桁架是对垂梁结构的改造。（设计：Pineapple House 室内设计；摄影：Chris Little）

现代建筑不仅是指风格现代化，更重要的是指现代技术与设备，这是与传统建筑的主要区别。现代建筑是多学科的综合体，学习和掌握建筑技术与设备的基本知识，了解设备的功能和用途，学会建筑设备的基本布局及其规范、规定，才能更好地表达设计意图，创造出有生命力的作品（图5-1）。本章通过一系列工程图纸中的建筑构造组成，简述各种与室内设计相关的设备和技术规范等。

5.1　设计深度规定

为了保证建筑工程质量，国家对设计阶段设计文件的质量和完整性，对方案设计、总体文件设计和施工图设计各个阶段的深度都有明确规定。对小型独立式住宅这类简单的建筑工程，可以适当简化设计阶段，通常包括以下内容：

- 设计说明
- 目录
- 建筑总平面图和地形图
- 环境景观图
- 基础平面图
- 各层平面图，通常从最底层开始，逐层向上
- 灯具布置图
- 电器和通信设备布置图
- 装修图
- 室外立面图
- 室内立面图
- 剖面图
- 节点图和固定家具图
- 屋顶平面图
- 配套专业工程图纸，如结构、灯光、电器、通信、给排水、采暖通风空调、消防和安保等布置图。

根据具体项目的需要，过程中会有设计变更，即删除或补充部分图纸。在图纸前需要编写设计说明，甚至单独成册地编制更为详细的技术规格书，明确各个专业系统、构造以及设备材料要求。例如，技术规格书可以列出木材结构中各部件之间的装配公差。家具、装修和设备规格也可以修改，并作为合同文件的一部分（参

见第Ⅰ章）。下一节将对这些不同的绘图进行详细描述。附录C展示了一小组施工图。

5.1.1　平面图

平面图表示从上向下看到的场地或建筑不同平面的布置情况。独栋住宅平面图通常按照1∶25或1∶50的比例绘制。图5-2所示是美国常用的建筑材料符号。

相关链接
现场施工中常见构造符号和术语 http://www.constructionworknews.com/field-manual/index2.html

住宅设计常用术语 http://www.hometime.com/projects/conbasic.htm

（1）场地、坡度、景观和地基平面图

场地、坡度平面图和景观平面图，虽然很少被设计师使用，但有助于分析景观和太阳的方向以利于建筑布局。住宅的基础平面图还可以显示暖通空调和管道线路的位置。

（2）景观绿化图

景观绿化图主要标注绿化用地范围和苗木种植，以及建筑小品的位置、坐标和设计标高。

（3）建筑平面图

建筑平面图对设计师来说很重要，它明确了墙壁、门、窗和其他内部设备设施（如橱柜、嵌入式书架、楼梯、厨房电器和浴室设备）的位置。建筑规范规定了墙的类型和材料，图5-3表示了其中一些选项，如带壁炉墙体的图示符号。厨房的标准符号说明了内部配置，如洗碗机和橱柜，以及冰箱等其他设备。图5-4表示了各种厨房设备的符号。浴室平面图符号将在本章后面的管道内容中进行说明。

楼梯通常作为一个空间视觉焦点进行设计，如图5-5所示。楼梯是平面图上常见的组成部分，需要明确具体位置。楼梯由水平部分（称为踏面）和垂直部分（称为踏高）组成（图5-6）。踏面的深度应容纳整个脚的长度（通常在260～300mm）。在住宅中，踏步上往往通过铺设地毯来提高安全性。住宅楼梯踏高不应超过175mm，常用数值为150mm；每层踏面深度、踏高的尺寸应保持一致，便于人们行走的习惯。楼梯踏面与上层楼板应最少保持2 030mm的净空高度，避免头部碰撞。

室内楼梯栏杆扶手高度不宜低于900mm。扶手的

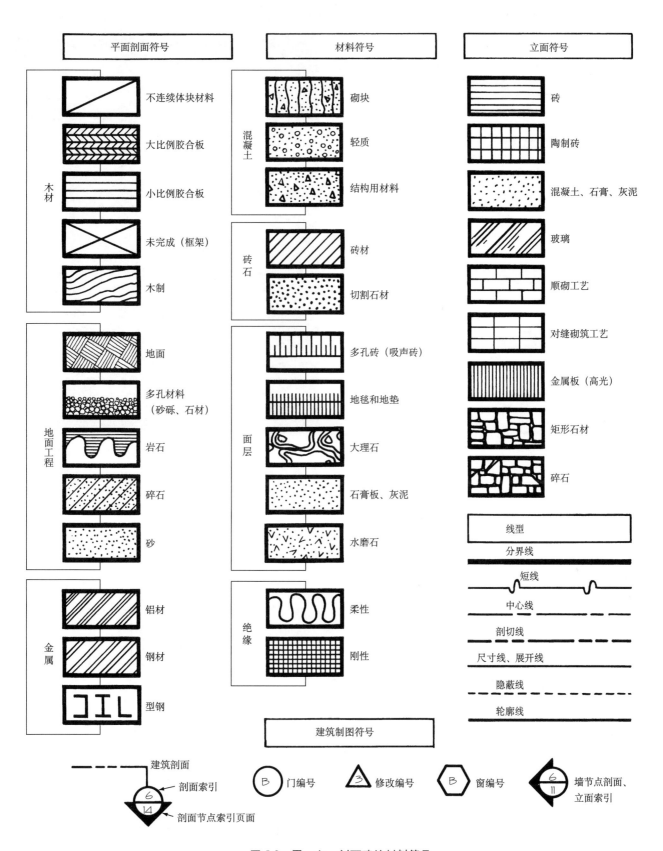

图 5-2 平、立、剖面建筑材料符号

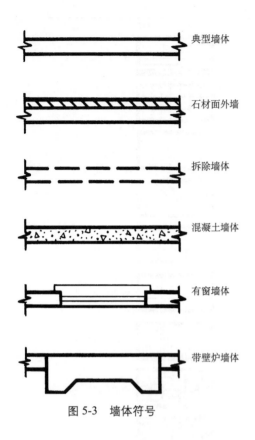

图 5-3 墙体符号

典型墙体
石材面外墙
拆除墙体
混凝土墙体
有窗墙体
带壁炉墙体

图 5-5 受到艺术与手工艺运动影响的螺旋楼梯,位于美国林业与纸业协会办公楼。(设计:Greenwell Goetz Architects;摄影:David Patterson)

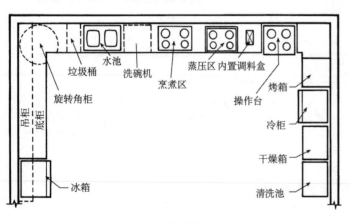

图 5-4 厨房设施图示

垃圾桶
水池
洗碗机
烹煮区
蒸压区 内置调料盒
烤箱
操作台
冷柜
旋转角柜
干燥箱
吊柜
底柜
清洗池
冰箱

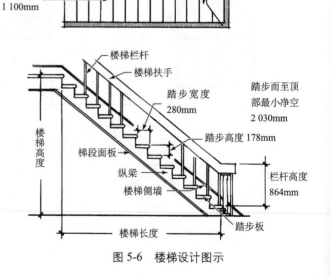

图 5-6 楼梯设计图示

俯视图
楼梯宽度 1 100mm
楼梯栏杆
楼梯扶手
踏步宽度 280mm
踏步而至顶部最小净空 2 030mm
踏步高度 178mm
楼梯高度
梯段面板
纵梁
楼梯侧墙
栏杆高度 864mm
楼梯长度
踏步板

直立支撑部分称作栏杆，栏杆间距必须小于110mm，以防止幼儿从中间坠落。

美国小型住宅基本是工业化木构建造，室内设计师可以在已有的建筑图纸上深化，也可以自行设计平面图，但受到工业化部品的制约，设计师往往是选择产品和提供服务的工作，所以必须与建筑师或部件制造商就结构构件进行沟通与合作。家具平面图虽然不是规范所需的建筑图纸的一部分，但是根据平面图设计的。图Ⅲ-7展示了住宅一二层家具布置。

（4）灯具平面布置图

灯具平面布置图需要室内设计师根据设备工程师提供的总用电量和灯具厂商提供的参数进行设计，通常由室内设计师和照明工程师共同完成。与其他平面图向下投影不同的是，顶面的照明设计平面图是向上投影的，所以也称为镜像图。在住宅设计中，灯具平面图常常和电气、通信设备一起设计。商业建筑的设计中，灯具平面图还要反映采暖通风空调设备和喷淋管线等配合情况。这里要说明，小型木结构住宅由于内部是龙骨构造，所以如果选择吊灯和壁灯时要事先在龙骨间预埋木砖，以便于后期安装固定。

（5）材料铺装图

材料铺装图由设计师制定，不仅需要确定地板、墙面、顶面上选用的材料，还要明确材料的使用范围边界。有些设计师使用装饰材料表而不是图纸。材料表是用表格的形式，指明在哪个界面上用什么材料。

5.1.2 立面图

立面图是显示墙面的内外装修图，各个方向的立面一般均应绘制完整。外立面除了表示建筑外表面的装修材料和装修尺寸、位置的关系外，还要注明室外楼梯、阳台、栏杆、台阶、坡道、雨棚、烟囱、门窗、落水管和空调机位等。内立面需要显示固定家具或墙面的设计内容（图5-7）。此外要说明如果立面图上有画框或装饰品，不是指要挂这类艺术品，而是要请注意墙面内部结构要有一定的握钉力，便于今后悬挂。

图5-7　典型的带有壁炉的正立面

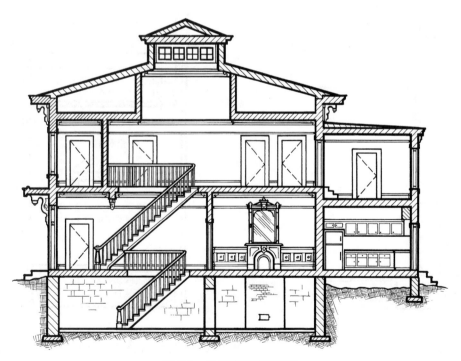

图5-8　三层建筑的剖面图

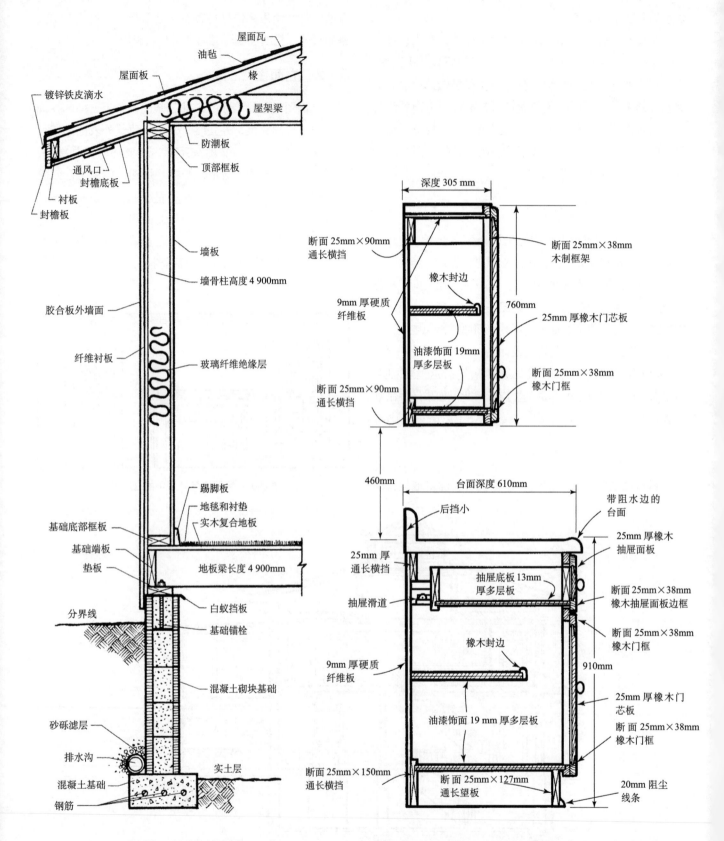

图 5-9　典型的一层建筑外墙剖面

图 5-10　典型的橱柜剖面（设计师经常设计用于厨房、视听间、图书馆和家庭房等的木制柜）

5.1.3 剖面图

剖面图是沿建筑的一个构造处剖开取景显示的情况（图 5-8）。剖面位置应选在层高不同、层数不同、内外空间比较复杂、最有代表性的部位。建筑空间布局不同处应绘制室内墙体和家具的局部剖面（图 5-9、图 5-10）。

5.1.4 设计说明

设计说明主要说明本工程的建筑概况，应包括建筑名称、建设地点、建设单位、建筑面积、建筑等级和建筑层数等。除此之外，还需材料表和门窗表（表 5-1）对建筑、室内装修材料和做法予以描述。

5.1.5 节点详图

节点详图是上述所有图纸仍尚未清楚表示的一些局部放大的构造和建筑装饰细部图纸。室内设计与建筑设计相比，其节点详图更多，主要是室内墙面装饰线条和室内固定家具的详图。图 5-11 是一个固定式接待台的手绘图。图 5-12 是这个接待台的剖面大样图。

结构样式是橱柜的重要设计要素。面板的结构样式可以分为两大类：有框结构和无框结构。

有框结构可以使橱柜的门和抽屉（在同一平面）齐平。橱柜框架结构外露，框架和面板使用的材料可以一样也可以不一样（图 5-13、图 5-14）。一般用在乡村风格或传统风格的设计中。

无框结构是一种更简洁、更现代的设计风格。柜门和抽屉盖住了侧板和橱柜框架，柜门和抽屉之间的木纹可以贯通，无框结构的面板常用吸塑材料（图 5-15、图 5-16）。

表 5-1	窗表					
设计编号	数量	规格（mm）	类型	标准图集编号	中梃（mm）	备注
W-1	3	890×760	推拉窗	3W1748	无	油漆
W-2	8	1 168×760	推拉窗	3W1783B	390	染色
W-3	7	1 143×760	推拉窗	3W1785	690	染色
W-4	2	1 500×965	平开窗	3W1880	无	见详图
W-5	4	1 346×711	平开窗	AA6 1440	无	染色

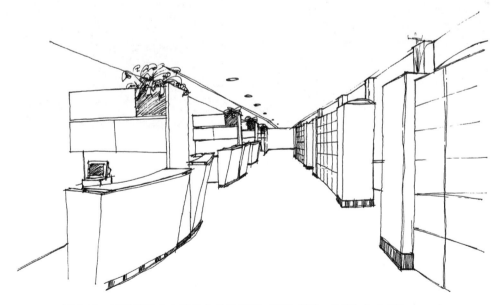

图 5-11　运动医学中心接待台的透视图（图片提供：© Elizabeth Thompson）

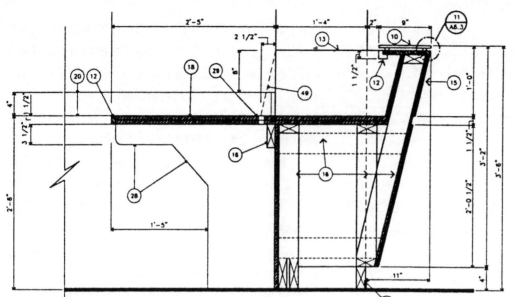

图 5-12 接待台的剖面图,标记为 11-A8.3 的圆圈表示在另外的技术文档中有进一步详细信息。(图片提供:© Elizabeth Thompson)

图 5-13 古典又温馨的橱柜(图片提供:Texwood 橱柜公司)

图 5-15 无框结构卫浴间柜体,表面光洁清爽,樱桃木面板搭配镀铬配件使整体显示现代风格。(设计:Lippert&Lippert Design,Palo Alto,CA 摄影:Don Roper Photography)

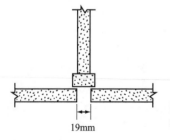

19mm

图 5-14 两个柜门与旁板的剖面关系,注意门缝构造。

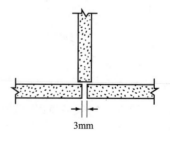

3mm

图 5-16 两个柜门与旁板的剖面关系,注意更具有外观连续性的窄门缝设计。

相关链接

美国木工协会 www.awinet.org/

厨柜制造商协会 www.kcma.org/

厨房设计与施工通用网站 www.kitchens.com/

5.1.6 屋顶平面图和各专业工程图

屋顶平面图和工程图为设计师提供了深入了解建筑系统的机会。一般情况下，设计人员应检查电气、照明、通信和应急照明系统是否放置在工程师指定的位置。在可能的情况下，应增添应急照明和警报器，并将其放置在与室内装饰相融合的位置。室内设计师必须能够阅读、解释和协助绘制非承重墙施工图。

5.2 结构分类

结构系统的设计是以建筑物所承受的荷载为基础的。这些荷载包括建筑物各构件的重量、放置在建筑物内的家具、活荷载（如建筑物内的人）以及由自然引起的建筑物上的动态荷载（如雪、风或地震）。荷载通过建筑的结构构件传递到地基。垂直结构构件称为柱；水平构件称为搁栅、横梁或过梁；桁架、如椽是一系列较小的构件组合在一起的三角形构造。

在工程上，力学无处不在，并且力要通过变形去释放。载荷产生的力称为压缩力、拉力和弯曲力。当一个荷载（或力）直接放在一个垂直构件（如柱子）的顶部时，柱子就被称为处于压缩状态。踩在直立的汽水罐上，汽水罐就会受压。相反，如果一个结构构件的受力方式是，力试图将其首尾相接地拉开，则其处于张力状态。例如，两端拉着的橡皮圈处于张力下。当一个荷载被放置在水平构件的顶部（如横梁）的两个支座之间时，横梁就会受到弯曲荷载。弯曲载荷使梁上弦受压，同时使梁下弦受拉。换句话说，梁的顶部被迫收缩而底部被迫膨胀。当构件受到外力时发生弯曲变形，构件弯曲后各横截面的中心至原轴线移动的量叫作挠度。图 5-17 说明了这些术语。

水平构件的尺寸及其材料组成直接关系到其跨截面和承受挠度的能力。结构系统通常由木材、金属（钢）、砌体或混凝土构成。

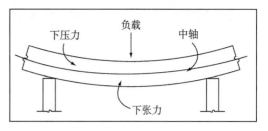

图 5-17 钢筋混凝土梁的荷载应力，木梁也受到类似的影响。

5.2.1 钢结构

钢结构与其他结构一样可以承担相同的负荷，但与混凝土结构不同的是钢结构是通过焊缝、螺栓或铆接连接。通常是形状为"工"或"H"型的钢制成钢柱、钢梁等构件，再与混凝土柱和楼地面系统相结合使用。钢结构的特点是自重较轻、制造的工业化程度高、可以准确快速装配、室内空间大，甚至可以满足建筑结构的特殊需要。如北京"鸟巢"就没有采用传统的混凝土梁柱结构，而是通过钢结构的组件相互支撑，形成网络状的构架，内部没有一根立柱，就像树枝编织的鸟巢。这种将梁柱分解设计成轻巧的杆件从结构设计上其实是不利的，但是整个建筑通过巨型网状结构联系成空间立体结构，反而增加了其结构稳定性，这是混凝土结构不具备的。幕墙是建筑的外墙围护，不承重，像幕布一样挂上去，故又称为悬挂墙，是现代大型和高层建筑常用的，带有装饰效果的轻质墙体，通常由面板(玻璃、金属板、石板、陶瓷板等)和后面的支撑结构(铝横梁立柱、钢结构、玻璃肋等)组成；非承重墙壁作为建筑内部隔墙，通过螺栓和钢钉将隔墙轻钢框架固定，轻钢龙骨隔墙内安装线路和管道系统，再在轻钢结构框架外部安装板材，形成非常坚固的"板肋结构体系"。

5.2.2 砌体结构

建筑是一个很古老的行业，古代人用于木头、石头、砖头盖房子，古代建筑的结构安全性，没有经过现代土木工程师的科学计算，完全依靠当时能工巧匠的经验，欧洲的古代教堂、中国的故宫都是如此。建筑技术发展到今天，已经有了完整的建筑科学体系，人们对建筑结构所用材料的力学、物理化学性能已经基本掌握，目前，建筑材料可分为结构材料和装饰材料。过去用砖、砌块或石头的建造方式，现在称为砌体结构，砖和石头不仅可用于结构系统，而且也可作为外立面装饰材料。混凝土砌块除了用于地基的结构外，也能用于结构墙。砌体材料通常用灰浆黏接，与结构结合可铺设成各种装饰形式，这种砖的装饰图案通常由砖缝或砖的铺设方式形成。图5-18和图5-19展示了一些砖和石头的砌筑式样，这里要强调的是"式样"，因为不适用于作为结构墙体使用。结构墙体的砌筑要求错缝搭接，避免通缝、高度限制，以及增加圈梁和构造柱等抗震措施。还要说明有关砖的术语，对于普通砖来说，最大的面叫大面，最狭长的面叫条面，最短的面叫丁面。砌砖时，条面朝向操作者的为顺砖，丁面朝向操作者叫丁砖；大面朝下的砖，称为卧砖或眠砖，条面朝下的砖称为侧砖或斗砖，丁面朝下的砖称为立砖。

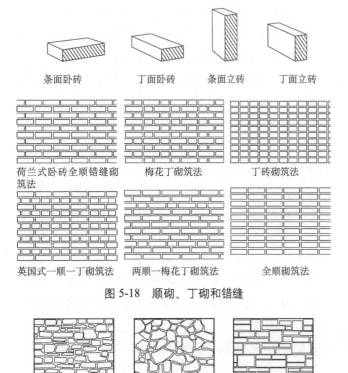

条面卧砖　　丁面卧砖　　条面立砖　　丁面立砖

荷兰式卧砖全顺错缝砌筑法　梅花丁砌筑法　丁砖砌筑法

英国式一顺一丁砌筑法　两顺一梅花丁砌筑法　全顺砌筑法

图5-18　顺砌、丁砌和错缝

条石砌筑　　虎皮砌筑　　石板砌筑

图5-19　石材砌筑

5.2.3　混凝土结构

预制混凝土和现浇混凝土在结构应用中采用内部铺设钢筋进行加固，但当构件的配筋率小于钢筋混凝土中纵向受力钢筋最小配筋的10%时，称为素混凝土结构，否则称为钢筋混凝土结构。混凝土是水泥、沙子、碎石和水的混合物，是一种非常坚固的材料，具有天然的防火性能。混凝土不仅可塑性强，而且可以着色、刷出纹理、印出图案或刻出纹路（图5-20）。它密度大，因此是一个很好的隔音材料。目前，混凝土可以将太阳热能进行

储存，被认为是一种可持续的建筑产品。

5.2.4　木结构

如本书第Ⅲ部分建筑系统所示，木结构是住宅和小型办公建筑的一种典型结构。不过，设计人员需要了解其他结构系统，以及与之相关的专业知识。木质构件可以是原木的，也可以由一系列较小的木质部件胶合或螺栓连接而成，其中胶合木梁用于大跨度结构。

木结构系统主要是平台框架结构（如本书第Ⅲ部分建筑系统所定义）、轻型框架结构和原木框架结构。原木框架结构是最古老的木质建筑结构，涉及大型木材（20cm×20cm或更大）以及榫卯结构的使用。轻型框架结构，它将外部木框架从地基延伸到屋顶。这种结构需要较长的木材做外墙，而且承重较小，已经逐步退出市场，但是，在有80年到百年历史的老屋中还可以见到。在使用混凝土和钢材之前，木框架建筑技术通常是历史建筑采用的结构形式。目前，在美国西部许多地区的住宅，仍然有许多使用木框架建筑技术（图5-21 A和B），并且已经发展成为现代木制建筑体系。现代木制建筑体系主要包括：梁柱结构，使用柱和梁构成房屋的承重结构，再用板材安装墙体、地面和屋顶，特点是简单，易于搭建，在样式和水电管路布置上有局限。平台框架结构，这种结构是市场上的主流，我们接触的绝大多数房屋都是这种结构，它的特点是由下向上层层搭建，顺序是地基→首层地板→在首层地板上搭建的首层墙体→第二层地板→第二层墙体和屋顶，这种结构承重好、施工快，非常普及。工厂化制造房屋，先用工业化的方法，在厂房内建成整个房屋或大的构件，再运输到用户地址，快速搭建，这种方法可以更好地控制房屋的质量，省时省力，在近些年不断发展，也可能在将来占有很大市场。

相关链接

工程木材协会 apawood.orgwww.sips.org

结构隔热板协会 www.sips.org

美国钢铁学会 www.steel.org

钢框架联盟 www.steelframing.org/index.php

砌体咨询委员会 www.maconline.org

混凝土联盟 www.concreteallianceinc.com

波特兰水泥协会 www.cement.org/basics

图 5-20　在这个当代住宅中，混凝土被用于结构和装饰效果。（设计：Gandy/Peace，Bill Peace，ASID）

A

B

图 5-21　A 为榫卯细节。木榫将梁紧密地固定在柱子上。在真正的木框架结构中不使用钉子或其他金属紧固件。B 为木框架结构。用标准 5cm×15cm 的木龙做出外表面围护结构。（设计：Jones Interiors；摄影：Philip A. Jones）

5.3 门

任何室内空间中，门都是举足轻重的元素。根据其位置，决定了交通流量和流线，从而决定了家具的布置。此外，门还提供了私密性和隔声保障，同时也有进行空气流通和温度调节的功能，并能给人安全稳定的感觉。如办公楼使用的旋转门，不仅增强了抗风性，减少了空调能源的消耗，是隔离气流和节能的最佳选择，而且三翼或四翼旋转使用效能更高，来往人流的通过量更高，当然这需要通过计算来决定旋转门的数量和三翼或四翼的选择。再例如，对于隔声要求高的设备机房门，由于单扇门门缝长度远远小于双扇门，从而有更好的隔声性能，所以设计时会尽可能选择单扇门，避免选择双扇门因为隔声构造而提高费用。

一般来说，主入口在立面中是最重要的元素，也是视觉中心。住宅中传统的镶板门和铅条镶嵌玻璃木框门一直很流行，当然出于特殊的安全和节能考虑也会选择金属门。

5.3.1 门的构造

门是由门扇、门框和五金三个基本部分组成的，在选择门的风格和类型时都要考虑到这些因素。图5-22显示了门的各个组成部分。

实心木门仅用于商业室内以及住宅进户门。金属门既可用于商业室内（偶尔用于住宅室内），也可用于人流量大的区域或楼梯防火门。玻璃门在如今的现代风格住宅和商业空间中也很常用。任何门都具有不同的防火

等级要求，所以对材质和开启方式都有明确规定。

门的标准宽度最常见的有610mm、710mm、760mm和915mm。所有室外门的宽度应至少为915mm。室内住宅门宽一般为760mm。标准门高度为2 030mm，但也可以是2 135mm和2 440mm。另外门的设计应该适合各种洞口形状。

相关链接
门结构专用术语www.ballandball-us.com/commondoorconstructionterms.html

---

（1）门框

门框起到门的支撑作用，用于安装门档、门槛和门边框，保障门的安全开启和关闭（图5-23）。木质门框一般用于住宅室内，钢制门框通常更多地用于商业建筑。门档是一个安装在门框上的垂直部件，既可以防止门向两个方向摇摆，又保障了门的单向开启方向。门槛是横跨于门洞底部的水平构件。门边框指的是门的框架中的垂直部件。

（2）门五金

选择五金的工作常常留给施工方，他们一般会选择最便宜的产品，这是不妥当的做法。住宅内部房门五金主要是锁具、铰链、拉手、门吸。对于商业建筑的门还包括消防门、应急疏散门等，所以五金相对复杂，主要包括拉手（或推板拉手）、锁具、铰链、插销（或门闩）、闭门器、自动门闩（或太平闩）、防撞护板等。

最常见的门锁有球形锁和执手锁两种：球形锁在大多数的居住空间中较为常见；而执手锁开启门则更方便，不需要像开启球形锁那样紧握或者旋转门把手来开启，而是很轻松地将把手上下摆动就能开关门。因为操作上的简便，执手锁应用于商业空间，以及很多高端住

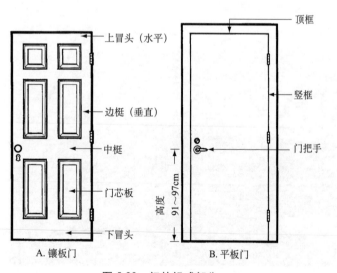

图5-22　门的组成部分

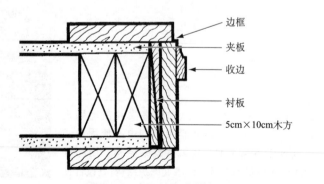

图5-23　木门框标准节点图

宅室内空间，在老年人和幼儿使用空间中执手锁也很有益处。这两种门把手满足了广泛的设计要求。

推门板、门拉杆与球形锁及执手锁一样，具有同样的功能，可让居住者进出房间，但却没有提供闭锁装置。

推杠门闩及闭门器通常用在商业空间。推杠门闩包括一个水平贯穿门的门推，当推门时，门推就可以启动门顶端和底部的门闩，使门可以打开。闭门器可以自动关门，而且在一些建筑规范中规定必须使用。

另外，还有固定在顶部门框的天地铰链，满足残疾人轮椅需要的同时还可以添加装饰线条的门的防撞护板。

除了功能以外，五金还具有装饰性，能够影响室内

的风格。五金可以用黄铜、亮铬、丝光铬进行装饰；亮光铬五金可以折射出更多当代室内的特点，然而黄铜色装饰则显得更传统。"好的感觉来源于触摸"，五金也是如此，光洁圆润的表面会带来舒适的手感。

相关链接
装饰性门五金 http://www.bernards.co.uk/door_furniture_period_styles_faq.htm Historic decorative door hardware

5.3.2 门的分类

如图 5-24 所示，住宅中门有三种基本开启方式，平开、折叠和推拉。这些门和其组成部分根据设计、位

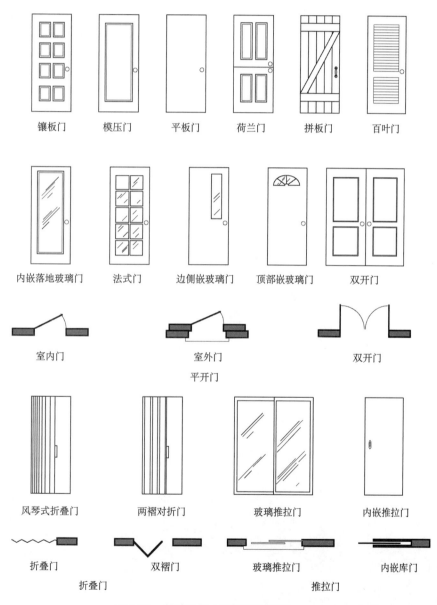

图 5-24　各种门的立面图和平面图

置和功能的不同可以由木质、钢、铝合金、塑料、玻璃等材料构成，或将这些材料结合起来。

平开门容易安装和使用，而且适用于各种标准尺寸。大多数门只有单个合页，仅向一个方向开启，并满足隔音，起居室中使用比较方便。用左手平开还是右手平开，决定了门的开启方向（图 5-25）。

折叠门在住宅环境中较节省空间，它折叠起来可以成为一扇门的宽度，打开时可以形成整面墙壁而分隔房间。它可以连接在顶部和底部或以悬挂方式连接在顶部。它可以采用不同材料（包括塑料和玻璃纤维）制成各种风格（如百叶窗），而且具有灵活性，且相对便宜。

面向室外的推拉门可以是玻璃墙的一部分，也可以成组安装，推向一边，在当代房屋中很受欢迎，使庭院或花园成为生活区的视觉组成部分。隔离室内外的推拉玻璃门与内部使用不同，不仅要满足冲击强度等建筑门的规范要求，还要满足节能规范。而内部玻璃门用做房门使用的须按照建筑规范设计，用作家具门的须按家具标准执行。但不论何种玻璃门，都应采取安全措施，甚至采用安全玻璃制作。

室内推拉门（又被称为暗门）可以滑入墙壁的夹层

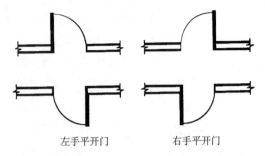

左手平开门　　　右手平开门

图 5-25　用移动轨迹法表示的左侧和右侧门平面图

中，也可以推向一边重叠在一起。虽然不像折叠门那样灵活，但是推拉门也可像折叠门一样为住户节省空间。推拉门的隐私性具体取决于其材料。这类门比平开门更方便轮椅的使用，但对有些残障人士来说，可能用起来会有困难。传统的日本障子移门适用于传统和现代空间，可用于多种用途（图 5-26）。安装在明轨上的移门称为谷仓门。第 6 章末尾的设计场景说明了这种解决方案（参见图 DS6-5A）。

相关链接

门样式的图像 www.selectmillwork.com

图 5-26　在这个房间中，客户要求安静的日式风格环境。日式屏风推拉门沿地面嵌入木地板的滑槽中，替代了传统平开门。实木、暖色和简洁的线条强调了禅学中的修行意境。（建筑师：Bernard Zyscouich, AIA；设计师：Dennis Jenkins Associates, Inc；摄影：Nancy Robinson Watson）

图5-27 在这个设计中,厨房和餐厅之间的大开口由稳重木框架勾勒出来,并通过设置台面在两侧分隔出两个走道。磨砂玻璃隔断好比内部窗户,提供了心理上分隔的房间功能。(设计:Clever Homes 的 Toby Long;照片:©Robert Thien)

5.3.3 门的设计和布置

如果能够合理地安排门的位置并保留墙面空间,同时有效地引导交通,那么这种设计是相对合理的。但是,如果房间有多余的门,那就需要进行"伪装"。其中一个处理办法就是(假如其他过道存在):将铰链去除,并用书架和小件艺术品的装饰架将门洞填充上。另外也可以将墙面与门采用一种材料设计,通过材料的统一完整性避免门的凌乱。当然,重新设计门的位置也是可以的,但需要较多花费。

门的装饰需要根据房间的风格来定。门通常被漆成与墙面相匹配的颜色,如果将门漆成对比色,则会增加房间的装饰性。另外门的设计有时可能根本不是门,而是作为开口(图5-27)。主入口门通常是立面中最重要的元素和焦点,传统的镶板门和铅条镶嵌玻璃木框门至今仍受欢迎。受到现代风格的影响,外部和内部门往往与墙面是齐平的,但两侧都会有一个掩盖门框与墙面缝隙的装饰线条。金属外门除了满足安全性要求外,有的

高层住宅还应满足防火要求,而且门扇内带保温芯的可有效节省能源。

如同在第7章所讨论的,无障碍设计需要门有净宽度813mm。为了满足这个尺寸,所需的无障碍净空间必须达到914mm宽。另外,拉门避开障碍一侧所需的尺寸至少要有457mm,推门一侧所需要的净尺寸为305mm(参见图2-15)。

5.4 窗户

历史上,尽管玻璃墙被埃及人和罗马人所熟知,窗户(或"风眼")也仅仅是房屋中墙面带有图案的小镂空。经历很多年之后,许多窗户类型已经成为一栋建筑设计中不可或缺的设计要素。窗户处理随着风格趋势的改变不断变化,其中最吸引人的就是适应建筑物的设计主题。

窗户有三种最基本的功能:采光、通风和视觉交流。尽管采光和通风现在可以通过设备进行人为控制,窗户

已不是绝对必需，然而设计一个没有窗户的室内空间仍然不可想象。没有什么能够替代新鲜空气、自然光以及室外景观，这些让我们的心灵与自然的交流所产生的幸福感觉。

在房屋的室外与室内设计中，窗户都是显著要素。作为室内光线的来源，在白天，视线首先被窗户所吸引，而在傍晚，从室外看到最明显的就是点亮的窗户。

窗户是房间中重要的建筑和装饰元素。一般来说，带玻璃的窗户往往对称地布置于房屋的立面上。随着现代建筑技术的发展，新型窗洞设计已成为基本设计不可或缺的一部分。

5.4.1 窗户构造

窗户的专业术语如图 5-28 所示。普通玻璃窗只有一块玻璃组成单扇窗，而上下推拉窗至少是由两块玻璃板构成的，一块在上端，一块在下端。有些推拉窗由窗格分割成几块玻璃构成，所以可以根据玻璃的数量来定义窗户，如六格窗。以前，这些窗格被纵横向的窗棂分开（图 5-28）。如今则由塑料窗棂替代了木制窗棂，虽然没有木制的质感好，但却容易清洁。

建筑玻璃有单层、双层或三层玻璃，技术上称为钢化玻璃。当窗户由双层或三层玻璃组成时，玻璃之间有

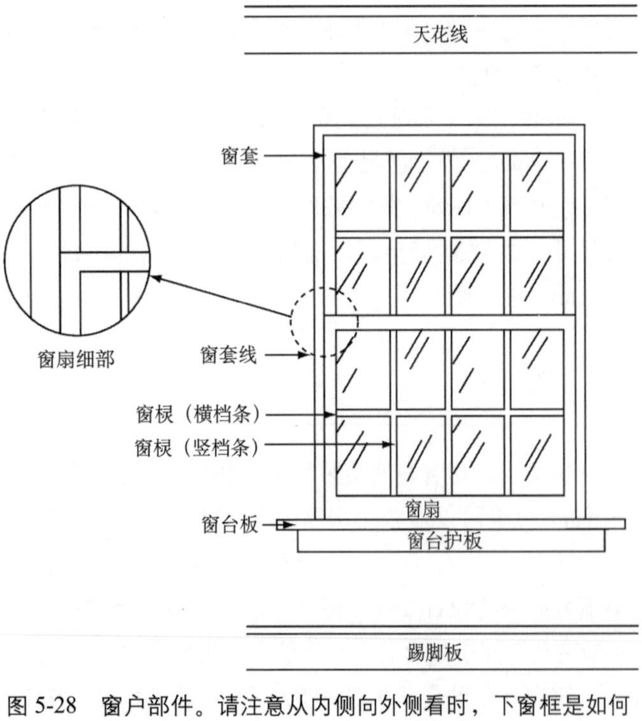

图 5-28 窗户部件。请注意从内侧向外侧看时，下窗框是如何在上窗框前面绘制的。

一层空气隔层，称为中空玻璃。空气隔层有助于防止玻璃上的冷凝。而且中空玻璃也常被称为隔热玻璃。有关节能玻璃的进一步讨论，请参阅第五章"可持续设计：低辐射镀膜玻璃"。

钢化玻璃经过退火处理后，在其破碎的时候崩裂成圆豆大小的碎块，而不是大的有尖锐棱角的碎片。夹层玻璃实际上是将一个层压薄片放进玻璃层之间。对于天窗或高层建筑外墙来讲，夹层玻璃是个很好的选择。当然，现在在高层建筑玻璃脱落已经成为人们关心的安全隐患之一，所以会在玻璃幕墙下方地面设计入口雨棚或在建筑周边通过水景等设计避免人员的靠近。

夹丝玻璃用于防火通道或其他过道设计的消防出口中。夹丝玻璃在遇到高温或碰撞时不会散裂开来。

玻璃窗一般由木质、金属或塑料作为窗框固定。每一种都有各自的优点和不足：木质窗框容易湿涨干缩，需要保护涂层，而且材料是最昂贵的。但是木材能够阻止水汽冷凝，比金属释放的热量要少，而且内外部可以涂刷不同颜色，比起金属或塑料窗框更具美观性和个性化。金属窗框结实而且避免了干缩湿涨现象，但在寒冷天气下，金属窗框还会有水汽冷凝的现象，所以除了铝和不锈钢材料制品以外，其他的都需要做防护漆。一些新型金属窗设计为减少散热和水汽冷凝现象采用了断桥处理方式，以提高保温性能。塑料或者乙烯窗框较稳定，耐冷热，但看起来较廉价。现在也有铝包木门窗，是在门框室外部分采用铝材，内部采用纯实木，这样外部增加抗老化、抗风沙、保温节能等性能，内部保留了根据室内风格而涂刷不同色彩的选择。

相关链接
窗户术语表 www.onlinetools.com/cwd/vinylcut.html

5.4.2 窗户的类型

窗户有不同标准尺寸，可分为活动窗、固定窗及两者的结合。

（1）活动窗

活动窗可开启进行通风。大多数常见类型的活动窗设计如图 5-29 所示。

双悬窗由两个可以上下推拉的窗扇组成，可保证50% 的通风率。这种窗户简单且便宜。平开窗可以向内

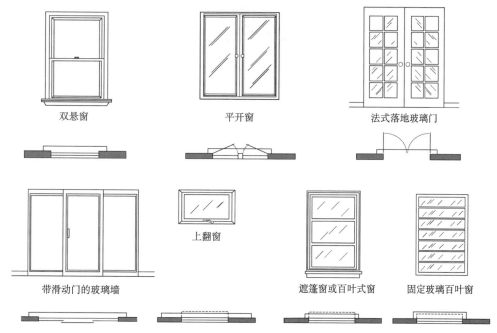

图 5-29　各种类型的活动窗户

或向外开，可获得 100% 的通风率（内开窗必须有特殊的窗户处理设计而不妨碍窗户的开启）。推拉窗的形式包括使用两个滑动窗扇或一个大型固定中央窗扇，两侧都有滑动窗扇或其他组合。这些窗户像滑动玻璃门一样工作。遮阳篷（或百叶窗）以及固定玻璃百叶窗由一条条的玻璃组成，在窗框上面或下面装上铰链，可以向外或向内开启。固定百叶窗的重叠窗扇要比遮篷窗类型的窄些。单转轴窗通过铰接侧提升单个枢转窗口以进行通风。这些窗户大都经常用于天窗或采光井。

固定玻璃窗（另外一个名称是平板玻璃）是当代居室中的一个共同特点，这种窗户可以从地面延伸到顶棚或很接近地面。六边形、圆形和其他几何形状的窗口偶尔用于为室内提供亮点和额外的光，也是固定窗。

弧形窗是由多个窗扇组成平滑曲线。在拱形窗户中，矩形开口的上部或顶部是拱形。

（2）固定窗

固定窗作为墙体建筑不可或缺的一部分，由平板玻璃、无眩光玻璃、玻璃砖，或像水族馆一样用亚克力等非玻璃制成。一般的固定窗包括固定玻璃窗、弧形窗、拱形窗（图 5-30）。弧形窗由于其形状特点，受温差影响大，玻璃内外部分变形不同，有时会发生开裂甚至破碎，所以要专门进行安全性设计。

（3）组合和定制窗户

许多窗口类型结合了可移动和静止部分（图 5-31）。带移动装置固定窗由固定玻璃窗组成，通常具有可移动的端部部分。帕拉迪奥窗有一个中央拱形窗户，两侧是

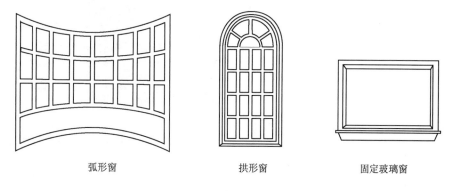

弧形窗　　　　　　拱形窗　　　　　　固定玻璃窗

图 5-30　各种类型的固定窗

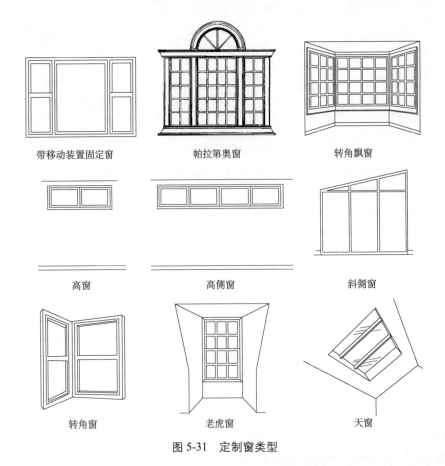

带移动装置固定窗	帕拉第奥窗	转角飘窗
高窗	高侧窗	斜侧窗
转角窗	老虎窗	天窗

图 5-31 定制窗类型

两个较小的窗户，通常有可移动的部分。此窗口类型与联邦风格相关联，今天用于各种各样的设置。倾斜的凸窗由三个或更多窗户组成，可以倾斜出房间。中央窗格可以是固定的，具有可移动的侧窗格。角落窗口包括两个任何风格的窗户，在角落里相遇或几乎相遇。可以将单个角落窗口视为双窗口并进行相应处理。牧场或带状窗户可以是任何风格，宽而浅。它们设置在地板上方足够远处，以便将家具靠墙安装，但不会与天花板齐平。老虎窗位于从屋顶伸出的壁龛中。任何类型的窗户都可以位于天窗中。天窗（放置在天花板中的窗户）可以是透明或半透明玻璃或单个或成组的塑料面板，也可以是平的或圆顶的，也可以是固定的或可移动的，以便通风。

建筑师和设计师经常为客户定制窗户，如图 5-32 所示的这些定制窗可以有各种尺寸和形状，也可以是活动窗、固定窗或是两种形式结合起来的样式。

相关链接

门窗术语表 www.pella.com/learn/glossary

住宅门窗术语表 www.hometime.com/Howto/projects/window/win_1.htm

图 5-32 这些定制的落地窗可以让业主看到他们的日式花园，而且离地第二排窗户可向外推开。落地日式推拉门可以在轨道上滑行，关闭角落的窗户。壁炉增添了温度和焦点。汉斯·魏格纳设计的孔雀椅，与清爽、干净、迷人的室内风格相得益彰。（建筑师：Bernard Zyscouich，AIA；设计师：Dennis Jenkins Associates，Inc；摄影：Nancy Robinson Watson）

5.4.3　窗户设计和布局

窗户的选择与布置要有详细的设计说明。窗户布置不当会妨碍家具布置，并可能产生视觉景观的障碍。设计师应尽可能在施工前与建筑师合作，既要由外而内设计，也要由内而外设计，室内外设计一体化。通常在概念设计和深化设计阶段确定好家具布置可以帮助建筑师确定窗户的位置。最初的建筑设计中窗户的开启很难考虑到室内功能。聪明的设计师必须解决这些障碍。

5.5　壁炉

长期以来壁炉都扮演着重要的功能角色，它既是温暖的源泉，也是烹饪餐点的地方。在住宅中，壁炉是家庭的中心也是家庭成员聚会的地方。特别是在今天的住宅中，壁炉也许是一种视觉奢侈品，提供了基本的视觉焦点，当然有的仍保留取暖的功能。

传统的壁炉价格昂贵、难以清洁，而且还需要空间来储存燃料。天然气壁炉和燃木加热器、炉灶一样已经成为一种常见的替代木材燃烧壁炉的替代品。但是，壁炉一直被认为是一种保值的资产，在住宅起居室空间中，壁炉可以增加房子的市场价值（图5-33）。在公共空间中，如餐厅、酒店和酒吧，壁炉可以成为非常吸引人的部分，提供一种友善亲和的气氛。壁炉和壁龛的设计要考虑周边家具的布置，以足够容纳相应的人数和座位（参见图DS14-6）。

5.5.1　壁炉施工

壁炉可以由砖石建造或由金属预制。砌体壁炉需要放置在远离可燃材料的空间。一些预制单元在壁炉和可燃材料之间不需要空间，并且可以安装在常规螺柱壁内。可提供一侧、两侧、三侧甚至四侧开口的型号。

壁炉周围最常见的材料包括：一是砖，砖有许多尺寸、纹理和颜色可供选择，并形成简洁或复杂的设计风格。二是石材（大理石、石灰石、水磨石、石英岩、石板、花岗岩等）。三是各种木材，既有用条形木板拼接的图案，也有表面装饰的精心雕刻。四是抹灰和油漆装饰。五是混凝土，用普通的素混凝土或彩色混凝土，设计纹理和图案。

可持续设计

低辐射镀膜玻璃

一些窗户看起来轻巧但却可以节能。制造商正制造一种透明玻璃窗，其里层的防眩光涂层可以帮助减缓通过玻璃的热能传递速度，这种玻璃就是使用低辐射膜制成的，它可以帮助室内环境更加舒适，简称LOW-E玻璃。

低辐射镀膜玻璃可以将不同波长的太阳光用不同的方式进行处理。太阳光谱可分为三种不同波长的光线：紫外线、可见光和一种可以感觉到热量的红外线(这些散热的红外线可进一步分为长波和短波)。这种设计让可见光可以射入，同时也控制了红外线的透射率。

低辐射镀膜玻璃具有低辐射高温喷涂层，与普通隔热玻璃一样，可以容许大约95%的可见光射入，令室内看起来明亮，而且窗户看起来是透明的。低辐射镀膜玻璃将大部分长波红外线反射回去，有利于夏季隔热和冬季保暖（图SD5-1）。

如果在窗户单元的玻璃层之间增加惰性气体则会使其性能更好。随着这些新的节能技术的发展，窗户会更加实用美观。

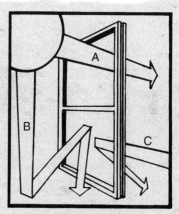

图SD 5-1　A：内层的低辐射膜玻璃可以使自然光和短波热能自由透射。B：在夏季，从物体中释放的长波热能被反射，降低了制冷成本。C：在冬季，室内长波热能被反射，降低了制热成本。（图片提供：PPG工业集团）

相关链接
高效节能窗户站址　Http://www.efficientwindows.org/

图5-33 改造前后的起居室照片显示了色彩的微妙变化和装饰运用的力量，在两张照片中，壁炉都成为视觉焦点。（建筑师：Maresca& Assoc.；室内设计师：Louise Quinn；摄影：Cheryl Dalton.）

　　壁炉设计通常包括这些材料的组合。例如，石制壁炉可以配有漂亮的木质壁炉架，或者可以在壁炉开口周围用彩色图案的瓷砖勾勒出精美的形态。

5.5.2　壁炉的类型

　　燃木壁炉是最普遍的壁炉设计。然而，面对空气质量的恶化和燃烧木材的限制，许多设计师和业主会有取舍地选择燃烧木材的壁炉，如燃木加热壁炉。环境保护组织（EPA）对燃木加热壁炉制订了严格的规定：每小时释放颗粒不得超过8g（相比较下，燃木壁炉每小时释放微粒多达1 000g）。如今，只有满足排放标准，并经过认证的木材加热器才能销售。另外，除非符合美国环保署的规定，否则任何人不得安装或使用燃木加热器或炉子。用这种加热壁炉和炉子替代传统壁炉来加热房屋可以大大减少空气污染物。

　　燃木加热壁炉和炉子也远远比燃木壁炉更节能。随着取暖费用的高涨，燃木加热壁炉越来越受到欢迎并有众多的样式选择（图5-34）。

图 5-34　在这个现代环境中，燃木壁炉丰富了室内空间，并提供了备用加热设施。（图片来源：Vermont Castings / Majestic Products Co.）

图 5-35　在位于明尼苏达州的商业办公空间中，设计师认识到需要在休息区增加温暖感。现代风格的壁炉环绕设计，达到一种满足感。（建筑师 / 设计师：Perkins＋Will；摄影：Chris Barrett©Hedrich Blessing）

另外一种可取代传统燃木壁炉的是天然气壁炉，壁炉内置并有炉芯。这种燃气设备不仅可以营造一种燃木真火壁炉的氛围，而且使用方便。与燃木壁炉相比较，天然气壁炉设备更易清洁，容易点燃，而且燃烧成本更低。虽然气体不会像木头一样燃烧，但会为房间增大热量。无烟道气芯也可以用，而且不需要向外部排气。

另一个壁炉选择是固体燃料壁炉。固体燃料是以酒精为燃料的，不需要通风，并会产生无烟、无味的火焰，非常适用于燃烧炉不适用的住宅和商业环境（图 5-35）。有些型号可以安装在墙体空腔中或直接挂在墙上。该燃料也可用于便携式壁炉，甚至用玻璃或石头围合起来。

5.5.3　壁炉的设计和布置

壁炉的风格通常不是传统风格就是现代风格。传统样式的壁炉设计更吸引人，同时给人一种真实的感觉。现代壁炉通常为特定空间定制设计。现代壁炉可以垂直高耸，也可以水平地伸开，或者是环形的形状。壁炉可以有也可以没有壁炉架，壁炉挡板可以在地面上也可以竖起来，壁炉可以紧靠墙放置也可以向外凸出。一般来说，当壁炉样式成为室内家具陈设和背景的补充时就是最成功的。

在一个起居室中，壁炉的尺寸是灵活的。在一些空间不是很大的空间中，小壁炉会很有魅力，一个中等

尺寸的壁炉会成为视觉焦点，而布置一个非常巨大的壁炉则会令人过目不忘，形成戏剧化的场景（图 5-36）。

设计师可以将壁炉作为墙体的一部分，利用架子或嵌入式陈设品将壁炉材料延伸到整个墙面。壁炉也可以是独立式的，不依靠任何墙面。壁炉的设计如同门窗一样，要考虑到房间的尺寸比例、采用的风格和材料，对于特定空间，合适的效果和功能可以帮助设计师决定最相称的壁炉结构。

相关链接

砌体咨询委员会的壁炉设计网页 www.maconline.org/tech/design/fireplace1/fireplace1.html

壁炉术语表 www.buffaloah.com/a/DCTNRY/fireplace/fireplace.html

壁炉，庭院和烧烤教育基金会 http://hpbef.org

5.6 采暖通风空调（HVAC）系统

5.6.1 采暖系统

采暖系统旨在保持人体舒适度。除控制温度外，采暖系统还应调节湿度、空气质量，以及通过空间的空气流动性。最常见的加热系统是强制空气热、辐射热和太阳能（参见可持续设计：太阳能）。

（1）被动采暖

被动采暖需要锅炉和管道。锅炉加热气流，通过鼓风机使热气进入管道，回流管道携带冷气流返回锅炉继续加热，如此反复（图5-37）。热泵通过从外部空气中提取热量而与炉子一起工作。

在住宅设计中，管道系统隐藏在墙壁、吊顶或地板中。在商业设计中，管道系统通常位于吊顶上方的楼板之下。对于超高层建筑，由于垂直分区设计，所以每个分区之间设有设备层。

图5-36 格雷夫斯于1986年在纽约设计了这栋后现代风格住宅。在起居室中，壁炉背景墙在整个空间中占据着重要位置，由霍夫曼在世纪之交设计的经典别墅椅使壁炉背景墙更加完美。（©2011泰勒照片）

可持续设计

太阳能

太阳能建筑是利用太阳能提供舒适空间的建筑。

被动太阳能系统 以非机械方式吸收和储藏太阳能量并用于建筑的系统。

- 设计时需要注意建筑朝向，主要所用空间应南向。
- 南向窗受到限制时，可以考虑东侧和西侧墙面开窗。
- 建筑北侧尽量减小面宽或用土覆盖。
- 常绿乔木栽种在建筑北侧阻挡冬季寒风。
- 落叶树栽种在建筑南侧，夏季遮阳，冬季利于采光。
- 屋檐的出挑应与阳光照射角度有一些关联，以利于冬季阳光照入室内，夏季又能够遮阳。
- 建筑的蓄热部位，像石材墙面、火炉、石材地面或室内水池等应注意朝向，使其能够白天吸收太阳热量，晚间向室内释放热量。
- 外门内部留一段狭小通道，可以起到空气阀的作用。
- 高效火炉可以作为辅助加热设备。
- 夏季，低窗可以打开吸收冷气，而天窗、天花排气

扇和高窗可以把热气排出室内。
- 在建筑南侧栽种生长缓慢的爬藤和灌木，造成墙面的变化，减少太阳反射。

主动太阳能系统 是采用机械系统——光电板、鼓风机、抽水泵等（除了被动太阳能设计）吸收和利用太阳能的系统。

主动太阳能系统能够为建筑提供一定电流。光电板把太阳光转换成直流电，储藏在一系列的蓄电池组中，再把直流电转换成交流电，成为建筑中常用的电流形式。

太阳能热水器可以用在阳光较充足地区。这种热水器在晴朗天气晒上半天就可以提供热水，能够让水保持温暖直到日落以后很久。

相关链接
国际太阳能协会　http://www.ises.org/ises.nsf!Open
太阳能工业协会　http://www.seia.org/

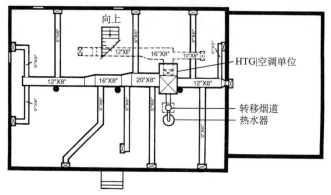

图 5-37　在此 HVAC 计划中，数字表示管道截面尺寸。带 X 的框表示节流阀。实线表示送风系统，虚线表示返回气流的回风系统。

（2）辐射采暖

辐射采暖可通过蒸汽加热系统、电气设备以及便携式空间加热器和火炉提供热量。

在蒸汽加热系统中，水在炉子或锅炉中加热，然后由水泵通过管道传输，沿管道设置的薄金属散热片将热量散发到房间内。也有将电气或气体加热器设置在踢脚板内或采用可移动式加热器，通过加热条或线圈以类似的方式工作，将热量辐射到周围空间。被动采暖和辐射采暖系统都需要使用独立的加湿器来控制湿度。

5.6.2　通风系统

除了温度之外，舒适的室内环境还应该包括通风系统调节室内空气流动。自然通风在门窗开启时，由微风引入室内，室内产生的热风、污浊空气需要通过天窗、高窗或换气扇排出。如果新鲜空气无法进入室内，污浊的空气和塑料制品、装修中的化学制剂、烟雾和其他空气污染产生的有害气体会滞留在建筑内部，产生不良建筑物综合症，这时需要设计机械通风系统。自然通风与机械通风结合的交叉通风也是常见的通风方式（参见"可持续设计：室内空气质量"）。美国采暖、制冷和空调工程师协会制定了通风标准。该标准称为 ASHRAE＃62-1989，虽然主要由 HVAC 工程师应用，但它为室内设立了气流最小值。建造 HVAC 管道系统常为了进行空气交换。

5.6.3　空气调节系统

空气调节系统是提供内部空气调节的系统，通过中

央空调，强制空气加热系统的管道系统与单独的冷却装置一起使用。可以在墙壁、吊顶或窗户中安装各个独立单元以冷却单独的房间或区域。

在潮湿的气候中，还应安装除湿机。在干燥气候中，蒸发冷却器（称为沼泽冷却器）通过湿润的过滤装置强制移除热量并提供冷却空气。

对于所有 HVAC 系统，设计人员必须避免阻塞供气和回风口，否则系统将无法按设计运行。在新建筑中，通风口应远离可能的家具布置和窗户处理。在商业应用中，除了 HVAC 管道系统之外，吊顶的通风系统还可以与灯具、消防喷淋系统和结构梁等一并设计称为集成吊顶，而设计人员必须与工程师密切合作，以避免系统运行相互影响。

设计师在选择空调系统时应关注四个方面：冷气的需求量、冷气的可调节性、气流在室内按照舒适性组织的特点以及空调风口等设施与室内空间的协调性。

5.6.4　中央吸尘系统

在一些住宅内部，中央吸尘系统可以通过内墙连接不同区域和不同楼层，它在墙壁上留有吸尘插口，管道安装在室内隔墙内，灰尘和废物通过管道进入末端的集中处理设备。这种装置在多层住宅中特别有用，无需从地板上移动吸尘器到不同楼层。对于行动不便的人来说，这些系统也是家庭中的宝贵资产。但要说明，出于经济性考虑，动力配置不会很高，一般插口同时使用的数量不能超过总数量的 70%。

5.7　给排水系统

管道系统包括用于将水引入建筑物的供应系统，用于加热水的系统，用于分配水的固定装置，用于去除废水的设备以及所需的通风系统。管道也可包括高层建筑和公共场所的消防喷淋灭火系统。典型的管道和加热符号如图 5-38 所示。

5.7.1　供水管网系统

水可以通过城市供水系统供应，也可以从井中获取。在偏远的干旱地区，可以在大型水库中收集降雨并用管道输送到房屋。无论使用何种系统，水都必须加压才能从水龙头流出。含有高浓度矿物质的水可能需要软化或

室内空气质量（IAQ）

大多数人熟悉室外空气污染，其实室内空气污染同样对身体有害，而美国人有 90% 的时间花在室内。

通常，室内空气污染会导致不良建筑物综合征，简称 SBS，它是人们长时间在建筑中产生的不适应性健康疾病：如呼吸道问题，过敏炎症和疲劳症。室内空气污染源是综合性问题，可以细分为三种类型的污染：

- 生物污染——有机污染，像细菌、真菌、灰尘颗粒和昆虫。
- 自然材料污染——有害的自然材料，如水泥板碎屑、石棉和氡。
- 挥发性化学污染（VOCs）——从建筑材料、家具、织物、装修材料以及建筑建造过程中挥发到空气中的化学气体。典型的 VOCs 有甲醛、聚乙烯和苯。

室内污染产生的主要途径如下：

- 建筑本身产生的，如保护层、绝缘层、涂料、填缝材料和黏结剂。
- 设备和家具，如地毯、地毯衬垫和黏结剂以及家具和装修材料的碎屑。
- 地板蜡、抛光剂、溶剂和杀虫剂。
- 机械和电脑，如计算机屏幕、打印机、激光产品，计算机甚至会释放电磁场。
- 洗照片的处理过程、香水和喷雾剂。
- 正在运行的设备，非充分过滤、差的空调系统或冷凝水。

作为设计师应该熟悉室内空气质量的内容，如美国地毯和毛毯研究委员会（CRI）已经统一测试了地毯、衬垫和黏合剂的标准。生产商必须降低 VOCs 的释放量才能获得标识。美国地毯和毛毯研究委员会还提供了以下地毯安装建议：

- 认真根据制造商的安装指南安装地毯。
- 安装过程采用自然空气调节方式，安装后保持 48～72h 的自然通风。
- 用真空吸尘器打扫地毯。
- 安装地毯前清洁底层地板。
- 采用低 VOCs 的黏结剂黏结地毯。
- 使用低挥发性衬垫。
- 对新地毯使用高效真空吸尘器清理，用高效颗粒过滤器过滤，确保所有的湿气和杂物得以去除。

在对产品进行认真选择时，设计师应该记住以下几个方面：

- 在处理窗户或家具时避免阻隔空气出入口。
- 在有烟雾部位、卫生间、厨房和其他有化学产品或喷洒制剂的地方，需要在安装时设排气风扇。
- 提供湿度控制器。
- 鼓励完善的产品维护。
- 在开敞办公空间作业时，容许气流从底部上扬。
- 合理安排电脑终端，让使用者的座位尽可能远离电脑屏幕，防止电磁场。

另外一种有效的室内空气质量处理方法就是在室内放置植物，担当过滤室内空气、吸收室内有害污染气体的作用。如天南星和吊兰可吸收甲醛，洁净的百合吸收苯。然而植物不能快速修复受污染的建筑，植物的净化工作需要持续而充足的光源。

最后，设计师要留意市场上的室内空气质量的研究进展情况，并且收集保留有助于提高室内空气质量的设计相关文档。

相关链接

能源与环境建筑协会 http://www.eeba.org/default.htm

可持续建筑产业委员会 http://www.sbicouncil.org/

绿色建筑导则 http://www.energybuilder.com/greenbld.htm

美国胶合板协会 http://www.epa.gov/iaq/atozindex.html EPA Indoor Air Quality Index

环境有害气体普及机构 www.envirosense.org

空气质量研究所 http://www.rmi.org/

地毯和毛毯研究委员会 http://www.carpet-rug.com/

美国呼吸系统研究协会赞助的健康住宅信息网 http://www.healthhouse.org/

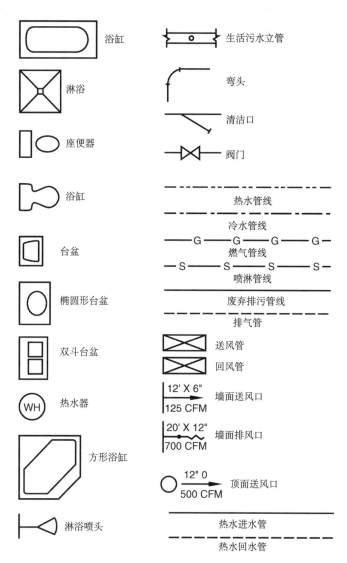

图 5-38 管道和加热符号

图中符号说明：
- 浴缸
- 淋浴
- 座便器
- 浴缸
- 台盆
- 椭圆形台盆
- 双斗台盆
- 热水器（WH）
- 方形浴缸
- 淋浴喷头
- 生活污水立管
- 弯头
- 清洁口
- 阀门
- 热水管线
- 冷水管线
- 燃气管线（G G G G）
- 喷淋管线（S S S S）
- 废弃排污管线
- 排气管
- 送风管
- 回风管
- 墙面送风口（12' X 6" / 125 CFM）
- 墙面排风口（20' X 12" / 700 CFM）
- 顶面送风口（12" 0 / 500 CFM）
- 热水进水管
- 热水回水管

净化，以防止影响洗衣或在管道中积累沉积物，当然矿物质也可以为水添加特定的味道。

5.7.2 供暖系统

水可以通过气体、电、木材或太阳能热水器加热。燃气和电力最为普遍。水加热装置应该相对靠近它们的加热源，输水管道应该保温，高标准的设计甚至要求计算热水龙头出水时间不超过 4s。如果没有储水装置，这些小型加热设备只能根据需要安装在墙壁或水槽下面。

5.7.3 卫生设备

许多制造商提供用于坐便器、浴缸和盥洗室的固定卫浴设备。陶瓷制品是最常见的，而且有许多不同的颜色可供选择，其中白色或中性色最普遍，因为黑色和其他深色夹具很容易显示肥皂环。随着颜色偏好的改变，油漆和墙纸可以有多种选择从而与白色或中性灯具相协调。时尚的浴室的设施也可以通过艺术品的形式来呈现（图 5-39、图 5-40）。对于水龙头，公共环境通常采用感应式，冷热水混用龙头不宜选择需紧握的，而高档场所必须使用冷、热水分别设置的独立龙头；对于坐便器和独立的立柱式洗面盆需要在附近配置一个辅助台面来放置洗漱用品；淋浴间和浴缸通常由玻璃纤维制成，通过一体成型的设计，使边角光滑而避免污垢的存在，与坐便器等厕所设施一样，白色、浅色或中性色通常是最明智的选择（图 5-40）；五金配件可以设计成各种形状和样式。装饰材料可包括瓷砖、玻璃、石材、大理石、人造大理石和金属等；洗面盆可以与台面齐平或安装在台面下方，甚至与台面连体和浴室柜集成。

图 5-39 这个玻璃洗面盆巧妙地设置在平整的低柜之上，伸出墙面的水龙头提供冷热水，把手适合沾满肥皂水的手去开启。（图片来源：Vitraform）

5.7.4 排污系统

如图 5-41 所示，废水处理有三个主要方面：一是坐便器的废水（称为黑水）需要管径不小于

图 5-40 在 Kohler 的这个定制设计中，设计师选择了中性色调。照明丰富多样，可以满足各种需要或放松身心。休息区位置理想，台面宽敞实用。（设计师：Gandy / Peace；图片来源：Kohler Co.）

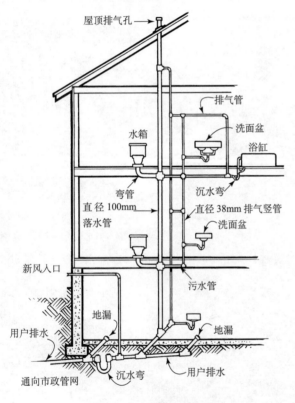

图 5-41 室内排水系统示意

4cm 的管道，不适合标准的 5cm×15cm 断面墙骨柱的隔墙。上层的废水管道必须穿过更宽的 5cm×15cm 螺柱墙，或者进行转换（通常位于房间角落的管井）。

二是所有废水管必须连接到通风口，以确保适当的排水并能够遏制气味。

三是废水依靠重力流入化粪池或市政污水系统。因此，对于每个水平总长，所有废水管必须具有 1/5 的向

下倾斜度。在高层建筑物和浇筑混凝土地板的商业空间中，通道必须位于预定的卫生防疫规定区域和防潮管井。如果排水管位于地下室低于化粪池或市政污水系统的水平位置，则需要在地下室的地板上安装一个污水泵，将污水泵出并排出建筑物。

5.8 声学

声音可以直接通过空气传播，也可以通过物体传播。设计师可以通过适当的空间规划和材料使用来协助控制声音。

随着建筑空间的不断丰富，以及功能的不断拓展，建筑声学显得越来越重要。从简单的音响设置，对窗帘的选择，到办公空间顶面矿棉板吸声率的要求，甚至圆形空间声聚焦的消除等。

声音大小由分贝（dB）表示。比如 0dB 是人们能够听到的最安静声音，130dB 是人们对高音的忍受极限，30dB 是保证人们能够专注工作的最大音量。从构造上，居住区和商业空间常常会划分区间，将安静和吵闹空间分隔。如壁橱和书架可以起到对嘈杂空间的缓冲作用，在影视厅门口设置双道门作为声闸。同时墙体采用石膏板和木质基层板多层叠合、填充高密度绝缘材料、墙骨柱错位排列形成断桥等方式阻隔声音传播。

从装饰材料上，声音也可以通过材料不同的吸音量来控制。硬质材料如混凝土地面和高密度地砖，可以起

隔音作用，不过它们会增加反射声，影响音质；地毯、窗框软处理、布艺家具和吸音板等可以吸收声波，有助于房间内部的安静，但过多的吸声材料会因为强吸声环境而使谈话者疲劳。对于复杂的声学设计的影剧院需要专业工程师的配合。

针对开放式办公，根据美国室内设计师协会（ASID）出版的《声音解决方案》，正确选择和安装四个重要设计元素有助于达到可接受的会话背景噪音水平。这四个要素是天花板系统、家具系统、声音遮蔽系统和地毯。

（1）天花板系统应该有很高的清晰度等级（AC）。天花板 AC 评级是一种限制声音从约 45°～60° 角的天花板反射计量方法。开放式办公室用到的天花板一般在 170～210AC 之间，而特殊要求的净层高达到 2.85～3.0m 之间时，180～200AC 最佳。另外，天花板应该有很高的噪声衰减系数（NRC）。房间内部有很多既可以吸声又可以反射声音的表面，一种材料的吸声能力被描述为吸声衰减系数。噪声源越远，声音就会通过很多表面而反射传播，其 NRC 值越高，反射越小。当然，满足上述两个方面选择了合适的天花板后，还需要考虑天花板的细节，避免使用大的空气散流器和平面透镜照明灯具，因为这些会成为谈话噪声的典型反射体，更好的选择是线性通风器和格栅抛物面灯具。如我们通常遇到的难点就是金属天花板开孔大小与吸声和视觉效果的矛盾，为达到吸声效果通过计算开孔会大一些，但设计师希望孔小一些，甚至是针孔，以保证视觉效果。

（2）家具系统（独立式办公家具在第 11 章中讨论）也应符合声学效果的标准。家具系统在开放式办公室中扮演的声学角色是通过吸声防止声音从一个座位传到邻座。办公区的隔板必须能阻隔来自四周的声音，并且也可以吸收办公区的声音。家具隔板的声音阻隔能力应该达到 STC 值为 18～20，最小高度为 150cm 或 180cm。STC 即传声等级，用于实验测试，是计量声音通过特殊材料减少噪声等级的方法。除了 STC，设计者还需要考虑隔板的 NRC 值，即考虑材料的吸声系数，面板的 NRC 值需达到 0.6。由于声音在不同频率被吸收的几率不一样，考虑隔板的涵盖语言频率的吸声效率也很有帮助。例如，当隔板高 165cm 时，它们在声学上是最佳的，STC 值应不低于 18 或 NRC 值不低于 0.60。此外，家具布局也会导致开放式办公环境的声学影响。如避免座位呈线性布局，当员工有开阔的视线声音，会更轻易地经过这一区域而干扰双方时，需要增加玻璃来充当屏障；将办公区设计成拥有尽可能多的隔断，防止声音直接传播；如果同时存在团队办公区和开放式办公区，就应当使用很高的、可拆卸的墙或隔板以保证团队交谈，同时确保不影响其他员工工作。开放式办公区域的设计应该包含一个较小的约 1.5～2m² 的围合空间，提供像"社区"一样的交流环境（参见第 4 章设计场景：UPS Innoplex）。

（3）声音掩蔽系统是防止办公环境中交谈声成为干扰最重要的元素之一，它是可以掩盖会话噪声的环境背景声音。这里主要强调三点：一是在是否采用声音屏蔽方法之前，要精心设计。从花最少的成本最快地获得最大的效益和最少的干扰角度出发，采用天花板和家具隔板吸声和隔声是最低的成本替代，用声音掩蔽系统来弥补建筑材料不足不是首选，只有在有较高声音要求时才适用。二是应当选择合适的地板，降低员工走动和机器转动产生的噪声。三是可以采用持续的、低音量的包含特殊频段的背景声，即电子掩蔽声的方法有效掩盖谈话声和其他不需要的噪声，就是像空调系统发出的嗡嗡声一样。电子声屏蔽系统可以让整个开放式办公室保持同一声级。系统声级通常设置为 48dB±2dB，当大于 30dB 时，有助于掩盖其他声音；当大于 50dB 时，本身将成为干扰。

（4）地毯可用来吸收空气中传播的声音，减少地面产生的噪声（通常称为脚步声），并阻止声音向邻近房间传播。地毯的 NRC 值越高，吸收空气中噪声的能力越大。研究表明，商业办公区里有无衬垫对地毯的声学属性影响很大，如添加黄麻地毯（NRC 值为 0.20）或聚氨酯地毯垫（NRC 值为 0.25）和水泥地（NRC 值为 0.05）相比可以更好地降低对话噪声。通过测试发现：相同规格的割绒地毯比圈绒结构具有更高的 NRC 值，地毯背面越通透，更多的声音能量能集中到衬垫，从而得到更高的 NRC 值；地毯衬垫越重越厚，其 NRC 值越高。

降低噪声的其他设计解决方案包括墙倾斜角度的变化，以将声音引导到不同区域，也要避免使用直角和平行表面，反之会形成平行反射，这样对声音衰减不利，就需要另外采用提高材料吸声系数或构造吸声能力的方法了。就剧院、音乐厅和大型礼堂等有专业演出要求的设计，要聘请声学工程师进行咨询，以增强和分配回响声音。

5.9 安全监控系统

隐藏在墙壁和天花板中的安全系统是住宅和商业建筑设计中的重要部分。这些系统最好安装在室内表面材料后面，以便于今后调整和改造。住宅中的安全系统主要包括运动探测器、光传感器和由声音触发的其他设备（图 5-42）。传感器可以发出声音警报或自动联系保安公司或地方管理部门。

图 5-42 用于住宅和商业设计的运动探测器。
(Andy Crawford©Dorling Kindersley)

在"911"事件之后，安全行业的增长呈现飙升。根据 Gary Stoller 在《今日美国》发表的文章"国土安全部产生数十亿美元的业务"中的表述，该行业的销售额在 2000—2007 年增长了 6 倍，已达到每年 590 亿美元。"国土安全行业现在包括化学、生物和放射性检测，以及边境、铁路、海港、工业和核电厂安全。"（检索自：www.usatody.com/money/industries/2006-09-10-security-industry_x.htm）

根据客户和项目的需求，商业安全系统有很大差异。建筑中最常用的安全系统是门锁，然而在大多数商业项目中需要更复杂的安全系统。例如，图书馆使用安全系统来监控是否有图书被带出；零售商店使用防盗磁条，如果有人试图窃取商品，则会报警；一些宿舍和其他高层住宅单元在入口处需要按密码或用磁卡来开门；许多商业机构中安装监控摄像头，以监控销售并防止偷窃；法院等公共建筑，安装用来监控进出人员并可存储的保

安系统；拥有对建筑高压配电机房、保密要求敏感的研发实验室，或存储敏感资料或产品的公司等，可能需要在进入安全区域之前进行指纹或语音解锁系统，避免磁卡非本人使用的情况。

设计人员必须与保安公司密切合作，以保障电线和设备的安全和隐蔽布线（图 5-43）。安全监控系统还必须与电气、通信、照明、暖通和喷淋等其他内部系统协同工作。

图 5-43 计算机和软件公司可能需要安全的检查点来维护商业秘密或保护其客户的机密性。然而，这些系统巧妙地隐藏在墙壁和天花板中，需要设计师和工程师之间的密切合作。（建筑师/设计师：Jova / Daniels / Busby；摄影：Robert Thien）

5.10 消防系统：紧急出口和喷淋系统

商业建筑中设置紧急出口系统是作为保障生命安全和防火规范的一部分（表 5-2）。消防系统包括烟雾和热感应器、自动喷淋灭火系统、紧急出口标志、电池供电应急照明，以及视觉和听觉报警系统。

喷淋系统的管道通常隐藏在吊顶中，喷头则露在外面。通常喷淋系统是通过自成体系的水管系统喷水灭火的，但在不宜用水灭火的地方如博物馆、档案室或用水无法扑灭起火的建筑的地方，则可能使用粉末灭火剂灭火系统，但要进行泄爆设计。在设计消防系统时需要认真协调，以确保喷头、线路和其他应急组件的布局符合规范，同时还

表 5-2　美国的建筑规范

类型	适用范围	规范名称
建筑规范	规范施工要求和有害物质限量	• 国际建筑规范（I-Code）由国际规范委员会出版 • 建筑和施工安全规范（NFPA 5000），由国家消防协会出版（未广泛采用）
电气规范	定义这些专业的建设要求	• 国家电气规范（NEC），由国家消防协会出版（NFPA）
能源规范	确定节能建筑的最低要求 国际建筑节能规范（IECC），由规范参考 ASHRAE 90.1 和 90.2 以及 EPAct 国际规范委员会	• 国际规范委员会 （参见可持续设计：能源规范和照明中的 LEED） • NFPA 900 建筑能源规范
消防规范	确定消防安全和有害物质的最低要求，还包括紧急出口。它将与生命安全规范重叠（见下文）	• 国际防火规范（IFC），由国际规范委员会出版 • NFPA 1
生命安全	确定建筑物最低疏散要求。也指紧急出口	• 生命安全规范（LSC，或 NFPA 101®），由 NFPA 出版
机械规范	定义这些专业的建设要求	• 国际暖通规范（IMC），由国际规范委员会出版 • 其他仍在使用的规范，例如由 NFPA（C3 规范集）发布的统一机械规范（UMC）
给排水规范	定义这些专业的建设要求	• 国际给排水规范（IPC），由国际规范委员会出版 • 其他仍在使用的规范，如 NFPA 发布的统一给排水规范（UPC）（C3 规范集）
住宅规范	定义 1~2 个家庭的住宅施工要求	• 国际住宅规范（IRC），由国际规范委员会出版

注意：设计师必须始终与当地部门核实，以确定适用的规范

要与电气、通信、照明、暖通和安全系统相互配合。

许多家庭火灾发生在人们熟睡期间，室内燃烧释放的化学气体是有毒的，甚至是致命的，所以会选择比热感应仪更早发出警报的烟雾探测器。在住宅设计中不仅需要配备烟雾感应器，如有使用丙烷、天然气或燃油时，则要配备一氧化碳探测器。这些探测器会发出巨大的喇叭声（并在必要时闪烁灯光），以提醒居住者火灾和危险气体的泄漏。探测报警器应放置在洗衣房、厨房、家庭房、卧室、公用设施区和地下室中。

5.11　规范标准

室内设计师在法律上负责对项目适用的地方法规、州级法规和联邦法规的实施。联邦规范规定土地使用、湿地保护等环保规定、历史文物保护、方便残疾人的设计 4 个方面。联邦法规通常对承建商承建房屋没有直接管辖权，但如承建商须在海岸或历史遗迹上建造房屋时，他们则必须遵守联邦法规的规定，所以，受联邦法规管辖的情况比较少见，在一般情况下，承建商必须遵守各州及地方的法律。州级法规，主要是保障人身安全、消防措施、机械和电气设备规定、节能法规、环保规定等

6 个方面。在美国，几乎每幢建筑的建造都必须遵守各州建筑法规的规定。地方法规，主要包括土地利用和建筑高度限制，抗风及抗震等特殊性能的规定，规定由地方负责大多数住宅的验收工作。几乎所有法规的执行工作，均由地方建筑官员负责开展，而楼层平面图的审批权和住宅验收权也由地方政府负责。这些做法，能确保每幢住宅的建造，在建筑高度等问题上，切实遵守地方的规定，地方政府在其制定的地方法规中采用了联邦州级的规定，并适当补充，地方限制要求。法规可分为以下一般类别：建筑规范；特殊行业规范，如能源、电气、消防、给排水和机械规范；生命安全规范；住宅规范。

美国国际规范委员会（ICC）于 1994 年成立，是全球最大的从事建筑安全规范和标准制定的非营利性组织，其标准规范在全美范围内强制执行。它创建了一套规范，即国际规范（I-Codes），包括国际建筑规范（IBC）和众多专业，如能源、火灾等。但是，ICC 没有编制电气规范，引用了国家电气规范。ICC 是美国最常见的规范，其中 IBC 在所有 50 个州和华盛顿特区的州或地方采用。然而，由于并非所有州都采用相同的规范，地方官员可能会采用与州规范不同的规范，并且由于规范不断更新，设计人员必须与当地官员核实，以确定哪些规范，以及

当地社区当前采用的规范更新年份。其他国家的项目规范也不同。有关详细信息，请参阅表5-1，对此详加说明。

联邦政府已经通过了几项与室内设计相关的法律。最常见的包括《美国残疾人法》（ADA），《公平住宅法》（FHA）和《职业安全和健康法》（OSHA）。

如第2章所述，《美国残疾人法》规定了在商业空间设计中需要满足残疾人的需求。根据他们的网站，ADA"确保残疾人再就业，州和地方政府服务，公共住宿或商业设施的企业"，以及"ADA还要求为使用TTY的人（电传打字机，也称为TDD-聋人电信设备）建立电话中继服务"。

根据住房和城市发展部（HUD）网站的说法，"1968年民权法案"（即《公平住宅法》）的第八章经修订，禁止在住宅的销售、租赁和融资以及其他住房中的歧视基于种族、肤色、国籍、宗教、性别、家庭状况的相关交易（包括与父母或法定监护人一起生活的18岁以下儿童，孕妇和获得18岁以下儿童监护权的人）和残障人士。

职业安全与健康管理局（OSHA）的使命是"通过制定和执行标准来确保美国工人的安全和健康；提供培训和教育；建立伙伴关系并鼓励持续改善工作场所的安全和健康"。OSHA指南主要影响承包商在合同管理或项目建设阶段。

室内设计师应具有责任感并遵守相关的规范标准。目前国际上整体趋势是对健康、安全和环保的要求越来越高。整体上主要有五个方面的规范标准：

（1）国家法律规范标准：主要包括单体工程的设计、施工、验收规范，以及主要建筑和装饰材料的标准。这里强调的是法律，而不是规范或标准。

（2）地方和行业规范标准：主要是针对不同地区和行业特殊状况制定的，多为设计、验收规范，但必须高于国家标准。

（3）政策性规范：主要是根据国家或地方发展需要而颁布的，如节能、智能化等方面前瞻性的导则。

（4）设计文件深度和制图标准：这方面与各地经济发达程度和设计公司的规模水平有关，目前还没有统一标准。

（5）企业资质要求和从业资格标准：主要是加强企业和设计师的管理，推进职业化进程，提升产品质量，促进持续发展。

相关链接

国际规范委员会 www.iccsafe.org

定期更新的美国每个州采用的I-Codes www.iccsafe.org/gr/Documents/stateadoptions.pdf

加拿大国家建筑规范 www.nationalcodes.ca/nbc/index_e.shtml

住房和城市发展部 www.hud.gov/offices/fheo/FHLaws

职业安全与健康管理局 www.osha.gov/oshinfo/mission.html

美国无障碍法案 www.usdoj.gov/crt/ada/adahom1.htm

国家消防协会 www.nfpa.org/index.asp

本章小结

本章强调了设计师有责任去理解建筑施工及部件，建筑系统和相关规范。必须理解与暖通、给排水、声学和其他隐蔽系统相关的符号和术语，以便与其他专业人员交流并与客户分享准确的信息。

设计师有道德责任向客户介绍可节约能源或降低公用事业成本的替代设计解决方案。此外，设计师必须考虑到内饰和涂料可能对室内空气质量产生的影响。选择低排放的产品有助于确保室内环境更加安全。最后需要再三强调的是，室内设计师在法律上有责任遵守国家和地区的相关法律法规。

第**6**章

照明、电气和通讯

图 6-1　这种特别的灯光效果产生是经过了大量的研究，并且在研究初始阶段制作了多个模型。利用颜色动力学设计的编程可变色 LED 灯具为新型漫反射墙体材料提供了背景照明，这使得空间外观的颜色更具饱和感。在照明设计的可行性上，佐治亚州水族馆是一个很好的研究案例，并且它注意到了游客的需求。（摄影：Brian Gassel / tvsdesign）

光，是我们认识形体、色彩和质感的先决条件。第4章中我们讨论过照明与色彩的关系，可以看出，照明不仅是室内设计的基本元素之一，也是最终实现环境整体效果富有创造力的途径。通常，光同色彩一样，会产生心理和生理效应，有时灯具甚至可以设计成装饰艺术品或雕塑，提升室内空间的个性（图6-1）。

光度量和照明质量会对物体表面的尺寸、形状和特征的表现产生影响。室内设计师恰当地运用照明，可以改变室内空间的视觉效果、聚焦视觉的重点、影响情绪、表现材质或者创造特定的氛围。这就需要室内设计师必须具备一些基本的技能，如了解光的科学原理、掌握在室内设计中如何运用光线、随时与工程师和承包商交流设计思想等。北美照明工程学会（IESNA）是照明行业的权威指导机构，但由于这是基于工程的指导，设计师所需要掌握的内容要远远超出文本范围。在开始了解怎样去运用光线之前，设计师必须先熟悉基本的照明术语。掌握关于照明设计的目标，以及光度量和照明质量的基本原则。

6.1 照明设计的目标

灯具和光源的专业术语与我们日常生活中接触到的是不同的：灯泡被称为光源，是光的源头；包括光源和其他必要附件或装饰性附件（如遮光器、反射器和透镜等）的物理结构叫做灯具外壳。光源和灯具外壳一起构成灯具。在第1章中介绍过，室内灯具必须根据空间功能、人的因素、外观质量、经济性和生态效应等方面进行选择，在第1章中介绍过这些原则，它们对照明设计也适用。这里对照明设计中灯具的选用原则进行了总结。

6.1.1 功能与人的因素

照明方式按照功能划分主要有一般照明、局部照明和重点照明三类（图6-2）：

（1）一般照明：也称环境照明，在整个室内空间中均匀分布光线，降低集中照明产生的高对比度，所以通常作为背景照明或基础照明。

（2）局部照明：主要为诸如办公室台面工作、家庭备餐或整理等活动提供的局部功能性的照明，所以有时称为作业照明。这一类照明通常与活动区域临近，但要注意控制眩光、弱化阴影（图6-3）。

（3）重点照明：采用集中的光束强调出特定的物体或区域。灯或灯具本身也可用作装饰（图6-4）。

室内空间中通常需要对这些不同照明方式进行组合。

光源的尺寸、形状和灯具的式样，决定了不同的光输出类型。为帮助选择出合适的灯具，灯具厂商的样本目录中往往会提供光分布图表（配光曲线图）（图6-5）。通过这些图表，可以得到不同高度上的照度值，这样设计师就可以挑选出合适的灯具和光源了。

环境照明或一般照明　　　　　作业照明或局部照明　　　　　重点照明

图6-2　人工照明的三大功能

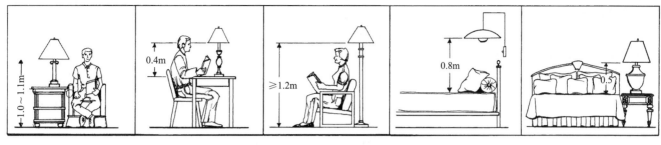

图 6-3   局部照明用灯具的放置应当降低眩光、冲淡阴影。

图 6-4   在迪拜购物中心的医疗中心，隐藏在吊顶轨道中的 LED 灯在分隔帘上泻下光幕。选择圆润的沙发和脚垫，以防刮扯阿拉伯传统服装。（设计：NBBJ；摄影：Tim Griffith）

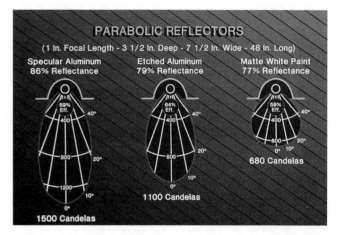

图 6-5   常见的配光图表，包括通用电气公司在内的灯具制造商都在计算机光盘中提供类似的数据。

- 满足居住者的生理和心理需求。
- 承认能源效率的重要性，并向经济发展对自然资源造成的影响问责。
- 在改善室内建筑的同时创造一个令居住者满意的美观环境。

照明也会影响人的情感，成功的照明设计可以提高人的自我认知度。就心理效应而言，光具有以下特性：

- 光与人的生活和人本身息息相关。
- 光可传递安全、温暖和舒适等多种感觉。
- 光可激发人的情感，例如，较暗的光环境会带来亲密、舒适和轻松的氛围，明亮的光环境则带来激励和活力的氛围。
- 缺少充足的照明会带来沮丧、忧伤，甚至恐惧的感觉，冬季抑郁症（SAD）就主要发生在缺少日光照射的人群中。
- 过度的照明和眩光会带来刺激感、不舒适感、烦恼、不安，甚至行为反常。

照明，就像颜色一样，极大地影响了我们对周围环境的感知。光是人类最基本的需求，没有它，世界是黑色的，颜色是不存在的。不良的照明会产生眩光，导致头痛和眼睛疲劳。照明不足会影响居住者的安全，甚至连一项工作任务也不可能完成。高品质的照明系统不仅消除了这些问题，还提供了符合以下三项原则的设计目标：

因此，在进行住宅和商业空间的照明设计时，除了需要考虑照明的物理参数和人的生理需求外，还需要注意其对人产生的心理效应。如在办公空间，上午人们精力充沛，会选用偏暖色光源；下午光色会调整为偏冷光提振精神，这就是可变色温的灯具。

此外，照明产品的选用还需要可靠和耐用。例如，在儿童医疗中心内，不适合选用易碎的霓虹灯；又如应急灯，通常采用电池或者应急电源工作，这一点在断电和出现火警时非常重要，因此照明设计有其特殊的要求。

从人性化角度来考虑，人随年龄增长视力会消退，老年人或视力受到损伤的人往往会要求更亮的照明。对他们而言，设计师应当提供较高的照度水平或采用便携式灯具提供个人照明。

6.1.2　美学

就美学方面而言，照明应当真实反映设计要求并且强化室内的设计风格。选取灯具时应当考虑到室内装饰材料和空间比例，通常选取的装饰型灯具越简单，越不突兀，与室内的设计越符合，得到的效果就越好。但也有一些个性化灯具的选择会成为室内环境的焦点（图6-6）。

设计师通常采用下列方法，合理地选取和布置灯具以创造出空间的装饰效果：

- 采用聚光灯重点强调某个物体或某个点状区域。

图6-6　天花上的星空顶是餐厅休息室的一个亮点，不规则的光纤灯埋在吊顶中模仿"星空"的光辉，营造出节日的气氛。（图片来源：国际设计指南；摄影：Neil Rashba）

- 采用散光灯，光斑范围比聚光灯的要大，可以强调出某个区域。
- 洗墙灯，其功能介于聚光灯和散光灯之间，通常用于照明墙面上的艺术品或其他陈列，可将整面墙都洗亮（图6-7）。
- 掠射灯，与洗墙灯的效果相类似，但光线掠射过墙体表面，主要用于强调墙面上的织物或纹理。
- 周边照明，主要用于从视觉上提升室内空间尺度（图6-8）。
- 剪影照明，可以勾勒出物体的装饰性轮廓。有时，可以将植物或者铁艺装饰安装在灯光前面，从而在附近的表面上产生有趣的阴影。

6.1.3　经济性与生态效应

设计师对灯具的选择受制业主预算的限制，除了需要考虑初始的购买和安装的费用，还需要考虑电能消耗和维修保养的费用。设计师在照明设计和采购上的丰富经验可以在满足照明效果的同时，降低成本。

作为可持续室内设计和节能的一部分，许多电气规范为室内设计设定了最低照度等级，这也影响到光源的选择。1992年的《美国能源政策法》，要求各州都必须采用节约能源的标准，并于2004年7月通过了全国性的ASHRAE/IESNA标准90.1 2001。虽然该标准适用于许多节能领域，但在室内设计方面，它特别强调了针对商业建筑内部照明设计的节能要求。此外，照明的选择和安置是LEED认证建筑的一个主要方面（参见"可持续设计：LEED中的能源法规和照明"）。

满足居住者需求和欲望的人性化的室内环境是所有设计的最终目标，包括照明系统的设计在内。设计师致力于改善室内环境，提高居住者的生活质量。

照明图表、计算和选择适当的产品为空间中的光度量和照明质量提供了基础，然而对室内空间的物理反应因人而异。为此，照明的全面研究不仅包括与照明有关的人体生理功能，还包括居住者对光的感知和心理反应。

图6-7　一座520m² 的马车棚被改造成一个开发中心，通过多种照明手法相结合的设计方式，设计师将新旧进行融合。（设计：HOK；摄影：Steve Hall/Hedrich-Blessing）

图6-8　在这个法式啤酒店中，设计师采用周边灯槽照明的方式让空间显得更加宽敞，同时强调出其独特的边界形状，并采用吊灯增加轻松愉快的氛围。（设计：knauer公司；摄影：Steinkamp/Ballogg）

LEED 中的能源法规和照明

能源标准和规范影响设计标准，设计中使用的能源标准（无论是照明设计还是其他形式的设计）随着社会和技术的发展而不断发展。国际规范委员会于 1998 年首次发布了国际节能规范（IECC），此后多次更新，并被许多国家采用。1992 年颁布的《美国能源政策法》（EPACT）（也经常更新）、各州采用的地方规范以及由 ASHRAE/IESNA 标准 90.1 2001（也定期更新）制定的商业能源规范对照明设计标准也产生了很大影响。通用建筑规范中与电气有关的要求及相关法规都会影响照明设计。以下信息介绍了这些法规和规范，并概述了它们对照明系统的影响。因为规范在不断发展，所以设计者应该经常访问网站以获取最新的信息。

EPACT

或许对能源使用最重要的影响始于 1992 年颁布的《美国能源政策法》。这项法案对能源管理的许多方面产生了深远的影响。EPACT 的规定直接或间接地对照明设计许多方面的现状产生了影响，如从发电、配电、灯具设计，到建筑照明设计中使用的能源标准等。EPACT 在照明方面产生的主要变化包括：

- 选定灯具的强制性能源效率标准。
- 许多常用灯具的光输出和能耗的标注规则。
- 国家强制性采用能源法规。

2005 年版的 EPACT 中关于照明方面的最大变化，是对投资于节能建筑系统（如照明系统）的建筑业主提供基于单位面积的税收优惠。

ASHRAE／IESNA 标准 90.1

商业能源规范中使用的最严格的规范见 ASHRAE/IESNA 标准 90.1 2001。与限制建筑内部照明耗电量有关的两项主要规定包括使用控制装置（如开关等电气控制装置）和对照明系统设置的限制，包括灯具、镇流器、控制装置、调节器和其他耗能设备所使用的电力。耗电量的限制被定义为商业建筑照明的最大允许功率使用，以瓦特／平方英尺为单位。允许的照明使用量由建筑面积或空间法来确定，每一种方法都有其独特的优点，可用于确定各种工况的功率阈量。

LEED

如第 2 章所述，LEED 包括五个主要领域和另外两个积分类别。虽然照明设计和选择可以在所有类别中得到解决，但是对新建筑最具影响力的包括以下基于 LEED 的标准：

可持续场地——SS 积分 SS 8.1 减少光污染。最大限度地减少来自于室内和室外照明对夜间自然光的影响。

能源和大气——EA 积分 该标准的先决条件。解决了受照明影响的最低能量性能标准，两个特别的积分与照明有关。

EA 1 优化能源性能——此积分最高可达 19 分，采用节能型照明和设计等手段减少能源消耗会影响这一积分。

EA 5 测量和验证——需要在建筑物使用后进行测量和结果验证。

室内环境质量 -IEQ 积分 IEQ 6.1 系统控制—照明—需要单独控制照明以获得舒适性。

IEQ 8.1 自然光和景观——自然光为居住者提供了与自然光和景观的连接。

IEQ 8.2 自然光和景观——景观与上述相同，但与场地直接相连接。

相关链接
美国绿色建筑委员会 www.usgbc.org

6.2 照明行业组织和技术规范

照明是室内环境中复杂的构成元素之一。专业的设计师首先必须通晓紧急状况下的有关建筑物出口指示照明的规范；其次，照明会影响人的健康；另外，不断地有新照明产品和节能产品在市场上推出。现在已经有专业的照明组织可以帮助设计师进行照明设计的工作。

北美照明学会（IESNA）是一个技术性的组织，其目的是推广前沿的照明知识和信息，提升照明环境，有益于社会。国际照明设计师协会（IALD）是针对独立照明顾问的专业组织。国际照明委员会（CIE）是一个全球性的照明技术组织。中国照明学会（CIES）是中国照明行业的技术组织，是在CIE中代表中国的唯一组织。

从20世纪90年代开始，作为对工业照明设计师资格的评估，美国设立了国家专业照明顾问资格理事会（NCQLP）。通过经验、实践和测试，专业照明顾问可以获得（但不是必需的）相应的资格证书。

与其他建筑系统一样，照明系统也有相应的规范标准。在美国，照明设计必须符合国家电气标准（NEC），设备的选择必须符合承保人实验室（UL）的标准。像ANSI之类的标准，与应急照明相关。带蓄电池的灯具或发电机驱动的灯具必须能够正确地引导人们通过走廊、台阶和应急出口。一些标准对室内的最低照度水平进行了规定。1992年的《美国能源政策法》，要求各州都必须采用节约能源的标准。这些标准，规定了建筑物每平方英尺上实际消耗的功率，旨在保存能源。在中国，目前主要执行的是GB50034《建筑照明设计标准》。

相关链接

国际照明设计师协会 http://www.iald.org

北美照明学会 http://www.iesna.org

美国国家专业照明顾问资格理事会 http://www.ncqlp.org

中国照明学会　http://www.lightingchina.com

6.3　光度量

虽然确定一个项目所需的光度量可以像参考图表一样简单，但设计出符合这些标准的照明解决方案是基于多种因素，而不是仅仅考虑光度量，还要考虑光的传播方向以及光的反射面。

- 光强 I（单位是坎德拉，符号为 cd）是测量光的基本单位，但是理解它需要非常专业的背景知识。本文的目的是要知道它是光源在给定方向上的发光强度。常用于说明光源和照明灯具发出的光通量在空间各方向或在选定方向上的分布密度。例如，一只40W的白

炽灯泡发出350 lm的光通量，它的平均光强为28 cd。在此灯泡上面配白色陶瓷灯罩，灯的正下方发光强度能提高到70～80cd。如果配上聚焦合适的镜面反射罩，则灯下方的发光强度可以高达数百坎德拉。后两种情况下，灯泡发出的光通量并没有变化，只是光通量在空间的分布更为集中了。

- 光通量 Φ（单位是流明，符号为 lm）是度量光源发出的光流，在照明工程中，光通量是说明光源发光能力的基本量（图6-9）。例如，通常60W的白炽灯，其光通量约为500 lm；普通36W的T8灯管的光通量约为2 500 lm；28W的T5灯管的光通量约为2 600 lm；70W的陶瓷金属卤化物灯的光通量约为6 600 lm。可以看出光通量也决定了光源的发光效率（光效）。

- 光效在照明术语中指灯的效率。为了确定一盏灯的功效，用流明除以瓦数（光源消耗的功率）可以得到光源的光效，单位为流明／瓦（lm/W）。例如，一支新的75W白炽灯产生1 180 lm的光，则1 180 lm除以75W等于15.7 lm/W就是光效。光效越高，说明光源的效率越高。在实践中，要选择最节能的光源，就应当选那些低功耗而高流明输出的光源。

- 照度 E（单位是勒克斯，符号 lx），是指受照平面上接受光通量的面密度。英制单位为英尺烛光，即一支蜡烛落在一平方英尺上的照度。公制单位勒克斯，又称为米烛光，是 1m² 的面积上受距离1m的光的照射亮度。1英尺烛光的光照度＝10.76m烛光的光照度。

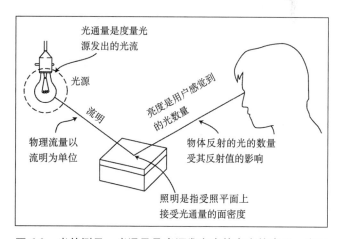

图6-9　光的测量：光通量是光源发出光的多少的度量。光通量是用流明为单位的。照在物体上单位面积的光的多少是照度，用英尺烛光或勒克斯来测量。亮度是被感知到的光的数量，受物体反射率值的影响。四种基本光学物理量：光通量（lm）、光强（cd）、照度（lx）和亮度（cd/m²）。

当然，受照面离光源越远，得到的照度值越低。通常，夏季中午日光下，地平面上照度可达 105 lx；月光下的照度只有几个勒克斯；而装有 40W 白炽灯泡台灯的桌面上，照度平均为 200～300lx。以下内容用于特定任务的照度要求，单位：勒克斯。

剧场通道	10～20
走廊通道	30～50
穿过楼梯间的通道	50～100
餐厅就餐	50～200
一般的办公室工作	100～200
阅读	200～300
精读、备餐、剃须	400～600
精细工作	500～1 000+
外科手术	5 000+

- 亮度 L（单位是坎德拉／米^2，符号 cd/m^2）是指表面反射光的能力。作为一种主观的评价和感觉，和照度的概念不同，它是表示由被照面的单位面积所反射出来的光通量，也称发光度，实际上指被看到的光，因此与被照面的反射率有关。它是以 0 到 100% 的比例的光反射值来测量的。例如，在同样照度下，白纸看起来比黑纸要亮，浅色的光墙面反射的照度通常会超过 80%，而深色的粗糙纤维墙面反射的照度会小于 2%。当然有许多因素会影响亮度的评价，诸如照度、表面材料特征、视觉、背景、注视的持续时间甚至包括人眼的特征。一般白炽灯的亮度为 $2×10^6～20×10^6$cd/m^2，荧光灯的亮度为 $0.5×10^4～3×10^4$cd/m^2，电视屏幕的亮度为 $1.7×10^4～3.5×10^4$cd/m^2，而太阳的亮度可达 $2×10^9$cd/m^2。以下是普通颜色的反射率值：

白色	89%
象牙色	87%
浅灰色	65%
天蓝色	65%
深黄色	62%
浅绿色	56%
深绿色	22%
椰子棕	16%
黑色	2%

- 亮度是用户感知进入眼睛的光量的一般术语。（从历史上看，是用英尺长度来衡量的，IESNA 不鼓励使用它。）

相关链接
建筑照明 www.archlighting.com
北美照明工程师协会 www.iesna.org

6.4 照明的质量：颜色和位置

光是由光源（如太阳或灯泡）发出不同的波长的辐射而产生的，只有波长在 380～760nm 的这部分辐射才能引起光视觉，称为可见光（简称光）。不同波长的光在视觉上呈现不同颜色，可见长波产生暖色光，短波产生冷色光。自然光（最高质量的光）会产生一个线性的颜色光谱，均匀地分布我们所看到的颜色（图 6-10）。人工光源不能完全地模拟自然光的颜色光谱，尽管有些已经比较接近了。例如，通常白炽灯的颜色光谱强调了偏暖的红色波。

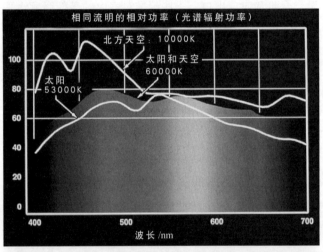

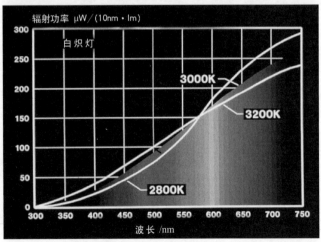

图 6-10 （上）自然光产生的颜色光谱；（下）白炽灯的颜色光谱。（图片来源：电气照明有限公司）

正如在第 4 章中所讨论的，当混合了不同波长的光被物体反射进入人的眼睛，人眼就能看到物体的颜色。例如，黄色的物体，其表面会反射光谱黄色区域的波，而吸收别的颜色的波。

光线有不同的层次，从直射光、漫射光到半阴影和阴影。阴影不是光线的对立面，而是其基本特征，是最好地表现光线存在的形式。一间房间既有光亮又有阴影才会使人感受到其空间、深度、形状和结构。

6.4.1　显色指数

人工光源产生的光谱越接近自然光，显色性越高，光的质量也就越高，这一特性是用显色指数（CRI）来表示的。CRI 的范围在 0～100 之间，在一些对光的显色性要求较高的应用领域，如检查印刷样张或挑选服装时，CRI 至少在 80 以上；而 CRI 在 60～80 之间则属于一般水平；CRI 低于 60 的，主要应用在街道照明或其他对颜色分辨要求不高的区域。虽然高显色指数的灯是理想选择，但是这类灯通常光效不高，如白炽灯。反之，光效很高的高压钠灯的显色指数又很低，所以，实际的选择应当是显色性与光效二者兼顾。

6.4.2　色彩质量标度

色彩质量标度（CQS）是美国国家标准与技术研究所（NIST）提出的一种新的显色质量的度量方法。CQS 的开发是为了解决显色指数 CRI 中的缺点，特别在 LED 的显色质量评级中（本章稍后将讨论）。尽管显色指数（CRI）已经使用多年，但 LED 技术现在极大拓宽了"白"光微调特征范围。CRI 仅仅基于 8 种中等饱和颜色，而 CQS 则基于 15 种高度饱和的颜色。目前正在审查 CQS，以取代 CRI 作为灯颜色测量的主要基础（图 6-11）。

CRI使用的8种标准颜色量表：

CQS使用的15种标准颜色量表：

图 6-11　CRI 和 CQS 的标准颜色量表

6.4.3　色温

衡量照明质量的另一个参数是光的色温（CT），用绝对温标开（K）表示。根据该度量方法，烛光的色温较低，约 2 000K；通常晴天的色温大约为 6 000K；北方天空的色温可达 8 500K。这一概念看起来好像颠倒了，其实与气体火焰或炉火是相似的：越冷的火焰越红，越暖的火焰越黄，而最热的火焰是蓝色的。所以，红色光的色温低，蓝色光的色温高。我们将光源色的色温大于 5 300K 的称为冷色，小于 3 300K 的称为暖色，将色温介于 3 300K 和 5 300K 之间的称为中间色。

6.4.4　照明布局

照明的质量还依赖于灯光的分布。设计师必须精心布置光源，否则会造成视觉疲劳、引发烦躁情绪等。

直接眩光来自无遮挡的光源。常见的来源有照进窗户的直射阳光和没有罩子的灯泡；另外，如果光照亮度反差很大，也会出现眩光。例如，卧室可能需要低照度，但相邻的更衣室会需要更亮的照明，这种反差会产生不必要的直接眩光。

间接眩光来自于光在表面的反射。光滑的表面，如玻璃和镜子常常产生这个问题。

防止眩光的措施包括：

- 在相邻的空间中使用类似照度的照明。
- 用遮光罩、百叶窗或其他散光装置屏蔽直接光源。
- 为了避免间接眩光，要保证居住者不会直接看到光反射，即注意光线的入射角和反射面的关系（图 6-12）。
- 在有可能产生间接眩光的地方避免使用高反射的表面。
- 使用更多低照度的灯而不是较少高照度的灯。这对照明布局更有利。
- 安装防眩光窗帘，如纱幔或百叶窗（参见第 13 章）。

照明质量、显色质量、光源位置是满足照明设计目标所需的元素。设计师需要从众多的光源和灯具制造商中仔细选择。

相关链接

国际照明信息网，包含术语解释 http://www.schorsch.com/

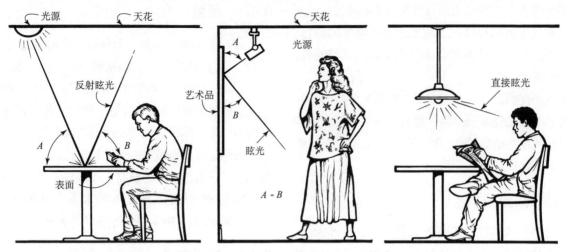

图 6-12　光照射在物体表面上时，反射角与入射角相等。在这些图中，意味着角 A 等于角 B。当反射光直接进入视线或观察者直接看到光源就会产生眩光。

6.5　天然光源

光是能量的一种形式，通常把自身能发光的物体称为光源。目前我们采用的光源可以分为两类：天然采光和人工光源。天然采光主要指对日光的有效利用。日光发出辐射光谱中的可见光，以及不可见的红外线（长波，产生热量）和紫外线（波）。由于日光包含紫外线，可以辐射能量、带来温暖，这对于人们的健康和生活都至关重要（参见图 4-2 所示的短光）。

在可持续发展原则的指导下，天然采光和自然通风日益受到各方的重视。但是对设计师来说，设计的难点在于对日光入射量和入射方向的控制。从早晨到晚上，随时间的变化，日光发生变化，所以在朝南、朝西的房间内，设计师会采用暗哑的冷调子来与耀眼的阳光和暖意相配合。设计师还可以根据项目的方位、地理位置和气候来设计最合适的采光窗，在降低眩光的同时引入日光，提升室内环境。

在电灯发明之前，以燃烧光作为天然光源是唯一的补充照明方法，像火焰、油灯、蜡烛和煤气灯等。现在，在一些住宅设计和餐饮类商业项目中，这些早期的天然

图 6-13　Canlis 餐厅，西雅图晚餐的著名地点之一，自 20 世纪 50 年代建成后进行了翻新，在晚餐室内采用了壁炉照明。（建筑师：James Cutle，室内设计师：Doug Raser；摄影：Michael Jensen）

光源已经被作为装饰元素了（图6-13），这主要是由于它们不仅能够补充热量，而且能够发出柔和的光线，创造温馨的氛围。

6.6 人工光源

人工光源是通过转化电能而发光的光源，采用不同的瓦数来表示其功率。最常见的人工光源是白炽灯和气体放电灯（包含荧光灯），另外一种在室内照明中出现的新光源是LED，即发光二极管。

6.6.1 白炽灯

白炽灯是在1879年由托马斯·爱迪生发明。白炽灯发出的光是通过电流加热玻璃泡壳内的金属灯丝至2 500～3 000K的高温而产生的，因此白炽灯也叫热辐射光源。白炽灯的分类没有统一的规定，这里按照白炽灯的结构分为普通白炽灯、反射型白炽灯、卤钨灯、低压卤钨灯和氙灯等（图6-14）。

（1）普通白炽灯

普通白炽灯简称普泡，也称为GLS灯（General Lighting Service Lamps），它是最普遍的白炽灯产品。灯的泡壳既有透明泡、又有磨砂泡或乳白泡形式，磨砂泡发出的光较柔和。灯的功率范围主要集中在25～200W区域。特别说明的是，灯泡的类型通常用字母来表示，

字母后的数字是以1/8 in的倍数表示的灯泡的直径，例如MR16表示灯泡的直径为2 in。下面来介绍白炽灯的主要特性：

- 具有不同的大小、外形、颜色和类型；
- 体积小，方便使用；
- 发出暖白色的光，有些偏淡红或黄的色调；
- 比较适合表现多种肌肤的色调，显色性最佳；
- 有效地表现材料的质感和纹理；
- 可调光；
- 便于产生精确的配光，可用做重点照明和作业照明；
- 曝露时会产生眩光；
- 可调和冷色调；
- 价格相对较低，但光效低导致使用成本较高；
- 产生热量，增加空调系统的负担。

由于白炽灯效能差，100 W白炽灯无法达到美国国会颁布的能源标准，因此，从2012年开始，100 W白炽灯将不再被制造或进口；从2014年开始，40 W或更高的白炽灯也将被禁止。

（2）反射型白炽灯

正如其名字所暗示，这类灯泡具有内置的反射器来改善光分布，使灯光射向预定的方向，这样也可以使灯具设计简化。它是以硬质耐热玻璃压制成型的，前面的

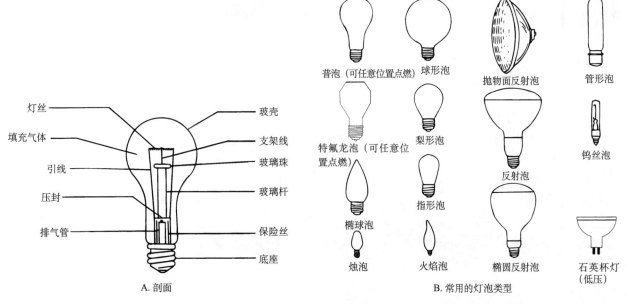

A. 剖面　　　　　　　　　　　　　　　B. 常用的灯泡类型

图6-14　白炽灯

棱镜玻璃有不同的图样，可获得聚光、泛光等各种光束分布，主要用于室内外投光照明。反射镜灯一般为9～15cm宽，典型的住宅外墙泛光灯是普通反射型灯的一个例子。

（3）卤钨灯

卤钨灯是一种白炽灯，卤钨灯也可以采用封闭坚硬的小石英管代替灯丝，可加热至更高的温度，产生更

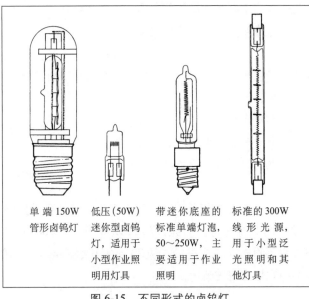

单端150W
管形卤钨灯

低压（50W）
迷你型卤钨
灯，适用于
小型作业照
明用灯具

带迷你底座的
标准单端灯泡，
50～250W，主
要适用于作业
照明

标准的300W
线形光源，
用于小型泛
光照明和其
他灯具

图6-15　不同形式的卤钨灯

强的光，具有更高的光输出。卤钨灯虽然具有多种形式（图6-15），但所有卤钨灯的主要特性是一致的：

- 较高的工作温度（约3 000K），产生更强的光。
- 光效寿命上升，是普通白炽灯泡寿命的2～4倍。
- 价格较高。
- 不可以直接接触皮肤。
- 产生大量的热，所以不可与易燃物临近放置。
- 必须进行遮光处理，不可以用做直接照明光源。

（4）低压卤钨灯

低压卤钨灯主要是指迷你型的卤钨灯，多用于商业陈列照明。这些灯泡的工作电压通常为12V或24V，因此往往需要单独的变压器隐藏于附近的顶面或墙壁中，但变压器必须在可以接触到的位置，以便于维护。

（5）氙灯

氙灯也是白炽灯的一种。像卤钨灯一样，这类灯泡发出耀眼的白光。它在低电压、低瓦数时会有较高的光输出，主要用于工作台面的重点照明或勾勒曲线（图6-16）。原美国世贸大厦的"光之塔"采用的就是氙灯。

图6-16　在这个现代住宅中，设计的重点在于对天花上的曲线进行了勾勒。室内通过地面材质的变化和天花的设计来区分空间。曲形灯槽中采用的是氙灯。吧台上的定制灯具是手工制作的，模拟橄榄枝。（设计：Charles Greenwood, IIDA, of Greenwood Design Group, Inc.；摄影：Robert Thien）

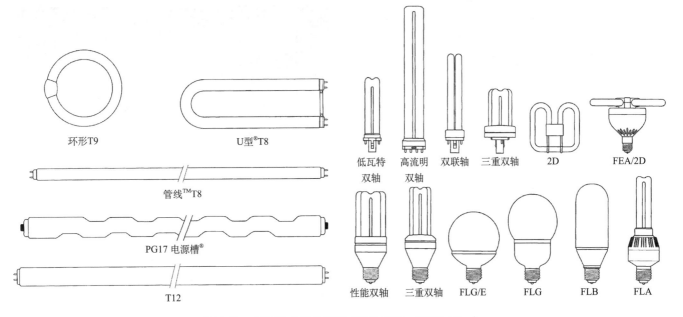

环形T9   U型®T8   低瓦特   高流明   双联轴   三重双轴   2D   FEA/2D
          双轴   双轴

管线™T8

PG17 电源槽®

T12   性能双轴   三重双轴   FLG/E   FLG   FLB   FLA

图 6-17　各种形式的荧光灯（图片来源：GE Lighting）

6.6.2　气体放电灯

前面说过，白炽灯发出的光是电流通过灯丝，将灯丝加热到高温而产生的，因此白炽灯属于热辐射光源。而气体放电灯没有灯丝，它是借助两极之间气体激发而发光的，称为冷光源。常见的气体放电灯有：荧光灯、HID（高强气体放电灯）和冷阴极管。

（1）荧光灯

荧光灯在第二次世界大战后被广泛应用，其玻璃管壁涂有荧光粉，内充汞蒸气和氩气，端头密封。当气体被通过的电流激发后，产生的紫外线激发管壁的荧光粉，发出可见光。荧光灯具有不同的形状和尺寸（图 6-17）。目前，中国市场上最常见的是 T5 灯管，直径为 1.5cm，长度为 60～250cm。它的主要特性是：

- 荧光灯比白炽灯发出的热量少；
- 荧光灯光源体积较大，照明的范围也比白炽灯大些；
- 产生漫射的、无阴影的光线；
- 荧光灯主要用于：医院、学校、办公室、商店、工厂和其他大型公共区域；
- 如果不进行色彩校正，荧光灯会扭曲颜色和细节；
- 荧光灯不像白炽灯那样容易调光；
- 荧光灯需要镇流器来提供更强的启动电压和调节电流。镇流器增加成本，质量差的镇流器会产生嗡嗡声；

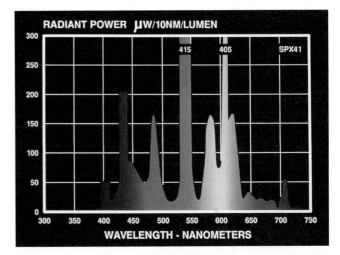

图 6-18　SPX41 荧光灯管具有高光效和高显色指数。色温约 4 000K。（图片来源：电气照明有限公司）

- 荧光灯含有汞，对环境有害；
- 尽管光源较贵，但光效高（图 6-18），寿命是白炽灯的 15 倍，消耗的能量却只有 1/3。

以前，荧光灯的显色指数 CRI 较低，但是目前已经改善了，所以设计师需指定显色性高的光源来获得好的色彩显现。

（2）HID 光源

还有一类气体放电灯是 HID（高强气体放电灯）。它将白炽灯和荧光灯的优点结合起来，采用类似荧光

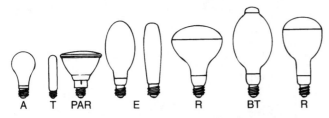

A. 标准（可任意位置点燃）　T. 管状　PAR. 双抛物面铝反射器
E. 椭圆形（圆锥形的或有凹纹）　BT. 球根状管形　R. 反射型

图 6-19　常见的 HID 光源类型

灯的发光原理，但是外观类似白炽灯，只是稍大一些
（图 6-19）。常见的三种 HID 光源包括：高压汞灯（发
出的光偏蓝）、高压钠灯（发出橘黄色的光，是三种光
源中光效最高的）和金属卤化物灯（显色性最好）等。

　　HID 光源具有如下特性：

• 寿命达 16 000～24 000h；
• 光效约是白炽灯的 10 倍；
• 满足节能的商业目的，符合相应法规；
• 有些显色性较差；
• 有噪声，因此在小型商业空间和住宅空间中应用有局限；
• 启动后约需 9min 达到 100% 的光输出；
• 需要一个镇流器。

　　由于光强较高，因此使用 HID 光源时需要遮挡以降
低眩光。通常这类光源会用于高大的顶棚空间中，这时
光源与观察者的距离较大，以降低眩光。

（3）冷阴极管

　　冷阴极管属于低压气体放电灯，其光效较高，工作
温度比荧光灯还低，但使用时由于使用高压变压器，会
发出噪声和热，所以进行设计选型时需要仔细斟酌，它
主要用于要求的曲线较长、档次不是很高的区域。

　　冷阴极管的灯管可根据需要弯成各种装饰形状，包
括曲线（图 6-20）。灯管中充入不同的气体，会产生不
同的颜色：充氖气的发红光，充氩气的发蓝绿光。有的
灯管外面也涂有荧光粉，可产生从蓝色到粉红色，甚至
暖白色的不同颜色光。

6.6.3　固态照明

　　固态照明（SSL）是使用半导体将电能转换成光能。
灯具包括有机发光二极管，发光聚合物，以及最常见的

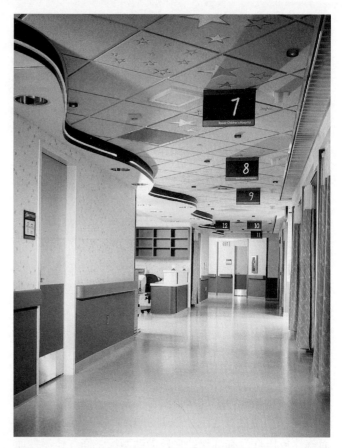

图 6-20　冷阴极管为图中的儿童外科中心增添了情趣。曲形的
天花造型和星星状的照明为室内增添了愉悦的气氛。（设计：
Kathy Heim 及伙伴设计事务所；摄影：Quandrant）

发光二极管。

　　发光二极管是室内照明出现的一种新光源，简称
LED。通常在录像机（VCR）和汽车仪表盘上所用的照明
就是 LED。其寿命长达 100 000h，不用加热灯丝，属于
电场作用发光，体积也较小（直径约 5mm），由于相对的
光输出较低，所以在室内应用中，通常将大量的 LED 光
源聚集在一个较大的泡壳中。LED 不是灯珠，而是由 PN
结芯片、电极和光学系统组成的。当芯片通电时，它会发
出光，光的颜色取决于无机半导体物料。LED 发热量小，
且灯具底部装有散热层。灯罩或光栅影响光的照射方向。
像低压灯一样，发光二极管需要镇流器来转化直流电。

　　LED 灯的特点是：

• 它的尺寸和形状比普通的白炽灯和荧光灯更小更灵活
（图 6-21）；
• LED 可用于装饰照明，或者用来强调平面设计上的变
化，例如台阶、柜台和灯具的边缘（图 6-22）；

图 6-21 LED 灯（图片提供：Matrix 照明公司）

图 6-22 LED 条形照明（图片提供：Edge 照明公司）

图 6-23 60cm×60cm 安装 LED 灯具（图片提供：Cooper 工业公司）

图 6-24 在图示的商业照明中，采用了多种照明手法。通过照明控制系统的配合，LED 光源在简单的香草图案的墙面和天花上可产生变化丰富的色彩，立柱采用了包金属处理，为室内的变化增添了亮点。（设计：Greenwood 设计公司；摄影：Robert Thien）

- 可以生产良好的点光源和面光源（图 6-23）；
- 可以产生各种颜色的光，包括琥珀色、蓝色、绿色、红色和冷白色（图 6-24）；
- 售价高，但使用成本低；
- 预期寿命为 50 000h 或以上；
- 需要驱动器；
- 适用于焦点照明和装饰照明；
- 色温范围广泛；
- 能源效率高，经久耐用，安全可靠。

相关链接
LED 信息 www.colorkinetics.com

6.7 照明灯具

对于照明设备来说，光源和灯具外壳是密不可分的整体，通常我们把光源和灯具外壳总称为照明灯具。从严格意义上来讲，灯具是一种产生、控制和分配光的器件。它一般由下列部件组成完整的照明单元：一个或几个灯泡；用来分配光的光学部件；固定灯泡并提供电气连接的电气部件（灯座、镇流器等）；用于支撑和安装的机械部件。在灯具设计和应用中最为强调的是两点：首先是灯具的控光部件；其次是灯具的照明方式，主要是向下投光的直接照明，以及向上投光的间接照明，也称反射照明。人工光源有用固定装置的，也可以隐藏在

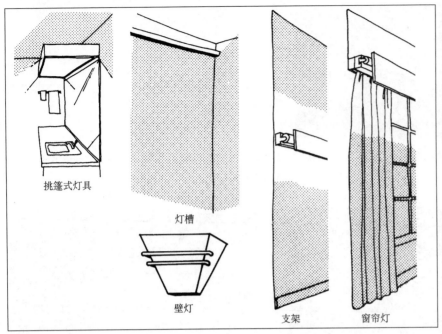

A
B

图 6-25　A 为常见的几种壁灯；B 为满足室内空间要求，Starfire 公司定制的装饰型壁灯，混合了刻花玻璃和金属。（图片来源：Starfire 灯具公司）

建筑中，或者是便携式的。

6.7.1　建筑照明灯具

　　考虑室内照明的布置时应首先考虑使灯具的布置与建筑结合起来，这有利于建筑空间对照明线路的隐蔽，使建筑照明成为整个室内环境的有机组成部分。这一类安装在墙壁上的、顶面上的，以及通过定制夹具与室内空间结构紧密相关的灯具通常被称为建筑照明灯具。在整套室内设计图纸中是包含电气照明部分的。关于照明装置的标准化符号，见图 6-37。

（1）墙壁安装灯具

　　该类灯具主要是以下这几种壁挂式固定装置（图 6-25）。

- 挑篷式灯具：主要用于一般照明，提供均匀的照度，常见于浴室和厨房中。
- 灯槽：一般布置在墙面与顶面交接处，灯光投向顶面，提升空间高度感，也会用于勾勒周边轮廓，从视觉上延伸空间，显得更加宽敞，甚至塑造出剪影效果。
- 壁灯：直接安装于墙壁表面的装饰性灯具，风格或古典或现代，可提供直接或间接照明。但考虑到人可触及高度所带来的灯具带电的不安全因素，灯具生产厂

图 6-26　条形 LED 照明装置贴墙安装在浴柜下方，不仅为这间浴室带来了温暖的照明效果，同时通过白色台盆反光的巧妙设计可以为脸的下部补光。（图片来源：Edge Lighting 公司）

家提供的灯具应当符合相应的行业标准。

- 窗帘灯：光源通常安装于窗帘盒内，光线投射到窗帘上不仅增加图案的立体感，而且从私密性考虑，减少了室内人员靠窗活动时身影投射到窗帘上的可能。

　　壁挂式照明还包括柜台下照明，以提供台面以下的直接照明或打出柔和的光晕（图 6-26）。

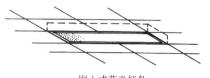

嵌入式荧光灯盘

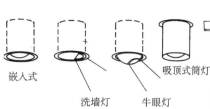

嵌入式

洗墙灯

牛眼灯

吸顶式筒灯

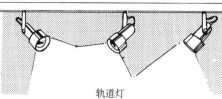

轨道灯

图 6-27　A 为常见的几种顶面安装灯具；B 为一款庞大的定制悬吊灯具，为零售商场设计，彩色霓虹灯强调了具有现代设计风格的立柱。（设计：Anthony Bellucchi 建筑设计事务所；照明设计：Roeder 设计公司，太平洋照明设计公司分部；摄影：Robt. Ames Cook）；C 为一款锥形的悬吊式灯具，可提供 1 个、3 个、8 个或 12 个的组合，形成不同的尺寸以符合空间设计的要求。（由美国 Flos 公司提供的 "Fucsia" 灯具）

杆吊式荧光灯盘

底部照明

现代悬吊灯具

传统的悬吊灯具

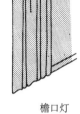

檐口灯

A

B

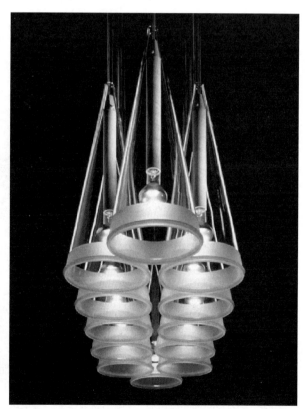

C

（2）顶面安装灯具

该类灯具主要采用以下三种形式安装于顶面上：光源安装在顶面内的嵌入式灯具、整个灯具都暴露在顶面外的吸顶式灯具、装在顶面上的悬吊式灯具。图 6-27 说明了几种吊顶固定装置。

- 筒灯（灯具行业中常用此称谓）：外观呈圆筒形，内置光源。根据设计的不同，筒灯可嵌入式或吸顶式安装。该类灯具包括下射灯、洗墙灯和牛眼灯。下射灯主要用于投射光线至目的物上或者将许多只排列起来提供一般照明。洗墙灯的投射角度可任意调节来"洗"亮墙面。牛眼灯的形式和洗墙灯类似，但是内部可旋转（不是灯具旋转），聚焦光线于目的物上。
- 檐口灯：主要安装于顶面上，向下照明。檐口灯和窗帘灯相似，其区别主要在于安装位置的不同，当其直接安装于窗户上方时，在夜晚可以用做窗户采光照明，降低镜子的黑光效应或消除眩光。
- 荧光灯盘：可嵌入式、直接或悬吊安装。为降低成本，常见的荧光灯盘的标准尺寸为 600mm×600mm 和 600mm×1 200mm。同时该类灯具可配合不同形式的透光罩或格栅柔化光线，降低眩光，这在使用计算机显示屏和 VDT（视觉显示终端）的房间中尤其重要。考虑到顶面的整体性，它可以和空调风口结合（图 6-28）。
- 悬吊灯具：顾名思义是在顶面下方吊装的灯具。其款

式和光源的种类多种多样（有时还可定制）。考虑空间比例效果，在高约 2 400mm 的房间中，通常的安装高度在餐桌上方大约 750mm 处，并随着房间高度每增加 300mm，安装高度提高 75mm。

- 吸顶灯：紧贴于顶面安装的封闭式灯具。该种类型的灯具多用于浴室、厨房以及一体化的家具中，直接向下提供充足的照明。
- 轨道灯：灯具通常直接夹装在顶面的轨道或线槽上，并且灯具位置可任意调节，产生精确的配光，创造不同的效果，配合空间多功能的需求（图 6-29）。

（3）定制化灯具

定制的建筑照明灯具可用于强调台阶、扶手的安全照明和其他装饰设计元素。如嵌入式的地灯主要用于飞机上、剧场里或台阶上的安全引导照明。

光纤是一类满足定制效果的装饰性灯具（图 6-30）。光纤由一束细长的圆柱形纤维组成，本身并不发光，但它传导光，光线通过光纤传输到另一端形成照明。光纤体小质轻，可隐藏在楼梯扶手或商业展示柜中作为重点照明。也可像冷阴极管一样做出类似的弧度辉光效果。

6.7.2 家具一体化灯具

正如在第 11 章中所讨论的，电气照明系统可以隐藏于家具中，二者可以一体化设计。这种将照明灯具置于

图 6-28 传统 LED 灯上在电子产品中被用作指示灯，它们也被用于室内，作为强调和聚光灯。最新的研究发现允许 LED 作为整个室内空间的一般照明，如培训/演讲室。漫射器可防止灯泡在光泽表面上产生眩光。（图片来源：Cooper 工业公司）

图 6-29 在该展示空间中，采用了精细的线性轨道灯照明了雕塑和图画，光源采用卤钨。（设计：环境室内设计公司；摄影：Robert Thien 于亚特兰大的家居 & 生活馆）

家具内，既照射桌面、又照射顶棚的装置，是一种节能照明装置，桌面的局部照明可以单独灵活控制（图6-31）。悬挂式固定装置可悬挂在家具系统的墙壁上，以提供直接的照明，照明也可以指向向上。如厨房家具中的吊柜，既可以从底部安装灯具照亮下方的工作面，也可以安装于吊柜侧面进行辅助工作照明，甚至还可以像落地灯一样向顶面投射光线以增加环境气氛。

6.7.3　便携式灯具

　　便携式灯具指灯具采用非固定式安装，常见的是台灯和落地灯。它是最古老的室内电气照明的灯具形式，可在住宅或公共空间中采用，不仅有局部照明功能，往

图 6-30　室内空间中采用了装饰型光纤产生星空般的效果，其中光纤产品由 Swaro 水晶建筑照明公司提供。（图片来源：Starfire 照明公司）

图 6-31　连接到开放式办公系统的柜下照明为各个工作台提供任务照明。（图片来源：Herman Miller，Inc. 公司）

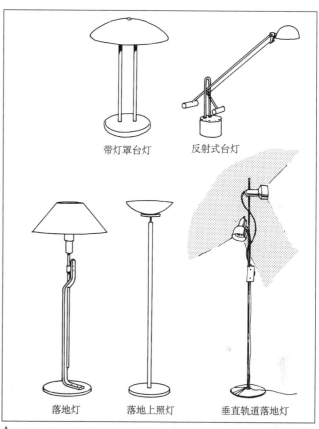

A

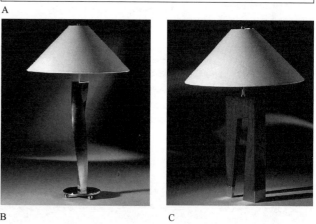

B　　　　　　　　　　C

图 6-32　A 为常见的几款可移式灯具；B 为"新螺旋"台灯；C 为"金属块"台灯。（图片来源：HRS 设计公司）

往还会塑造小空间的装饰性气氛（图6-32）。

6.8 各类型空间的照明设计

选择和布置合适的灯具是一个复杂的过程，下面给出的是特定区域照明设计的常规引导。

大堂和入口区域的风格，往往奠定了室内设计的整体基调，照明在其中扮演了重要的角色。在白天，该区域应当保证充足的照明，以方便人们从明亮的室外过渡到较暗的室内；在晚上，照度需要稍微低一些，为重点照明提供一定的背景照度，但至少要保证视觉所需的基本照度。当然接待台会设计得比周围亮一些，以引导人流。入口区域通常也是设计出戏剧化照明效果的理想之地，可以用灯光强调陈设艺术品。

等候室和起居室内一般会采用柔和的背景照明，并在局部加以重点照明，要达到这样的效果，往往将间接照明和直接照明两种方式进行组合，但需注意，过度的间接照明会失去设计重点，所以会通过布置精心挑选的便携式灯具以突出房间的视觉焦点，创造出

舒适的感觉。

对于会议室和餐厅，在其桌面区域周围应得到多功能的照明，以满足不同的功能要求。一般照明提供的背景照度较低，通过调光器控制，可以创造不同的室内气氛，甚至降低到一定程度来满足视听演示的要求。在住宅和餐馆中，创造性地运用重点照明，可以避免平淡的照明效果，创造视觉兴趣点，如同采用烛光可以更好地表现皮肤的色调，创造浪漫气氛一样（图6-33、图6-34）。

在办公室、图书馆和学校内要求采用一般照明。使用计算机的地方，来自于上方的灯光应当被恰当地漫射开，以防止眩光，采用配备了双抛物面遮光格栅的荧光灯具特别好的效果。在学习和工作区域作业照明也是基本的配备。

家庭娱乐室中，会进行各种活动，因此需要灵活的照明设计。可采用一般照明提供基本照度，并在局部活动区增加作业照明。当看电视或工作时，电视机或电脑屏幕本身就可以反射光线，有效构成照明环境，所以可以将照明调暗到一定水平，以降低照度对比，避免产生眩光。

工作室、厨房、教室和器材室等，需要安全、高效

图6-33 在这间餐厅里，一盏Holly Hunt枝形吊灯包括仿真蜡烛，把这些"空心蜡烛"并通电，看起来就像燃烧的蜡烛。钢盘隐藏了布线和作为桌上工作照明的筒灯，照明重点突出了艺术。所有光源都是可调光，悬挂在天花板轨道上的扁平亚麻窗帘可以调整，以便控制阳光或保护隐私。（设计师：Pineapple House；摄影：Emily Followill）

图 6-34　这是纽约的一家日式餐厅，综合运用了多种照明设计手法：天花处的木装饰条上安装了轨道射灯；装饰型的壁灯、吊灯、灯槽、下射灯和上射灯定义了精心设计的阴阳符号。下射光透过磨砂透光板为吧台台面提供了漫射光。（定制灯具：Adam D. Tihany；建筑／设计：Adam D. Tihany 国际公司；摄影：Peter Paige）

的一般照明。可采用吸顶式灯具、嵌入式灯具、轨道灯等来提供一般照明，消除阴影；同时也会在工作区或壁橱下加设嵌入式灯具或台灯(图6-35)。同会议室相类似，教室有时也会需要调光至低照度水平，以放映幻灯或投影，但必须采用左手采光，即一般人是右手写字，所以必须窗户在左侧，合理利用自然光线，这也是设置黑板位置的前提条件。

卧室里需要舒适的一般照明和合适的作业照明来进行阅读、化妆、工作和其他活动。可以在橱柜上、壁橱里、座椅旁和床头等位置设置直接照明，效果较好；夜晚，需提供较暗的夜灯照明；在挂画或墙面的陈列品上，可以采用重点照明来烘托。

浴室里应当为剃须、梳妆等提供无阴影的照明，可在顶面上布置灯具、在梳妆镜两侧布置灯具或利用浅色台盆的反射光来向上照明。对于普通尺寸的浴室，采用镜前灯就可以了；但对于有浴盆和淋浴的房间，还需要增加一般照明，灯具必须采用密闭防水型的。

楼梯间内需要为安全通道提供一般照明，保证能够看清台阶。可以在楼梯的上下半平台上设置带遮光罩的灯具，避免眩光。

走道通常不建议人们停留，所以提供通行所需的基本照度就可以了，当然也可以通过对艺术品的重点照明创造戏剧性的效果，消除单调的感觉。

夜晚的室外花园、平台、庭院、道路的照明可以增加视觉舒适度。这在住宅、商业和教育建筑中已经很平常了。而且，室外照明将室内的灯光延伸至了室外环境中，这样，从室内向外看时，室内外亮度差得到了平衡，减轻了黑玻璃效应（参见图3-3）。

这些用于室外具有防尘和防雨功能的灯具，不仅可以配置在挑檐下方或外墙面上，还经常会用它们来装饰花园中的重要区域。通过外露的或者暗藏的安装方式，将灯光向上、向下或从多个方向投射到树木、植被、花

图6-35 这是一间当代的厨房。照明设计除了满足了功能性要求，还创造了视觉兴趣点。在厚的玻璃吊柜前，采用了线型低压轨道灯提供作业照明。（设计：Steven J. Livingston；摄影：Ellen Perlson）

图6-36 这里采用了设计风格独特的灯具将人们吸引进来。灯具由彩色玻璃制作，采用了太阳能供电的荧光灯管。（建筑设计：Michael Reynolds；摄影：Philip A. Jones）

园中的雕像、喷水池、露台、凉亭，以及其他一些花园景点中，以此来创造一种视觉享受。当然，室外照明的入口通常被设计成视觉的焦点（图6-36）。

6.9 强电与弱电系统

与灯具的选择和布置密切相关的是强电系统（包括电灯开关和电源插座）和弱电系统（包括电话、对讲机和内部计算机连接）的选择和布置。与所有建筑系统一样，照明、强电和弱电的符号是标准化的，图6-37表示了最常用的符号。

照明、强电和弱电系统通常会采用以下形式在图纸上表示出来：

（1）照明平面布置图：标识了灯具的位置和型号以及开关的位置。

（2）电气平面布置图：标识了强电、弱电和插座的位置。

（3）吊顶平面图（顶面布置图）（天花板反射平面图）：与照明平面布置图类似，主要用于商业照明设计中，标识了HVAC系统（供暖、通风及空气调节）和应急照明系统的位置，以及顶面的材料和高度（图6-38）。

当然，对于一些小型项目，可将上面第一和第二点所示的平面合并成一张（图6-39）。

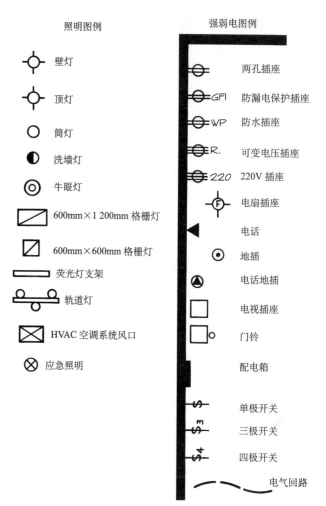

图 6-37 照明、强电和弱电设计的常用图例

照明图例
- 壁灯
- 顶灯
- 筒灯
- 洗墙灯
- 牛眼灯
- 600mm×1 200mm 格栅灯
- 600mm×600mm 格栅灯
- 荧光灯支架
- 轨道灯
- HVAC 空调系统风口
- 应急照明

强弱电图例
- 两孔插座
- GFI 防漏电保护插座
- WP 防水插座
- R. 可变电压插座
- 220 220V 插座
- F 电扇插座
- 电话
- 地插
- 电话地插
- 电视插座
- 门铃
- 配电箱
- 单极开关
- 三极开关
- 四极开关
- 电气回路

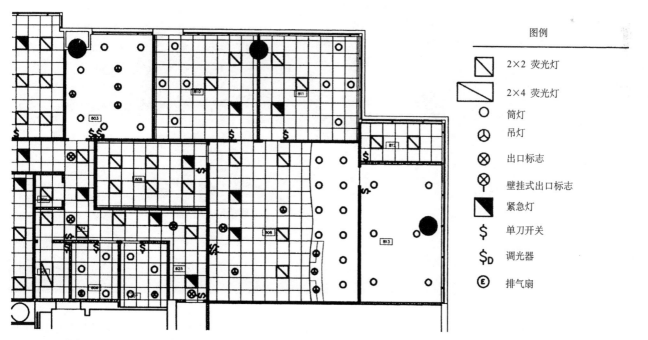

图 6-38 天花板反射平面图（RCP）的局部视图显示照明、应急照明、开关位置和天花板材料的变化。（设计师：Katherine M. Hill）

图例
- 2×2 荧光灯
- 2×4 荧光灯
- 筒灯
- 吊灯
- 出口标志
- 壁挂式出口标志
- 紧急灯
- 单刀开关
- 调光器
- 排气扇

在商业建筑中，可以安装架空地板系统来容纳复杂的强弱电系统。地板被抬高了15~30cm后，布线网络可以隐藏在地板下面。架空地板系统可以直接是工业外观的成品地板材料（图6-40A），也可以铺上块毯（图6-40B）。架空地板系统的先进性在于其易维护性和变化的灵活性（如果在活动地板上安装地毯，这些好处就没有了）。地面安装架空地板后，地坪会存在高差，为符合残障人士使用需求，需要设置坡道。

6.9.1 开关

每个房间至少需要一个电灯开关。该开关可以控制顶灯或为便携式灯具的插座提供电力。

开关通常放置在门锁旁离地面1 300mm高的位置。在走廊的两端和楼梯的上下半平台都需要安置开关。当采用作业照明时，开关的位置通常设置在作业区附近，而不是在入口处。如浴缸边应设置触手可及的全屋开关，以便不用起身而方便实用。采用调光开关，可以有效调节白炽灯，但调光时光色会发生变化（普通的调光开关不能直接用于

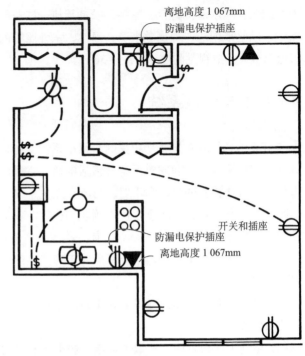

图6-39　电气照明平面布置图，表示了灯具、插座和开关的位置以及回路设计，这可以帮助室内设计师决定家具的布置。

A

B

图6-40　A为凸起的地板掩盖了会议区域下的电缆。金属坡道和平面地板作为设计元素被暴露出来。B为表示地毯下的地板和电缆。整个会议室都使用了带防滑槽的地砖，以隐藏金属凸起的地板，方便进入。

调节荧光灯)。采用调光控制,可以为空间提供多级的灯光场景控制,创造合适的氛围,节约能源,延长光源寿命。

一个开关可以控制单个插座、一系列插座、单个灯具或一系列灯具。单开关系统在技术上称为单极开关。在此系统上添加第二个开关,需要将名称更改为三向开关;添加第三个开关则要将名称更改为四向开关,依此类推。术语"双向开关"是不存在的。请注意,由开关系统供电的插座和灯具的数量与开关的实际数量或它们各自的术语无关(图6-39)。

一个空间中可能需要多个开关系统。例如,一个开关用于照明供电,另一个开关用于吊扇,第三个开关用于开关一系列房间另一排的灯具。这些开关如果理想地组合在一个面板中,则被称为组合开关。

在安装开关时,设计者需要清楚地告知哪些开关控制哪些灯具系列或插座,这一点在商业空间中尤为重要。一系列组合开关应该以某种明显的顺序操作灯具。例如,离门最近的开关应该控制离门最近的灯具。

6.9.2 插座

在美国,一般常见的电气插座采用两孔的,主要适用于120V的电压;在中国,主要适用于220V的电压。一些高功率设备,例如复印机,通常需要特殊的插座,并采用独立的电气回路。

靠近水源(像浴室或厨房水槽等)的和所有室外插座必须具有接地保护(GFI),室外插座还必须配备防水罩。对于像电动剃须刀等110V的电气设备,就需要配备110V的电源插座。

在室内空间中,针对各种不同的活动,需要配备大量的插座。在厨房间、设备区和浴室内,插座的设置应当便于电脑和其他设备的连接。当房间的功能确定下来了,就可以根据当地的设计规范确定插座的位置。通常,在从门到落地窗的墙面上,每隔2m安放一个插座,对于危险环境,则可以间距大一些。一般在无障碍空间中,插座布置在距地面30cm的高度上,当然,也可以根据需要布置在其他高度上。

6.9.3 弱电系统

技术的进步扩展弱电系统依赖于技术的进步,以前弱电是相对简单的系统,仅限于电话线。现在商业设计和住宅设计中,弱电系统的组成部分包括以下内容:

- 对讲机系统,可能包括低频音的衰减,或白噪声系统(如第5章所讨论的),或允许在全屋听到音乐或门铃声。零售、医疗设施和教育机构还需要完善的内部通信系统。

- 计算机内部网络系统,有时被称为内联网系统。基于内部计算机之间的网络连接,可以在无需使用互联网的情况下实现组织内部软件和数据的共享,以及文件的打印。

- 电话系统,尽管手机的使用范围很广,但固定电话系统仍然是标准配置。电话系统还用来进行传真通信以及DSL和拨号网络连接。

- 互联网系统,互联网的连接因公司和位置而异。有些人仍然可以使用拨号互联网连接(理想情况是在单独的专用电话线上);如前面所述,其他人可能会使用DSL。还有一些人可能会使用电缆/光纤甚至无线通讯网络连接或商业级改装。在使用无线通讯连接时,仍需要与无线路由器的电源和互联网连接。

- 有线电视系统,在住宅和商业设计中,有线电视系统提供娱乐、商业报道、新闻和信息,有时还提供互联网连接。

- 卫星电视系统,住宅和商业客户可能需要卫星连接来进行商务或娱乐。

弱电插座的位置类似于强电插座的位置,通常为离地300mm高处;为办公桌和床头柜服务的插座位置最好在工作台面高度以上。室内装修或翻新时多安几个额外的插座比以后再增加插座更符合成本效益(图6-41)。

6.9.4 照明控制系统

随着照明智能控制技术和物联网技术的不断发展,室内空间开始运用更多的智能照明控制技术(图6-42)。起初只是在酒店客房、会议室、多功能厅里应用,通过预设开启不同灯具组合的场景照明,瞬间切换,方便使用。例如,在酒店多功能厅里,灯具种类多达数十种,可以预设置准备、会议、宴会、演出、休息等不同的灯光场景模式。在前文提到的LEED标准中,对自然光和人工光的组合应用,对照明控制系统的采用,都可以提高节能效果,从而在LEED等级的评定中加分。

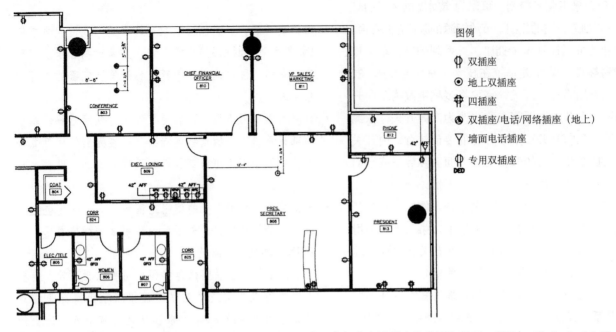

图 6-41　在与图 6-38 相同的项目中，通信计划的部分视图表示电气和电话插座的位置和类型。（设计：Katherine M. Hayes）

图例

⊕ 双插座
⊙ 地上双插座
⊞ 四插座
⊕ 双插座/电话/网络插座（地上）
▽ 墙面电话插座
⊕ 专用双插座
DED

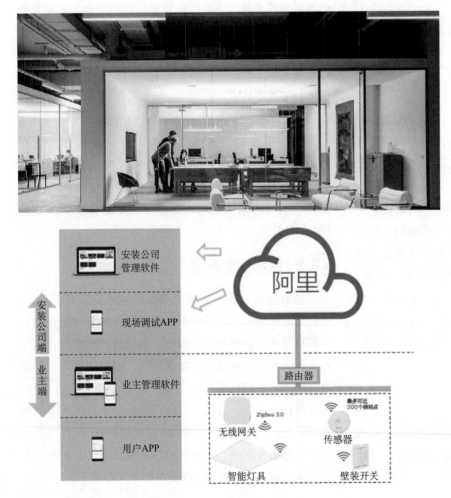

图 6-42　飞利浦提供的智能无线互联照明系统应用和架构图，采用 Zigbee 技术，无需重新布置控制线路，就可以实现智慧无线空间。除了现场的场景面板控制，还可以通过阿里云的连接，实现电脑和手机的直接控制和操作，以及数据分析。

近年来随着智能家居、智能建筑技术的不断完善，无线技术、人工智能技术、物联网技术的发展，各种新的应用不断涌现。

6.10　照明、强电和弱电的设计指南

照明、强电和弱电设计一方面需要设计者对设计与相关法规进行强有力的监督。另一方面，设计师必须保持警惕，确保各个系统及其部件不会干扰关键的设计问题，比如不会在设计后期发现要移动一个放在展示墙中央的空调控制面板。以下准则是必不可少的：

- 电气工程师会确定设置灯具和插座的电路数量，设计师仅需指定灯具和插座的风格、位置和数量。
- 设计师必须保证 HVAC 系统和管道系统不影响关键灯具和插座的布置，有时，可能会因为实用性和经济原因采取折中的方法。
- 照明设计需要专业的设计支持。小型的住宅项目，电气工程师就可以协作完成；但是大型的商业项目通常需要聘请专业的照明设计师和设计顾问来准确地把握照明效果。
- 所有的电气元件必须符合地区、省和国家的相应标准。
- 照明设计软件可以帮助设计师确定照明效果。

- 对照明难题创造性的解决方案需要深度研究，并划分空间区别对待（图 6-43）。

灯具、固装照明系统，以及相关的强弱电系统的经济和节能使用在可持续发展的环境中非常重要。下面的一些指导方针有助于节约能源：

- 照明应当满足相应的功能要求。例如厨房的操作台和写字台上的照明要求会比周围的非工作区域更亮。
- 调光设备在调节照度水平、延长光源寿命和节能要求上非常有用。
- 采用多级开关或在每一个出口都安置开关方便于在一个特定的空间内有多路照明需要控制。三向开关控制的照明也是由于空间内有多路照明需要控制。
- 有时采用可调节位置或投射方向的灯具不失为明智之举。例如，轨道射灯有很大的灵活性，可以调节其投射的方向和角度。
- 反射灯泡主要用于重点照明和作业照明。在需要强烈的会聚光束的区域，可选用低压聚光灯。
- 必须选取光效高的光源。随光源功率和颜色的不同，光源的光效差别很大。例如，与白炽灯相比，荧光灯大约可以节约80%的电能，产生5～30倍的光输出，寿命长约20倍。因此，通常会在商业空间中采用荧

图 6-43　这个住宅空间位于中国台湾南港，客厅和卧室之间采用了滑动半透明隔断。隔断允许光线渗透到房间，但也提供了隐私。装饰品的照明被隐藏在搁架底板里，不仅增加了色调，还在黑暗的墙壁上提供了温暖的光线。（摄影：Marc Gerritsen ©BUILT Images/Alamy）

光灯。

- 在诸如仓库和地窖等灯具外形不重要的区域，采用具有工业反射器的灯具是一种经济之举。
- 浅色的顶面、墙面、地板和家具可以反射较多的光线，而颜色较深的房间会吸收较多的光线，因此需要更多的照明。
- 灯具上反射器、漫射器和光源保持清洁有助于延长灯具寿命。

本章小结

室内设计师必须了解有关照明的各方面知识，包括光度量、照明质量、选择正确的光源和灯具等。设计师必须将所有这些知识融会贯通，在满足室内空间的功能需求和创造美感之外，更重要的是节约能源。为此，设计师可借助于照度标准、不同表面的反射率、显色指数 CRI、色温、光谱分布和配光曲线等有效参数和手段来完成。

有效地吸收本章中的这些信息，并能够正确地使用，可以创造出非凡的效果。在一些大型项目中，许多室内设计师将照明设计委托给专业的照明顾问，但是，顾问只能协助项目的推进，所设计空间的特性和所需要创造的效果还需要由室内设计师来决定。一般而言，照明设计师必须具备能够顺利完成灯具、强弱电的选择和布置，并绘制相应的平面图与工程师和承建商进行交流的能力。

在以下海滨公寓的翻新设计案例中位于第 III 部分建筑系统中，设计师仔细地整合了定制的细节和照明来改造室内空间。细观本案，特别要注意平面设计和定制化的部分。

空　　间

Space

室内布置家具的时候，我总是在寻找家具之间的相对空间关系。
我对室内配置的家具和室内空余空间同样关注。

——约翰·萨拉迪诺

图 IV-1　装修完成后的房间效果。在这间华丽的卧室中，宽大双人床对面配置了一个相对高耸的大衣橱，这样起到平衡卧室垂直空间的作用，而床头上方的艺术品也提升了空间高度。(Carol Platt 编写的《设计图解》)

在第 3 章中已经讲述过，空间是设计中最重要的元素之一，合理的空间设计决定着室内设计的成功。空间设计首先要保证人们在室内活动的展开。假设室内有精美的织物，亮丽的色彩和舒适的坐具，但是如果人在其中没有足够的空间来活动，这些美丽的陈设就失去了它的作用。本部分的内容突出强调设计师不应仅局限于平面布置，必须立体地组织空间，去分析所有水平和竖向因素，以及它们之间的过渡空间。关键是学习从三维角度来理解和观察空间设计（图 IV-1、图 IV-2、图 IV-3）。

在设计领域，家具的摆放和功能布局是空间设计的一部分。如第 1 章中讨论的，在公共建筑环境里，公共建筑室内设计师可能需要数天、数周甚至数月与客户合作来确定空间关系和限制性。在住宅环境中，设计师同样需要和建筑师及施工人员一起研究房间的形状和尺寸以满足客户的需求。如果住宅已经建成，设计师必须巧妙地选择和放置家具以最有效地利用空间，正如附图的海滨公寓设计案例中所见，一些隔墙可能需要重新调整。通常，设计师越早参与到项目设计团队之中，设计解决方案越相对容易成功。

造型与空间

设计师创造的空间分为实、虚两个部分。实空间是指家具物件所占据的部分，虚空间指的是家具之间的空余部分，如室内通道是常见的虚空间，它们便于人们在其间活动（图 IV-4）。对于宾馆大堂就需要大量的虚空间，以适用于各种活动和大量人群的聚散。而饭店的餐厅

透视图：立体空间，三维图形

平面图：水平布置，二维图形　　　　立面图：竖向布置，二维图形

图 IV-2　本组图显示了室内设计从平面到立面再到三维的形成过程。（Carol Platt 编写的《设计图解》）

需要较少的虚空间，因为人们在其中流动相对较少。无论什么情形，行走通道都不能干扰聚合交流的组团空间（图 IV-5）。所以设计中要考虑空间调整，就是各种家具及其陈设的摆放位置和高度对于空间的配合。但是，随着社会的不断发展、居住观念的改变、生活方式的变化、建筑房型平面设计不断优化等因素，家具与空间的配置关系也在不断变化，如从最初居室平面布置所讲的家具填充系数到现在房间立体的家具填充率的研究就反映了从平面到空间立体的认识提高。这种拥挤感、舒适感和空旷感没有一定的标准，但有些研究成果是可以借鉴到设计中的。

同时，装饰较少的房间往往比过度装饰的房间更具吸引力。研究表明，过度拥挤的空间会给居住者的心理带来负面效应，而组团空间之间的一些空白区域有助于营造整洁的效果，局部的开放空间或开阔的角落会改善房间品质，并给使用者提供放松的氛围。另外，一个完全无装饰的房间是简单而缺少魅力的。因此，我们要避免过度装饰和无装饰的两种极端情况。

空间设计

在很多情况下，尤其是在住宅设计时，客户购买了房屋后通过室内设计师的工作，使已有空间符合他们的需求。例如，当客户仅仅关

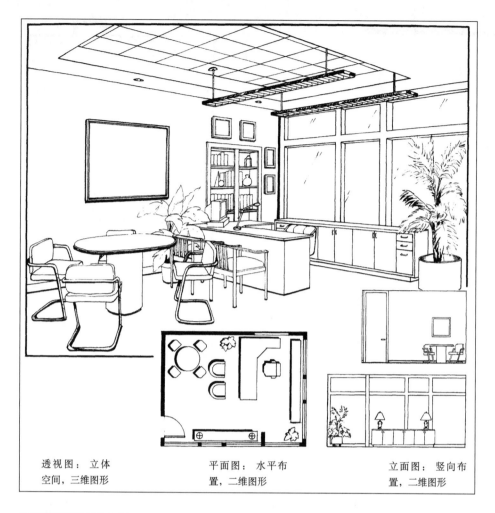

透视图：立体   平面图：水平布   立面图：竖向布
空间，三维图形   置，二维图形   置，二维图形

图Ⅳ-3　本组图显示了从平面图、立面图到透视图的构成情况。照片展示了完成的房间透视效果。这是一间典型的董事长办公室布置，其中一系列的书架平衡了潮水般涌进来的窗外自然光。（建筑师 / 设计师：Flad& Associates；摄影：© Norman McGrath.；室内设计图纸：Carol Platt）

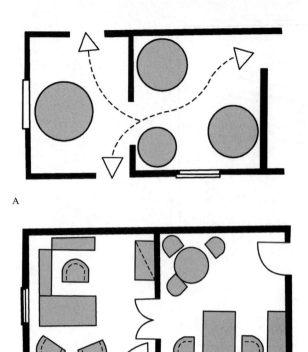

A

B

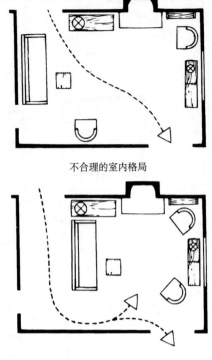

不合理的室内格局

合理的室内格局

图Ⅳ-4 本组图中，虚空间已经被留出来，供交通流线使用。图A虚线所表示的是用于交通的虚空间，而图B强调的是家具组合而成的实空间。

图Ⅳ-5 合理的家具布置可以疏导室内空间

注住宅的某种风格样式而没有认识到功能布局的重要性时，他们会把整个预算资金投入到视觉效果上，甚至会选择环保和质量不达到住宅和健康标准的装饰产品。这样，虽然外观具有美学吸引力，但是身处其中的内部空间仍然是尴尬的家具布置和平庸的空间氛围，得不到真正居住或工作质量的提高。所以，设计师需要通过巧妙的家具摆放、材料搭配、软装布置或移动式照明来改变房间的室内环境。在公共建筑项目中，尤其是一些投资大的大型项目，客户通常会选择专业的设计团队参与整体的设计，这样不仅关注于室内的风格样式，从而也可

以避免上述错误的产生。

另一种思路或方法是从内到外来设计住宅或办公室，对很多客户来说，这需要改变思维模式。客户在选好住宅或建设之前就与设计师签好合同，与设计师一起分析空间需求，设计师将协助客户选定合适的建筑空间或住宅户型，甚至可以根据客户的需求和投资定制设计一幢新的建筑。

下面的章节将继续讨论这种从内到外的空间设计方法。家具将作为活动区域的一部分来考虑，由此在房间内活动区域就形成组团设计。这样房间按功能分区组合在一起，从而形成室内环境的不同功能区域

范围。这个过程中强调对空间竖向特征的关注，切记要以体量来设计室内空间，不是仅仅关注平面设计。

面积计算

室内设计师必须能够计算出各空间区域的面积，客户往往希望知道他们家中真正有多少可利用空间。

公共建筑客户必须知道可利用空间的面积指标，因为租金是根据面积来计算的，美国设计师在做设计时遵循的一句话是"办公建筑的租金是按每平方厘米计算的"，所以要精细化设计。下表中的信息可应用于大多数情况，以帮助计算面积。

第7章

空间设计：从家具到房间

图 7-1　在这个迎宾区，一套现代的交流用家具被放置在会议室和休息区域之外。旋转门可以在公司主要的活动期间打开以满足空间需要，或者在会议时关闭起来。顶面的投影仪可以向多种规模的组团进行多媒体演示。(Gandy Peace/ 设计师：William B. Peace, ASID)

宜居的室内必须满足使用者的需求。室内设计的目标正如第 1 章中所讨论的，包括功能、人的因素、美学、经济性和生态化，这些目标必须在空间设计中实施。经济性和功能决定了空间需求，然后才是材料、家具和软装的确定（图 7-1）。

7.1　空间规划的前期

7.1.1　经济投入

无论客户是在寻找新的办公空间或是新家，建筑和家具都可能是他们将要进行的最昂贵的投资，他们希望花出去的每一分钱都能获得最大的价值回报。设计师要研究成本，并详细了解可用预算、客户需求、所需材料和配件、供货周期、建筑限制和相关标准等。相对固定的成本取决于许多因素：材料尺度、构造情况、地理位置、特定构造、体积或体量（空间的高度、深度和宽度的三维尺度）、特殊结构特征（例如：抬高的天花板、有角度的或弧形的空间、定制的窗户和门，以及由于增加吊灯而引起的构造加强等）、以及当地劳动力成本等。单位面积的平均建筑成本（不包括土地价格）取决于建筑所在的区域，因为各地消费水平、预算定额等不一样。确定建筑成本的一个很好的依据是当地工程预算机构的成本指标，当然成本也与家具的选择有关。如价廉物美的沙发可能花费 1200 美元，而精心定制的软垫沙发的价格可能达到数千美元，所以设计师必须确定在客户预算范围内的选配家具。但必须承认，决定因素是产品的质量，而不一定是价格。例如，如果客户买不起优质产品，最好等有购买力时再配置；如果在空间中设计和选择廉价、低质量的家具必然导致客户对最终效果的不满意，从而认为设计师当初的设计解决方案是糟糕的。所以说，与充满房间的廉价替代品相比，拥有几件适合空间、质量好的家具更好一些。

相关链接：

成本估算资源与计算器：www.get-a-quote.net/quickcalc

有关成本估算的专有网站：http://architecture.about.com/od/buildingcosts/Building_Cost_Estimators.htm

7.1.2　功能和人的因素

设计师在最初与客户接触过程中，需要询问大量的问题，以便决定室内的功能、客户的风格倾向以及空间需求。所以，为住宅客户服务的设计师应该首先完成一份居住者的信息调研，并分析客户生活习惯，而公共建筑的项目则应组织与公司管理者和某些员工的谈话（附录 A 是一份典型的初始住宅需求问卷）。设计师只有理解客户错综复杂的需求，才能为空间布局做出合适的设计。如第 2 章所述，空间设计的要求因客户的生理以及心理和文化背景而异。设计师必须能够在特定情况下应用人体工程学数据，以及美国残疾人法案、通用设计标准规范等年龄和特定需要的法规要求，以此提供满足客户需求的最佳解决方案。所以，设计师需要始终培养他们的直觉，以考虑文化氛围和个人价值取向。在继续本章之前，可能需要复习一遍第 2 章。

7.1.3　家具尺度规划

一旦确定了功能并评估了每个客户的个人需求，设计师就开始规划满足客户需求的空间。为了实现这一目标，设计师还要掌握家具实际尺寸，以及在空间内移动或者搬家时物件所需的间隙，有些住宅会出现床垫或沙发无法通过楼梯，大型装饰构件无法从电梯运输等状况。研究经常参考表 7-1 和表 7-2。

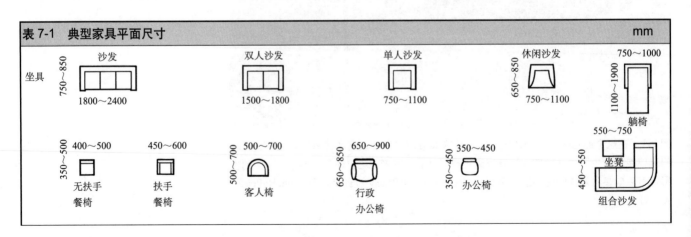

表 7-1　典型家具平面尺寸　　　　　　　　　　　　　　　　　　　　mm

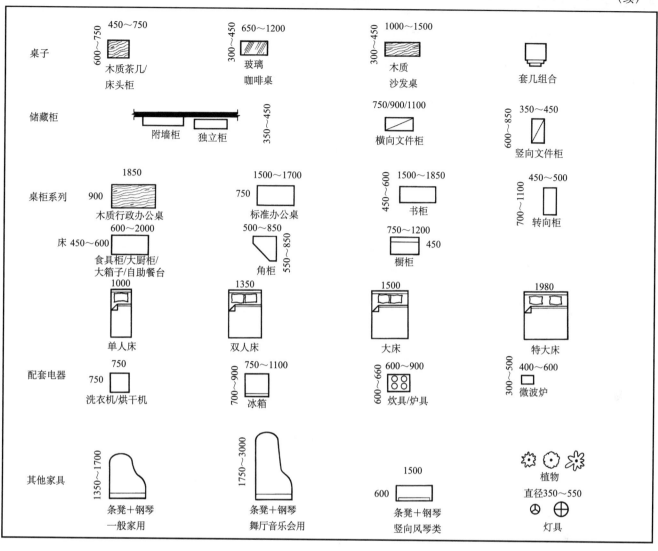

表 7-2　标准家具高度和深度	mm
高度	**深度**
椅面：460	厨柜地柜：600（深度）×900（高度）
茶几：接近沙发扶手高度	厨柜吊柜：300（深度）×600～900（高度）
沙发扶手：根据沙发风格不同	操作台与吊柜间距：400～500
办公桌：750～900	浴室柜台面：550（深度）×700～900（高度）
键盘：650～700（坐下时肘部高度）	书架：200～450
桌子：700～800	

确定了家具（实空间）后，设计师就会分析主要和次要交通通道所需的间隙（虚空间）。虚空间要求参考表7-3。

7.2　特定活动空间设计

在室内设计中，基本上有八类特定活动，并形成相应的功能区域。表7-4显示了上述八类功能区域在公共建筑和居住环境中的用途及尺度。理解了每一个区域对空间的要求，设计师才能进行整个房间的空间规划。

为了使设计更加完善，设计师需要与建筑师、施工方一起合作，以确定空间尺寸。公共建筑和居住环境中特定的功能和空间要求是相似的，但是公共建筑环境尤其需要更宽的通道。前面的"面积计算"中的相关信息，也会对确定面积大小有所帮助。

表7-3 空间尺度需求

活动路径		桌子或钢琴前与座椅空间	900	双人床之间	450~700
主要商业通道	1500≤	餐厅或会议空间		桌子抽屉出入区域	900
主要住宅通道	1200~1500	使用中的座椅需要空间	450~600	衣柜前	1200
次要商业通道	900~1500	进出座椅需要空间	550~900		
次要住宅通道	450~1200	需协助进入的座椅空间	1400	食品准备区	
最小公共通道	800（通道距离<600）	围绕餐桌及座椅的空间	450~600	备餐空间	900~1850
单向通道	900<			餐厅间台面	900~1500
双向通道	1500<	办公空间		厨房设备后部流通空间	900~1500
转弯	1100<	办公桌与书柜间	1100~1200		
轮椅转弯	1500（直径）	档案柜之前空间	750~900	盥洗空间	
		办公桌前与客户座椅之间	1100~1200	浴缸前空间	750~1100
舒适区域空间				座便器前空间	450~600
沙发与座椅、咖啡桌之间	300~400	休息区		座便器侧空间	300~450
座椅前腿脚舒适活动空间	450~800	铺床区	450~600	固定洁具前空间	750~900

（右上角标注：mm）

表7-4 在商业和住宅空间中的典型／特定活动区域

典型／特定活动	商业用途	居住用途
交谈区域	宾馆和医疗机构大厅 早餐厅 接待厅	起居室 家庭室 卧室
就餐、会议、讲座	饭店 宾馆舞厅 公司办公室 演讲厅 自助餐厅 教室	餐厅 早餐室
视频、电视观看和演讲	宾馆和医疗机构大厅 行政或职员办公室 教室 等待室 早餐室 宾馆客房 会议室 病房	起居室 家庭室 卧室 影音室
办工、学习和信息处理	设计合同约定的所有区域	家庭办公室 图书馆 书房 儿童房
睡眠	宾馆客房 健康护理病房 总裁套房	卧室 客卧
储藏	设计合同约定的所有区域	住宅内所有区域
准备食物	饭店 宾馆 医院 自助餐厅	厨房
卫生间	设计合同约定的所有区域	卫生间

7.2.1 交流区

　　无论是公共建筑还是居住环境中，交流区都提供了必要的沟通空间。交流区与交通流线不同，需要足够的空间便于人们进入该区域。彼此间交谈距离最远不能超过3m，通常1.8~2.4m是最为理想距离。图7-2说明了六种基本的交谈区域组合形式。

　　（1）直线型虽然不利于隐秘的交谈，但是适合在等候区等公共场合设置。

　　（2）L型非常有利于交谈，并且适合大小不同的空间。

　　（3）内U型因为它有足够的围合空间，是非常舒适并且吸引人的。L型和U型都可以在大型的酒店、医院或者办公楼的门厅重复使用。

　　（4）回字型适合在空间充足的地方，但入口要留出足够的空间以提供吸引人流。

　　（5）Ⅱ型是一种令人愉快的交谈组合方式，平行的方式强调一个现有的室内焦点，诸如壁炉或者有特色的墙壁等。

　　（6）C型这种方式将环绕整个房间，因为它有围合起来的坐具，所以这样的安排很有吸引力。

　　一旦家具组合确定后，设计师就能确定房间的大小（图7-3）。当然，还要考虑房间内其他的功能，或者特殊的艺术装饰，这些都需要再适当增加房间面积。

7.2.2 就餐、会议和讲座区

　　设计师需要了解就餐、会议和讲座区域内要容纳多少人。为2~6位客人准备的空间和为2~6对夫妇准备的空间是完全不同的，而为200位客人准备的空间对人体尺度的要求更为敏感。设计的目的是在考虑可能容纳所有人的空间的同时，也要照顾到当实际较少人使用时，也不会觉得空而无物。

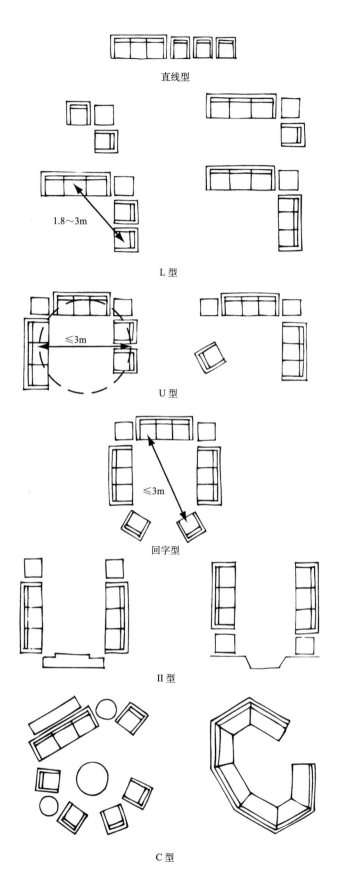

直线型

1.8～3m

L 型

≤3m

U 型

≤3m

回字型

Ⅱ 型

C 型

图 7-2　六种基本的交流区域及组合形式

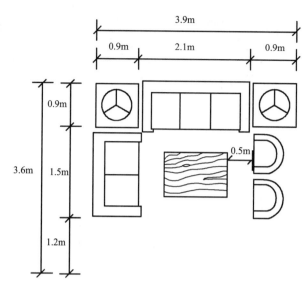

图 7-3　如果选择了一个 7 人座谈的 U 型组合，设计师需要计算周边尺寸，从而决定房间的大小。这个空间至少需要 3.6m×3.9m。

会议桌或者餐桌可以是圆的、方的、矩形的、椭圆形或者船形的，会议桌的形式是根据客户的需要而个性化布置的（图 7-4）。现在有些会议室也是灵活使用，不同会议配置不同的会议桌，这样也可以减少采购费用。

图 7-4　定制的方形餐桌设计可舒适地容纳 8 人。请注意，椅子的扶手可以遮挡桌子的底部。（设计师：Linda Seeger 室内设计公司；图片提供：© Pam Singleton，LLC）

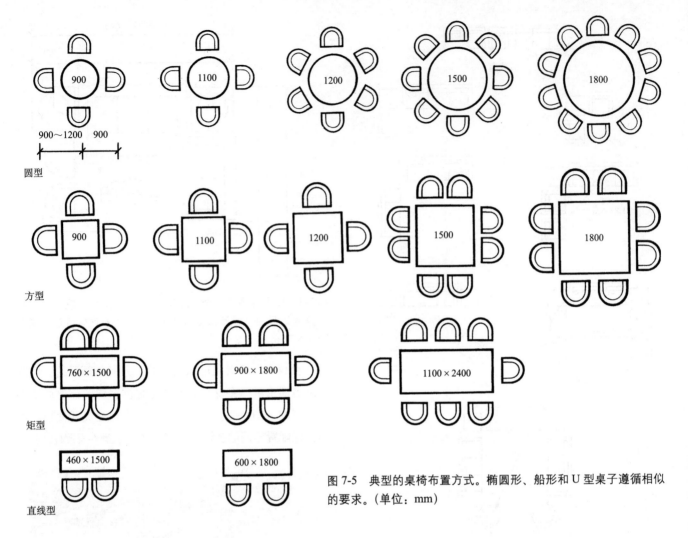

图 7-5 典型的桌椅布置方式。椭圆形、船形和 U 型桌子遵循相似的要求。（单位：mm）

每一位使用者座椅的前部大概需要 60～80cm 的桌面空间用来摆放餐具或会议文件，而在桌子和墙之间应留出 0.9～1.2m 的距离。图 7-5 列举了有代表性的布置方式。

确定会议室和餐厅面积大小的过程和决定交流区域面积的过程是一致的（图 7-6），当桌子被组合在一起时，例如在餐厅或咖啡厅里，它们的空间至少留出 1.1m 的间距。服务区和贮藏室是需要另外安排的附加空间。并且，在会议室和教室里有时还需要有讲台区。

7.2.3 电视、DVD、视频观看和演讲区

多媒体观赏已成为日常工作和家庭环境的重要组成部分。多媒体中心由于受到音响的技术限制，通常是定制设计，以适应立体声设备、DVD、计算机和电视，包括高清电视设备等配置要求。

同时根据屏幕的尺寸，观看电视的距离在 1.8～3.6m

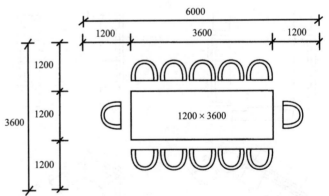

图 7-6 如果房间里考虑安排 12 位客人，设计师首先要确定桌子的最小尺寸：每个人需要 600～780mm 桌面宽度（取决于所需要的椅子的尺寸），然后两端再加上 300～450mm 间距，纵向椅子和交通通道的尺寸也要填加，最终这个房间尺寸至少需要 3600mm×6000mm。（单位：mm）

之间最合适。对面可直截了当的考虑 L 型家具布置和 U 型家具布置。如果选择了平行的组合，而视频中心不在

图 7-7

图 7-8

图 7-7 和图 7-8 在这间起居室里，电视机被巧妙地隐藏到放置于壁炉架上的折叠镜后面。（设计：Lovick Design；摄影：Martin Fine）

焦点位置，视野会有一定影响（图 7-7、图 7-8）。

在办公室中，电子设备也可以被隐藏；教室可能需要定制安装系统或便携式推车；当电视机用于大厅，休息室或候诊室时，视频、电视区域应与交流区域分开。

在会议室，投影屏幕应放置在房间的窄边墙壁上。用于滚动播放或有卫星接收器的投影仪可隐藏在天花板中，而相关设备需要放置在另一间房中，并设计观察窗。椅子应设置脚轮，以便在演示过程中轻松移动以适应观看角度变化。

7.2.4 办公、学习和信息处理区

从医疗保健到酒店的所有公共建筑设计领域都离不开办公空间，甚至家庭办公也成为现在的趋势之一，当然由于脱离群体生活的原因社会上对家庭办公有不同的观点。

住宅和公共建筑设计师必须具备办公室设计的基本知识。通常，最有效的工作空间是桌面、键盘抽屉和书柜的组合，如图 7-9 所示，这样可以在桌面上留出不同功能的工作空间。随着笔记本电脑继续进入市场，键盘托盘将变得过时，但办公空间离不开搁架、客人椅、文件柜、存储空间或会议区（图 7-10）。

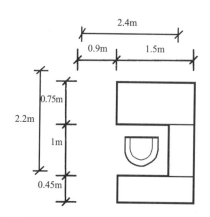

图 7-9 计算典型办公室布置所需的空间，需要绘制家具的位置及尺寸，留出交通通道，然后把所有尺寸加起来。所需的整体最小尺寸是 2.4m×2.2m 或 5.4m²。

7.2.5 睡眠区

无论设计主卧套间还是旅馆客房，设计师都需理解休息区的空间要求。卧室不仅仅是标准床的大小，还有床体移动及客人出入卧室的交通流线（图 7-11）。如果客户要求，则需要为储存和座位区域以及观看电视提供更大的空间。例如在医院设计中，还应分配空间以容纳康复设备、患者个人护理区域，访客和其他移动设备的充足区域；经验表明，对于度假式酒店一般客房面积会大于家庭卧室面积，给客人以舒适感。

图 7-10 在这个商业办公空间中，提供了充足的存储和工作台面。为小范围交流增加了客人座位和会议桌。办公家具来自 Kimball。（摄影：Brian Gassel/tvsdesign）

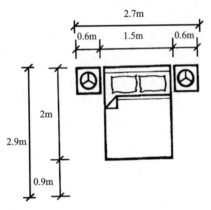

图 7-11 在这张大床区域的平面图中，所需最小的空间是 2.7m×2.9m 或 7.8m²。

7.2.6 储藏区

梳妆台、衣柜、箱子、档案柜和厨架等储藏所需各种尺寸在表 7-1 中，在摆放这些家具时，为打开抽屉或柜门应在家具前面站立留出充足的开启空间（通常为 780mm 操作距离，如果下蹲会达到 900mm 操作距离）。橱柜悬挂物品的空间进深需要＞600mm，但为了安全，不引导向高处放置更多的餐具，所以橱柜橱柜厂商会做的比较浅。

7.2.7 备餐区

在住宅设计中，备餐区包括冰箱、水槽、炉灶等操作空间。由于大多数厨房的布局存在建筑局限，厨房设

计细节将在下一章讨论。商用厨房设计是一个非常专业的领域，通常被认为属于工艺流程设计，需要与专业厂商、工程师一起合作。

7.2.8 盥洗区

第 5 章图示说明了典型的卫生间设施符号，表 7-3 列出了最小空间和布局。合理的卫生间布局和厨房一样，是基于建筑格局的，也将在下一章进行讨论。

7.3 特定功能空间设计

一旦确定了每个活动区域的空间需求，设计师就将这些区域放入特定的房间。如第 5 章所述，家具设计会结合透视图或动画演示来辅助说明各空间的不同。家庭或公共建筑空间由于房间内的活动差异很大，每个房间都是分开研究的，但又要有和谐感。

下一节将通过平面图和透视图进行空间演示。

7.3.1 接待区、门厅、入口或门廊

住宅或公共建筑的设计特色首先应该在入口的细节和装修上得到反映。在办公室的接待区域，客户通常设置顾客接待和顾客等待区域，并可以容纳 3～4 位顾客。如果是医院接待区，需要容纳 10 位以上顾客。

接待员提供多种服务，台面物品会较多，所以很多

时候接待员在一个有柜台的桌子后面工作。这使得接待员既可以保持隐私感，又使桌面上的文书不会被等候的客人看到，同时台面上的搁板可以供顾客与接待员交谈时摆放一下物品。搁板通常位于在桌子上方30cm处，或位于地板上方约105cm处。当然，精细化的设计，会提供一个较低区域供坐轮椅的人使用（图7-12）。

走进接待区的顾客应该能够立即和接待员有视线交流。接待区应该和等待区是相连的，但看不到里面的办公室。图7-13展示了一个相对合理的接待区解决方案。

酒店大堂区需要提供许多功能。例如酒店大堂需要足够的空间来布置等候座位，行李、侍者、接待台，礼宾服务和记录薄等；酒店大堂还需要一个视线的焦点，如喷泉或雕塑。有些酒店布局的复杂性超出了本书的范围，但空间需求的基础仍然是相同的。

在住宅设计中，入口有过道功能，但像所有好的设计一样，不应该杂乱无章；轻松的交通流线至关重要；需要设计充足的存储区域以容纳外套、鞋子，拎包等；适合入口的家具包括角架、玄关台、镜子，衣帽架等；许多客户在换鞋时需要长凳或小椅子。

如果前门直接通向客厅，理想的设计是创建一个无障碍的入口，以确定流线，并增强私密性。合适的划分入口的方法是设置内置式或独立式具有储藏功能的隔墙。如果空间足够，就可以设置较厚的储藏隔墙，一侧为外衣提供壁橱空间，另一侧的全部或部分做成开放式的搁架或展示架。储藏隔墙的装饰性和功能性同等重要（图7-14）。

如果空间不允许实体分隔，则屏风隔断（独立式或附加式）可用作分隔部分。在一个小房间里，任何类型

图7-12 在这个商业办公接待空间，一个柜台从桌子悬挑出来，提供了多种可能。（建筑师／设计师：HOK；摄影：Gabriel Benzur）

的分隔都可以使用，家具可以通过将沙发，桌子或椅子转向房间并与门成直角来设置交通方式，从而为交通留下通道（图7-15）。这种装置提供有限的隐私并产生入口的感觉。

图7-13 规划需求：有电话、电脑、键盘和打印机的接待工作区；能坐四个人的等待区；通往会议室的入口；保证办公室的私密性。这个规划有许多优点：客人可以立刻得到接待员的迎接；等待区配置能够适应四位客人需要的设施；有一个可以供客人使用的电话；设置在接待台后面的背景墙上的公司的名称和标志以及对面双人沙发上方的艺术画形成对比；定制的接待台有足够工作区域和文件储藏空间；一株高的植物，门、台灯、桌案和镜子，都有助于与对面的玻璃幕墙相平衡。交谈区需要大约9m²，工作区大概需要6m²，整个房间大概22m²。4.8m×4.5m的房间符合这个客户的要求。硬质铺地划分出入口，并且耐磨，还有一个宜人的比例。地毯面积为3m×4.8m与矩形的黄金比例相一致。

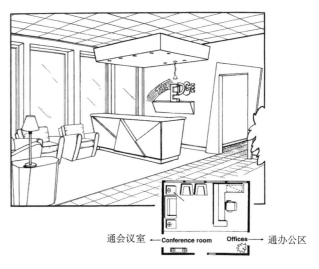

通会议室 ← Conference room　Offices → 通办公区

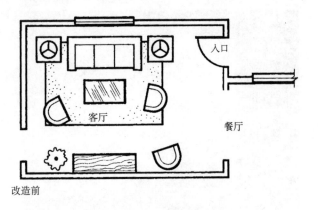

改造前

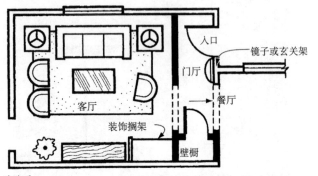

改造后

图 7-14 设计前后入口对比，前门直接进入客厅。之后，增加了一面墙，增加更多的入口隐私区域。壁橱提供必要的存储空间。为方便起见，添加了镜子和架子。家具稍作重新安排，将交流区汇集在一起。在这个计划中，地毯效果更好，椅子腿都集中在地毯区域。

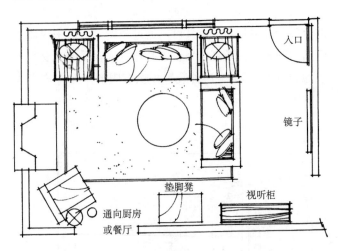

图 7-15 本设计中，设计师将家具与入户门垂直摆放，并且添加了镜子和小桌子，从而在这间住宅内创造了门厅的效果。（设计师：Stephen 和 Kurt Stephen）

7.3.2 起居室和交流区

起居室是家庭基本活动区域，其中交流、视频观赏区域是最常见的，此外还包括阅读、听音乐，写作以及休闲餐饮区域。然而交流区域通常是最重要的，它承担着与各区域联系的功能，是房间的焦点。

在公共建筑室内空间中交流区同样重要，在这里为员工提供了交流与互动的机会。交流区通常会靠近厨房、储藏室、电视、网吧或咖啡台等轻松的地方，以促进相互沟通。交流区也会安排在等候区和迎宾区（图 7-16），可以作为聚会活动的外围空间（图 DS13-7）。对于高层办公楼为了提高使用效率，会将二者合二为一。

在起居室和交流区的主要家具就是座椅。座椅选择前要先确定经常使用房间的人数，其次是座椅舒适性和便捷性。通常固定的座椅没有可移动的沙发和椅子舒适、方便，特别是需要临时调整工作区或需要增加人员的时候，固定摆放的椅子不便移动。因此，最好的选择是各种样式和尺寸的灵活性座椅，以便不同身份、不同性别、不同需要的人各取所需。经验表明，将家具远离房间的墙壁摆放更有利于亲密的交谈空间布置。

会话区域大约需要 $15m^2$、房间大约 $26m^2$，通常 $4.3m×6.0m$ 的房间很适合这类小型客户的需求，这个尺寸也符合黄金比例。

转角或弧形沙发比长而直的沙发更有利于交谈，人们首先会选择沙发中的曲线部分，就像餐厅角落的餐桌最受欢迎一样。

提供多功能座椅布置的另一种解决方案是模块化家具。可以一次购买两个或三个可拼在一起的独立组件，其他的可根据空间和功能的变化在以后添加件数，进行多种方式布置（虽然面料匹配可能会出现问题）。

柔和的光色配以低照度灯光为对话区域增添了亲密感，但是不能过于昏暗，这一方面是有安全照度最低标准的要求，同时人们需要看到与他们交谈的人的特征。有时低悬的灯具有利于强化家具功能并保证环境亮度适宜阅读。

为钢琴寻找在空间中的合适位置通常是一项挑战，因为阳光直射和气候变化会对钢琴使用产生破坏性影响。对于常见的立式钢琴靠近内墙壁即可，但三角钢琴弯曲的一侧不能面向墙壁或角落应该朝向听众，这样当盖子升起时，声音将反射到听众。此外，如图 7-17 所示钢琴家和听众应该能够看到对方。如果温度和光线条件允许，凸窗会为三角钢琴提供美丽的环境，钢琴会成为空间中视觉景观。

在交流区域，桌子的位置是最重要的，桌子要能为

图 7-16 技术中心的交流区。弯曲的家具沿弧形墙面和圆形灯具布置，相对小型和便于移动的座椅起到了组织交通流线的作用，附在椅子上的扶手台用作笔记本或电脑支架，可以记录书写或摆放饮料。（摄影：Brian Gassel/tvsdesign）

图 7-17 项目需求：六人座沙发、三角钢琴和壁炉。设计特点：交流区强化了壁炉的视觉焦点，面向房间的钢琴视觉上平衡了对面的房门，合适的转角方几用于摆放饮料和照明灯具；延长的壁炉台面和配置的艺术品弱化了壁炉的体量，植物不仅软化房间的硬质而且竖向上形成高低起伏的变化，房间里的家具风格样式和尺寸各不相同，可根据需要调整，灯具配以圆形灯罩形成圆形灯光，弱化了方几的硬度，增添了家庭温馨的氛围。

房间内的每个座位使用。每张桌子的比例、形状和高度应与其附近的椅子或沙发的功能、风格和尺寸匹配。沙发前咖啡桌的高度通常为 400mm，放在沙发和椅子扶手旁边的桌子应与扶手的高度接近，这样避免人们将物品从桌子上误碰落地。房间内其他家具布置相对会随意一些。

通常大件家具或墙面装饰是用来平衡空间的。对于面积小的房间，需要将大件放置在最明显的位置，需要仔细设计，与墙面相辅相成。当然房间内家具高度的组合也有一定规律，需要有助于平衡如柱子、窗户、门和壁炉等建筑构件。

有时对称布置可以通过多种方式改善起居环境。同一项目不同空间可以使用一个统一的元素，相互平衡，使各类家具协调一致。一对椅子不仅可以有多种搭配方式，而且为不同的人和不同心情下的另一种选择。如成对摆放用以平衡对面的沙发（参见图7-18A和C），放置在壁炉的两侧，或围绕桌子斜向布置，给人一种亲密的围合感（图7-18B）。对于在空间足够宽裕的情况下，可以使用一对座椅或沙发来代替单人椅子；可以在沙发前放置一对桌子，为标准咖啡桌创造灵活性；两个风格类似的家具摆放在门口或壁炉的两侧可以增强空间效果；成对的灯具，烛台或墙壁配件可以令人愉悦。这种对称布置回避了奇数容易创造视觉焦点的缺陷，提供了视觉转换平和，相对安定闲适的氛围，但是如果处处使用对称可能就会显得单调。

7.3.3 家庭室

家庭室是家里使用频率最高的房间。大家聚在一起阅读、交谈、玩游戏以及进行娱乐活动。和其他房间相比，这里的家具安排最重要的要求是易于调整以适应各种活动。下面就是安排家具的一些指导性原则，目的是满足功能性、便捷性和实用性（图7-19）：

- 交流所需家具的布置方式和日常起居需要的类似：如果观看电视是最重要的活动，就以易于观看为目的来安排座位；如果空间面积足够大，可以为多种活动安排灵活的座位空间。
- 布置若干桌子会使坐着的人更加舒适，大的咖啡桌可以摆放饮料和食品，边桌可以放置灯具和其他必需的

A

B

C

图7-18 在这座19世纪的新奥尔良小屋中，家具被放置在远离墙壁的位置，形成了不同氛围的交谈区。（设计师：Chrestia & Staub，Inc；摄影：TriaGiovan；图片提供：Sou-thern Accents）

图7-19 沙发区暖红色的地毯、壁炉上部富于浪漫蓝色的壁画、椅子和枕头上的特色装饰图案、视线可以通过透明的有机玻璃桌从各个角度看到地毯，来自美国西南部非洲部落的迷人装饰品彰显了业主的个人性格特色。（图片提供：©Mark Boisclair）

物品。

- 对于家庭活动室来说，足够的光线是最基本的，同时光线必须舒适并且可以调节以适应各种活动（参见灯光章节描述）。
- 一套视听娱乐系统是家庭活动室的重要组成部分，需要专业设计来布置电视机、电影屏幕、立体声系统或整套娱乐中心。
- 家庭室也可能进行一些有安静需求的游戏。因此，也应该考虑在房间里放入一张游戏桌。

由于多种功能的需求，起居室设计通常非常困难。图7-20展示了一个家庭起居室的成功案例。

7.3.4 餐厅和会议室

最后是家具选择，餐厅和会议室对空间的要求是相似的。根据椅子围绕桌子摆放的规律，由于餐桌比会议桌小，所以餐椅比会议椅相对较小。从舒适性考虑座椅应当是有扶手的，而有时考虑形象要求往往采用没有扶

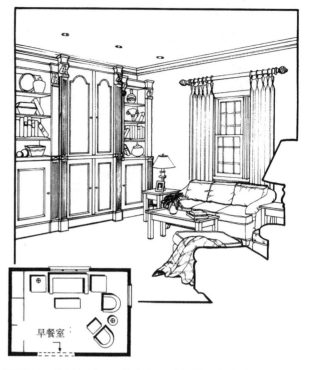

早餐室

图7-20 规划需求：4人座位、看电视、有游戏活动，休闲阅读和储藏。设计特点：舒适的座椅用来看电视，其中沙发设置在窗前平衡了对面早餐室的拱门，而一张斜放的靠背椅提供了休闲阅读功能；厅柜用于储藏和放置娱乐设备。会客区需要大约9m²，整个房间大概需要14m²。通常3m×4.5m的房间符合这个设计要求，也符合黄金比例。

手的椅子，以保证坐姿；内缩的桌腿处理为人的腿部提供了容腿空间；会议椅还应安装滑轮以便于移动。此外，由于曲线比直线长，所以圆形和椭圆形的桌子可以解决临时增加的与会者，而且弧形比矩形更能增添会谈友好的气氛，当然也有扇形桌面的形式，那是为了减少观看投影或视频视线干扰的需要。

餐厅和会议室里都需要设置服务区。餐厅靠墙部位的服务区称为备餐台，也称为接手台，主要放置准备提供的菜品，并预留相应储藏空间或放置客人的物品。通常会放置一个装饰柜增加展示价值，提供丰富的室内环境效果。住宅中由于空间有限通常会设计角柜，用于储藏并展示物品。图7-21是一个餐厅的设计方案。

无论在餐厅还是会议室里，照明都是一个关键因素。会议室里进行演讲时，需要暗淡的灯光，而在餐厅也需要灯光创造氛围，但光色却是不同的。参见第6章对于照明的深入讨论。

图 7-21　规划需求：4～8 人的座位、餐具柜、备餐台。设计特点：餐具柜安放在厨房门的旁边、瓷器柜既能储藏，又平衡了对面的大窗户，而且提升了空间高度并增添了生活气息；具有美式大尺度特征的油画和餐具柜相对应；一共有八个舒适的座位。餐桌区需要大约 16m²，整个房间大概需要 22m²。通常 3.9m×5.4m 的房间符合这个设计要求。

在会议室里，需要安排视频会议、幻灯观看和现场演示区域（图 7-22），这些区域需要灯光控制系统。有时餐厅和会议室还需要一个辅助空间用作会议间隙或餐前交谈，座位摆放形式相对轻松（图 7-23A～D）。

7.3.5　办公室

家庭和公共建筑的办公室空间需要的家具大体是相同的。公共建筑中除了办公桌、书柜、办公椅、充足的文件架和文件柜之外，通常在办公桌对面增加双人座椅，行政办公室还要包括会议区域或者是交流区（图 IV-3）。此外，在公共建筑的办公空间里，座位应沿内部玻璃隔断设置，不仅方便办公人员知晓通过办公室的人流，还避免背对办公室门引起的不适感。如图 7-24 的公共建筑办公室的设计。

设计办公室的时候，最好将电脑和窗户成 90° 角摆放，以避免眩光。因为如果电脑屏幕背对窗户，阳光和低亮度的屏幕间产生的强烈反差会使眼睛感到疲劳；而屏幕和窗户相对时，则会产生大量的眩光。电脑设备由此产生的管线要与家具系统设计，往往通过线槽隐蔽设

图 7-22　费城的巴利公司会议室。这个传统的会议室可容纳 18 人，视听设备被隐藏，照明可灵活满足各种演示需求，并且会议桌两侧区域可以考虑其他辅助功能。（设计师：Daroff Design，Inc；摄影：Elliott Kaufman）

计。在住宅中，书房中还需要一到两个阅读椅并配置多用途书架，以满足休闲阅读的需要，座椅最好是能够很容易调节的。开放式办公室通过组合式设计形成两个或更多人使用的工作区，其中可调节的座椅至关重要，因为脊椎类疾病会视作工伤（图 7-25）。

有些工作环境需要不同类型的家具，例如绘图桌或画架（图 7-26），要求在站立高度处与其他工作环境相邻。在这种情况下，应配置一个可以调节高度满足站立和坐下不同工作状态的椅子，当然也可以是可调节高度的桌面。

7.3.6　卧室

无论是在家里、医院里，或是旅馆里，卧室都是一个休息的地方。由于床的体量大，所以常常成为房间的焦点。基本设计原则是：基于对夜间行走的精心考虑，交通路线会围绕着床设计；床边还应设置床头柜、衣柜等储藏空间，床头柜要紧靠床而且二者高度也应保持一致；紧靠着床的位置要设计照明开关。

在住宅布置中储藏是很必要的，甚至床底抽屉也可以设计成储藏空间。有时在儿童房，自然风格的松木箱子既能用作储藏，也可以作为凳子。相对宽敞的主卧室可以设计躺椅（加长的可支撑腿脚的椅子）等休闲家具，甚至一些客户还要求有阅读区或小型就餐区（参见

D

图 7-23　在这个场所，客户要求餐厅有多种用途：可以举行两到四类不同的小型聚会或八组及更多的聚会形式，客户还要求空间可以为大型聚会服务。A表示内部的最初效果。B 和 C 是调整使用时的布局和小型私密晚餐的布局。D为两个对角桌组合在一起，营造出六至八组的舒适用餐环境。顶面、墙壁和灯光适应家具变化，满足不同的环境效果。（设计师：Pineapple House 室内设计；摄影：Scott Moore Photography）

A

B

C

图7-24 项目设计需求：桌子和书柜；两位客人椅；文件柜和资料搁置架。这种布局具有以下优点：科学的左侧采光，视线朝向门口，可容纳两位客人的座椅，以及便于使用的文件柜和搁架，另外装饰配件增加了趣味性。工作区需要 $6m^2$，整个房间需要 $11m^2$。通常 $3m \times 3.6m$ 的房间可以满足这个典型的办公室。

图8-11）。在这样宽敞的房间如果安置电视机，设计师就需要兼顾在床上或座位区不同角度的可视性。图7-27是小型主卧室的布置形式。

儿童和青少年的卧室中要包含学习区、玩耍区和玩具储藏区。卧室的家具还可以根据孩子成长而调整。

酒店的客房在满足行李摆放、简单储藏、书写台面和休息区（图7-28）之外，与住宅一样，电视机的位置需要仔细考虑，从休息区和床上都应该能够看到，另外椅腿还要配置金属球以便于在地毯上移动。

医院病房需要非常注意医疗设施的位置。在不影响医务人员护理情况下可以考虑增加家属和朋友的陪护区域（图7-29）。

所有卧室都需要设置镜子，它可以是独立的、装在墙上的，或者是装在家具门上。

7.4 家具组织空间

实际设计工作中，室内设计师往往在已经建成的空间中进行设计，所以设计师很少有改动建筑结构和隔墙的机会，只能通过设计技巧、手法、元素等使房间从视觉上显得或大或小。但是，室内设计作为建筑设计的延续，设计师还需要深入分析房间格局，进行合理的室内流线分析，进一步减少通道面积，提高室内利用率。

图7-25 大面积的采光、宽敞的台面、存储柜和可调节座椅，以及覆以吸声织物面料的隔断为开放式办公系统创造了一个高效的工作环境。(图片提供：Steelcase，Inc)

图7-26 这是设计中心地毯和墙纸样板陈列室的工作台。倾斜台面的定制立式工作台让人联想起工艺美术时代。（建筑师：White Associates；设计师：Chute Gerdeman；摄影：Michael Houghton Studio；图片提供：Stanley Steemer International）

通向衣橱和浴室

图7-27 项目需求：大床、三门衣橱、两把座椅、配有电视机的视听柜，从床上可以看电视。设计特点：衣物存储与功能联系最紧密的储藏室和卫生间相邻，视听柜与两侧房门和对面大床及高窗取得平衡，有镜子的三门衣橱与对面一组休闲椅获得视觉平衡。睡眠床区域大约8m²，休闲座位区大约5.5m²，整个房间大概需要20m²。通常3.6m×5.1m的空间满足主卧室需求，这个尺寸也接近于理想的黄金比例尺度。

图7-28 位于维真岛的卡尼尔湾旅店以简洁、雅致的热带风情客房装修而驰名。（设计师：Dallas；摄影：Mike Wilson）

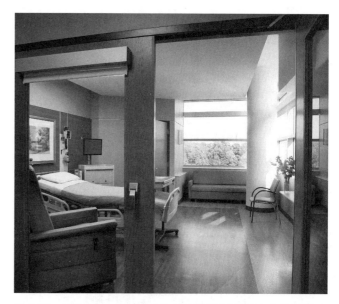

图7-29 该医疗手术室为医务人员提供了满足治疗的足够空间，同时也提供家庭成员陪伴患者的区域。低矮的窗台可以让患者从床上观赏室外景色，通透的隔断患者可以轻松留意护士和护理助手的护理活动。（摄影：Chris Little）

小空间往往选择简约家具替代厚重家具（图7-30），简约家具在形式上采用有腿支撑而替代箱型结构，通过圆形转角和透明玻璃等处理手法弱化家具体量，同时尽可能采用弱化扶手、靠背和侧板等增强视觉通透感。

当家具与织物搭配组合时，与房间的背景相融合的素色或碎花织物更容易营造舒适的视觉空间。而在不同家具上重复使用同一种织物，有助于设计风格统一，并会塑造出空间感。

图 7-30 这些线条家具画体现了简约与厚重的家具风格：简约风格会增加房间空间感。

图中标注：
厚重　简约　厚重
厚重　简约　简约
简约　厚重
厚重　简约

图 7-31 圆角的壁挂式玄关台只占据很小的空间。

离地 30cm 和离顶 60cm 区域配置高而浅的储藏家具会增加视觉上的高度。相对狭小的房间，较小的储物家具，诸如操作台、储物柜、餐具柜和书桌都可以挂靠在墙上，这就是设计中的"借天不借地"（图 7-31）。

建筑中有时会设计凸窗或天窗，可以欣赏到外面的花园、露台或自然景色，这样的住宅非常吸引人。

住宅最主要的设计挑战是如何通过设计调整过于开阔的房间尺度，以符合温馨的居住氛围。一般选择厚重的家具、超尺度的图案以及大幅的装饰画，奠定了房间的基本风格和布局，然后用一些简洁轻巧的家私和陈设品来点缀剩余空间。反之，在大房间里布置小的家具会冰冷无趣。

和体量相比，更重要的是家具组合搭配。最好的方法是首先要设计出不同尺度大小的区域；其次是在运用建筑元素，如地板、天花板的变化，以此来创造与人体尺度相适宜的大空间的基础上，搭配一些比较小或者是紧凑的空间；再者是通过家具移动使不同区域彼此之间产生联系（图 7-32）。

本章小结

在为客户做家具和陈设的空间设计时，通常把握以下要点：

- 设计要符合空间的使用功能；
- 设计要满足客户的需求并且不超出客户的预算；
- 留出足够的交通流线和活动空间；
- 遵循和空间及空间设计相关的设计原则与要素；
- 通过选择不同规格的家具满足房间空间尺度或建立对空间感觉的认知。

室内设计是建筑的延续，但室内设计又是空间的再创造，所以只要可能室内设计师就要学会从内而外进行设计。在新建建筑项目中，室内设计师和建筑师或施工人员一起工作，在建筑设计时就确定合适的房间尺寸与形状。在既成建筑中，要充分挖掘既存空间的特点，分析建筑设计中的优缺点，必要时可以根据空间规划适当调整墙体位置，但最重要的是要善于在三维空间里布置家具，在三维空间里思考问题。

图 7-32 在 Micheal Kreiss 设计的这个豪华起居室里，光鲜夺目的艺术品成了室内主角。嵌入式的陈设和围合的古埃及风格椅子在这个大空间里创造了宜人的尺度。设计师配置的收藏级的家具陈设与织物给空间增添了温馨的氛围,而且柔化了建筑室内的边角。(设计师：Micheal Kreiss)

第8章

空间设计：从房间到建筑

图 8-1　大厅格局确定了空间整体基调。简洁、优雅的线条和精致的装修营造了温馨的氛围。（设计师：Gandy/Peace，Inc；摄影：Chris A. Little）

在之前章节中，家具只是用于界定室内各类区域的一个基本的元素。本章将阐述各自独立的功能区域如何进行组合，使之成为完整的住宅生活环境或者公共建筑的工作环境。

在实际工作中，室内设计师需要和建筑师合作，共同探讨室内空间的分区、各区域的相互关系和各自的规模大小。室内设计师通过装饰图实现对客户设计意愿的完整表达，而具体的结构、机电和相关设备设施等专业图纸设计由相应的工程师完成，但室内设计师要对各专业提出相关建议。

住宅和公共建筑有着不同的标准和规范，但从内部功能属性而言，他们在室内空间都有公共区和私密区。以餐厅为例，厨房和储藏区域通常被称为"后场"，就属于私密区；而客人就餐区域通常被称为"前场"，则是公共区。再例如在办公空间中，公共区主要是接待区、等候区和会议室等区域，而行政办公室、会计室、复印室，以及独立的单人办公室则是私密区。而在住宅中，卧室属于私密区，客厅和餐厅属于公共区。这种分区会影响到下一阶段的设计，如有人不希望客人进入私密区就会采用简洁的装修，由此公共区会相对投入大一些。

8.1　居住建筑空间

居住建筑空间主要包含公共区域和私密区域。公共区域又分为正式和非正式区域：通常有入口门厅、起居室和餐厅等正式公共区域，以及厨房、早餐室和家庭室或娱乐室等非正式公共区域。私密区域包括卧室，更衣区、浴室，书房和洗衣房。但是如果有采访等对访客开放的需要，办公室可被视为公共区域的一部分，否则，就属于私密区域。各区域应该被视为是一个整体，并且有相应的空间组织流线。通过对在空间内发生的个体差异、生活方式和活动轨迹研究分析进行设计，有助于住宅的方便使用。

8.1.1　公共区

人们在家中的社交活动主要是家人相聚和招待朋友，满足这些日常谈话、游戏、聚会、就餐和看电视等，属于住宅中的公共区域。公共区域是住宅中利用率最高的区域，它的规划设计因人而异，而且还具有一定的可变性。对个体而言，例如伴随主人年龄的增长、阅历的

丰富、经济地位的改变都可能引起公共区域规划设计的改变。再如，儿童玩耍空间在他们长大之后也可能变成家庭的公共阅读室。对家人而言，厨房和娱乐室是常见的聚会场所。而厨房今天逐渐从个人操作的场所转变为家庭交流的空间，甚至对客人也"不受限制"，成为常见的社交场所。

公共区域的设计要遵循一些基本的设计原则。第一，公共区域要与厨房、主通道密切相连；第二，公共区域最好面向室外景观、露台、阳台等户外生活区，且通过栅栏、篱笆、墙体与室外行人有一定的视线隔挡；第三，开放性空间可以通过家具的摆放、吊顶高度的变化、地台的设置对空间进行分割和界定，强化视觉上的通透感；第四，空间允许的条件下，可以设置两个或两个以上互不干扰的公共活动区，为不同的活动提供场所，且有助于家庭成员间的和睦相处。

（1）门厅

门厅是进入住宅的第一个区域，不仅是室外空间到室内空间的过渡区域，而且是进入其他区域的主要通道，更是映入客人眼前的第一印象。但是，门厅的功能性最重要，通过摆放的家具满足主人和客人的需求。常见的家具包括衣橱、换鞋凳、鞋柜、镜子和台面等（图8-1至图8-4）。衣橱一般靠近门口，深度需要挂一些宽大的衣服；鞋柜则尽量宽敞，根据鞋的种类和大小对内部空间进行仔细的设计以保证空间的最大利用；换鞋凳最好轻巧耐用，高度适宜；镜子主要用来检查妆容，条件允许的话面积可大一些；台面可以是桌子、支架、隔板，用于放置包、手套、钥匙，它的设计可随空间风格而有很强的设计感，为空间增添个性。

（2）起居室

起居室是住宅中人们聚集的地方，如其名字一样，为所有家庭成员和客人所使用。起居室的设计要注重气氛的营造，轻松欢快的空间能满足家庭成员交流、听音乐、阅读、放松以及其他的功能（图8-4）。宽敞的空间、舒适的座椅、柔和的灯光无疑是设计师营造适宜起居空间的有效手段。在起居室中，设计师会突出室内的视觉焦点，视觉焦点可以是电视机，或者是壁炉，通过织物、色彩、灯光和陈设突出它们，对之加以强调。

正式的起居室一般远离主要通道，设计师可以通过

图8-2 黄色被称为"家的颜色",这个设计中暖黄色的色调不仅为传统门厅增添了家的轻松氛围,也使这种典型传统风格的规整装饰背景得到弱化。照片内餐厅的具体细节将在图12-3中叙述。(设计师:Drysdale Design Associates;摄影:Antoine Bootz;Courtesy ofSouthern Accents)

图8-3 在这个庄重的传统门厅中,嵌有橡木的大理石拼花地面不仅为空间进行了分区,还营造了优雅的格调。(设计师:Ewing;摄影:TriaGiovan;版权所有:Southern Accents)

独立的门厅将人引入起居室。而且,门厅与起居室的流线应该非常流畅,门厅可以方便地通往起居室。当然从门厅到起居室的过渡空间也是设计师要考虑的重点。

(3) 餐厅

餐厅是住宅中提供人们就餐的地方,根据空间状况和主人的就餐习惯,设计师可以将餐厅设计成独立的区域或者是开放式的空间。尽管餐厅的设计强调就餐氛围的营造,但在现代家庭中,餐厅往往是多功能的,可以是家庭聚会的地方、图书室或书房。如上一章所示,用餐区应灵活适应大型或小型聚会(图7-23A～D所示)。当空间不允许分离时,设计师会设置隔断以供分隔。餐厅的设计风格因人因空间而不同,但让餐厅和起居室的主题、氛围保持一致,会产生愉悦的空间转换感(图8-4)。而且如果餐厅与起居室相连,可在墙面贴上墙纸或者涂上颜色不同但相呼应的涂料来凸

显餐厅氛围,或者用独立式屏风、绿植或地毯来限定独特的就餐空间(图8-4A)。

(4) 厨房

储藏区是厨房设计的关键,一个成功的厨房需要有宽敞的橱柜(图8-6)。橱柜主要用来储放食物(干货、易腐品、谷物类和罐头类)、餐具(平底器皿、碟子、餐巾)、洗涤用品(地板清洗剂、肥皂、纸制品、毛巾等)以及烹饪用具。可移动的设备如捣碎器、食物处理器、搅拌器、榨汁器、咖啡机和其他工作设备可以放置在较低的橱柜或吊柜。厨房内的移动设备要便于取放,而且不能占用准备食物的操作台面。

在许多住宅中,厨房往往是家庭的中心——在这里人们可以准备食物、烹饪、吃饭和进行其他的交流活动。厨房的位置需要设计师仔细考虑,它最好靠近车库或入口,便于人们将货物带到家中;而且必须与正式的餐厅

A

B

图 8-4　A 门厅、餐厅和起居室巧妙过渡的设计案例。B 这张图片的重点在起居区，壁炉成为起居区的背景，斜向高耸的天花、暖色调的照明、室内绿化为空间增添了舒适感。（室内设计：Hallandale，软装灯饰：Robert Perlberg；摄影：Brantley Ocean Ridge，Courtesy of On Design）

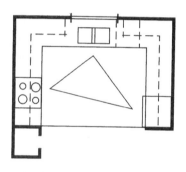

U型厨房

U型厨房通常被认为是最舒适、最有效的布局。它的工作中心不在通道上，便于布置。最适合一个人使用。

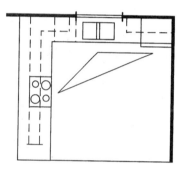

L型厨房

L型厨房由于空间内不考虑交通通道，L型厨房比Ⅱ型厨房的工作效率更高一些。工作中心很容易布置。可以容纳两个人。

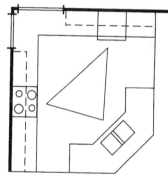

岛型厨房

岛型厨房与U型厨房的效果相近，但不适合设置穿过空间的交通流线。可以容纳两个人。

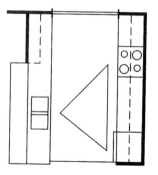

Ⅱ型厨房

Ⅱ型厨房的流线不太受欢迎，特别是当门位于两端的时候。此厨房的工作中心比Ⅰ字型厨房容易设置，最好供一个人使用。

图 8-5　基本的厨房布局

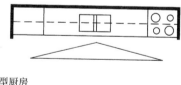

Ⅰ型厨房

Ⅰ型厨房利用了排水管的墙面，管线隐藏在折叠门后面，不占用很多的室内空间，非常经济。通常适用于公寓和小空间。柜体空间少，工作流线长。最好供一个人使用。

连通，但两个空间在视线上要有所阻挡。

厨房的布置以人体工程学为基本的设计原则，以高效省力舒适为终极设计目标，设计师要充分考虑各个因素对设计的影响，如主人的家务需求、身高情况、就餐习惯、家庭成员数量等。基本的厨房布置形式有 U 型、L 型、岛型、Ⅰ字型、Ⅱ字型，图 8-5 对此做了一些说明。

厨房的规划通常围绕着三个工作中心展开。首先，第一个区域是冰箱和储藏区，这是厨房的准备区。设计时要预留一个至少 45cm 宽的台面，并使之与冰箱相连，主要用来放置物品。第二个区域是洗涤区（用于烹饪准备和洗涤），通常位于储藏区和烹饪区之间。洗涤区包括洗碗机、垃圾处理机或垃圾箱、储藏空间及在水槽两端至少要有 45cm 的操作台面。洗涤区域上方需要设置辅助照明，以保证足够的工作照明。第三个区域是烹饪区（灶台或烤箱、微波炉等），如果厨房设计成两人使用，微波炉和烤箱可在灶台两边分开放置，且两端留出 45~60cm 的空间。此外，烤箱和灶台都应该有通风设备，而且在开启烤箱门时，不能妨碍通行。

厨房规划三个主中心之外还有次中心，包括混合区域（通常位于冰箱和水槽之间，包括一个 90cm 左右的连续台面空间）和一个服务区（通常位于一般工作三角区外的用餐区域附近）。当靠近洗碗机并远离烹饪区域时，这部分区域使用起来特别方便，因为在最后的烹饪完成时就需要布菜上桌了。

储藏区是厨房设计的关键，一个成功的厨房设计一定有宽敞的橱柜（图 8-6）。地柜的进深要在 60cm 以上。橱柜主要用来储放食物（干货、易腐品、饭类和罐头类）、餐具（平底器皿、碟子、餐巾）、洗涤用品（地板清洗剂、肥皂、纸制品、毛巾等）以及烹饪用具。可移动的设备如捣碎器、食物处理器、搅拌器、榨汁器、咖啡机和其他工作设备可以放置在较低的橱柜或吊柜。厨房内的移动设备要便于取放，而且不能占用准备食物之用的操作台面。

相关链接

厨房和卫生间协会网站：www.nkba.org

(5) 早餐室

在一天当中，家庭就餐有许多种模式：早上在厨房台面上吃一些简单的早饭，白天边看电视边吃饭，晚上

图 8-6　这个厨房的工作区被设计成 Ⅱ 型，相对较小的空间里提供了充足的储藏空间。（设计：Pittman & Associates；摄影：Chris Little）

一家人团聚很休闲地进餐。因此在有些家庭会单独设置一个非正式的就餐区用于吃早饭，称之为早餐室。早餐室一般位于厨房内，将吧台作为早餐区，配有吧凳或附属的凳子（图 8-7），随意且方便；有的早餐室靠近厨房，而且与观景阳台相连，或者有视线较好的窗户。

(6) 家庭娱乐室

随着科技文明的进步，现代人的生活习惯和生活模式发生了很大的变化，将剧院、电影院、音乐厅、娱乐中心带回家成了许多人的梦想。这促使家庭娱乐室在住宅规划中受到了人们越来越多的重视。作为家庭主要的生活区，家庭娱乐室的位置需要认真规划，一般将它设置在靠近厨房和入口的区域，可快速通往室外，而且必须远离卧室、起居室和书房等安静的区域，做到动静分离。在住宅的所有房间中，家庭娱乐室需要规划完善的储物空间用来容纳棋牌桌、折叠椅、游戏软件、CD、摄像机、书，甚至屏幕和投影仪。

图 8-7 这个富于流动感、格调高雅的厨房内设有吃简餐和点心的早餐吧，早餐吧强调整齐的线条和现代风格的装饰。（设计：Burns Century Interiors；摄影：Billy Howard；Courtesy of Brenau University）

图 8-8 这个私人住宅的娱乐室视听设备与壁炉呈角度并与书柜结合摆放，增添了空间的围合感。（室内设计：Marc-Michaels；摄影：Kim Sargent；开发商：AddisonDevelopment）

电视机和音响设备是家庭娱乐室中最基本的配置。良好的家庭娱乐室应该座位舒适、声光控制合适。座位要放在与屏幕中心成30°的空间范围内，屏幕的高度尽可能与视平线相当，并且考虑合适的灯光，使之不直接照射到屏幕上也不照射到人的眼睛，避免视觉干扰。电视机在室内的摆设可随主人的要求而定，或者设计成嵌入墙面使之作为墙体的一部分（图8-8），或者放在移动式的架子上，使主人可从多个角度观看电视。当在一个房间内要同时摆放壁炉和电视机时，可以将壁炉和电视机呈L型放置（图8-9），两者可相互呼应协调。在家庭

娱乐室中，人们不仅可以满足影视娱乐活动的需要，还可以进行就餐、玩游戏、交谈的活动，设计师在进行空间规划时，要充分考虑到这些需求，创造出一个流线顺畅、视觉丰富的流动性空间。

（7）客用卫生间

在住宅的公共区域中，设计师需要规划一个客用卫生间，便于访客无须进入户主私人活动区就可使用。一般客用卫生间包括坐便器和洗脸盆，可以不设置浴缸或淋浴间。本章节后面部分将重点讨论典型的卫生间布置。

（8）洗衣房

每个家庭每天都有大量的衣物需要洗涤熨烫，在住宅中规划一个洗衣房非常必要。洗衣房根据住宅的状况可大可小，小洗衣房只能放下小水槽和脸盆，大洗衣房则设备齐全，包括洗衣盆、水池、宽敞的台面、烘干区、熨烫区、宽敞的储藏区和良好的照明。如果是独立的洗衣房则会配置烘干机。

设计师规划洗衣房和设备区时，要考虑到功能和便利性，最好将洗衣房靠近衣帽间和卫生间。但是仍有一些规划不合理的洗衣房被"扔"在厨房或车库旁边，主人要

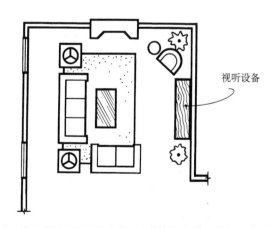

视听设备

图 8-9 这个平面图展示同时设置壁炉和电视机的标准布局模式

图8-10　这个家庭办公室为主卧室套房提供了"秘密"通道。定制书柜巧妙地隐藏了通道，允许办公室靠近私人区域，但也可以接待客户。（设计师：Pineapple House 设计公司；摄影：Jennifer Lindell Photography）

抱着衣服上下楼梯或者穿过家中的社交区域才能到洗衣房。一些客户倾向于将洗衣区靠近厨房，以方便日常活动。

洗衣房内应该便于清洁，墙壁方便洗刷，洗涤台面防锈耐用，地板防滑。

（9）书房、学习室和办公室

随着越来越多的人将工作带到家中，客户常被邀请进入书房，甚至在书房会有一些采访的活动。因此书房应该靠近门厅，方便客人的进出。同时考虑到书房的性质，应该将之远离住宅中吵闹区域（图8-10）。如果仅是主人自己使用书房，只需将之偏离家庭娱乐室、厨房和设备房等喧闹的区域就可以了。

越来越多的家庭活动要使用计算机，计算机已成为日常家务操作的中心。在许多家庭，儿童有自己的计算机和书房。便利的手提电脑让任何台面都能成为一个办公区。

8.1.2　私密区

为了获得最大的安静和隐私，卧室、更衣室和卫生间等应远离住宅中的社交区域。除非需要逗留的客房及公共区域，客人很少去到家中的隐私区域。规划私密区时，最重要的是保证这些区域的私密性。常用的方法是将私密区集中规划在住宅的一侧，另一侧集中布置公共区。将私密区规划在单独的楼层也是一个不错的方法，例如，将卧室和浴室安排在二楼，起居室、厨房和餐厅安排在一楼，二楼自然就能保证私密性。有时在一些特殊的建筑中，如山坡地形的房屋，位置互换，将私密空间放在公共空间之下，也能起到不错的效果。

（1）主卧室

人的一生有三分之一的时间在床上度过，卧室的舒适、保暖和私密性将直接影响人的睡眠质量，进而影响人的生活质量。主卧室是逃离日常生活、工作压力和紧张气氛的庇护所——放松和睡眠的地方，设计良好的主卧室不仅大小适中、用途多样，而且最好偏离所有其他房间，当然浴室和特殊需要的育婴室除外，以保证足够的私密性。

通常主卧室是家中最豪华的场所（图8-11），里面有壁炉、酒吧、电视机、阅读区、交谈区、办公区，甚至还有健身区。

（2）儿童房

儿童房和主卧室一样，位于住宅中安静的区域。儿童的需要不同于成人的需要，设计师应对儿童的需求很敏感，必要时可直接与儿童交谈，了解他们对这个特殊区域的需求和愿望。当然，随着儿童的成长，他们的需求会发生变化，因此儿童房的设计最好有一定的灵活性。

儿童天性活泼好动，设计师应特别考虑他们的安全问题。在儿童房中，要避免家具的尖角，避免有坚硬边缘的台阶。玻璃、镜子、电器设备、电线和电源插座等危险物品最好不要放在儿童能够触及的地方。此外，儿童房的设计还需要充分考虑舒适性，使儿童得以健康成长。适宜的椅子、书桌尺寸有助于减少儿童不舒适的姿势，避免引起身体的疾病。

图 8-11　该客户要求像在酒店客房一样在卧室内享用早餐，所以特别设置了扶手椅。同色系的天花板、墙壁板和地毯相搭配是最容易定义房间整体性的方法，当然其中细节也互有关联。（设计师：Pineapple House 室内设计公司；摄影：Scott Moore Photography）

（3）衣帽间

储藏空间是住宅中很重要的部分，充足的储藏区可确保室内的舒适整洁。规划储藏空间，需要设计师对储藏物品、空间大小、空间形态做仔细的分析，使之分门别类。衣帽间是位于卧室和浴室附近的储藏区，可以设计成独立的步入式空间，也可以是壁橱式的（图 8-12）。衣帽间存放的物品多而杂，衣裤、鞋帽、领带、珠宝、被子、席子、行李箱等物品要分门别类地存放整齐，对设计师而言具有一定的挑战性。

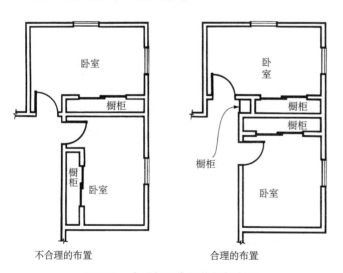

图 8-12　合理与不合理的橱柜布置

（4）客房

现代人的住宅相比以往狭窄一些，在住宅中设计专门的客房显得比较奢侈。但是，如果空间允许，设计一个温暖而舒适的客房还是很有必要的。在客房的内部，交通流线应围绕着床展开，并摆放阅读和看电视的座椅。此外，还应设置有放衣服和其他个人用品的橱柜，为客人营造一个属于自己的个人空间。客房应与浴室相通，远离活动区域和私密区。客人可以方便地进到厨房或家庭娱乐室等其他公共区域。

（5）卫生间

自 20 世纪初以来，卫生间的设计发生了很大变化。最初，人们使用共用的卫生间，这种卫生间一般处于厅的端头。随着人们对私密性要求的增加以及生活条件的改善，开始在卧室或书房配置卫生间，成为个人附属空间。今天，卫生间集实用性与奢华为一体，开始向天空、花园、露台，甚至是其他房间组合设计（图 8-13）。各种豪华的洗浴设施，如按摩浴缸、桑拿、水疗浴缸、温水浴池、电视或壁炉（图 8-14）等被配备在浴室中，甚至为了交流，设计师设计了双浴缸浴室。

卫生间的标准设备包括浴缸、坐便器和台盆三大基本设施，有时会额外设计存放毛巾、药品、美容用品和洗涤用品的橱柜以及专门放待洗涤衣服的地方。其中主卧室常常设有两个台盆、浴缸和淋浴间。浴缸可放在房间里的任何地方，包括房间的中央，可以是任何形状、任何设计、任何颜色和任何尺寸，有时甚至将浴缸靠着视野宽阔的低窗台大窗摆放，让主人享受身体沐浴的同时享受窗外的美景。设计师一般将浴缸设计成下沉式的，这样比较安全。拾级而上的浴缸在潮湿时很容易滑倒，所以会设计扶手。图 8-15 是一些常见的浴室平面布置。

图8-13 这是一艘21m长游艇上的主卧室套房。请注意，圆弧形转角、嵌入式橱柜和家具固定都是交通工具设计中必须的，甚至通过木质质感的装饰缓解旅途的压抑与紧张。(©Radius Images / Alamy)

图8-14 这间浴室的装饰效果是通过丰富的材质、生动的灯光照明和具有视觉冲击力的艺术品营造的。墙纸体现浮雕般的纹理和光泽。椭圆形镜子巧妙的平衡了下方拱腹台盆和方形图案装饰的墙面。(建筑师／设计师：Jackie Naylor；摄影：Robert Thien)

相关链接：

国家厨卫协会网站：www.nkba.org

通用网站浴室设计的链接一般分区指南：www.abathroomguide.com

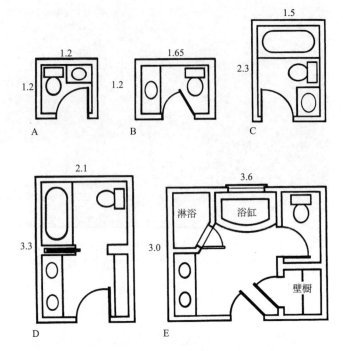

图8-15 典型的卫生间布置。A 型很紧凑，适用于附近有橱柜的卫生间，但干湿不分，并且把坐便器视为使用频率最高的且没有洗浴功能。B 型相比 A 型，是更好的解决方案，因为门开启方向的更改满足了使用频率最高的洗手功能优先使用。C 型是最紧凑的三件套布置。D 型是针对面积更大的主卫生间的设计方案，比较常用。E 型是一间高级卫生间，各项功能全部独立分隔设计。(单位：m)

(6) 空间划分总则

为每个家庭成员留出足够的空间是室内设计的基本要求。每个人的空间要求各不相同，在某些情况下反映的是客户偏好而不是他们的需求。一般来说，在美国 $92m^2$ 的空间可满足一个人的日常需求；另外就需要增加 $46m^2$/人，就可以提供足够的生活空间；然而，在房地产成本高的大都市区，这将过于奢侈。设计师必须能够在控制成本的同时指导客户并满足他们的基本需求。

8.2 公共建筑空间

和住宅建筑一样，公共建筑空间同样分为公共区和私密区两大类。本书只阐述办公建筑、商业建筑、旅馆建筑等常见的公共建筑，不涉及观演建筑、医疗建筑、体育建筑、实验室设计等更加专业设计领域，因为这需要更加超长的学时或进一步深造。典型公共建

图 8-16　这种开放式办公环境的目的是便于灵活的使用。设计团队的目标是让"团队和个人选择他们喜欢的工作方式"。工作场所有"社区化"趋势，不仅可以针对单个团体或跨部门团队进行重组，而且提供了满足各种需求的配置，甚至单个用户可以调整他们的空间以满足个人使用需求。（建筑师／设计师：Hellmuth，Obata 和 Kassabaum；©Mich-elle Litvin）

图 8-17　这间休息室与图 8-16 是同一工作环境，鼓励员工之间的协作和互动。折叠玻璃门可根据需要展开或关闭。（建筑师／设计师：Hellmuth，Obata 和 Kassabaum；摄影：Michelle Litvin）

筑空间设计正如第 7 章所讨论的那样，都必须考虑从入口到办公大楼再到办公室内部休闲吧等基本设计需求，这相对于住宅建筑要复杂得多。（图 8-18 至图 8-22 说明了一个成功的公司办公室设计，并在本节中用做示例。）

8.2.1　公共区

　　顾名思义，公共建筑中的公共区是面向所有客户开放的地方，客户可以方便地在公共区通行、办事和等候。公共区的设计要体现其公共性和开放性，不仅要让客户感觉舒适宜人，而且客户的活动不会对私密区产生干扰。

（1）接待室

　　办公空间的接待室是比较重要的门脸，良好的设计不仅能体现公司的企业文化，给客户留下深刻的第一印

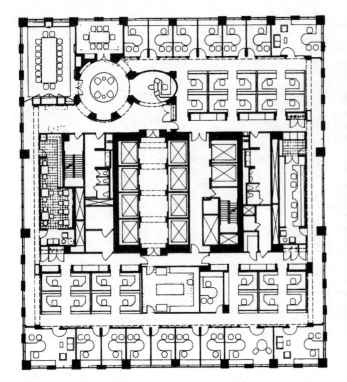

图8-18　办公空间设计方案。高层建筑的核心筒结构布局形式和放射型大厅界定了空间并为整个办公室定下基调。(建筑师/设计师：VOA公司)

图8-19　这是开放式办公空间和典型个人办公的工作单元构建的空间特征，反射型条形灯带不仅为员工提供充足的照明亮度，而且避免了炫光。(建筑师/设计师：VOA公司；摄影：Steve Hall/Hedrich-Blessing)

象，而且可为客户提供良好的服务。如第7章所示，接待室包括两个活动区域——交流/等候区和接待文员的办公工作区。在室内规划时，接待室的位置要适宜，一般与前厅连接，并且靠近会议室，便于工作人员进入办公区（参见图3-28、图8-18）。高级接待室与咖啡厅相连接，客人等待时，工作人员可为他们提供点心，甚至提供存放衣服、雨伞的储藏空间。

(2) 会议室

会议室是办公空间中正式的公共区，它是企业集体决策、谈判和会务的场所。一般会议室可以直接通往接待区（图8-20）。正式的会议室通常包含设备房，用于隐藏视听设备。

8.2.2　私密区

办公空间除了有正式的公共空间，还有一些私密区。由于办公空间的特殊性，虽称之为私密区，但更准确地应称为"半私密区"。因为与住宅建筑中的私密区相比较，这些区域仍具有一定的公共性，客户因为工作需要往往会进入其中。

图8-20　用于外部讨论的会议室位于接待区的外面。(建筑师/设计师：VOA公司；摄影：Steve Hall/Hedrich-Blessing)

(1) 办公室

办公室是主要的办公场所，其设计随着时代的发展不断地发生变化。最早的办公室是封闭式的，总经理或经理在一间单独的房间办公，秘书则在外面单独设置的办公室办公。其他的职员安排在一个大房间里工作。到19世纪中叶，出现了开放式办公室，所有的员工、经理和工作人员在一个开敞的空间办公，并采用可移动的隔板和家具将空间进行围合。随后办公空间的设计又转向开敞式和传统型相结合的方式。普通员工的办公室仍采用开敞式空间，根据部门工作职责，设计成弹性的空间。而高级管理人员可以是单独房间，包括秘书室、小型会议室、办公室、卫生间和休息间。高级管理人员办公室通常位于建筑的私密区域，往往设在建筑的顶层（图8-21）。

图8-21 高级管理人员办公室位于主要公共区域视线不及的地方。（建筑师/设计师：VOA公司；摄影：Steve Hall/Hedrich-Blessing）

办公室一般位于安静区域，其内部设计要综合考虑工作性质，选用合适的工作设备和家具，从而营造一个舒适轻松高效的工作环境。

(2) 开放式办公室

在许多商业机构中，工作环境中员工在开放式办公室通常采用定制组合家具（参见第11章）。开放式办公区域应按部门分组，但要远离噪声并和封闭式办公室一样，开放式办公室也远离喧闹区与辅助工作人员相邻（图8-16、图8-19）。其内部往往根据工作部门进行规划，这种开放式办公室不仅能满足节能的需要，而且弱化了等级观念，便于员工之间的交流与合作，提高了工作效率，缺点是缺少私密性。

(3) 辅助办公区

在许多公司中，辅助人员，秘书或助理一般为许多人提供服务，他们的工作区域必须靠近复印区、文件区和储藏室。在非常小的公司中，接待员可能是整个公司的辅助人员。在大公司中，辅助人员可能有他们自己的办公区，有时被称为"秘书室"。

(4) 附属区

附属区主要包括复印区和传真区，它们一般位于相对中心的区域以方便员工使用。有污染和噪声大的复印机和打印机要考虑单独的区域，不能影响员工的安静工作。

(5) 休闲吧

休闲吧的大小很大程度上取决于客户的需要。

休闲吧是办公空间中的休闲区，员工边喝着饮料边轻松的聊天，往往在不经意间会碰撞出思想的火花，产生出好的点子。休闲吧的大小很大程度上取决于客户的需要，但无论空间大小如何，其空间规划是一样的。休闲吧一般与公共区域分隔开来，并且需要做些隔音处理。它有时与公共区域相连接，设计在靠近外窗的附近，提供轻松地氛围；但大多数休闲吧需要水槽，一般会将它们安放在靠近给排水管通道附近（图8-17、图8-22），并不是窗前。

(6) 卫生间

在公共建筑中，卫生间的位置是由管道井布局决定的，所以高层建筑中的卫生间会位于整个楼层的核心位置，既靠近管井又服务于整个楼层。在较小的办公室中，卫生间应该位于公共区域和私人区域之间，这样同时满足员工和客户的需要。卫生间的设计水平越来越成为写字楼档次的标志，有些写字楼还会设计专门提供高管使用的VIP卫生间。公共建筑的卫生间必须满足设计规范要求（参见第2章）。

图8-22　辅助区域作为公共区的过渡部分，同样要有贯穿整个办公空间的统一特征和经典细部设计。（建筑师 / 设计师：VOA公司；摄影：Steve Hall/Hedrich-Blessing）

8.3　分区基本原则

　　无论是为住宅客户还是商业客户做设计，设计师都应考虑空间分区划分的原则。

8.3.1　空间设计原则

　　设计师设计空间或布置家具时应该考虑以下要点：

- 合理调整房间内部的空间对比关系。例如，将长而高的空间划分成小空间，同时降低顶面高度，地面配置毛毯，营造亲密氛围（图8-23）。另外，通过家具与墙面垂直布置，可以创造更小更实用的使用空间。
- 留意房间家具陈设对空间尺度的影响。正如第三章中所讨论的，家具比例必须与房间比例一致。如果家具太大，房间会显得拥挤；家具若太小的话，房间则显得空荡且不吸引人。所以高端样板房设计往往使用定制家具，以保持空间比例的完整性，而不是采购成品

图8-23　这间正方形的房间，配置一块长方形的地毯增加了区域的归属感，同时调整了房间比例。

家具。

- 室内陈设应该均衡摆放。厚重的家具摆放在大的建筑面，如观景窗和壁炉的对面，而有采光顶的房间里厚重家具应该靠高墙摆放。
- 通过高低错落的家具取得空间平衡。房间内全是高的家具会让空间显得沉闷，而全是低矮的家具则让空间看上去狭促，像是为儿童设计的一样。
- 家具布置节奏可让人视线舒适转换。通常靠近外窗一侧放置低矮家具，远离一侧放置高大家具。如图8-24直背餐椅或茶几的重复运用增加了空间的连续性，人们可顺着连续的台阶从起居室进入餐厅。建筑细部、家具和地毯形成了一个坐标轴，将人们指引到恰当的地方。在大型办公空间、酒店、机场走廊改建时应采用对称布局，来帮助顾客增加方向感的识别性。相反，在商场设计中应有意识地改变这种对称、重复设计的方式，形成利于人员流线的布局。
- 所有房间或空间组团必须有一个视觉焦点。视觉焦点可以是服务台、绘画、雕塑、咖啡桌，也可以是一个全景视野。一旦房间的视觉焦点被确定，周边装饰和走廊的布局应该有所搭配。
- 设计师只有综合考虑空间的统一性和差异性，才能做到和谐统一。办公室需要桌子和椅子，而起居室需要沙发和茶几，洗手间应位于卧室附近，接待区位于入口附近，正是这种室内空间的一些典型格局和布置要求让客户在空间中感到舒适，而墙、椅子、饰品、建筑元素的综合运用，会加强房间的气氛，增加客户的兴趣（图8-25）。

图 8-24 位于购物中心的这家咖啡厅内，设计师通过建筑轴线、顶面和照明的强调将客户引导至主要的接待台。
（建筑师／设计师：Engstrom 公司；摄影：Greg Murphey）

图 8-25 这个位于温哥华威斯汀大酒店的总统套房，是设计原则和设计元素协调运用的很好实例。温暖的基调、柔和的照明和现代陈设非常统一。点缀的黑色、大面积的窗帘营造了戏剧化和富有变化的效果。（建筑师／设计师：NBBJ 公司；摄影：Assassi Productions）

8.3.2　空间和流线组织

　　办公空间的室内流线应该顺而不乱。所谓"顺"，指的是导向明确，通道空间充足，区域布置合理。在设计过程中，设计师可以通过绘制草图的方式对室内流线进行分析，模拟内部员工与外来客户在室内的行走路线，看看是否有交叉和是否顺畅。设计师在规划满足客户需求的空间时，要把握以下空间流线的组织原则。

- 住宅和办公室的风格影响房间布局。有些客户喜欢采用分区明显的、稳妥的室内设计，以取得形态平衡的空间。有的客户则喜欢室内分区模糊，开放式的区域设计，体现现代感。
- 需要足够大的地面、墙面空间来确保能放置大件家具、搁架、书画以及艺术品。其中空间的相互联系离不开门的设置，但门不能占用每一面墙，否则会影响空间利用和整体感。
- 通道不能横穿交流区、影视观赏区、工作区以及厨房备餐区。
- 室外的视角应该属于主要房间或工作区。而贮藏室、橱柜、浴室、档案室、影院等场所不一定需要自然光。
- 窗户的设置不能影响墙面的利用，同时窗需开启方便和易于保养，并在室内布局均衡，不适宜安排在室内角部（图8-26）。现在内开内倒等新的开启方式对室内设计的细节产生了很大影响，如内开窗扇不仅会与厨房高颈龙头或窗帘相碰，还会影响狭小的房间的使用。
- 走廊的端头应该是空间的视觉焦点，通常不设置房门。
- 入口处不应直视到卫生间、卧室、厨房、早餐厅、复印室、办公室等私密空间。
- 无论住宅建筑还是办公建筑都要有足够的储藏空间，通常住宅建筑的储藏空间面积不低于住宅面积的8%。
- 通过水平管线的分层设置，竖向管线的集中布置的管线综合设计，可以节省成本。
- 考虑到房间的整体性，辅助区域如壁橱、楼梯或卫生间不应该突出房间形成不规则形状（参见图8-12）。

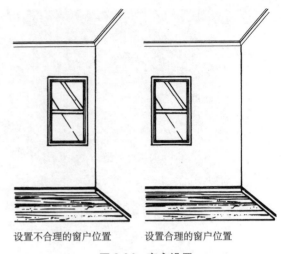

设置不合理的窗户位置　　　设置合理的窗户位置

图8-26　窗户设置

- 设计师必须遵守当地的建筑法律法规，避免在实施或验收过程中整改。
- 设计师应考虑空间未来的需求，一个好的方案能有效地解决今后室内功能的调整，通常称为潜伏性设计。

8.3.3　空间与环境

　　选址工作必须与平面设计一起开展，通常风景优美或树木繁茂的基地与良好的朝向深受客户喜爱。在选择住宅用地时应考虑诸多因素：社区配套、交通、安全和消防疏散，公用设施的可接通性（水、下水道、电力、垃圾收集等），建筑法规和建筑限制。

　　建筑师和室内设计师不仅要了解建筑物本身的情况，还应该了解其周边环境并对之进行分析。例如一个平缓的坡地可以提供良好的自然排水，并容易连接下水管道，而坡度很大的地形可能需要设置挡土墙增大投资。通常进行住宅选址时，设计师对周边学校的资源配置、交通便捷性、警署和消防部门的应急措施、邻居的素质、公共市政设施（水、下水道、能源、垃圾站）的完善、出租户数量等因素要做综合地分析。所有的客户都想生活在一个充满阳光、流水、空气、树木，景色优美的环境。"可持续性设计：空间规划的经济性"提出了空间规划和场地选择的标准。

可持续设计

空间规划的经济性会影响空间设计和选址要求

　　可持续性环境一个最重要的方面就是建筑布局与　　自然的良好结合。以下绿色设计的标准要点能促使设计师认真地选择材料种类和能源方式。

图 SD8-1　两个壁炉可共用一个烟囱

- 壁炉的布置与烟囱相结合（图 SD8-1）。
- 建筑外形越简单建造成本越低，也就是说建筑体形系数尽可能小。建筑平面的凹进或突出都会增加建造的成本，如图 SD8-2 所示。相同面积的两层建筑与一层建筑相比，会消耗更少的建造成本，因为屋顶和地基同时为两层空间所用，而且建筑二层起到夏天隔热和冬天阻挡冷空气的额外作用。
- 必要的建筑保温隔热能减少取暖的成本。应该达到相应的节能设计规范要求。
- 充分利用气候条件进行选址能节约取暖和空调的费用。例如，在冬日主人希望阳光洒在墙和大窗上，但在夏天却要求建筑有遮挡大面积的玻璃，使午后阳光不进入室内（图 SD8-3）。
- 好的建筑选址能减少从道路到住宅的水、电、燃气等公共费用的支出。
- 中央集中的供水可节约能源。卫生间一般背靠背布

置，如图 SD8-4 所示，或者上下层布置。厨房和公共用房的水管布置可利用同一条主要的水管。

- 建造房屋所在地的材料，称为"本土材料"，使用它们可节约建造成本。
- 要考虑建筑材料循环使用中的费用，这种费用称为生命周期成本。有些早期花费较多的项目长期看来却是最经济的。例如，砖比框架外墙成本高，但它不需要涂饰，而且砖墙建筑再出售时的价格往往高于同样的木结构建筑。硬木栏杆比松木栏杆费用高，但松木栏杆很容易损坏，很快就要更换。这样使用松木栏杆加起来的费用比使用硬木栏杆要高。

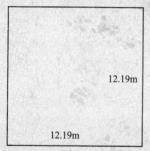

正方形：周长＝48.76m，
面积＝148.6m²

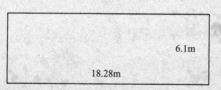

长方形：周长＝48.76m，面积＝111.5m²（相同的墙周长，面积少了 37.1m²）

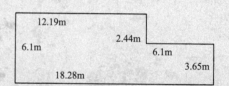

带凹凸的长方形：周长＝48.76m，面积＝96.624m²（与长方形相比，减少了 14.876m² 的面积，增加了额外的凹凸角的费用）

图 SD8-2　成本和面积。通过三个外墙长度相同的围合体，说明了随着空间平方数的变化，单位平方造价是如何增加的。

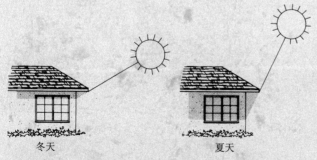

冬天　　　　　　夏天

图 SD8-3　出色的设计：屋面将 12 月温暖的阳光洒进室内，将 7 月酷热的暑气阻挡在室外。

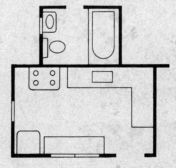

图 SD8-4　给排水管道应靠近设置

相关链接
能源协会 http://www.southface.org/
美国太阳能组织 http://www.ases.org/
国际太阳能组织 http://www.ises.org/ises.nsf !Open
太阳能工业协会 http://www.seia.org/

可持续性设计的一个简单原则是设计满足客户需求的空间，而且空间不要"太大"。建筑师 Sarah Susanka 将"不需太大住宅"的概念进行了普及推广。许多"不需太大"的设计哲学遵循可持续设计原则，其总体目标是创造高质量的室内空间，而不是追求数量（图 SD8-5 和图 SD8-6）。其他的设计原则包括：表现客户的个性，关注细节，所有空间日常都会使用，定制产品以满足多功能需求，设置个人的私密空间，有对角线的景观和中心区景观，壁龛装饰和靠窗的座位，引入自然光和室外景观，类似于船艇或优质房车的有效利用，引人入胜的住宅入口（不通过洗衣房）。

相关链接：
网站: http://www.notsobighouse.com/

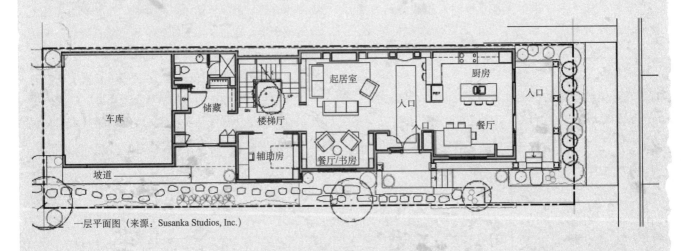

一层平面图（来源：Susanka Studios, Inc.）

图 SD8-5 和图 SD8-6 在这个住宅设计中，紧凑的原则显而易见。门厅中的储藏区域在主入口创造了焦点；客房设有一个安静的区域，并与非正式和正式的公共空间相连；大面积的窗户将外部与内部联系在一起；壁龛、靠窗座位和橱柜专为满足家庭需求而定制，并提供有效的空间利用。（设计师：Sarah Susanka，FAIA，《紧凑型住宅系列建筑》建筑师和作者；摄影：Barry Rustin）

8.4 组合设计系统

平面图遵循基于 90° 或 45° 角的几何线和简单的曲线设计。建筑行业围绕这样的设计发展，制造符合建筑尺寸使用要求的产品。第二部分讨论的格式塔和感知理论，以及第 3 章讨论的负 / 正空间关系的影响，与这些组织系统密切相关。

8.4.1 排列

排列——网格、线性、聚类、发散和集中，不仅可以作为视觉工具，还可以用于住宅和商业规划的空间功能布局。例如，Ridge Worth 投资项目中的平面图遵循强大的线性和网格化对称设计（图 8-27A～E）。图 8-28 中的布局强调了线性对称。

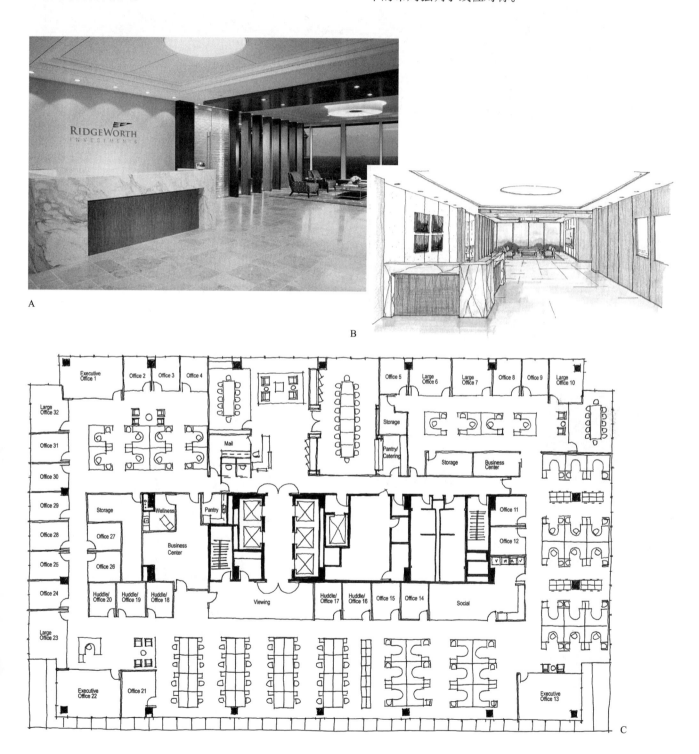

A

B

C

D   E

图 8-27   A 显示基于强线性组织系统的办公楼设计平面图。其中线性特征在接待区和等待区域 B 以及最终完成空间 C 和 D 的三维展开空间中进行。顶面上还有一条强烈的轴线，引导游客前往主会议室 E。（建筑师 / 设计师：Hughes, Litton Godwin；摄影：Gabriel Benzur）

图 8-28   办公室内部采用了强烈的线性布置。光线透过玻璃墙洒向内部地板和顶面。开放式办公室工作区错落吊顶把办公和走廊有效地区分，木质饰面的办公单元创造了温馨的氛围，柔化了生硬的线条。（图片提供：Knoll, Inc.）

组合设计串联了相互联系的功能元素。第二部分（UPS Innoplex）末尾的设计方案最初即是基于组合设计构建的，或者用通常的话说，是"社区"设计案例。

放射分组在机场终端中很常见，其中行李处理和内部控制位于中心位置，大厅形成从该中心区域向周边呈辐射状。但是，这种环形设计虽然提供了便捷的使用，但是由于圆形缺乏方向感而有时也不会被采用。学校设计也可以根据射线组织落实空间规划。诸如自助餐厅，体育馆，艺术活动空间或音乐室之类的通用设施也可以考虑区域辐射设计，使其从中央枢纽辐射到各年龄使用的空间。

中心布局设计则是聚焦在一个区域的设计形式。圆厅别墅（图 8-29），是文艺复兴时期的中心布局的一个经典案例。

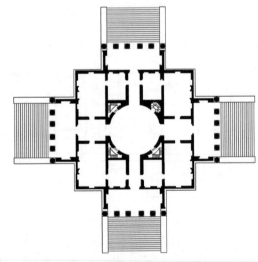

图 8-29   由著名罗马文艺复兴建筑师帕拉第奥设计的圆厅别墅在其平面图中展示了轴向设计。这个平面将访客引导前往圆形大厅。

8.4.2 设计控制

当然平面可以通过加法或聚合、减法或分割、空间扭曲，甚至乘法，重叠、分段或除法的组合（图 8-30）。

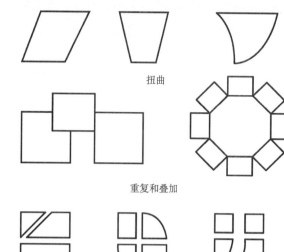

扭曲

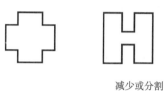

添加或聚合

重复和叠加

减少或分割

分段或分组

图 8-30　图形变换示例

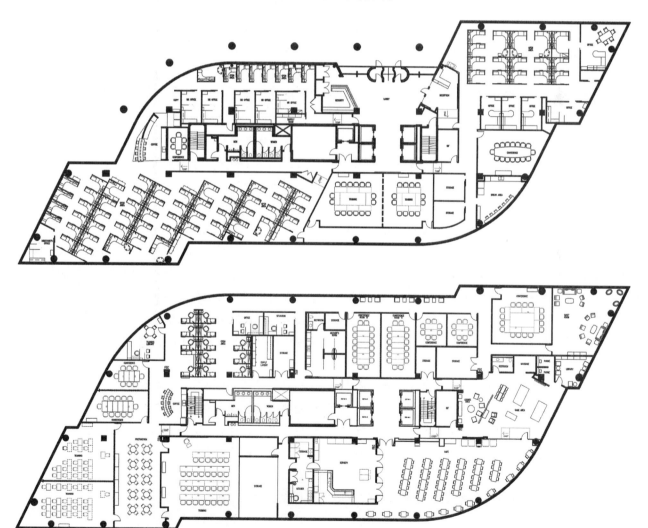

图 8-31　这个多层办公楼的平面图使用了叠加、组合和扭曲的组合。两个平面设计使用线性和网格对称的多种空间设计布局。
（建筑师 / 设计师：Hughes，Litton Godwin）

加法或聚合形式是指超出其原有边界而扩展空间。减法或分割是删除原有边界的一部分（图 8-27A）。扭曲是原有形状的有意弯曲，形成变形（图 8-31），甚至可以重叠、翻倍堆积或分成其他几何形状。关于这些手法可以在 Rob Krier 关于设计形态和城市环境的研究中找到，也可以关注 Wucius Wong 关于二维和三维设计的研究。

有组织的系统会产生强烈的轴线感，轴线自然地将视线引导到指定位置（参见图 8-27E）。设计师通过精心的图案化设计组织室内空间，以引导使用者顺利享受各功能区域。以下部分回顾了住宅和商业环境中的楼层平面图，包括其三维的立体方案。

8.5　住宅建筑平面分析

住宅设计的平面图有多种形状，例如方形、矩形、L 形或 H 形，每种形状都有组织系统。每种形状都有益处和复杂性，会影响室内环境的功能和美感。

设计师为了更好地为客户服务，应该记住以下一些设计要点：

- 住宅选址时应该强化室外景观的效果。例如正方形、矩形很难创造出与众不同的视觉效果，与有角度的形状相比缺少了吸引力。
- 建筑平面每增加一个角度，增加一个凹进凸出，其建造成本都将随之增加。
- 平面的形状会影响人们在室内的活动组织。例如，因为正方形平面不够灵活，设计师划分功能区域时会有许多限制。
- 与正方形或长方形平面图相比，多边形平面更加容易设计。
- 随着建筑平面长宽比的增加，供热和供冷系统的成本会增加。
- 长宽比的增加，反映在建筑平面中就是两翼侧厅数量的增加，这样内部空间延伸区域增大，就需要增加采光和照明，以及空气流通。
- 有一些平面类型能够为家具布置提供有趣的方案，如 T、U、H 和回字型平面。
- T、U、H 和回字型适用于室外私家庭院的布局，但正

方形较难组织景观。

- 从审美角度来看，车库应通往住宅的侧门，而不是正门。但这种布置方式占地面积更大，建造成本也更高。

8.5.1　正方形平面

正方形平面集优缺点于一身，是简单而成本较低的空间形式，这一点与长方形平面类似。大多数设计师需要通过创意地运用设计元素，通过建筑内部与外部调整，尽量去减少或改变这种方盒子形状（图 8-32）。

规划正方形平面时，要考虑的因素如下：

- 正方形平面只有四边。建造费用最低，主要成本在于屋顶板和地基底板。
- 合理的房间布置会流线顺畅。对设计师来说，确定正方形平面入口和内廊的位置有一定难度。
- 好的平面设计应该提供足够的采光和通风，这恰恰是正方形平面问题所在。正方形平面四边距中心距离较远，所以，室内的采光和通风往往不足。往往通过在中心设置天井的方式解决采光、通风问题。
- 正方形平面缺乏趣味性，设计师需要通过景观设计，或者平面旋转一定的角度形成斜线或钻石型平面。
- 在正方形平面中，很难把生活空间，例如睡眠区和活动区进行很好地分隔。

8.5.2　矩形平面

矩形是最简单和最常见的平面，平面形状越偏离矩形，其花费成本则越高。每一个凹进凸出和额外的坡顶都意味着要增加额外的建造成本，不过矩形平面可以方便古典和现代风格的房间布局，图 8-33 矩形平面包含许多室内设计概念，有以下的特点：

- 通过门厅可以抵达室内各区域。
- 恰当地划分基本的私密区与公共区，便捷实用。
- 沿海滨的设计利用景观，二楼有海景观赏区。
- 车库闭合而又易于抵达。
- 公共区和交流区界定明显。
- 橱柜和储藏空间合理布置
- 底层与二层卫生间布局保持对位。
- 后部有出入口，可以直接进入一、二层。

图 8-32 这是使用面积不超过 121m² 小型独栋住宅，通过方形平面有效地利用了空间，而高耸的起居室天花增添了空间的宏大感。（单位：m）（设计师：Wolf-Lyon Architects）

8.5.3 多层平面

多层平面提供两层或更多的生活空间，从图 8-34 可以了解这种平面的特点：

- 基本的矩形两层平面和仓库上部空间满足全部居住功能。
- 两层平面使室内各种区域更加容易组织。
- 门厅区域考虑贯穿住宅上下的通道。
- 门窗的位置布置恰当。

- 过道出入便捷，后部设置楼梯尤其重要。
- 通常橱柜和储藏区的设计不能影响房间的基本形状。
- 洗衣房可放置在楼上，并选择了恰当的位置。
- 如果是矩形平面，在场地允许时，车库门可改为侧开。

8.5.4 T、U 和 H 型平面

T、U、H 和 L 型平面与矩形平面相比延伸了室内空间，它们的优点是房间有更多的可变性，轻易区分喧闹区和安静区，室内交通流线更加顺畅，增加了更多的自然采光、通风和室外美景。

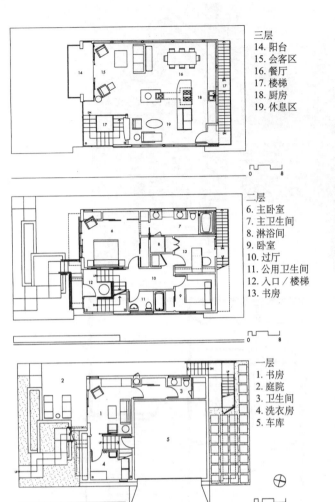

三层
14. 阳台
15. 会客区
16. 餐厅
17. 楼梯
18. 厨房
19. 休息区

二层
6. 主卧室
7. 主卫生间
8. 淋浴间
9. 卧室
10. 过厅
11. 公用卫生间
12. 入口/楼梯
13. 书房

一层
1. 书房
2. 庭院
3. 卫生间
4. 洗衣房
5. 车库

图 8-33 这个独特的平面设计很好地适应了场地情况。为了看到最美的海景，设计师将公共区域位于上层；开放的楼梯将各个楼层连接，橱柜、储藏空间和卫生间没有破坏空间的整体感；在主卧室采用落地门可以环视室外景观和室内空间。（设计师：Rockefeller/Hricak Architects；摄影：David Glomb）

图 8-35　设计合理的 U 型平面，有分区的卧室。（设计师：Donald A.Gardner 建筑设计公司）

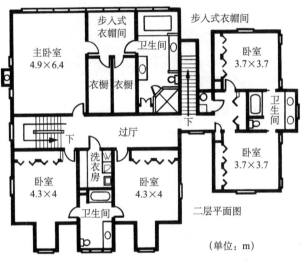

（单位：m）

图 8-34　设计合理的有 5 个卧室的多层住宅。（建筑师 / 设计师：Cooper Johnson Smith 建筑设计公司）

装修能把人们带回市中心社区氛围，从而提升城市更新形象。

这种平面的缺点是增加了取暖制冷的设备成本和地基、屋顶、凹凸面的土建费用，而且占地面积更大。图 8-35 是典型的 U 型平面，卧室分区设计。

8.5.5　阁楼平面

在城市和近郊地区，空置的仓库和工业建筑正在被改造成公寓。历史保留建筑的适应性改造在城市更新中起着非常重要的作用。这些翻新扩建的建筑阁楼形成一种独特的住宅空间，它们的主要特征是高大的天花、宽敞的空间、天窗、外露的建筑结构件（图 8-36）。重新

8.5.6　中庭平面

古罗马人经常设计带有内部庭院的住宅建筑（图 8-37），而今在气候宜人的区域仍被普遍使用。庭院作为整个住宅的中心焦点可以完全封闭，或者围合成 U 型平面。

8.5.7　圆形平面

圆形平面通常被认为是最不可取的形状，因为涉及曲线设计的问题。然而，它的独特设计可以在精心策划时提供特别的生活空间。图 8-38 说明了基于圆的一部分的精心设计的布局。

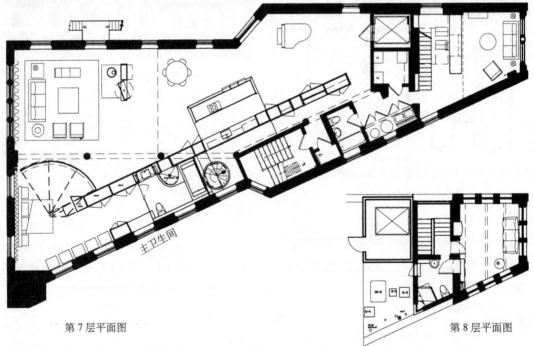

第 7 层平面图   第 8 层平面图

图 8-36 这个纽约的阁楼翻新设计。在设计师介入之前发生了大量的拆除，留下的天花板，隐藏式照明和部分砖墙被移除。独特的角形建筑和 7.6m×4.6m 的大窗户形成了一个特色的住宅环境，注意主卧室内的可移动半透明墙，内置橱柜，以及阁楼二楼的休息室或客卧都是有设计特色的。（图片提供：Ike Kligerman Barkley Architects；摄影：©Durston Saylor）

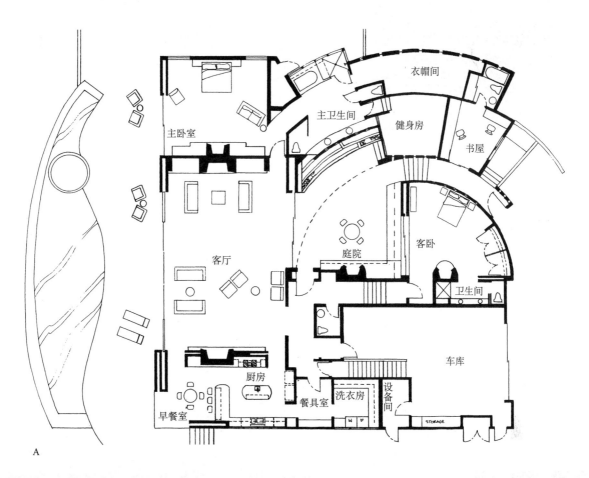

A

B

C

D

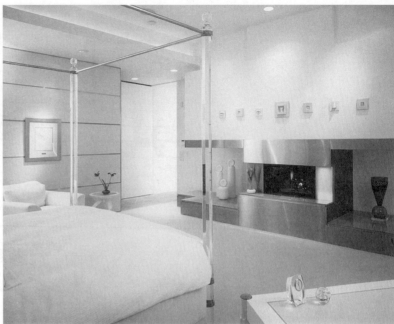

E

F

图 8-37 在这个中庭平面中，建筑师和室内设计师创造了一个独特的、强调海景的平面布局。开放小院作为餐厅，同时将海景引入客卧。嵌入式壁炉、弧形墙面和变化的顶面高度都强化了海岸线的轮廓和清晰感。客户的个人艺术收藏品通过精心地摆放和恰当的照明被凸显出来。（设计师：Mindy Meisel；建筑师：Ken Ronchetti Designs；摄影：Christopher Dow）

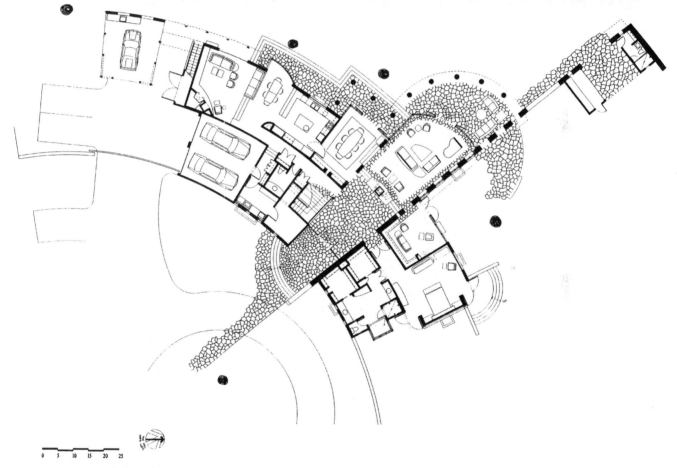

图 8-38　一览无余的室内空间充满一种流动性和飘逸感。椅子靠背、橱柜和顶面细节不断重复曲线形的设计。
（建筑师：The Steinberg 公司；设计师：Brukoff 设计协会；摄影：Richard Barnes）

8.5.8 集合住宅平面

建筑师现在考虑高密度的住宅单元集合设计，来满足各种生活方式和生活品位的人们需求。主要关注点是空间的有效利用、噪声控制、私密性、维护的便利、安全性和节能，使得在公寓住宅、复式住宅、花园公寓、串联公寓和联排公寓等共同组合的居住群落里，建筑平面户型互联，组合成单体内部大小和楼层各异的居住单元集合体。图 8-39 是一个单卧室方便简洁的居住单元，供一对夫妇或单身人士居住。

在串联布置中，各个单元可以并排或前后放置。

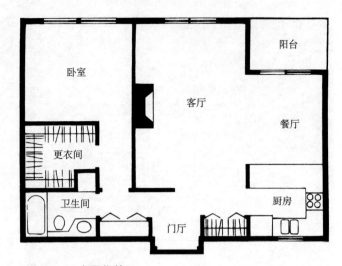

图 8-39　一个居住单元

8.5.9 布置合理的平面

图 8-40 的空间尽管由于平面有很多形状的边角和凹凸而造价高，但能满足居住住宅空间所需要的诸多需求。这个平面的优点有：

- 较好界定并宽敞的公共区（比如较为正式的客厅和非

正式的起居室等）和私密区域。

- 通过开放和封闭设计，营造富有创意和独特的空间以满足居住者个人的需求。

- 墙体和门洞设置合理和方便，并有足够的摆放家具的空间。

- 内部交通设置合理。从入口到公共区域方便，贯穿室

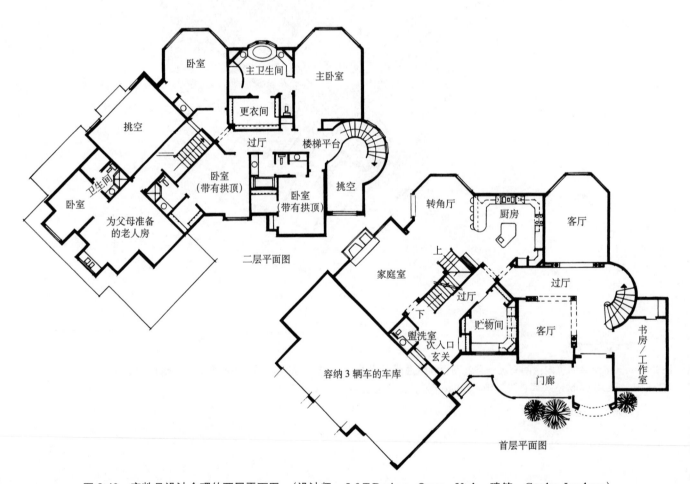

图 8-40　宽敞且设计合理的两层平面图。（设计师：L&T Design, Orem, Utah；建筑：Gordon Jacobsen）

内的主走廊宽敞，入口区域相对开阔。

- 车库便捷地通往厨房，车库门不对着街道。

图 8-41 是一个布置不合理的平面，它具有许多常见的缺点：

- 入口空间缺乏独立性，起居室像一个大的过道。
- 大门位置不合理，交通流线混乱，壁炉周边无法形成一个私密的交流区。
- 进餐区缺乏私密性。
- 车库的布置让货物搬运流线显得很混乱。
- 从厨房到三件套的卫生间必须穿过卧室。
- 管井的布置不经济。
- 洗衣机和烘干机被摆放在厨房不方便的位置。
- 窗户尺寸和位置不合适。位于左上角的小卧室窗户靠墙过近，同时起居室窗户过小，采光不够。
- 喧闹区和安静区没有很好地区分开。
- 忽略了私密的非正式的起居空间，例如电视机不得不放在起居室。

图 8-41　不合理的平面设计。（单位：m）

8.6　公共建筑平面分析

与住宅楼层平面图一样，不同风格的办公楼设计也要满足相应客户的需求。设计主要考虑因素包括企业的定位和类型，公共设施和内部设备系统的灵活性，以及基本建筑现状，业主喜好和风格倾向。同样，建造成本必须符合客户的预算。

8.6.1　位置

独栋公共建筑：因为建筑要用来满足自用的特定需要，所以应该让客户参与设计。独栋建筑可以是租赁或拥有土地使用权及建筑产权。

沿街商铺：一般由产权人租用，产权人从整体商业价值出发，不仅需要对其进行维护，甚至会控制业态以及外观效果。这种沿街商铺营业时间不会受到限制，而且可以吸引顾客很方便地出入。

集中商业（商城）：也是向产权人租用，由整体规模吸引大量稳定的顾客群，比沿街商铺有更稳定的客源，但营业时间会受到限制。一般以零售商业为主，还会与办公、健身和非零售业态一起。

多层建筑通常可以作为商业场所，也可以用作健康疗养、医护或者公寓等租赁活动场所。商业客户会租用一层或者几个楼层，由产权人提供保洁、安防等物业服务。

8.6.2　系统

业主需要对供热通风与空调、管道、声学和安全系统进行评估，以满足客户的需求。例如，购物中心无法满足医疗机构对管道的需求，特别是医疗废弃物外运通道需求。金融机构如比邻餐饮或酒吧附近，就很难避免噪声隔离。

8.6.3　设计

优秀的外部建筑设计会为公司增光添彩。建筑物如有多面外墙，可以增加许多角落办公室，适合律师事务所或需要大量私人办公空间的公司。

建筑物中的弧形墙壁适合开放式办公室布局或其他需要延展空间，如教室或会议区域。

多层建筑经常具有吸引力。弯曲或有角度的墙壁增加了内部的设计变化和多样风格（图 8-42）。

在下面的设计方案中，客户正在考虑搬迁到一座多层历史建筑。在第一种情况下，客户希望将空间用作住所。在第二种情况下，客户希望将空间用于商业地产办公室。两个客户的平面图都是根据正常情况设计。设计过程包括：收集信息，分析需求，并据此生成若干想法和计划。一旦选择了解决方案，就会制定最终平面图。

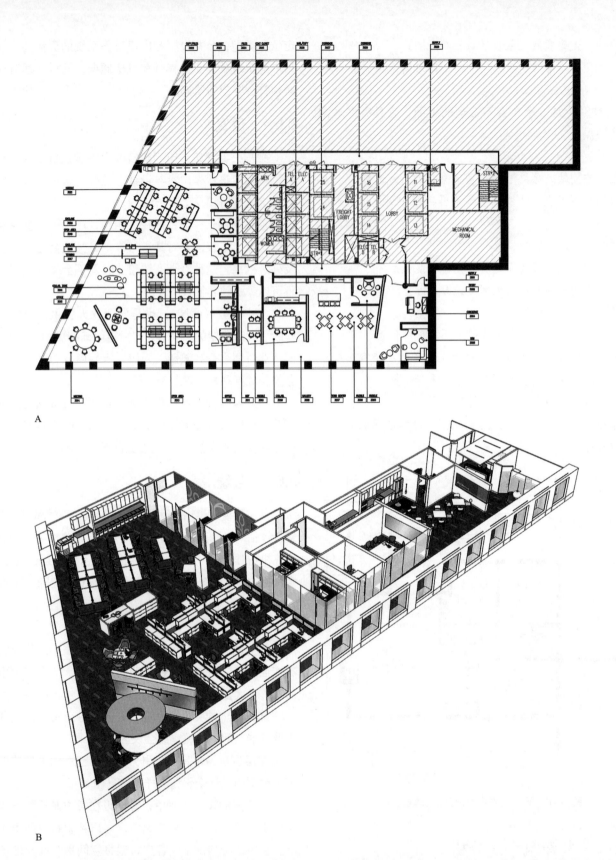

A

B

图 8-42　A 这座多层商业办公楼包括有角度的室内和有韵律外墙。对于有斜度的角落设计一定要尽可能开放，才能提高利用率，在此通过圆形会议桌提供了理想的解决方案（参见节奏与韵律章节）；B 轴测 CAD 绘图显示了开放式办公区域的重要性，并尽量利用自然光。（建筑师 / 设计师：Hughes，Litton，Godwin）

本章小结

分析家具需求，将它们分组到各功能区域，并将这些区域合成到整体规划中，以此开始空间设计。草图和深入各种选项分析设计是空间使用的本质，最终形成空间整体设计。图8-43 以图形方式说明了这一过程。

设计师精于空间分析和组合设计系统的使用，了解整体与分区的关系，空间规划类似于组合拼图，设计没有预定的解决方案，设计师就是创建解决方案以适应每个客户独有的设计需求。

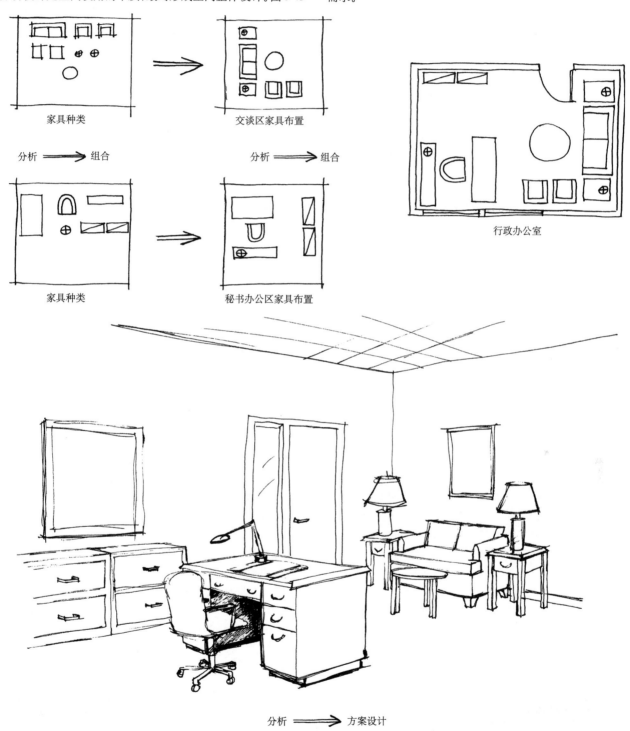

家具种类   交谈区家具布置

分析 ➡ 组合   分析 ➡ 组合

家具种类   秘书办公区家具布置

行政办公室

分析 ➡ 方案设计

图8-43 在空间规划过程中，家具的分析往往基于客户的需求。在特定的活动区域，家具一般成组布置，并保证充足的通道。设计师分析人们的活动，将活动区域成组地布置在各功能房间里，然后通过设计分析、设计元素和设计原理的系列运用，最后形成空间规划组合。

在这两个设计案例中，一栋历史建筑空间将转换成住宅和商业地产企业办公室。这两个设计项目说明了设计师是如何分析客户空间需求的过程和方法。

住宅设计

第一个案例中，一个单身女性购买了一幢旧建筑并将之转换成一个居住空间。由于不能改动任何外窗、外墙体和走廊，给排水管的排设也受限制，在建筑被仔细策划后，盘算这些限制并不会对居住要求有较多妨碍，女租客随之签订了购房合同，并支付了定金，开始聘请设计师进行设计。而设计师在研究客户需求之后，规划了以下空间。

（1）入口

- 类似门厅的空间；
- 配置橱柜。

（2）起居区

- 至少有4个人的座位；
- 可作为客人的卧室；
- 可观赏室外景观；
- 4个座位都能看到电视；
- 有吧台。

（3）餐厅

- 通往厨房和起居室；
- 4个人的座位；
- 引入外部景观。

（4）厨房

- 主要设备：冰箱、烤箱和水槽；
- 需要洗碗机和微波炉；
- 食品贮藏间。

（5）主卧室

- 应配有大床；
- 有存放衣服的贮藏区；
- 有座椅或阅读椅；

- 书架至少6m长；
- 应引入室外景观；
- 有存放衣服的橱柜和杂物储藏柜。

（6）卫生间

- 需要满足主人和客人的需求。

（7）洗衣区

- 应有洗衣机和烘干机（可放在一起）。

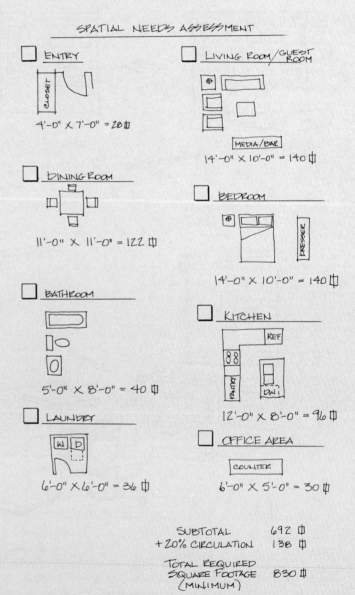

图 DS8-1 住宅空间的需求评价

(8) 办公区

• 有摆放计算机、打印机、传真机和文件的房间。

根据特定活动区域的空间规划需求（如第 7 章和本章所述），设计师细化了空间需求评估图（图 DS8-1），并增加了 20% 的额外走廊和流通面积。

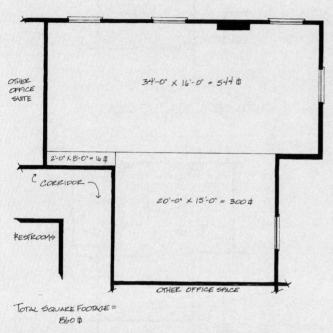

图 DS8-2 提供的租赁空间图。设计师的规划需求面积约 80m²，其他办公室或者租户分别位于设定空间的两侧，空间的中央核心区为公共卫生间和电梯。

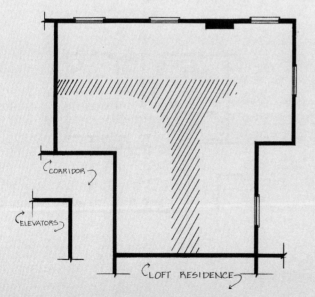

图 DS8-3 为了让排水管管线保持合适的倾斜度，所有卫生间设备必须位于阴影区的外面。

然后设计师就客户所需的空间进行平面策划（图 DS8-2），分析得出的预估空间面积是 73.19m²，低于现有的 80m²。因此，设计师确认，客户提出的各种生活需求，可以在这个空间中得以解决。

设计师也需要知道黑色的水管埋在哪里。购买合同中详细列出了所有的需要离走廊或外墙 2.4m 以内的黑色水管线。图 DS8-3 列出了水管的合适位置。

另外，设计师需要分析不同活动区域之间的关系。比如，因为这所住宅只有一个入口，设计师需要将其设置在邻近厨房和起居室的位置。同样，卫生间要在卧室的可视范围内。图 DS8-4 以泡泡图的形式图解了这个项目的设计思路。

设计师一旦获得上述信息，就要着手对这些信息进行综合分析，此阶段采用块状图示意，将各种功能活动区域画成"方块状"，设计出基本方案 A（图 DS8-5A，步骤 1）和方案 B（图 DS8-5B，步骤 1）。

下一个步骤是确定墙体分隔区域（图 DS8-5A，步骤 2 和图 DS8-5B，步骤 2）。设计师在此阶段标识出功能区域或者方案中的亮点。在方案 A 中（图 DS8-5A，步骤 2），设计师不满意大门直通厨房，视野不开阔。

最后步骤是细化设计，完成最终的方案。客户比较了方案 A 和方案 B（图 DS8-5A 和 B，步骤 3），最终决定在方案 B 的基础上做深化设计（图 DS8-5B，步骤 3）。

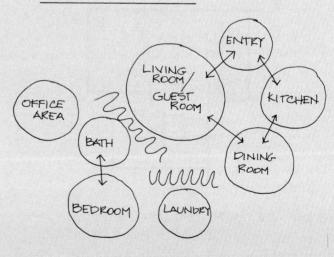

图 DS8-4 气泡分析图。说明居住空间内部功能之间的关系。箭头意味着强烈的直接的动线要求。波浪线意味着需要私密或遮挡的区域。

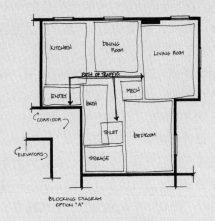

图 8-5A　方案 A 步骤 1，确定逻辑形式。

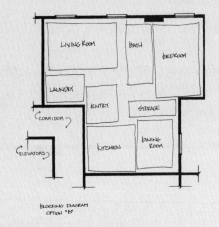

图 8-5B　方案 B 步骤 1，确定逻辑形式。

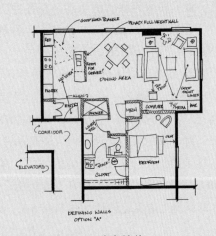

图 8-5A　方案 A 步骤 2，确定墙体。

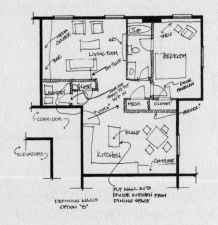

图 8-5B　方案 B 步骤 2，确定墙体。

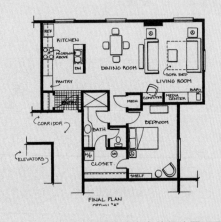

图 8-5A　方案 A 步骤 3，提交给客户的最终平面图。

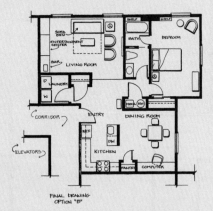

图 8-5B　方案 B 步骤 3，提交给客户的最终平面图，也是客户选定的平面图。

商业地产办公室设计

在本设计案例中，一家商业地产公司租用这个历史建筑（图 DS8-6），并聘请设计师分析空间，评估能否满足公司的需求。与之前住宅案例一样，设计师首要考虑的因素是满足业主公司的使用功能需求，并总结了以下的诉求：

（1）接待区

- 需要秘书桌 / 接待台区域，可以容纳计算机、打印机、打字机等约 5m 长摆放文件和电话的桌子；
- 可放下 4 张椅子的房间；
- 接待员能接待客人，但客人坐下时不会看到办公区的工作场景；
- 接待员必须靠近主管。

（2）主管 / 市场代表

- 桌子、书柜，除自己坐椅外还需要两把接待椅；
- 一些书架，座位靠近窗户。

（3）三个市场代表助理

- 可放桌子、书柜和两把接待椅的办公空间；
- 一些书架并离窗户不远。

（4）会议室

- 6 张及以上舒适的椅子；
- 演示区以及播放公司信息的投影和视频的设备。

（5）储藏 / 茶水间

- 可通往收发室、复印机、小冰箱和放置小物件的台面；
- 需要存放纸、办公用品和咖啡的橱柜；
- 靠近接待员。

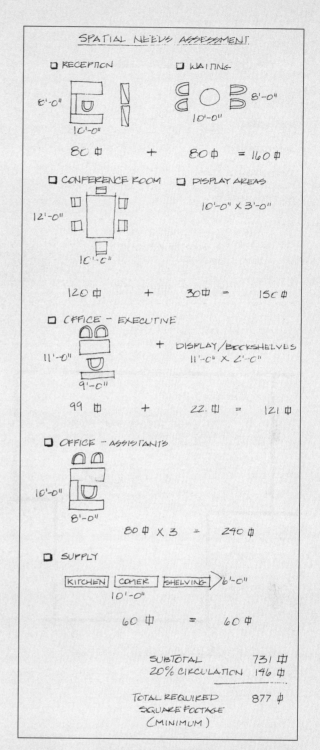

图 DS8-6　空间需求评估

设计师在分析客户需求的基础上做出了空间需求评估（图 DS8-6），得出业主需要约 81.5m² 的功能空间，而现有的空间面积只有 80m²，虽然室内空间会有些紧凑，但客户的所有要求都能得到满足。

因为这是一家新的公司，当前只有 3 名雇员，但计划今后 3 到 5 年再增加 2 个营销代表助理，设计师要根据业主未来的要求进行空间规划分析。

为了更好理解客户需求和各功能活动区之间的关系，设计师采用相容矩阵分析（图 DS8-7）并绘制了气泡图（图 DS8-8）。

设计师在空间规划分析中的关键步骤是分区。图 DS8-9A 和 DS8-9B 图解分析了方案 A 和方案 B。

COMPATIBILITY MATRIX

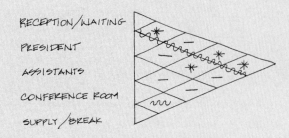

RECEPTION/WAITING
PRESIDENT
ASSISTANTS
CONFERENCE ROOM
SUPPLY/BREAK

✳ — STRONG RELATIONSHIP
— — MINOR RELATIONSHIP
ᏇᏇ — SHIELDED

图 DS8-7　相容矩阵图

BUBBLE DIAGRAM

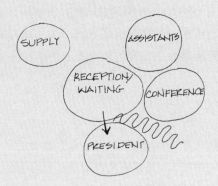

图 DS8-8　气泡图

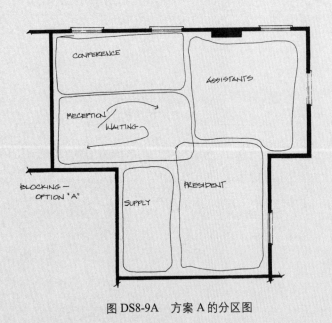

图 DS8-9A　方案 A 的分区图

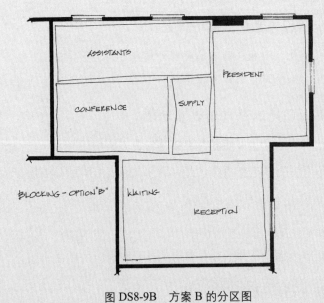

图 DS8-9B　方案 B 的分区图

方案 A

在这个办公场所中确定墙体位置比住宅方案更具挑
战性。在方案 A 中，设计师通过 4 个步骤确定了室内的
墙体位置（图 DS8-10A，步骤 1 至步骤 4）。设计师在平
面中标注出了受关注的区域。

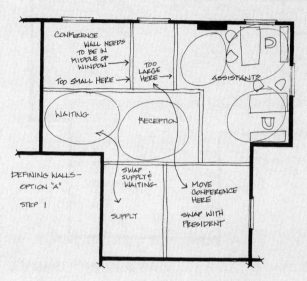

图 DS8-10A　方案 A 步骤 1，确定空间关系

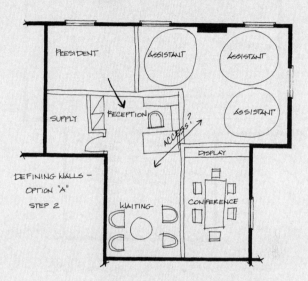

图 DS8-10A　方案 A 步骤 2，分析墙体位置

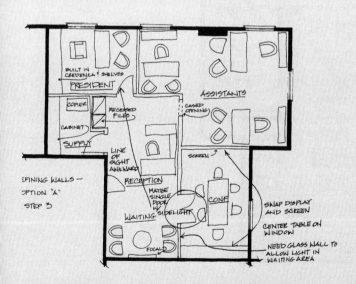

图 DS8-10A　方案 A 步骤 3，进一步分析和细化

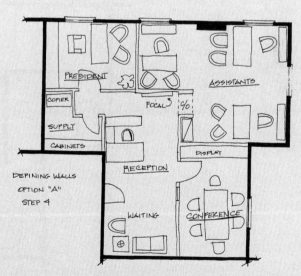

图 DS8-10A　方案 A 步骤 4，确定最终的家具和墙体位置

方案 B

方案 B 中划分墙体稍简单一些。设计师在完成了步骤 1 和步骤 2 之后（图 DS8-10B，步骤 1 和 2），做了一个详细的家具布置（图 DS8-11），便于设计师和客户的沟通。

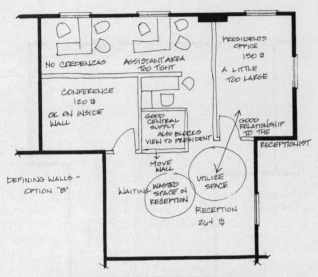

图 DS8-10B　方案 B 步骤 1，确定墙体位置

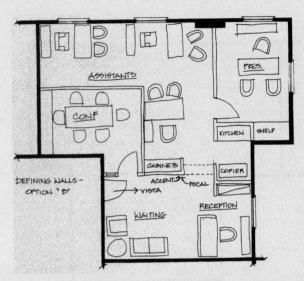

图 DS8-10B　方案 B 步骤 2，确定最终的家具和墙体位置

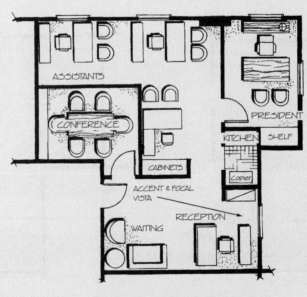

图 DS8-11　最终成图

材料、饰面和织物

Materials, Furnishings, and Fabrics

在你的房子里，不要有任何你认为没用或不美的东西。

——威廉·莫里斯

图 V-1　对于这个会所，客户要求"正宗的英国都铎王朝"内饰。设计师选择了丝绒面料、东方地毯、英国古董和古董复制品家具以及橡木墙板，以确定主要聚集区的基调。顶棚实木结构和白色顶面，与多层烛型吊灯形成鲜明对比，营造出温馨的氛围。（图片提供：Ferry，Hayes & Allen Designers，Inc.）

第 V 部分包括 5 章，评述了可用于地面、天花和墙壁的材料及表面处理的选项和特性，以及家具和纺织品选择中可用的设计选项。第 12 章详细阐述了窗饰、配件和艺术品。在所有室内设计中，这些不同的组件必须协同工作，以创造一个和谐、统一的环境，并为房间创造氛围（图 V-1）。

正如第 1 章所讨论的，设计目标包括功能和人的因素、美学、经济学和生态学。设计师在选择家具、面料和背景元素时都有相同的目标。

功能

环境中的内部材料和组件必须满足空间的功能需求。空间的功能需求与人因、耐用性、安全性和声学相互作用。

(1) 人的因素

在选择所有内饰材料时，设计师必须了解客户的需求，以满足人为因素的目标。不同的人需要不同的家具来完成相同的任务。在选择家具时，满足特定个人的需求尤为重要。与服装一样，适合一个客户的东西并不一定适用于下一个。在家具中，一种尺寸并不适合所有人。设计师必须特别注意客户的人体工程学需求（见第 IV 部分空间）。

例如，为了方便起立，老年客户可能需要椅子有高扶手和硬一点的靠垫。年轻的客户可能希望使用软垫沙发来休闲。商业办公室的客户可能需要可调节的椅子以适应不同的员工（图 V-2）。用户需要合适的家具来满足身体不同的功能需求。

(2) 耐久性

选择的产品必须耐用；这对地

图 V-2　在 Herman Miller 的这个展厅中，Aeron 座椅被用在会议区。Aeron 座椅具有极强的适应性，椅背、扶手、座高均可以调整；同时，94% 的部件可以被回收。展厅使用各种照明方式，以适应不同工作区域和一天中不同时间所需的功能。吊顶设计与开放式办公空间平面相呼应。开放式办公系统上的吸音板可降低环境噪声。与 Herman Miller 合作的家具设计师 Bill Stump 在以下网址上讨论了 Aeron 座椅的设计：http://www.hermanmiller.com/products/seating/work-chairs/aeron-chairs.html。（图片提供：Herman Miller Inc.）

板尤为重要。在主卧室套房中，白色地毯可能看起来很棒，但在接待区域，这将是一场灾难。

同样重要的是墙面饰面和织物的耐久性。例如，可清洗的墙纸在公共走廊中至关重要，但在图书馆中可能不那么重要。面料还必须满足清洁和耐用性要求。

家具必须能够承受预期的磨损。

住宅餐厅的椅子在商业会议室里看起来不错，但如果没有适当的支撑，它们很快就会崩溃。文件柜可能适合偶尔的住宅办公室备案，不能承受会计办公室的严格要求。

(3) 安全

产品还必须符合安全和消防法规。设计师必须考虑与阻燃性、防

图 V-3　独特的火炬形灯具和定制铁艺制品为这家餐厅增添了温暖和活力。悬浮式重点照明聚焦在一系列植物挂画上。在这种高档环境中控制不需要的噪声至关重要。（设计师：Engstrom Design Group and To Design.；摄影：Andrew Kramer AIA.）

滑性和可达性相关的法规，以满足功能要求。

（4）声学

纺织品、墙纸和铺地材料极大地影响室内环境的声学效果。这些材料可以用来从物理和视觉上过渡、软化硬质建筑元素的边缘。在餐厅设计中，正确的选择尤为重要，因为在餐厅中不希望听到厨房里餐具所发出声响（图 V-3）。其他关注声学设计的领域包括私人办公室、图书馆、教室和会议区。影院和演奏厅的声学设计则需要室内设计师与专业声学工程师共同制订。

美学

家具、织物和背景材料的选择必须符合设计的基本原则和要素，同时也必须考虑客户的个人偏好。就像房间的功能须符合人的因素一样，美学也必须如此。客户偏好在住宅设计中尤为重要。设计师不仅要听取客户的要求，还要观察客户，最好是进入他或她的个人环境中（图 V-4）。

饰面和材料的颜色、纹理和感觉有助于定义空间的特征。设计的每个部件都需要支持空间的整体主题和建筑背景。正如第 1 章所讨论的那样，设计师通过仔细观察和体验来培养敏锐的洞察力。

经济

必须根据产品的质量、成本和生态特性来考虑特定家具、织物或背景元素的价值。

（1）质量

一件家具（或任何其他建筑构

图V-4 设计师与客户密切合作，创造了一个充满艺术氛围的用餐空间。定制的玻璃嵌入在地板中，将餐厅和起居室之间给出了视觉指引。（设计师：Stevenson Design Group；摄影：Robert Brantley）

件）是如何制作的及其所用材料的质量，对设计师和最终用户来说都是至关重要的。制造、材料和饰面的质量各不相同，设计师通常依赖于制造商的诚信和销售人员的话。一个优秀的制造商会对其产品的熟练制造和细节感到非常自豪，因为公司的声誉取决于它。

（2）成本

在规划和提供空间时，客户的预算是必须要考虑的因素。软装的成本必须与预算分配一致。几乎所有的设计项目都必须遵守预算限额。

除初始成本外，还必须考虑产品使用寿命全周期的成本（生命周期成本）：维护、维修和更换部件的成本。优质的产品和良好的设计始终是明智的投资，如果经过精心挑选，可以获得合理的成本。

（3）生态特性

设计师还有责任鼓励使用不会破坏环境或产生有害排放物的产品和材料。请参阅以下章节中有关可持续设计的专门部分，内容涉及家具和配件、纺织品、环境背景。

第9章

地　面

图 9-1　这个商业酒店大堂由大理石铺地界定。高度抛光的设计体现了酒店的正式性。有角度的墙，在瓷砖地板上反射，引领住客前往接待台。一系列的吊灯营造的重点照明也有助于接待台的识别，并为前台的工作提供照明。（图片提供：© Jeffrey Jacobs）

任何房间的总体布置都离不开地面、天花板、墙壁这些建筑上的基本元素，以及第 5 章中讨论的其他项目，如门、窗和壁炉。添加到这些背景（以及房间中的可移动物体）的装饰应该与整体感觉保持一致，使房间和谐统一（图 9-1）。本章重点介绍地面的材料和表面处理选项。

我们都知道地面主要是用来供人们行走并提供放置家具的载体，所以地面装饰设计首先要考虑材料使用上耐磨、抗污的要求；其次，经常停留的办公室和起居室地面材料应具有一定弹性和较低的传热性；再次，地面视域较大，其图案、质地和色彩会给人留下深刻印象，甚至影响整个空间氛围。由于技术的进步，传统材料、新材料以及加工方式也不断更新优化，使得今天的地面材料日益丰富。地面材料的选择标准与第 5 部分中介绍的相同：功能、人因、美学、经济学和生态学。

9.1 硬质地面

无论是具有弹性的木地板，还是大理石这种非弹性材料，近几十年来，硬质地面材料始终占据着室内地材料的主导地位。术语"弹性"（resilient）是指材料在受压时弹回的能力；相反，"非弹性"（nonresilient）材料则缺乏灵活性。

9.1.1 非弹性地面

（1）石材

虽然人们普遍认为，非弹性地面的成本通常很高，但是石材和地砖这些硬质材料，以其高耐久性、多用途性、易于保养而持续流行。硬质板材铺设在薄或厚的砂浆上，板材之间的空隙还需要用材料填缝。填缝剂的颜色极大地影响了设计：通常填缝剂的颜色与铺地材料一致（参见图 9-8）；而与铺地材料颜色形成对比的填缝剂则突出了单块铺地材料的形状（图 9-2）。

石材可以是天然石材或由天然材料加入添加剂制成的人工石材。大理石（Marble）是一种天然石材，它由石灰石形成，由于压力或热量而经历了变化。在采石和切割过程中产生的大理石"碎屑"用于制造水磨石。另一种天然石材洞石（Travertine）孔更多，因此需要用水泥填充以使表面均匀。其他用于地板的天然石材包括石板、花岗岩和板岩。

由天然材料制成的硬质地面包括砖、瓷砖、陶砖、石片和卵石砌筑。砖和瓷砖通常经过高温形成坚硬、无

图 9-2 洞石地面、田园风格立柱，搭配流苏台布、玻璃台板和带有动物图案的座面形成有趣的对比。（设计：Wells；摄影：Hickey- Robertson）

图9-3　陶制砖用途广泛，从荒野的毛石到抛光的大理石表面都可以处理。左边的方形的是 Cerdomus Ceramiche，矩形是 Graniti Fiandre，后两个方形的是 Emilceramic 和 Vives Azulejos y Gres。（图片提供：Courtesy of Interiors & Sources）

图9-4　天然石材能够通过水刀切割用于复杂的图形设计中。（图片提供：Courtesy of Interiors & Sources）

图9-5　这种瓷砖能产生一种三维效果的视错觉。（图片提供：Courtesy of Interiors & Sources）

图9-6　色彩艳丽、对比强烈的马赛克。（图片提供：Courtesy of Interiors & Sources）

孔的表面，更高的温度下可以烧制成釉面。卵石砌筑则是在小型卵石铺地中灌注混凝土而形成。

瓷砖、石材和其他砖石地面的耐用性使这些材料可以在家庭和商业环境中使用。在家居中，地砖或石材地面可以从门厅到走廊铺设到餐厅的地面上，这样可以产生整体的效果并减少维护费用（图9-3至图9-6）。而用于餐厅、酒店大堂和购物中心，则能体现其耐用性和设计表现力。

表9-1提供了最常用的非弹性硬质地面材料的特性、用途以及处理和保养的建议。

（2）混凝土地面

混凝土地面是商业办公区域常用的地面材料，它可以给室内设计带来一种现代感和秩序感。混凝土地面还可以被人工着色或被压制成仿造大理石、砖或其他材质的装饰图案，称为压型混凝土（图9-7）。还可以在混凝土中加入碎石或砾石以形成粗糙的表面，但这些表面较难协调。

（3）环氧树脂

环氧浇注地板（EPF）通常应用于工业，例如体育场馆或仓库，或者可能有水的区域，例如大型公共厕所和地下车库地面。EPF 由环氧树脂和硬化剂两个组份混合而成。成分的组成比例会影响固化时间、耐久性以及耐化学品性和耐热性。EPF 暴露在紫外线下容易变黄。为了防止黄变，可以使用添加剂或设计成较深的颜色。使用添加剂也可以改善抗菌性、抗静电性和光反射性。根据用户的需要，材料表面可以光滑或添加纹理。

表 9-1 非弹性硬质地面材料

材 料	特 性	用 途	处理和保养
砖	耐久，低维护需要 包含多种纹理、尺寸和色彩 易透湿、透冷，并且吸油 吸收和储藏太阳能但不吸音 表面触感粗糙	步道、天井、门厅、温室 增添乡村感或历史感	仔细打蜡以柔化粗糙不平的表面，产生柔和的光泽 涂上聚乙烯保护层防止油污渗透 用干拖把抹去灰尘，不定期清洗 对于难清洁的污渍，使用磷酸钠清洗
瓷砖 （图 9-3、图 9-5、图 9-6）	具有独特的美的品质 最坚硬耐久的地面和墙面铺装材料之一 多用途 常见的小方块拼贴的瓷砖形式被称为"马赛克" 可以上釉或不上釉，有许多颜色、样式和纹理的选择 吸收和储藏太阳能，但不吸音 价格昂贵	浴室使用，也适合任何商业空间	不上釉瓷砖可以上蜡产生柔和的光泽 上釉瓷砖用干拖把抹去灰尘，需要时可用肥皂和温水清洁
混凝土	混凝土地面有平滑的或有肌理的，抛光的或不抛光的 可以在混凝土灌注之后上色和加工图案，称为压型混凝土 吸收和储藏太阳能，但不吸音 不昂贵 室内使用可带来冰冷、工业化的感觉	特别适合一些高强度使用的区域或放置重型设备的区域 常在超市使用	需打上厚蜡保护 不能使用油漆 可使用环氧树脂等特殊表面工艺 清洁之前打湿并使用洗涤剂 容易维护
环氧树脂	特别耐磨，有多种表面装饰形式 暴露在紫外光照射下可能会变黄 施工复杂 水基，因此较无害	工业化地坪，可用于高强度使用区域也可用于商业场合	用于工业的区域需要每天清扫 在高强度使用区域需要擦洗以保持表面光洁
石子铺地	卵石被嵌入在混凝土中，打磨后表面光滑，但保留不平整的状态 吸收和储藏太阳能 因不平整而不便行走	特别适合室外步道铺装	经常不定期除尘和清洁
石板	任何平整的石材 在尺寸、厚度、质量、色彩上都存在差异 多用途，耐磨，美丽 容易维护 色彩从米色到棕红色都有 可切割成几何形或按照自然形状铺设 表面轻微不平整 吸收和储藏太阳能，但不吸音 昂贵 受损后不易修复 感觉冰冷	步道、天井、门厅、温室以及行走频繁的区域 用途广泛	处理和保养方法同砖
花岗石	岩浆冷却后形成的硬质石材 有石英颗粒纹理 主要颜色有灰色、褐色、黑色、绿色、黄色等 表面粗糙或经打磨变得光亮 容易切割作多种用途 硬度超过大理石 昂贵 触感冰凉 受损后不易修复 不吸音	地面、墙面、桌面、柜面和台阶 高耐久度，适用于频繁行走的区域 特别适合商业场合	易保养，清扫需要时用水清洗

材　料	特　性	用　途	处理和保养
大理石（图9-1）	坚硬 有多种种类、色彩和纹理可供选择 给人以高雅、豪华的感觉 比其他地面材料昂贵 新的石材切割工艺使得大理石可被切得更薄，因此更便宜 大理石拼花背面可用环氧玻璃纤维涂层加固 触感冰凉 受损后不易修复 不吸音 弄湿后不防滑	需要高雅和耐久材料的场合 特别适合与古典家具搭配 不适合容易沾到水的区域	用温肥皂水清洁 易维护
墨西哥砖或陶瓦	用未细筛的陶土制成的粗糙底料 手工制作 允许色彩和外形上的细微差别 耐久、非正式、不昂贵 吸收太阳能，但不吸音 易维护 受损后不易修复 不加热感觉冰冷	适合需要坚硬、类似水泥表面的区域，或需要存贮太阳能的区域	用干拖把除去灰尘，不定期用洗涤剂清洁 表面很少需要打蜡
缸砖	瓷砖的一种，因用于早期浴缸铺贴而得名 最坚硬耐久的地砖之一 可以上釉或不上釉 抗冷热，易维护，耐久性好 抗油污和化学侵蚀 吸收和储藏太阳能，但不吸音 多种形状可供选择 不昂贵 受损后不易修复 感觉冰冷	适合多种时代风格的室内布置，尤其适合意大利风格、古典英式风格和地中海风格 适合需要坚硬地面的区域 冰凉感适合热带地区使用	保养方法同瓷砖
板岩	比大理石和花岗岩更朴素 品质接近石板，色彩从灰色、蓝绿色到黑色 吸收太阳能 蜡封后容易保养 昂贵 受损后不易修复 不加热感觉冰冷 抛光后容易显灰尘	可用于正式场合的行走区域 适合各种时代风格的家居布置 特别适合阳光房、门厅和温室	可以抛光或不抛光，但通常打蜡并高度抛光
水磨石	大理石碎屑与水泥砂浆混合而成，既可以工厂定制，也可以现场预浇而成 通常由大小不同的大理石碎屑组成，大碎屑占的比例大，给人更稳重的感觉水磨石的整体色彩一般由砂浆颜色决定，因为天然大理石碎屑的颜色是有限的 卫生、耐久、易清洁 触感冰冷 由于是整体预浇而成，所以受损后不易修复 不吸音 受潮后不防滑	学校、天井、门厅、大堂、休闲场所、浴室或其他走动 频繁的区域	保养方法同墨西哥砖，一些品种需要不定期打蜡
洞石	有不规则孔分布的多孔石灰石，需要采用环氧树脂填充孔洞，如果采用透明环氧树脂，可以形成有三维立体的表面装饰效果 触感冰冷 受损后不易修复 不吸音 受潮后不防滑	需要耐久要求的正式场合	用洗涤剂及温水清洁

图9-7 混凝土的创造性使用自罗马时期以来已经有了很大的发展，可应用于室内或室外，旧建筑或新建筑。如这里所见，混凝土地板可以定制色彩和图案或纹理，有图案的地板更有助于界定空间。（图片提供：Courtesy of Bomanite Corp）

相关链接

美国国家地砖承建商协会 www.tile-assn.com

美国瓷砖分包商协会 http://ctdahome.org

混凝土铺地资讯 www.vanguardconcretecoating.com/index.html

9.1.2 木质地面

木材同时具有弹性和非弹性的特征，它被认为是地面材料中最具塑造力的。木材结合了美观、温暖、抗压痕的特征，同时具备耐用性和可用性。木地板还具有耐寒性，这使其比砖面铺地更具舒适性。如图9-8和图9-10所示，木地板可给任何风格的家具提供适宜的背景。新的处理方法使木材成为许多环境的实用铺地材料的选择。

（1）铺设木地板的方法

通常，实木地板铺设的基本方式是龙骨铺设和镶拼地板。龙骨铺设是将宽度在 75～150mm 的木地板用钉子固定在龙骨上。镶拼地板的方式是将短木块拼成各种图案，例如棋盘式和人字型的地板铺设（图9-9）。

通过使用激光切割，地板也可以设计成多种图案。大奖章、放射形星、玫瑰花等，只要能设计出图案，就能用激光切割并镶嵌在木地板上。通常，这些图案采用有异国情调的木材镶嵌。通过认证林产品委员会确认木材原产地的地板是更佳的选择。

（2）染色和模压木地板

除了熟悉的天然木材色调外，木地板还有各种颜色可供选择。改变木材的颜色但保留木材的纹理，可以通过擦色的方法实现（有些色调会强化木材的纹理）。彩色木地板可以通过添加彩色聚酯漆或彩色木蜡油来实现。反复擦拭木蜡油的木地板表面具有弹性，并散发出保护性光泽。

染色和涂了封闭漆的木地板在保养上需要定期吸尘，可用醋和水溶液湿拖。打蜡的地板必须防水，并且需要时可重新打蜡。

模压，是一种通过模板涂饰油漆的方法，曾在历史上被作为昂贵地毯的替代品。如今，模压木地板仍然是住宅环境中有吸引力的实木地板替代品。

图 9-8　此入口门厅的地板是漂白橡木。华丽、戏剧性的设计与业主收集的黑白照片相得益彰。（设计师：Dilger Gibson；摄影：Cheryl Dalton）

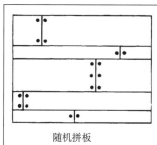
随机拼板

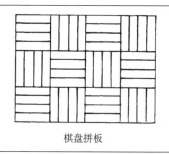
棋盘拼板

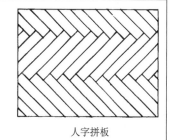
人字拼板

图 9-9　镶拼地板

（3）木地板的替代品

竹地板是一种木地板的替代品。竹子主产于中国东南部，是一种禾本植物。竹地板是将竹的茎锯切、刨平，并黏接在一起形成条带状。在质地上，竹子比橡木更硬，且不像大多数木材那样容易吸水（图 9-11）。竹制品被认为是绿色产品。

强化木地板是由瑞典人发明的。强化地板最下层是平衡防潮层，上面是人造板基材，通常采用高密度纤维板，再上面是一层或多层专用纸浸渍热固性氨基树脂，表面加耐磨层和装饰层，经热压成型的地板。强化木地板具有许多与木材相同的温暖特性，但具有更强的防水性。此外，还可以通过印刷纸来模仿各种不同的材种或材质，以达到装饰的效果。强化木地板是介于非弹性和弹性地板之间的一种铺地材料。表 9-2列出了它们的性质。

相关链接

美国木地板协会 www.nwfa.org/member

9.1.3　弹性硬质地板

如前所述，弹性硬质地板具有"回弹"的能力。大多数弹性地板由乙烯基和橡胶制成，但也可用软木和皮革。表 9-2列出了弹性硬质地板的特性、用途和保养方法。

图 9-10 这个零售店的铺地采用了中国板岩和漂白松木地板。请注意地面材料的变化是如何引导交通的。（建筑师 / 设计师：Area Design, Inc.；摄影：Jon Miller/Hedrich-Blessing）

图 9-11 这个商业办公室等候区的铺地采用了竹地板。请注意蓝色皮革巴塞罗那椅和微妙的隐藏式天花照明。铺地和天花的设计引领来访者前往接待区和等候区。（建筑师 / 设计师：Hughes，Litton，Godwin；摄影：Robert Thien，Inc.）

表 9-2 弹性硬质地板

材　料	特　点	用　途	使用与保养
软木地板	提供最大的静音效果以及软垫般的脚感 采用聚乙烯或聚氨酯表面的软木地板具有很强的抗湿和抗污能力， 但天然软木不适合用在厨房和水会沾湿的地方 色彩从浅咖啡色到深咖啡色 会产生家具的压痕 丰富的色彩和纹理 良好的绝缘材料 容易显灰尘 相当昂贵	特别适合用于学习和通行量小的房间 良好的绿色设计选择	不易维护 灰尘很难从多孔的表面擦去 用肥皂和水清洗，并上蜡 聚乙烯可保护软木表面并容易维护
高密度板	有多种样式和表面 保留了木材的纹理并有更高的耐磨度 容易安装 非常耐用 强度比密度板贴面的强化地板高 25 倍	适用于任何环境（除了浴室或水池边等频繁接触水的区域）	用吸尘器或湿拖把清洁
皮质地砖	具有弹性但昂贵 天然色彩或染色 有静音效果 具有奢侈感 容易清洁 色彩丰富，并可压花	适用于学习或其他通行量小的有限制性的环境	用温水或温型肥皂清洗
亚麻地胶	天然亚麻地胶是用亚麻籽油、树脂、软木、木屑、石灰石和染料制成 黄麻后衬能提供很好的弹性 具有多种样式和色彩 最早的弹性地面材料（从 19 世纪中期开始生产）	沾到液体会产生污渍 绿色设计选择	用温水或温型肥皂清洗
橡胶地砖	尺寸通常为 220mm×300mm，厚度为 4.8mm 和 12mm 通常为素色或仿大理石花纹装饰 吸音、耐用、防滑 打湿后安全 抬起表面，拍去灰尘 相对昂贵	厨房、浴室，杂物间 任何通行量大的商业环境	容易清洁 用肥皂或水清洗 避免接触油漆（清漆或虫胶）
橡胶卷材	尺寸通常为 910mm×19mm，宽度不限 通常为素色或仿大理石纹装饰 耐用、防滑 打湿后安全 抬起表面，拍去灰尘 相对昂贵	通行量大的区域 楼梯踏板的安全覆盖物	使用与保养方法同橡胶地砖
聚乙烯合成地胶贴和板	用途广泛、造价低廉的极好地面材料 抗污并且铺设方便 坚硬、声响大 地砖背面可能带有黏合剂	可用在任何室内环境	特别容易维护 可用肥皂和水清洁
带软背垫聚乙烯	聚乙烯片被埋入半透明的聚乙烯底料里 具有细颗粒表面 不显缝隙 背面带有软垫，使得该材料具有弹性 可能会扯裂或有压痕	可用在任何需要的居住环境	使用与保养方法同其他聚乙烯地面
聚乙烯薄卷材	水平铺设，仅需在边缘部分使用黏合剂	可用在任何需要的居住环境	使用与保养方法同其他聚乙烯地面
聚乙烯地砖	坚硬、无孔、抗污、耐用 干净的色彩或者一些特殊视觉效果，包括半透明或三维效果 聚乙烯含量越高，价格越贵 样式和色彩种类丰富	用途广泛；根据乙烯的等级可应用到任何环境	容易保养 一些品种具有内在的光泽，不需要打蜡

（1）聚乙烯合成地板

聚乙烯地板（PVC 地板）是一种常见的地板，常被做成各种宽度规格的卷材，以便安装时减少接缝。乙烯基有各种等级和质量，一些高档品种在抗菌、抵抗尿迹和血污方面有很好的性能，因此成为医疗设施的良好选择。

聚乙烯合成地胶垫（VCT）是一种常用于商业环境的弹性地板。地胶垫有各种颜色和纹理可供选择。在铺设该地胶垫的时候，可以选用同一种颜色形成均匀的效果，也可以通过颜色的交替形成棋盘格的效果。用不同颜色和纹理的地胶垫可以形成图案、定义不同的区域，或在视觉上导向目的地。

因为地胶垫之间的缝隙会容留细菌，因此不建议在医疗保健场所使用。VCT 材料虽然可以防水，但不建议在水池区域使用，因为大量水源会导致地胶垫松动。一种名为导电地板（防静电）的铺地材料是专门为医院及化学和电子实验室制造的，可以防止静电。

乙烯基地面材料的制造商在不断开发新产品。Plynyl 是制造商 Chilewich 最近推出的带有聚氨酯垫层的聚乙烯编织地面材料。这种新材料会首先用在有支付能力的金融机构、律师事务所，以及迪拜阿玛尼酒店客房地面，但由于编织纹理不易清扫，只能使用吸尘器清洁。由于乙烯基在制造过程中产生有害挥发气体 VOC，制造商们正在努力创造更安全的工艺，如用回收的乙烯基材料制成 VCT。

亚麻地毡是自 19 世纪 50 年代以来生产的天然地板产品，由于其环保性正在重新受到关注。制造商 Lonseal 生产的一个名为 LonEco 的新产品包含 35% 的可回收材料，并具有乙烯基易保养的特性。亚麻地毡无毒、可生物降解，并且耐用。

相关链接
乙烯研究所 www.vinylinfo.org

（2）橡胶

橡胶地砖，表面具有凸起的点或特异规格，常被用在交通繁忙区域或水域附近。由于地砖表面有突起，所以污垢和积水不会给通行制造麻烦，常被用于机场和游泳池附近（图 9-12）。

图 9-12 凸起的橡胶地板由于其耐用性和耐水性而在这个室内被使用。（图片提供：Roppe Corporation）

（3）软木

虽然从技术层面上来看，软木是木制品，但它主要被用作弹性地板。软木来源于栎树的树皮，可以每十年左右剥取一次，并不会导致树木死亡。软木最常被用做红酒瓶塞。回收的瓶塞加入软木和树脂，可以制作成软木地板（图 9-13）。软木地板可以是密封的或经过油漆涂饰的。软木是一种天然绝缘体并具有天然弹性，被认为是一种可持续的产品。莱特在流水别墅中就使用过软木地板。

图 9-13 块状软木地板。（图片提供：Steve Gorton © Dorling Kindersley）

9.2 柔性地面

柔性地板覆盖物因其实用性，相对低的成本和设计特性而受到重视。它们使地板隔热、隔音，并营造舒适感。固定良好的柔性地板覆盖物可以保证脚感并有助于防止事故发生；通过定期吸尘，也很容易维护。

一般，柔性地板覆盖物有两种类型：地毯和块毯。宽幅地毯（broadloom）通常成卷出售，幅宽 3.66m（12ft）。宽幅地毯的幅宽也可以是 0.69～5.49m（27in～18ft）。宽幅地毯还可以通过胶条黏结成铺满整个房间的满铺地毯。块毯的尺寸规格有 30～60cm（12～24in）见方。

块毯有标准尺寸或可定制尺寸。它们的边缘有锁线、穗子或其他材料，通常不会固定在地板上。

地毯能够起到重要的装饰作用，它可以调和家具之间的关系，创造个性和奢华感，并改变房间的外观尺寸和比例（图9-14）。在一个大空间内铺设同样的地毯能起到视觉上统一的效果，并可以作为一个房间到另一个房间的过渡（图9-15）；而艺术地毯则可能成为房间的视觉焦点（图9-16）。

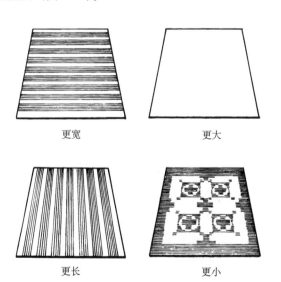

更宽 　　　　　　　更大

更长 　　　　　　　更小

图 9-14 地毯能够改变房间的视觉尺度和比例

相关链接

美国地毯学会 www.carpet-rug.com

英联邦地毯信息网 www.carpetinfo.co.uk Carpet information from the United Kingdom

图 9-15　铺地材料的组合在这家餐厅营造出俏皮的丝带图案。定制的宽幅地毯嵌入视觉焦点图案，与定制切割的大理石铺地融为一体。丝带图案沿着楼梯向上延伸，将用餐者的视线吸引到第二层，并在空间中提供统一性。丝带图案也被用于灯具和铁艺栏杆中。（设计师：Kuleto Consulting and Design；摄影：Cesar Rubio. Courtesy of Kimpton Group）

图 9-16　这张来自伊朗约 1850 年制成的 Tabriz 地毯，成为这个房间的主色调。（设计师：Francis Russell；摄影：Peter Visie）

9.2.1 地毯的起源

早在公元前 3000 年，埃及就开始使用地毯了。《圣经》的作者和早期希腊和罗马的诗人都提到了地毯，当时，行走在地毯上通常是皇室的特权。几个世纪以来，波斯（伊朗）、土耳其、中国和其他亚洲国家生产了色彩缤纷的东方地毯，在那些国家，地毯是室内装饰的重要组成。在中世纪，后来的十字军与君士坦丁堡（Constantinople），安提阿（Antioch）和其他东方城市接触。他们带回了许多精美的地毯，在西方创造了巨大的需求。在欧洲和美国，这些地板覆盖物很快就成为了地位的象征。自从法国奥比松（Aubusson）的第一台地毯织机发明以来，精织地毯就成为一项不断发展的产业。在 20 世纪，机制地毯的引入彻底改变了地毯行业。

相关链接

英国地毯的历史 www.carpetinfo.co.uk/all_about_carpet/history_of_carpet.htm

9.2.2 地毯设计特点

地毯的质量由多种因素决定，包括纤维、纱线、编织结构、衬底以及表面特性。

在评估地毯质量时，设计师应该考虑如下方面：回弹性、耐磨损、防污、防潮、容易清理、不产生静电。柔性地板覆盖物（特别是地毯及其衬垫）也应该是环保的（参见"可持续设计：地毯材料"）。总的来说，地毯和块毯应该耐用且外观可长期保持。

9.2.2.1 纤维

多年以来，几乎所有类型的纤维都被用于地毯的制造。然而今天，在美国销售的地毯差不多都是使用合成纤维，主要是尼龙、聚丙烯、聚酯纤维和烯烃。羊毛是最常使用的天然纤维。各种纤维通常被混纺以达到每种类型的最佳效果。

（1）羊毛

• 羊毛是昂贵的纤维，长期被认为是顶尖的地毯纤维。

• 其他纤维通过呈现它们与羊毛的接近程度，来体现它们的精美程度。

• 良好的弹性使羊毛能很好地保持其外观。

• 羊毛温暖，外观黯淡无光泽，耐久，抗灰尘。

• 它染色后非常漂亮，容易清洁，如果保养得好，可以维持崭新的效果很多年。

• 虽然比合成纤维更昂贵，但天然羊毛仍然被众多设计师所选用。

（2）尼龙

• 尼龙是最重要的合成纤维之一，占据了当今 90% 的地毯销售。

• 尼龙具有极好的耐磨性，抗压和抗褪色能力，并能减少静电、起球和起绒毛。

• 如果经常吸尘的话，它就能维持它的抗污能力。

• 尼龙不会引起过敏，且防霉、防虫。

（3）聚丙烯

• 聚丙烯的突出特点是具有类似羊毛的外观。

• 具有很好的耐磨和防污的能力。

• 也相当有弹性。

（4）聚酯纤维

• 聚酯纤维是一种特别柔软的纤维，具有良好的耐磨性，但缺乏弹性。

• 具有良好的防污、防尘性，并且容易清洁。

（5）烯烃（或聚丙烯）

• 在针织棉地毯中，烯烃（或聚丙烯）是最主要的材料，特别适合在室内外使用。

• 容易保养和无吸收性是其突出的特点。

• 大多数污垢留在表面，使得其成为最容易清洁的纤维。

• 然而，如果使用不当，烯烃容易融化；并且当构造不良时，也缺乏弹性。

（6）棉

• 虽然不如羊毛和合成纤维那样耐久和富有弹性，但是棉是柔软的，容易染色，而且更便宜。

• 棉通常用来做平坦手工编织地毯，比如印度的手纺纱棉毯。

• 棉纺条被编织成毯子，使用在非正式装饰中。

图 9-17 用于餐厅的一种用海草编织的地毯。（设计师：Oetgen Designs；摄影：Antoine Bootz）

（7）麻纤维

- 剑麻、黄麻以及其他的草纤维，是便宜的地面软装饰（图 9-17）。

- 虽然它们能够提供一个天然的外观，但脚感并不舒适。
- 日本的榻榻米垫子是用草制作的；植物纤维地垫是易燃的，且并不耐用。

可持续设计

地毯材料

当项目指定使用有助于保护环境的地板材料时，可以有多种选项。地毯可能是室内装饰中最昂贵的地面装饰之一，并且在必须更换时会产生处理问题。一项被称为"美国回收地毯行动"（Carpet America Recovery Effort，CARE）是主要的地毯回收计划。根据其网站介绍，CARE 是一项行业政府行动，旨在增加废旧地毯的回收和再利用量，并减少垃圾填埋场的垃圾量。CARE 的使命是从市场的角度来提高地毯的再利用率。CARE 根据其成员开发并签署的"地毯管理谅解备忘录"制订了目标，针对地毯行业，联邦、州和地方政府机构的代表，以及非政府组织。

CARE 由地毯行业资助和管理，同意 CARE：

- 加强消费后地毯的回收基础设施。

- 作为回收地毯的技术，经济和市场发展机会的资源。
- 制订并执行定量测量并报告国家地毯回收目标的进展情况。
- 共同努力寻求并为活动提供资金机会，以支持地毯恢复的国家目标。
- CARE 的国家目标是将垃圾填埋场地毯废物减少40%。

如第 5 章所述，地毯和地毯垫的另一个常见问题是它们可能会释放挥发性有机化合物 VOC，对呼吸有害。地毯和块毯研究所（The Carpet and Rug Institute，CRI）开发了一项室内空气质量测试计划，该计划评估地毯、地毯垫和地板覆盖黏合剂，并标记经过测试并符合严格的室内空气质量（IAQ）要求的

图 SD9-1 CRI 于 1992 年推出了绿色标签计划，用于测试地毯、垫子和胶黏剂。只有那些挥发性有机化合物排放量极低的产品才能用上如图 A 所示的绿色标签。最新的是绿色标签升级计划（Green Label Plus，如图 B 所示），为 IAQ 设定了更高的标准和更低的化学排放量。（图片提供：Courtesy of the Carpet and Rug Institute）

产品（图 SD9-1A 和 B）。由毛毯或天然纤维（如黄麻）制成的地毯垫是最佳选择，因为它们是低排放产品。指定环保胶黏剂或选择条带安装方法也可能降低 VOC 的排放（见第 5 章中的"可持续设计：室内空气质量"）。

橡胶和聚乙烯地材会产生挥发性有害气体 VOC。天然材料地毯是更好的选择。来自可再生资源的软木地板也是一种环保选择，剥去树皮的栎树仍能自然生长。虽然不适合所有情况，但软木地板温暖而有弹性。

改善室内空气质量和扩散 VOC 的最佳解决方案之一，是提前 3~4 周安装室内地板材料，等挥发性气味散去后再使用这个空间，但在很多情况下这很难做到，只能提前到工作日安装，然后周末不住人，开窗透气或打开新风回风设施。一般而言，设计师应该寻找有"低排放"的标签的产品，并记住天然产品通常是可再生的资源。

相关链接
地毯和块毯研究所 www.carpet-rug.org

9.2.2.2 纱线

地毯的性能取决于纱线的质量、长度、密度以及数量。纱线是由纤维扭成绺而制成的，它紧紧的缠绕方式使其具有反弹力，成为弹性地毯。而且纱线用适当的热处理能够弯曲定型。地毯的绒头长度是毛线的长度；绒头的密度是每平方英寸的毛撮数。理论上，紧绕的毛线，合适的热处理，良好的绒长和密度的组合能生产出最好的地毯。

除了纤维和毛线的构成，其他因素诸如结构、表面特征也会影响这些组合的结果。

绒头高度是纱线的长度；桩密度是单位面积的簇数。密度更大的较高地毯含有较多的纱线。

确定地毯质量的简单测试是将地毯折叠。如果行之间有大的空间或间隙和大量的背景显示（称为"笑脸"），地毯可能不会很好地磨损。短桩地毯将需要比更高的绒毛地毯更密集的绒毛（每英寸更多的簇绒）来通过该测试。

理论上，紧密加捻的纱线，适当的热定形，以及绒头高度和绒头密度的适当组合产生最好的地毯。除纤维和纱线成分外，其他因素如结构、背衬和表面特性也会影响这些组合的结果。

9.2.2.3 结构

由于工艺的进步，传统地毯编织方式（织造、针织、植绒、手工编织）已不常使用。今天市场上的大多数地毯都是毛撮黏合的。

（1）毛撮黏合

毛撮黏合的方式在地毯生产方式中大约占了 90%。

- 基于缝纫机的原理，这种方式是用成千上万的螺纹针将毛撮植入支撑材料。
- 厚厚的乳胶层覆盖在支撑材料上，牢牢地黏合住毛撮。
- 毛撮黏合地毯具有双层乳胶底，以提供更大的牢度。

（2）织造

地毯有三种织造的类型，分别是威尔顿机织地毯、阿克斯明斯特地毯和丝绒地毯，如图 9-18 所示。

- 威尔顿（Wilton）机织地毯得名于英格兰的小镇，它最早于 1740 年被制造出来。它是用带特殊提花机附

威尔顿机织绒头地毯（绒圈）：绒头编织在金属绷带上，编织后期金属绷带会去除。

阿克斯明斯特地毯：上部显示多种色泽的纺织纹路，下部是内向卷曲的多层纺线效果。

丝绒地毯（割绒）：基于麻和棉上编织的绒线。

图 9-18　三种编织地毯

件的织机织造出来的。毛线沿着地毯底部穿梭，直到在地毯表面形成毛线环。200 多年后，威尔顿机织地毯仍然被视为高品质的标准。

- 阿克斯明斯特（Axminster）地毯也得名于英格兰小镇，于 1755 年被第一次制造出来。最早是手工织造的，现在由一种特殊的美国织机织造，毛线被十字交叉排列，使得每一毛撮都可以被单独操作。这个方式使得无限制的色彩和样式的结合成为可能。高要求的客户以及一些宾馆可能需要阿克斯明斯特地毯的编织技术来达到所需的效果和质量（图 9-19）。

- 丝绒（velvet），是最简单的地毯编织形式，传统上是在光滑的绒头表面切割或不切割，具有立体的色彩。丝绒地毯的绒头线环是由延伸整个地毯长度的长毛线织造出来的。

（3）针织

- 在针织过程中，针织机机械地将纤维联结起来，形成密集的棱纹毛线网。

- 地毯的背面是乳胶和其他抗气候变化（抗日光、冷热、风雨烟雾等气候条件）的材料。

- 这样的编织方法可以生产出多种纹理的地毯，并且价格低廉。

（4）植绒

植绒地毯是剪短的纤维形成的丝绒的表面，目前主要采用静电植绒工艺。

- 静电的方式将剪短的纤维置入静电区域使其带有电荷。

- 带有电荷的纤维被垂直埋入一张覆有黏合剂的衬底织物中。

图 9-19　这家酒店大堂酒吧的地毯是定制的阿克斯明斯特地毯。其图案设计也反映在室内软包和装饰吊灯中。巨大的弧形天花和木饰面墙壁将形式和简约带到充满活力的图案中来。

（设计师：Design Directions International；摄影：Neil Rashba）

- 植绒地毯表面耐磨性较差。

（5）手工编织

有许多类型和样式的地毯是用手工编织的。手工编织方法将在本章后面部分具体讨论。

9.2.2.4 底衬

地毯看不见的部分：背衬和胶水是很重要的。它们合在一起将毛线固定在基底上，防止毛线松散、弯曲和收缩。聚丙稀和黄麻是最常见的背衬材料。黄麻很牢固，但可能会发霉，因此不适合在潮湿的地面上使用。聚丙烯防霉，同时也很牢固。毛撮黏合地毯可以使用两层背衬来加强牢度。

9.2.2.5 表面特征

地毯是通过它们的表面特征来展示的，不论是未切割的线环还是切割后的绒头。毛线的长度、纹理或设计通过不切割或切割毛线来产生这些效果（图 9-20）。

（1）圈绒地毯

圈绒地毯是用线环毛撮黏合或编织的。

- 因为毛线没有切割，圈绒如果使用耐久的纤维，就能够编织得很好。
- 圈绒地毯可以是一色的、杂色的，或者是几何形的、程式化的和抽象的样式。
- 圈绒地毯被使用在许多商业环境中（图 9-21）。
- 如果线环的长度不一，这样的地毯就被称做多级圈绒地毯。

（2）剪绒地毯

剪绒地毯是将毛线的线环切割或削薄做成的。多样化的设计具有下列特征：

- 长毛绒（plush）或丝绒（velvet）的地毯，绒头切割的形式是 25mm 高的密集的绒头。
- 地毯通过提供一个特别维度的高光和明暗来增强效果。
- 豪华地毯通常更适合通行量小的正式区域。
- 豪华地毯更具弹性，短绒头更适合商业场合的使用。
- 毛绒地毯通过光影关系增强效果，让地毯多了一个欣赏维度。通常更适用于人流不多的正式场合。毛绒地毯更具弹性，短绒头则更适合商业场合的使用。短而精细的浓密毛线称为丝绒或天鹅绒。
- 弗拉兹（friezés）地毯采用紧捻纱线，外观粗犷、块状，具有弹性，耐磨损。

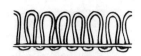
单水平顶绒

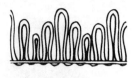
多层水平绒

水平顶绒

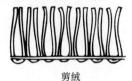
剪绒

丝绒

粗绒

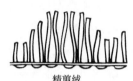
萨克森绒

毛绒

精剪绒

剪绒

随机切剪绒

平顶绒

复合绒

图 9-20　地毯的表面特征

图 9-21　在这个高科技的室内环境中，圈绒地毯为时尚的木质和金属饰面增添了温暖和触感。（照片版权：Holey Associates and Cesar Rubio Photography）

- 粗绒地毯（shag carpets）的绒头纱线高度超过 25mm，密度低。绒头设计平整，外观蓬松，非正式。
- 萨克森地毯（saxony carpet）类似于长毛绒，但有更多的纱线捻在一起。萨克森地毯的表面看起来比毛绒的表面粗糙。

（3）精剪地毯

保持毛线的同一长度，然后有选择地修剪出精巧的花样，被称为"精剪"地毯。手工修剪的地毯是部分表面被修剪成花样，或者花样被从背衬上完全剪去。这种地毯形式通常是定制的并且价格昂贵。

（4）平织

平织纤维地毯是将机器生产的粗亚麻填料、纸浆或者牛皮纸纤维、剑麻，以及其他草料和灯芯草料，织成完整的毛毯或者小方块缝合在一起。在热带地区比较流行，它们能提供便宜的整年使用的地面装饰，与同时期的家具相配合。其他平织样式包括来自印度的 Dhurries 地毯，来自美国的 Navajo 地毯和来自斯堪的纳维亚的 Rollikans 地毯。

9.2.2.6　特殊功能

在选择用于特殊商业用途的地毯时，可能需要额外的设计要求。为了控制静电，合成纤维可以在粘胶阶段进行改变（在第 12 章纺织品中进一步讨论）或在制造后涂覆特殊的涂层。在可能使用到计算机或电子设备的所有区域，静电额值通常需要低于 3.5kV。在医疗保健环境中，需要抗菌治疗。频繁使用的区域，需要的防污处理。

相关链接

地毯结构类型 www.carpetinfo.co.uk/all_about_carpet/how_carpet_is_made.htm

---

9.2.3　手工地毯

9.2.3.1　东方地毯

东方地毯的织造是一门独特的艺术，这些地毯成为了几百年来人们梦寐以求的财富。18～19 世纪，来自中国和中东的地毯在美国富有阶层中有巨大的需求，

被用来装饰乔治一世至三世时期的豪宅。随着满铺地毯的出现，东方地毯在美国的需求降低，但在过去的几十年中，它们又被再次发现，并成为了使用的焦点。为了满足近期的这一需求，美国制造商仿造东方地毯的设计，使用编织机器来生产制造，只以手工编织地毯一小部分的价格来进行零售。这些地毯被称为"东方化地毯"，来区别被称为"东方地毯"的那些东方手工编织的地毯。

（1）波斯和土耳其的东方地毯

输入美国的东方地毯中的大部分来自波斯（伊朗）和土耳其。

- 这些地毯是在每个纬纱穿过经纱的地方用手工打结。这些结有土耳其样式（ghiordes）和波斯样式（sehna），这取决于它们加工的地点（图 9-22）。
- 地毯通常被家族成员制造出来，采用代代相传的相同的样式。
- 特殊地毯的名字通常来自于家族、村庄的名字或者地毯被制造出来的区域。
- 来自不同区域、城镇、部落、家族的无数与众不同的设计使得对东方地毯的研究可以成为一项毕生的研究。

吉奥德结或土耳其结，用于土耳其或其他地区。　　深纳结或波斯结，用于伊朗多数地区。

图 9-22　东方地毯的基本打结方式

来自东方的三种地毯是：Kirman 地毯、Sarouk 地毯、Tekke 地毯，通常被称为 Bokhara 地毯。

Kirman 地毯是最昂贵的东方地毯之一。最熟悉的类型是中间有团花图案，四周简单平平，边缘有复杂图案（图 9-23），通常整个地面都被精致的花纹填满。这种地毯是少见的东方地毯，采用乳白色背景。

Sarouk 地毯的主要色彩是具有异国情调的宝石色调——红色、玫瑰色和深蓝色，黑色和乳白色作为点缀色彩。虽然它的图案以花卉为主，但也有一些几何形，设计颇有特色。Sarouk 地毯也有深色勾边的奖章图案。它的绒头通常很厚（图 9-24）。

源自土耳其的 Bokhara 地毯现在是在一些中东城市生产。Bokhara 地毯的背景色可以是红色、乳白色或者蓝色，但主要色彩通常为红色。最具识别性的设计是八边形或多边形的图案，在地毯上同样地重复。沿着长和宽的窄线条分割成四块的设计通常被称为皇家 Bokhara 地毯。

（2）中国的东方地毯

地毯织造的艺术在中国持续了 12 个世纪。2003 年，新疆鄯善县出土了 7 件约为公元前 7 世纪左右的栽绒毯，可以说是目前出土的世界上最古老的地毯。早期的设计来自于古代中国的丝绸编织，象征祖先崇拜，有上百种各式符号。中国地毯的特征可以被如下描述：

- 中国地毯的典型色彩是蓝色和白色（通常遍布整个地毯），结合橘黄、橘红、金色和乳白色的多种组合。
- 几何形态的回纹常用于勾边。
- 云纹、缠枝纹、宝相花纹等也常用来作为装饰性勾边图案。
- 常见图案包括铜钱纹和象征阴和阳的太极图。
- 宗教标志也通常被使用，包括象征神灵和皇权的龙、波纹。
- 动物图案有龙（象征皇权）、狮（佛教瑞兽）、马（象征力量）、鱼（象征富裕）以及鹿和鹤（象征长寿）。
- 最常用的花卉是莲花（象征纯洁）、牡丹（象征富贵）以及菊花（象征忠诚长寿）。
- 中国地毯是按照完整的纸样设计出来的，通过棉纱经线勾勒图案的边缘。
- 绒头的长度比中东制作的地毯要长，图案的凹凸是通过修剪图案边缘的绒头形成的。
- 在中国东部生产的地毯有着布满的花纹，体现了中东地毯的影响。

图 9-23　最为熟识的 Kiriman 地毯：展开的平面、横向、起伏的边线和奖章形中心。（图片来源：© Ksenia Palimski / Shutterstock）

两种最著名的中国地毯之一是皇家地毯（mandarin），没有边缘，中间没有花纹，每个角上是不规则的放射形花纹中国花毯，无边框、素色、四角有不规则花纹；另一种是北京地毯（peking），有着宽边缘，相似的边角图案，有着圆形的中央团花纹宽边，四角图案对称，中央有团花。在印度生产的北京地毯式样的地毯被称为孟加拉（bengali）地毯（图 9-25）。

（3）印度东方地毯

如今，许多优质地毯都是在印度手工制作并出口到

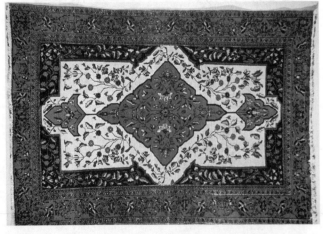

图 9-24　满玫瑰花纹或加红色底色的典型 Sarouk 地毯。（图片来源：© The Print Collector / Alamy）

图 9-25 印度的孟加拉块毯，北京设计。（图片来源：Stark Carpet Corporation）

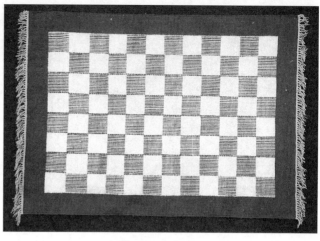

图 9-27 印度手纺纱棉毯原先是旅行者的睡毯，用细羊毛或棉线做的毯子易于折叠和携带。（图片来源：Designer Rugs Limited）

图 9-26 图中毛糙感觉的羊毛绣边鞍垫是"生活之树"的设计风格。（摄影：Mark K. Allen）

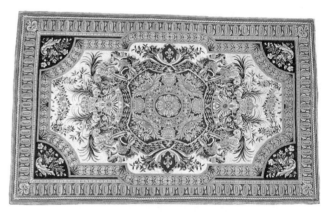

图 9-28 法国萨伏内里地毯是柔软的绒毯，具有典型的法国式花纹。（图片来源：Designer Rugs Limited）

世界各地。采用来自中国、伊朗、土耳其和法国的古老而真实的设计，材料采用优质羊毛（主要来自新西兰），价格适中。

Numdah 地毯，已在印度使用了几个世纪，已经进口到美国多年，最近又开始流行（图 9-26）。这种非正式类型的地毯由毛毡制成。羊毛表面传统上布满了鸟类和花卉图案，并采用长而开放的针脚。

Dhurries 是在印度手工编织的平织地毯（图 9-27）。它们采用羊毛或棉线紧密编织而成，兼具风格和几何设计。色彩通常是自然界中的粉调和中性色调。

相关链接
块毯进口商协会 http://oria.org Oriental

9.2.3.2 法式地毯

有两种法式地毯从 17 世纪起（中间曾有短暂的中断）被生产出来，它们是：萨伏内里（savonnerie）地毯和奥布松（auhusson）地毯。萨伏内里地毯是用东方式的手工打结方式织造出来的绒面地毯，但图案是法国式的（图 9-28）。萨伏内里地毯生产厂于 1663 年由路易十四成立于法国，是由更早成立于法国卢浮的手工作坊发展而成的。虽然它是第一家生产织锦地毯的工厂，但它最知名的产品是丝绒地毯，通常是用深色底子来衬托艳丽色彩，有些精美的设计图案来源于规则式的法式花园。

奥布松地毯颇有特色。在 17 世纪晚期，法国的上流阶级迷恋于装饰他们的住宅，位于法国奥布松的私人

图 9-29　法国奥布松编织地毯。（图片来源：Stark Carpet Corporation）

作坊便致力于模仿萨伏内里地毯。一些最古老的奥布松地毯具有东方风味，但后来的品种追随了法式的纹理图案，采用小尺寸、规则的花纹图案。它的色彩通常是柔和淡雅的色调，产生一种褪色的效果（图 9-29）。

9.2.3.3　其他种类地毯

（1）摩洛哥地毯

摩洛哥地毯是一种主要产于非洲西北部的东方地毯。

- 地毯的特征长期都没太大变化。
- 突出的不拘形式的特点，使得它在同时期的装饰中很受欢迎。
- 最常见的摩洛哥地毯是 Berber 地毯。
- Berber 地毯是阿特拉斯山脉的 Berber 部落生产的传统类型的地毯。
- 图案是抽象的几何图形。
- 有些是原始的，通常是在天然羊毛的色彩上添加黑色和褐色的图案。

（2）西班牙地毯

作为西班牙传统婚礼礼物的西班牙婚礼用毯，是带有流苏、粗花纹的曼塔地毯。这种地毯是在提花织布机上织造出来的，具有精美的明暗处理，类似手工制作的纹理，以及三维的效果。图案色彩明亮，从中世纪主题、传统的奥布松、远东地区、神话图案以及生命之树中获得灵感（图 9-30）。

图 9-30　精心编织的 Matrimonia 地毯是根据新娘的身份创建的。经过几代传承，精美的地毯用于婚礼，可以用亚麻、棉、羊毛、丝或金银线制成。（图片来源：Designer Rugs Limited）

图 9-31　这种纳瓦霍（navajo）地毯是美国原住民艺术的一部分，与秘鲁地毯类似。（摄影：Mark K. Allen）

（3）纳瓦霍地毯

纳瓦霍（navajo）地毯是美国西南部纳瓦霍印第安人手工织造的地毯和毯子（图 9-31）。那些精美品质的地毯是用羊毛编织的，用植物染料染色。图案一般为几何图形，如锯齿形、人字形、以及带有条纹的菱形图案。代表鸟、兽、人物的规则图案有时也会被采用。

（4）里亚地毯

Rya 地毯得名于一个古老的挪威单词，意思是"粗糙"。

- 这种手勾地毯传统上从斯堪的纳维亚半岛进口，在那里它们已经被使用了几个世纪。

- 里亚地毯是一种长绒粗毛地毯，混合了多种色彩的毛线，用地毯勾针勾入羊毛的底衬。
- 毛线按一定的角度修剪成不同的长度，产生"毛线蓬松"的表面效果。
- 所有类型的几何图案通常由程式化的自然主题组合在一起。
- 在当代设计中里亚地毯非常适合作为区域性或艺术地毯来使用。

（5）拼布地毯

拼布地毯是美国早期殖民者最先制作的一种铺地方式。将棉、亚麻或羊毛织物的碎片剪成窄条，缝合在一起形成长股，然后在棉或亚麻经纱上以平纹编织。制作拼布地毯的工艺仍在实践中。

（6）编结地毯

编结地毯源自家庭中的旧衣料和旧毛毯的碎料。它们仍然是带有地方色彩的家居装饰最爱，尤其是美洲殖民地和法国乡村地区的家居。按个人喜好将旧衣料碎条缝在一起，然后编织成长绳，再缝纫或编织成圆形或椭圆形地毯（图9-32）。这种类型的地毯也可以通过合理的价格进行商业制造。

图9-32 编结地毯可用于乡村风格的环境中。（图片来源：Dave King © Dorling Kindersley）

（7）勾针编结地毯

勾针编结地毯是将有色彩的碎布或毛线勾织在一片绷紧的粗麻布片、粗帆布或羊毛片上形成图案。衬底织物和埋织的材料类型决定了地毯的耐久度。

（8）针织地毯

针织地毯最初是将羊毛线绣在厚的网眼帆布上。图案是带有多种色彩的从简单到非常复杂的花卉图案。

相关链接

铺地 DIY 网站 www.hometime.com/Howto/projects/flooring/floor_1.htm

---

9.2.4　衬垫

大多数的地毯都需要有一个高质量的衬垫：垫子能改进并有助于维持地毯的表面和加强地毯的弹性；地毯衬垫吸收噪音，帮助控制房间温度，创造豪华的感觉；衬垫尤其适用于那些地表不平的区域，能够使地面感觉平坦。

衬垫主要有三大类：纤维、橡胶和氨基甲酸乙酯泡沫塑料。纤维垫子可以用天然材料(如动物毛发或黄麻)、合成材料（如尼龙和聚酯）或者回收的纺织品纤维制造出来。纤维垫子产生"牢固"的感觉；橡胶垫子可以是平的或棱纹的，平的产生牢固感，棱纹的会产生更硬的感觉；泡沫塑料衬垫具有高密度和牢固感，有多种类型、多种密度。当选择居住使用的衬垫时，可参考地毯理事会 (CCC) 的建议："行走越频繁的区域，衬垫应当越薄。"厚的衬垫不适合商业环境使用不仅会影响行走速度，而且会产生一种奢侈家居的感觉。

相关链接

地毯靠垫委员会 http://carpetcushion.org

9.2.5　设计考虑因素

除了地毯和垫子的性能因素之外，设计者还必须考虑尺度和空间、色彩和样式以及纹理等美学要素。

图 9-33　地毯和天花图案在这个令人兴奋的会议中心相呼应,并与大梁平行。为了应对空间的尺度,大型图案是必要的;与此同时,图案中的细节的尺度,又呼应了人体尺度。地毯由 Ulster 提供,顶棚为富美家石膏板(Formglas GRG)。(摄影:Brian Gassel / tvsdesign)

(1) 尺度和空间

满铺地毯具有一些突出的优点:它能产生整个房间或者房间到房间的连续性,使得房间看上去更大,增添温暖和豪华的感觉,只需一道清洁程序,并提供最大的防止意外的安全性。但这种地毯也会有一些不足之处:它必须被清洗到位,并且即便旧了脏了也不能被翻转过来。

小方形组合地毯具有与满铺地毯同样的优点,并且还有一片组合地毯脏了破了可以单独替换的独到优势。它给予了设计更大的灵活性(参见图 6-40B)。

区域地毯并不铺满全部的地面,而是根据功能被使用在房间内的指定区域。区域地毯应该足够大以供放置该区域内所有的家具。这种类型的地毯是多用途的,可以很容易地变换,用来放置不同的家具组合。

艺术地毯通常比区域地毯要小,一般为手工编织,用来作为创造或强调视觉中心的一种方式。这类地毯通常放置在家具没有覆盖到的地面,使得它作为一件艺术品为人们所关注。通常艺术地毯有着与区域地毯同样的功能。

散置小块地毯是一种小型地毯,通常用来作为点缀装饰或某些负重区域的保护。

(2) 色彩与样式

色彩是地毯选择的关键要素。对于纺织品来说,染色工艺多种多样,布料着色的性能也各有不同。通常生产过程中色彩添加越早,色彩维持不褪色的时间越长。中性色彩地毯可以搭配多种家具组合。在一些经常发生租赁变动的地方,中性色彩是最好的选择。在餐馆或其他通行量大的区域,还可以更好地掩饰灰尘。明度也会影响地毯的颜色。高明度色彩容易显污迹,而低明度色彩则容易显出灰尘。不同纤维、样式特征和纹理的地毯吸收和反射光线的能力不同。阳光充沛的房间可以布置冷色调的地毯,而朝北的房间或暗室需要浅色调的暖色地毯。地毯色彩尽可能与墙面绘画色系相近,这样可以增加空间的整体感,还应该考虑它们最终放置的环境色彩。

单色和统一纹理的满铺地毯给人宽敞的感觉。大花纹地毯具有充满空间的感觉,最适合使用在大空间内(图 9-33)。如果被选择的地毯带有明显的花纹,那么墙壁、布艺和室内装饰品则应当互补地选用素色或带不明显花纹的(参见图 9-16)。具有简单统一效果的地毯可使家具选择范围更广。

(3) 纹理

每种地毯或小地毯类型都有特有的纹理,比如平滑的、有光泽的、无光泽的、粗糙的等。

地毯表面品质应当与家具在美观上相匹配。同样的考虑因素在第 10 章织物纹理的选择中将展开讨论,也适合地毯纹理的选择。仔细挑选的地毯或小型地毯可以与家居中的所有家具相协调,并产生整体感。

9.2.6 标准规范

美国联邦、各州、地方的法律或法规以及条例设定了关于地面软装饰的性能和质量的特定标准（尤其是阻燃性、展焰性、生烟性）。地面覆盖物必须贴有标签标明生产厂家的名字、联邦贸易协会代码、纤维组分、纤维重量，以及阻燃性能。不同地方的法规不同；因此，设计者必须熟悉当地的法规和条例。

9.2.7 测量安装

在选择地面铺装之前有必要算清完成整个工作所需要的材料数量。做出一个估计，测算出覆盖面积的平方数。而考虑到地毯接缝和花纹拼接，还需要多计算一些数量。一些设计者会准备切割和缝合的图表来计算正确的数量（图9-34）。

在主要流量区域避免地毯接缝。绒面地毯的绒毛(也被称为绒毛方向)必须按同一方向铺设，避免光泽不统一。当地毯被用于家居或者商业用途时，设计师需要说明安装方式和技术。安装方式为伸展无胶铺设或黏胶铺设。伸展无胶铺设是将25mm宽的地毯刺条用金属钉钉在房间的四周，地毯固定在地毯刺条上。现在还有类似于魔术贴的材料可以取代刺条。黏胶铺设方式是用黏胶或黏合剂将地毯黏合在地面上。

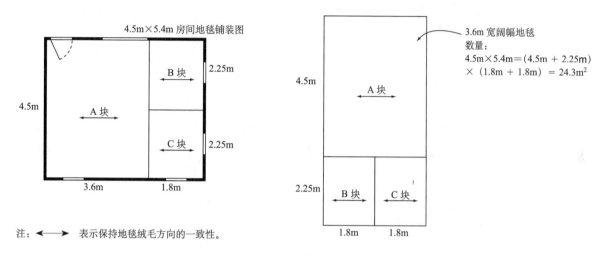

注：⟷ 表示保持地毯绒毛方向的一致性。

图9-34　4.5m×5.4m房间采用3.6m宽幅地毯铺贴接缝示意和宽幅地毯的裁切示意。

本章小结

选择合适的地面铺装是一个重要的室内环境设计问题。大的设计方向必须首先决定选择硬质还是软质地面材料。地面铺装能够提供趣味点或视觉中心，或者提供一种中间元素协调一个房间或几个房间的风格（图9-35）。地毯选择需要注意设计特性和结构工艺以保证耐久度。应该投入大量的时间来选择不仅看上去美观，而且经历数年的客流仍然保持其外观的适用的地面铺装材料。

图 9-35　这个大厅是公寓出入口。石材地面统领室内格局，也是主要交通流线的最佳选择。(图片来源：Renaissance Reclamation)

第 *10* 章

顶面和墙面

图 10-1　高耸的顶面引人注目，但也需要与建筑室内空间尺度相互关联。在这个宽敞的会议室里，悬浮式吊顶非常人性化并为桌子提供了所需照明。棱角和曲面不仅反映在背景元素中，也反映在会议椅的选择上。图中室内空间的形式向员工和客户显示了这个会议室的重要性。(建筑师 / 设计师：Gensler；摄影：Chris Barrett at Hedrich Blessing)

10.1　顶面

地面、顶面和墙面这三大面中，由于地面是水平面，在人的视平线以下，所以其显露程度有限；而墙面虽然垂直于视线，理论上视域最大，但会受到人流以及家具的干扰和遮挡；作为顶面，它通常高于视平线，故占有的视觉范围最大，形成的透视感也最强，再加上顶面的装饰处理，可以增强室内环境的感染力。但顶面作为空间里最大的无法利用区域，几百年来一直受到设计师特别关注。无论是文艺复兴时期宫殿里顶面恢弘华丽的雕像和装饰线条，还是美国殖民时期木质支撑梁外露的平顶形式，都说明了这一点。在英国乔治时期，联邦时期，希腊复兴时期和维多利亚时期的顶面一般不如欧洲早期的顶面设计，虽然没有那么华丽，但仍然使用一些装饰处理（图10-1）。

顶面的功能有：保护顶板基层材料；保温隔热；人造光或当使用天窗时天然光的来源；吸收和屏蔽声音；阻燃的屏障（满足防火要求）；房间风格和气氛的主要调节因素等。由于现代技术的发展和物理环境的要求，管线和设备越来越复杂，所以顶面也起到了隐蔽管线和设备的作用。

在目前许多室内设计中，曾一度使用石膏板来装饰并涂成白色，人们忽略了顶面可以增添房间感染力和气氛的作用。下面探讨一些设计师经常选用的顶面类型。

10.1.1　顶面类型

顶面的设计可以根据其不同的结构形式、位置或方向来区分。

（1）平屋顶通常采用抹灰、涂饰或板材覆盖，平梁式顶面是一种结构梁外露或采用轻型梁的顶面。

（2）单坡顶的顶面具有一定倾斜坡度，有这种顶面的房间里的家具摆放必须精心设计，以达到舒适的平衡感。

（3）三坡顶、双坡顶或大教堂顶面可以强化垂直空间，特别是有向上的构造梁时（图10-2）。反之，水平梁的布置则有使房间长度方向的舒展作用。

图10-2　印第安纳州 Culver Academy 的图书馆，设计师采用山形图案吊顶与精美传统柱列对照。（建筑师、设计师：Hellmuth, Obata & Kassabaum；摄影：Balthazar Korab Ltd.）

图10-3 位于佛罗里达州 Boca Raton 的家庭剧院,设计师在顶棚营造洞穴气氛隐蔽光源,而墙面被设计成混凝土质地,外加软垫家具和长毛绒织物。(设计师:Green Design Group 公司的 Charles Greenwood;摄影:Robert Thien)

(4)顶面垂直延伸约 15~46cm 的中间部分称为灯池顶面。塔板可以有很多种形状,也可隐藏于周围的照明中(图10-3)。

(5)雕刻、定制设计的顶面可能会成为室内的焦点。有时为了使设计富于戏剧化,雕刻的顶面没有固定的模式,但需要很大的结构空间才能产生这样的效果(图10-4)。

(6)穹顶与墙面的交接处呈曲线而非直角,因而墙面与顶面板连接顺畅。有时顶面和墙壁的边界嵌入灯光设备,光线可以照向顶面。

(7)圆顶顶面是拱形结构不是平面,也可以认为是穹顶的延续(图10-5)。

(8)横梁之间的装饰性凹板。在过去几个世纪一直流行,它由网格状的木制横梁构件分割,梁之间通常采用像墙面一样的镶板,即板面具有装饰纹理,板面之间用企口插接并留有凹槽。

(9)吊顶的一部分或整个区域低于主要结构(图10-4)。这种不同高度的顶面可以确定一个房间各部分的不同功能(例如一个双重用途的空间中的餐厅区域或大厅里的会客区域),借助顶面的高差可以提供像灯槽一样的间接照明,并增加居住空间的趣味性。

(10)在不少商业空间中,顶面并不做吊顶,建筑

图10-4 这个购物中心的美食广场的雕刻顶面增加了粗犷的趣味,并界定了顶面的高度。逐层递减的顶面中,每一层灯光效果都是不一样的。高一些的顶面更人性化,顶面低一点的区域就是餐饮的位置。(摄影:Brian Gassel / tvsdesign)

图 10-5　这个入口通道，从过道到蜿蜒的楼梯，都是一系列的拱形顶面。拱形顶面在哥特式教堂中得到了广泛的应用，但在住宅环境中比较少有。（设计师：Pineapple House 室内设计；摄影：Scott Moore）

图 10-6　为了营造幻觉空间，设计师哈里·斯坦把部分梁和吊顶涂成黑色，巧妙配置多种灯具。其他部分的吊顶是镜面，延展了这个空间的深度。（摄影：Norman McGrath）

结构直接暴露在外，这种类型的顶面在照明设计上有很大的灵活性，甚至有的灯具公司研发了仿混凝土灯具壳体以适应裸露吊顶的风格。家具展厅和零售店等采用这种顶面处理方式可以满足空间多样性和可变性的需求；餐馆则以此来创造一种非正式或高科技的氛围；在住宅环境中，这种类型的顶面可以用来增加戏剧效果（图 10-6）。但是由于热气流上升，过高的层高在冬季会损失热能。还有像档案室一类对湿度和温度有要求的特殊空间，必须做吊顶，保护顶面管线，甚至是材料还要具有防潮功能，避免吊顶上部与下部湿度和温度不同而引起材料变形或损坏。

相关链接

阿姆斯壮顶面术语表 www.armstrong.com/commceilingsna/article22542.html

10.1.2　顶面构造和材料

顶面可以分为两类：直接与结构件连接的构造（如抹灰）和悬挑构造（如吊顶顶面）。

（1）抹灰和石膏板

抹灰是最普遍的顶面处理材料，由石膏、水、石灰混合而成，可以应用于金属网片、特殊硬质纸板或任何粗糙的砌体表面。抹灰完成后的表面有光滑的、有纹理的、有贴墙纸的或刷油漆的。有时抹灰顶面用模版印刷图案，或者是用来做装饰品或模具。抹灰已经使用了几个世纪，但目前的人工成本还是相对较高的。

由于抹灰的成本较高，石膏板的使用则更加普遍。1 220mm×2 440mm 墙面使用石膏板不仅有适用于抹灰的纸质加工表面，而且具有绝缘的特性，并可适用于多种厚度要求，如果分层错缝安装，还适用于防火要求。无纸面

图 10-7 在这个雅致的餐厅里，Adam D.Tihany 利用石膏板组成多层次嵌板图案，表现大胆而简单的建筑形象，这种材料纹理具有温馨效果，也增加了室内的层次感。(设计：Adam D.Tihany International，Ltd.；摄影：Peter Paige)

石膏板也是独特的雕刻设计的主要元素（图 10-7）。

玻璃纤维加强石膏板，简称 GRG，是一种在石膏中添加玻璃纤维而组成的轻质高强吊顶材料。这种产品有各种标准化的尺寸，也可以客户化定制各种造型。该板现场安装，再通过后期粉刷呈现出完整的顶面效果。它可以用于做穹顶、复杂的图案、精致线条以及柱子（参见图 9-33）。

相关链接

网站背景资料 www.formglas.com/home.html Formglas

乔治亚太平洋地区玻璃纤维增强石膏场地信息 www.gp.com/build/product.aspx?pid＝1572

（2）玻璃和塑料

玻璃和塑料板都是透明或半透明材料，有时用做顶面来提供顶面照明——自然光或嵌入式人造光。这种透光材料如果用在墙体上，既可以创造开灯与关闭照明带来的不同效果，还可以为超高空间照度衰减来补充立面照明。借助高窗的光或天窗可达到扩大室内空间的效果。

（3）蚀刻金属

蚀刻金属顶面在 19 世纪很流行，并为室内环境增添了历史感。这类材料被用于维多利亚式建筑的修复和建造，通常在诸如餐馆或零售店等的商业空间内也能看到。这种处理包括冲压、化学腐蚀或高压金属粉末喷射的方式制作到金属板上（受环保要求限制，化学腐蚀的方式逐步在减少使用），提供独特的压花效果。

（4）织物

由于织物阻燃性差，在顶面装饰中很少被采用，但通过拉伸，打褶，像墙纸一样直接贴在顶面上，或包覆在板材外面用作软包或硬包，其柔性的观感让人舒适、温暖。当把织布做为重复使用的室内装饰时，可以达到整体统一的效果。图 1-6A 展示了一种不同寻常的织物顶棚的处理方法。

（5）木材

木条、板材、横梁或木板都能提供一种温暖的感觉。视觉效果上，木材往往会降低顶面的高度感并制造出沉重的感觉，除非顶面的高度比平均水平的顶面还要高才会使用。通常，木材与石膏配合使用，例如木梁可以分割石膏顶面。木材也可以染色或不着色。之前的梁不能用时，聚氨酯顶面梁（模拟手工雕刻的木材可以达到满意的程度）可以粘在顶面上。

（6）吊顶及金属板

吊顶在商业建筑中很常见。金属在构造中是悬挂的，形成一个 600mm×600mm 或 600mm×1 200mm 网格模式，然后卡入金属板。金属板是有各种不同的材料、颜色和图案，穿孔率不同具有不同等级吸声和吸收噪音的特性，甚至在金属板装饰的反面铺贴金属箔或织物，既可以吸声又可以减少空调能耗和供暖成本。另一种类型的吊顶系统是 25mm×25mm 隐蔽的网格，甚至可以是曲线，虽然这种吊顶的安装比较困难，但相比于大型网格栅这种吊顶有更统一的外观。

吊顶是多功能的，不仅可以将照明和暖通等设备管线隐藏在上面的网格系统空间里，而且又是全空气空调系统的回风空间。随着室内陈设的改变，顶面的照明也可能随之调整以适应新需求。此外，如果暖通或管道系统需要升级、维修或移动，这种可拆卸顶面也是非常方便的。

10.1.3 视觉艺术调整

居住空间中，吊顶高于 2.75m，或低于 2.45m，都会影响人们的心理感受。较高的顶面增加了空间感，让人觉得庄重正式；较低的顶面压缩了空间，让人觉得温暖和亲切。设计师不仅应该根据房间的长度和宽度确定顶面的具体高度，还要考虑空间功能需要。在一个非常大的房间里，如果顶面很矮，会显得空间很狭窄；而在一个小房间里，顶面非常高则会给人一种住在桶里的感觉。可以通过调整顶面的高度来打造一个宜人的环境；顶面可以看起来高一些以满足业主感觉空间更宽敞的错觉，或低一些让人感受到一个舒适、私密的氛围。

室内要创建高度上的错觉，请参考以下内容：

* 墙壁粉刷延伸一小段距离到顶面，尤其当拐弯处是拱形时。这种方法可以使视线转移到顶面部分，使顶面显得相对较高（图 10-8），但顶面要使用浅色。
* 较多地运用房间中构造上和装饰元素中的垂直线条，如带图案的壁纸等。
* 增加天窗，敞开空间。
* 利用斜梁引导视线上升，使山墙顶面显得更高（参见图 10-2）。

室内要制造视觉上较低的顶面效果，则可参考以下内容：

图 10-8　墙纸向上延伸到顶棚，显得房间很高。

* 把顶面漆成深一点的颜色，或者使用有图案的饰面。
* 顶面的色彩与墙面有明显边界或线脚，这样当视线向上移动时在线条处会停顿，使顶面的边缘明显，从心理上就会感觉到低了许多。
* 运用房间里构造上和装饰元素中的横向线条。
* 使用木质顶面和水平梁，尤其是天然的木头或者深色木头。

近年来，不断变化的室内装饰风格产生了不同类型、令人惊喜的顶面设计，为室内空间带来了新的尺度。在住宅或商业场所里，通过使用有创意的材料和饰面，并调节房间的净高的变化，使得顶面则成为视觉焦点或其他室内元素的重要背景（图 10-9）。

10.2　墙面

一个房间的垂直背景元素是设置和维护墙面的重要因素。墙壁、窗户、门和壁炉都是房间围护结构的一部分，并为家具和织物提供背景。

墙占据了一个房间里的最大面积，规定了它的大小和形状，还为房间的功能和美化服务。从功能上说，墙体不仅隔绝外部空间形成私密性，并为特定活动划分出不同形状和大小的内部区域。墙壁也为管道、电力、电话线路和暖通空调，提供了敷设空间，甚至还有隔热、防寒和隔音的功能，提高室内物理环境质量。从美学角度来说，它们不仅对室内空间具有重要的意义，还能营

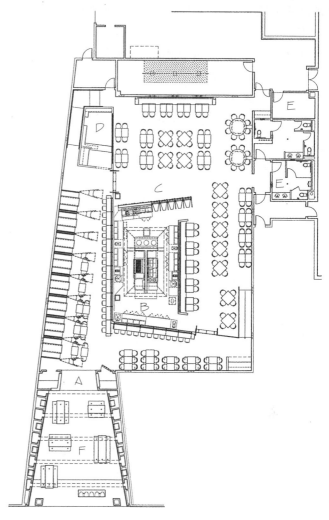

图 10-9　在这个交互式的餐厅里，顾客被置身于一个视觉和味觉双重愉悦的环境里。设计师调整了原先的凹形内墙（约 9m 的顶面和最小的窗户），形成了透过厨房上部的半透明光线照射点。吊顶隐蔽了 HVAC 和排风系统，LED 屏幕和镜面排列规整，让所有顾客可以看见厨师的工作。"戏剧化厨房效果"概念产生舞台感，拉近与顾客的距离。（设计师：Jeffrey Beers 国际公司；摄影：Troy Forrest）

造室内气氛和表现室内风格。所以用"黄金立面"这个词体现商业空间墙面的功能和视觉吸引力的重要性。

10.2.1　墙体构造

墙体分为承重墙和非承重墙。承重墙主要承担屋顶、楼板等房屋结构体的重量；非承重墙只是分隔空间，不支撑结构体重量，但可以支撑货架、橱柜，或者其他的

内部元素。当需要在承重墙开洞时，室内设计师必须与承建商、结构工程师及建筑师协商来确定替代结构的要求。

一些非承重墙是独立的，高度等同于书桌或与顶面差不多高或略低于顶面。这些非承重墙保护一定程度的隐私性，但允许空气、光和声音流动到其他区域，特别是满足了空调在全屋不同空间的共享。这种不到顶的非承重隔墙设计要注意三点：一是自身是悬臂结构，轻钢

或木质结构可以满足，但如果有门扇安装就需要钢结构加固了；二是由于与顶面不连接，所以如果需要管线就要从地面引入；三是由于顶部开放，空调就不能受不同功能区域个性化控制。

非承重墙也可以是可移动的，成为整个内墙系统的一部分。不少非承重墙体系由家具公司制造加工，还连接办公桌，架子和配件等。这些墙在吊顶下和地板上移动（如果是防火分区，必须在吊顶内部和地板下部均进行防火封堵），墙体里包括了隐蔽工程如电线管道和水管。这些墙体的材料和饰面用材很广，包括玻璃、木材和金属（见"可持续设计：可移动墙体系统"）。

可持续设计

可移动的墙体系统

可移动墙体系统被认为是一种替代传统建筑技术的可持续产品。一个公司为了适应经济和市场需求，部门的数量会缩减或增长，因此带来原有空间的改变。为了满足这些需求需要对原来的墙体进行拆除和改建，传统的做法既昂贵也复杂，还会影响办公室的正常运转。传统的石膏板隔墙系统对此无计可施。

一个名为 DIRTT 的墙体和架空地板系统解决了这个难题，推动了环境可持续性的发展进程。DIRTT 墙体系统采用中密度纤维板（MDF）为主要材料，可在公司需要改变办公室布局的时候重复使用。DIRTT 墙体的悬挂系统可以适用不同厂家的家具及配件，因此，客户可以循环使用其现有的家具系统。在劳动力成本低的地方，这个系统显得贵，但是在劳动力成本高的地方，DIRTT 系统实际上更便宜。

在大多数的可移动墙体系统中，移门可以安装在墙体内，这不仅是因为节省空间，更重要的是平开门门铰链规定过不允许固定在混凝土楼板上，只允许固定在门框上，这样就要控制门的重量，平开门选择受到限制。墙体内可以预制电气管线以及其他的管道系统。墙体用材广泛，玻璃、木饰面和其他高端饰面可以实现多种设计方式（图 SD10-1）。

相关链接
DIRTT 系统网站 http://dirtt.net

图 SD10-1　这个可移动墙体系统包括从底到顶的移门，以及升级版的木饰面墙面和门五金。走线槽或墙面板上可以悬挂配件如搁板。（设计师：Michael Wirtz FIIDA；图片来源：DIRTT）

10.2.2　非弹性（硬质）材料墙面

墙体饰面的材料种类繁多。从外观、成本、维护、噪音程度、绝缘和耐久性来看，各有优劣。一些墙面的处理方法是通用的；另一些属于特定时期的风格或用于唤起某种情绪。当选择墙体饰面材料时设计师需要考虑美学、功能和个人因素，成本和生态因素会在第 5 部分讲述。

表 10-1 列举了最常用的硬质材料墙面做法，包括它们的一般特征、防火等级、绝缘性能、用途与保养等。

表 10-1　硬质墙体饰面

材　料	基本特性和成本	饰　面	防火性	绝缘性	用法和注意事项
砖（火制土坯）	实心耐久 多种尺寸、形状和色彩 旧的天然土坯砖有温暖感 可以规则排列或图案排列纹理令人感觉舒适 成本高	无须饰面 可以用涂料或蜡封	防火	反射噪音 导热	室内外墙体 相对小尺度房间和壁炉立面及炉膛 较少或无须维护
混凝土	可以制成各种造型 价格实惠	内饰面最好使用填缝剂 可以打磨平整 或直接用粗糙的表面效果	防火	较绝缘	室内外墙体 台面 壁炉面
水泥砖（轻质砖）	坚固、感觉冷、规则形状、体积大、有纹理 成本中等	无须饰面 须粉刷 用于室外，须防水	防火	较绝缘	室内外墙体，壁炉面 用于大房间墙体较好 缺乏家庭温馨感 较少或无须维护
瓷砖（陶质）	不同的形状，规格、色彩和图案，预制砖 耐久、抗水防污，易裂损 成本中等偏高	无须饰面。最后可用釉料来增进抗水防污，不要在地板上使用釉料，非常滑	防火	反射噪音 绝缘性差	卫生间、厨房间、储藏间、休息间 常用于西班牙和墨西哥风格的墙群 极少需要维护
瓷砖（瓷质）	一种由不同黏土制成的瓷砖。除更防水更坚固外，其他同上一种	无须饰面。最后可用釉料来增进抗水防污，不要在地板上使用釉料，非常滑	防火	反射噪音 绝缘性差	同上，但由于防霜冻性更好，更适合户外 由于其坚固性，更适用于地砖
玻璃纤维（板材）	半透明玻璃纤维高强板 多数有肋或是波纹 都可用于平面，有一定厚度 成本中等	无须饰面	防火	绝缘好	房间分隔，屏风开合，浴室封闭，半透明顶棚，嵌入家具，移门 易于维护
玻璃（建筑用）	能透明、耐摩擦，起波纹，发泡，防霜，上色或弯曲 夹金属网玻璃防破坏 可进行多用途调节 成本中等偏高	无须饰面	防火	绝缘差	移门、屏风、房间分隔、监护房间等 镜子能够扩展室内空间，为房间增添戏剧化效果 单向玻璃也有很多用法
玻璃（砖）	透光性好 高抗冲击强度 成本中等偏高	无须饰面	防火	实心玻璃砖导热 中空玻璃砖绝缘性好	即用即装 亮化最阴暗房间死角 易于维护
金属（板材和瓦）	不锈钢：平版或颗粒板（无反射面层） 耐久、牢固、耐酸、防水、耐碱 实心铜板引人好感 可以是平板、承受锤击或变成古董 经封闭保持光泽或防腐蚀 铝饰面：实心铝 陶瓷、珐琅或环氧珐琅的玻璃质外表面，易于保护 轻质高强，不过如有凹凸坑难修补 有商业化效果 成本中等	需要在工厂喷涂，上珐琅或上色	耐火	反射热量	厨房、卫生间、储藏间和任何需要坚固墙面的环境 不常装饰居住和商业空间 易于维护

（续）

材　料	基本特性和成本	饰　面	防火性	绝缘性	用法和注意事项
石膏和抹灰	光滑或有纹理，无接缝或节点 易破碎 成本中等偏低	油漆、壁纸或织物装饰	畏火易燃	特别制作可以隔音	适合各类墙体，属于各类房间和各种设计风格 可洗
塑料（薄膜）	耐久，弹性 可以各种色彩，图案，纹理 成本中等偏高	无须饰面	一些塑料不燃烧，却释放有毒气体	不绝缘	需要耐久有弹性的墙面 防污和破损 易于维护
石头	美观 根据色彩不同，如覆盖面积过大会有寒冷感 自然色彩和纹理 感觉坚硬和耐久 随时间有变化 成本高	有时需要防水	防火	不绝缘	壁炉周围或整个墙面 不需维护
墙板 （石膏、干挂板、石膏板）	表面可以装饰成吸引人的色彩和图案，或印制成木纹低成本	如同石膏板：油漆、壁纸或织物装饰	耐火	非常绝缘	任何主要考虑降低成本的房间装饰 根据装饰面决定维护情况
墙板 （硬质板、密度板）	很耐久，防碰，可以利用多种木质碎料，有多种色彩可以反映很逼真的木质效果 工厂制作，工业化生产，易于安装 可以配合多种凹凸面和不同纹理的织物 成本适中	可以油漆、涂料或上蜡	表面易融化层压板畏火	根据层压板厚度不同反射声波、绝缘	需要低成本木材而又有耐久性要求的地方 湿布擦洗
墙板 （复合贴面板）	很耐久，材料表面材质均匀，可以根据要求生产出各种纹理、质感、色彩或图案 表面可以仿木纹和布料效果 工厂覆面，表面坚硬，容易安装 成本适中	工厂制作 无须另外涂饰	遇火会产生烟雾并融化	反射声波根据密度和厚度，绝缘较好	住宅中使用频率高的地方 防污和防潮 刮擦后不可修补 湿布擦洗
木材 （胶合板）	表面可以光滑，也可以粗糙 薄木皮贴面坚固粘合 便宜的面板 表面贴木板片的胶合板不贵，像实木122cm×244cm规格板材易于安装 可能有竖向槽口 成本中等偏高	如实木非最后成品	易燃	绝缘好，隔音	任何时期木材根据木种和安装方式用于各个房间 根据年代长久和维护效果决定外观情况 易积灰
木材（实木）	自然颗粒 一般房间可以有自然光滑木材到毛面木材 可以榫接、槽接、平拼、平接或开槽 多种自然色彩，可以油漆多种颜色 受凹口影响，不过能够修饰缺口 成本高	须封闭粉刷以防污防水	易燃	绝缘好，隔音	同胶合板

10.2.2.1　抹灰与石膏板

　　灰泥除了用来做顶面的材料外，还有很多用途，但是墙面涂料比较贵。它可以用来做平滑或粗糙的饰面（图10-10）。另一种比较便宜的选择就是石膏板，石膏板是由石膏、压制木材或塑料层压板制成的。抹灰是一种传统手工的墙面装饰手法，称为湿作业工艺，而石膏

墙板——被称为干法工艺墙面，带有纸面的石膏板品牌是最常见的并且使用广泛。

　　纸面石膏板和压制木材是制作墙板比较便宜的材料，是由1 220mm×2 440mm的墙面板组成，这种墙面板是用来支撑墙体垂直的。墙板不仅隔热、防潮和隔音，而且可以解决刷油漆时产生的从粗糙到光滑的各种技术

问题。粗糙的石膏状墙壁适用于一些非正式的房间和某些特定风格的房间（如西班牙风格的房间）。而光滑的表面则适用于各种风格的房间和家具。

10.2.2.2 木材

　　墙面采用木饰面是几个世纪以来深受人们喜爱的装饰方法。木材可以是实木板或镶板（薄的实木板面，参见图 10-17）的装饰手法。木板可以用各种木材来加工；可切割成不同宽度；染任何颜色；铺设方式也可以有垂直、水平或对角线等多种角度。它们可以有企口、平接或斜接的不同拼接方式。广泛使用的镶板或者一些贴面板适用于各种饰面、颜色和风格；而且镶板比木板便宜得多。

10.2.2.3 砖石

　　砖石墙面包括面砖、瓦、混凝土、混凝土砌块和石头等。面砖在古巴比伦和法老时代就已经使用了，有保温和适用性强的优点，无论是在传统还是现代环境中，或是在住宅或商业空间中，它的外观风格始终都是一样的。陶质瓷砖（一种较硬的瓷砖）在各种形状、大小、颜色、图案和饰面上都可以使用，也同样适用于任何风格的房间样式。它们在厨房和浴室中尤其流行和适用（图 10-11 和图 10-13）。

　　混凝土和混凝土砌块墙是目前住宅和商业设计中的常用材料。混凝土可以塑造出不同的造型（图 10-12），也可以镶嵌各种材料。混凝土经常用在台面上，并须抛

图 10-10　门厅的石膏板墙面采用了一种纹理图案似骏马奔驰而过的蹄印造型，名为"马来漆"的意大利墙面艺术漆，外观上看似斑驳的老墙。这项技术是在抹灰表面使用批刮工具产生各类纹理，甚至使部分基材灰泥层露出，最后再罩上一层透明面漆。（图片来源：Pineapple House；摄影：Gary Langhammer）

图 10-11　这间厨房的马赛克瓷砖是从西班牙进口的。Zellige 瓷砖是摩洛哥烧制的黏土釉面砖，有着半透明的颜色和珍珠般的光泽，不规则的形状和亮度强化了手工制作的特点。（图片来源：由 Pineapple House；摄影：Scott Moore Photography）

图 10-12 惊喜之处！这个叫做 TUCKER™ 墙体系统，如同带装饰钉的软包效果的墙体实际上是由内部连结着的混凝土板制成的。(TUCKER™ 由 ©modularArts 提供)

图 10-13 这个获美国室内设计师协会奖的卫生间设计，全部采用砌体砖做成的。固定在砖石中的玻璃房不仅界定了淋浴间，还保证了墙面石材的连续性。注意定制的弧线岛型浴柜作为面盆的基座，可旋转的双面浴室镜悬挂在其上方。(设计师：Bruce Benning；ASID/CID, Benning Design Associates；摄影：David Duncan Livingston)

光和涂刷混凝土保护剂密封。

大理石、石灰石、石板和石英岩等各种类型的石头，提供了各种纹理和颜色（图 10-13）。有些石材如大理石，看起来即有条理又高雅，而有些石材如大卵石，给人轻松和休闲的感觉。而花岗岩以稳重坚实的特性主要用于地铁等交通建筑。不仅壁炉需要大量的石材，在当代的室内装饰中石材也更多的用于墙壁。对于其他的石材特性，见表 10-1。

10.2.2.4 其他墙面材料

(1) 镜子

房间可以通过镜子扩展成一个虚拟空间，通过视错觉改变空间的形状，可以在视觉上放大一个区域——这在小型住宅中是一个优势。它们可以大片使用，也可以切割成小片拼接使用。它可以覆盖整个墙面，也可以为了功能需要或审美情趣切割成块局部使用。镜子对光的反射效果很好，能够亮化房间（图 10-14）。但过多地使用镜面会影响空间的方向性，还有从安全性考虑在镜子反面应黏贴防爆薄膜或无纺布。

图 10-14 在这间客房里，梳妆台兼办公桌后面有一面大镜子，起到了扩大内部空间的效果，同时光滑的镜面与椅面的编织又形成了纹理上的对比。(图片来源：© Andrew Twort / Alamy)

图 10-15　用来分隔酒吧区域的面板是由 3 From 公司的产品制作而成的。矮墙隔断表面用的是镜面马赛克，地面用的是瓷砖。餐厅所用的所有材料都是既耐用并容易清洁的。（建筑师 / 设计师：Hughes|Litton|Godwin；图片来源：CFA Properties 公司）

（2）金属

不锈钢、铜、铝等金属可制成金属砖和薄板。饰面可以是光滑有光泽的，或是拉丝的。后者更容易保养。金属墙面给人一种现代的感觉，并且非常有质感，有纹理（图 10-7 左侧的网格墙设计）。

（3）塑料

塑料可制成颜色和款式丰富的条状或块状。它们很容易清理，并且防水。制造商用塑料做出的装饰材料可以有不同的透明度，也可以添加纹理和装饰设计。塑料也可以起到分隔房间的作用（图 10-15 和图 10-16）。

塑料复合墙板有多种颜色可供选择并且可以模拟各种纹理。塑料不但经久耐用，且可以经济地用来模拟大理石、木材或其他天然材料。

（4）玻璃砖

玻璃砖可用来做内墙，也可以充当外墙上的透光窗（参见图 13-22）。它有多种尺寸和纹理，适用于需要阳光均匀的房间，还可以遮挡视线（图 10-17）。通常，玻璃砖用于当代设计环境，但也能反映出 20 世纪 50 年代的设计趣味。

图 10-16　这个开放式接待台的外围采用了弯曲的塑料饰面板。这个面板提供了天然的装饰纹样，同时也可以起到保护下面木材的作用。（图片来源：赫尔曼·米勒公司）

10.2.3　装饰线型

装饰线型通常用于墙面与顶面。也可用于墙面与地面的交界部位。装饰线型将细木工制品隐藏在角落里，也是从一个表面到另一个表面的过渡区域。装饰线型也起到了装饰墙壁的作用。图 10-18 展示了典型的装饰线型及术语。

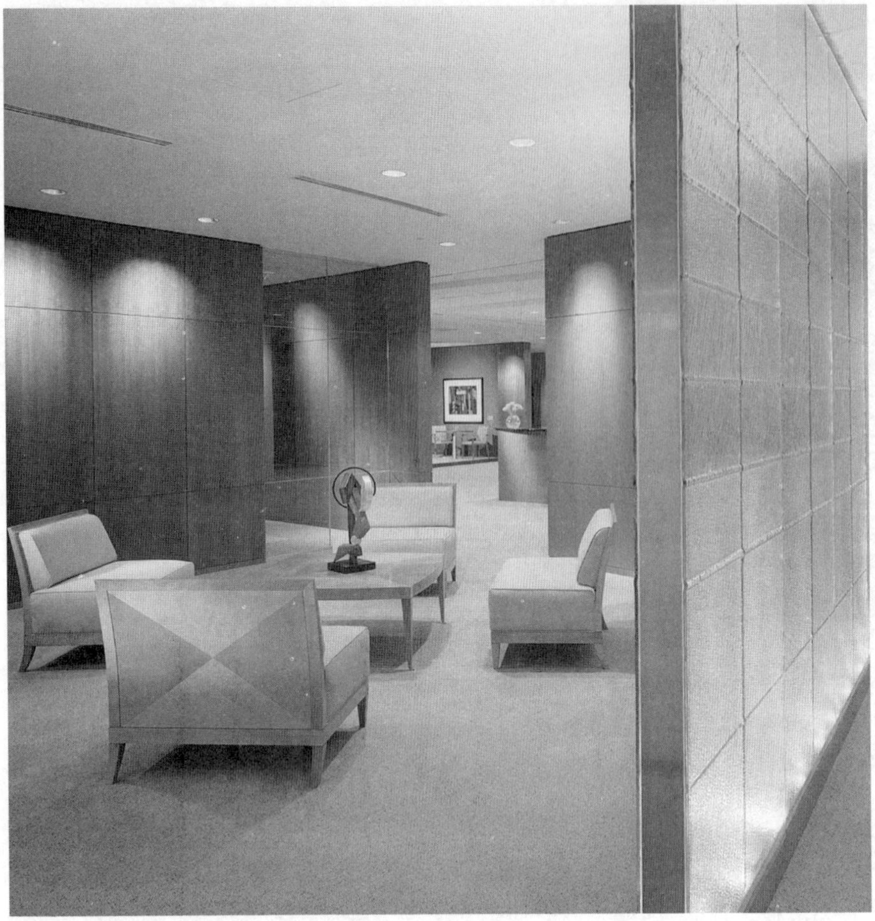

图 10-17　在这个商业办公室中，洗墙灯照出了定制木饰面的质感。一面玻璃砖墙将会谈区与走道隔开。内置在地板上的灯打亮了玻璃砖墙内部，泛出温馨的光晕。（建筑师 / 设计师：Hellmuth, Obata & Kassabaum；摄影：Gabriel Benzur）

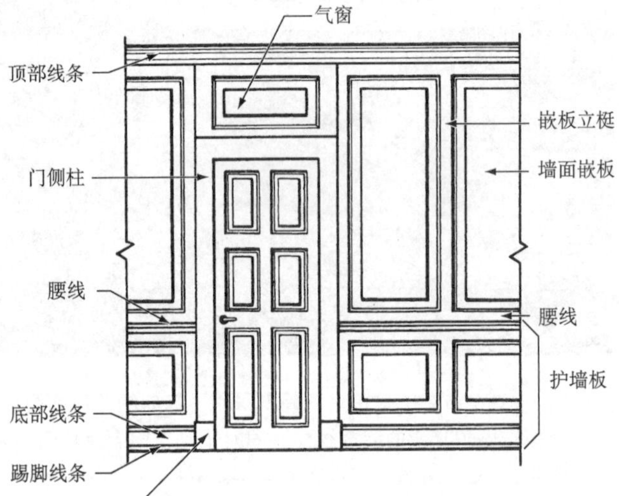

气窗
顶部线条
嵌板立梃
门侧柱
墙面嵌板
腰线
腰线
护墙板
底部线条
踢脚线条
柱础

图 10-18　装饰线条图示

（1）墙线

腰线高于地面 100cm，将墙面水平地分隔开。腰线通常用作装饰，但在医疗保健场所中，不仅可以保护墙壁，而且为患者提供安全扶手（参见图 6-20）；腰线可以在石膏板墙面受到污染后，只须涂刷石膏线上部或下部一半墙面，不用涂刷整面墙。腰线和踢脚线之间的区域被称为墙裙。墙裙线是由一个护壁板（较高的）和镶板四周一块断面为四分之一圆组成的线条。

墙裙板就是指到顶面一半的木镶板，是中世纪室内装饰的一种常见做法。挂镜线靠近顶部通常绕着墙设置，如果房间高度在 305～423cm，固定点通常位于距离顶面 30～60cm 的墙面。挂镜线最初是用来吊挂照片的，也可用作装饰元素（图 10-19）。

墙面镶板线条的制作有两种方式。传统的镶板线条是用墙上不同厚度的木材板面交接处的线条制成。镶板线条的一种更简单的做法是在平面石膏板上镶嵌石膏线条制成一体，在传统的餐厅和会议室中，常用的就是这种镶板线条。

相关链接

木线条及木制品生产商协会 www.wmmpa.com

图 10-19 在这个历史悠久的法院里，设计师重新设计了定制的挂镜线，使其又回到传统意义上的挂画的功能。（建筑师：Jack Pyburn Architect /nc.；设计师：Jones Interiors；摄影：J. J. Williams）

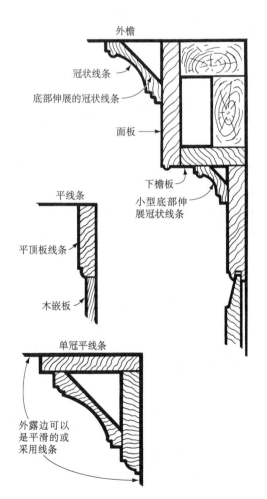

外檐

冠状线条

底部伸展的冠状线条

面板

平线条

下檐板

小型底部伸展冠状线条

平顶板线条

木嵌板

单冠平线条

外露边可以是平滑的或采用线条

图 10-20 装饰线条增加了建筑趣味

（2）顶角线

顶部线型装饰叫顶角线。顶角线有三部分，分别是檐口、檐壁和楣梁，它们合起来称为柱顶盘线。顶角线线型有多种样式和形状（图 10-20），通过把这些分散的构件组合就形成了更加华丽的线型样式。较高的顶面(约244cm 或 274cm）适合很多种的线型。装饰线型给人一种尊贵和高贵的感觉（图 10-21），但如果顶面已经很低，一个厚重的顶角线可能会使它看起来更低。腰线和底部线条也可以由一个或多个线脚组成。

这种线角由木材、玻璃纤维和泡沫制成的。而玻璃纤维在设计上比木材的用途更广，更轻（图 10-22 和图 10-23）。在适当的安装和涂饰之后，很难把它们与木制品区别开来。

10.2.4 油漆和涂料

改变空间效果最快、投资最节约的方法就是油漆和涂料。所有墙体饰面材料里，油漆涂料使用最方便，它可以附着在任何材料表面，适用于各种房间和各种风格。有些油漆能防锈、防褪色和防火。油漆有许多颜色，可生成很多的阴影，色调和色彩。粉刷过的墙面可以是光滑的，也可以给人有纹理的错觉，使用硬毛刷、海绵

图 10-21 因为使用了复杂的装饰线条、手绘细部以及装饰石膏吊顶，Kips Bay 的奢华展厅显得格外精美。贵气的饰面凸显出正规的折衷的法国风格，而且也适合 18 世纪和 19 世纪风格的室内陈设。（古董 Aubusson 地毯由 F. J. Hakimian 公司、NY 提供；设计师：Juan Pablo Molyneux；摄影：Peter Vitale）

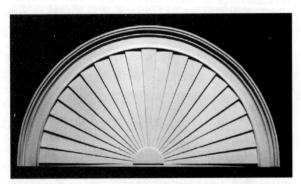

图 10-22 这个传统旭日图案使前门显得庄重，图案饱满、轻巧且易于安装。（图片来源：Focal Point）

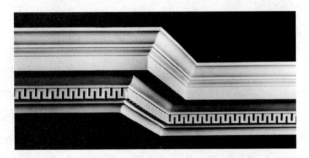

图 10-23 这个雕工细腻的檐口是用结实、轻质的木塑或现代石膏材料模压而成的。（图片来源：Focal Point）

或特殊压花辊就可以得到这样的效果。颜料是由大量的合成和天然材料制成的。

10.2.4.1 油漆类型

（1）醇酸漆

醇酸漆几乎已经取代了天然漆，是一种固化快、抗黄化，比乳胶漆更易于清洁的油性漆。根据颜色，一层通常就足够了。醇酸漆必须用溶剂稀释。由于硬度高、光泽好、手感舒适，所以醇酸漆主要用于各种线条、木制品、装饰线脚和金属表面装饰。但不能受潮湿、有指纹或有磨损痕迹。

（2）聚丙烯漆

聚丙烯漆是一种水性合成的树脂漆。这种油漆中丙烯酸的含量越多，其质量越高。丙烯酸耐用，无味，易于使用，快速干燥且可水洗。一些丙烯酸油漆涂层越多，密实度越好，甚至可以达到类似于烤漆效果，而且几乎不受损坏。纯正的丙烯酸漆不常用于室内面漆。

（3）乳胶漆

乳胶漆是丙烯酸的一种，经常用于室内面漆（图 10-24）。这是一种水性漆，在使用过程中很容易清洗。乳胶漆没有刷子重复涂刷的痕迹，干燥得快并且其特有气味挥发的很快。室内和室外所使用的乳胶漆的区别是户外乳胶是可以"呼吸"的，即透气不透水，从而让潮气消散，消除起鼓。乳胶漆常用于抹灰、石膏板、砖石、木墙板、隔音砖等装饰材料表面，偶尔还有金属表面。

（4）瓷漆

瓷漆是一种特殊类型的涂料，类似于油漆，由清漆或漆油组成，它的制成品坚硬耐久。现在也有用干粉喷涂制作的瓷漆。它主要用于地铁、隧道，沿海候机楼等需要防潮、防腐蚀的地方。

（5）环氧树脂漆

环氧漆有两种类型。第一种是在油漆桶内混合的。第二种是由两步完成的，也可以催化环氧树脂，就是可以在任何表面形成瓦状涂层。一旦变硬，这个涂层是可以被划伤，敲击，或用蜡笔或铅笔标记，但用水冲洗便

图 10-24　有时，顶面上最合适的油漆饰面是"白色的"。在这座教堂里，茂密的树林，彩色的玻璃窗，还有顶面巨大的结构与简洁的白色形成了对比。（建筑师 / 设计师：Jova Daniels Busby；摄影：Robert Thien）

可像原来一样有光泽。环氧树脂可用于地下室、淋浴间的墙壁和游泳池的表面。

10.2.4.2　面层类型

（1）保护层和填充料

用于表面涂层衬底的材料，有封闭、找平、提高着力的作用，确保面漆达到应有的装饰效果。

（2）油漆面层

大多数油漆都适用于很多种饰面。不同的制造商使用不同的术语，但本质上有高光，半亚光或蛋壳光，哑光或平光三种，光泽度越高，就越容易清理，但也越容易显示墙面的缺陷。

平光饰面比半哑光饰面看起来更绚丽；哑光或平光的表面很容易被家具、指纹刮伤，但顶面采用哑光面漆可以避免灯具亮度过高暴露粉刷瑕疵；半哑光或蛋壳光则能减少一些划伤，还可以增强立面平整度，为了体现出家庭活动室或办公空间活跃的气氛，这是最好的解决办法。

（3）着色剂

可以渗入木材管孔，含有的多种色素能够加强木材的天然色泽或改变木材的色彩。着色剂在实际使用前需要预先测试一下，因为不同的木材对同一着色剂的反应不尽相同。清漆在使用前都需要涂抹着色剂封闭木材管孔。

（4）清漆

清漆是对所有树脂类透明漆的统一称谓。树脂是一种天然的或合成的物质，可在适当的溶剂中分解软化，不再僵硬，产生光滑的薄膜。天然树脂是某些树木的汁液或以树液为食的昆虫的沉淀物。清漆是酒精或干油的天然树脂、挥发性稀释剂和干燥剂的混合。清漆通常是一种透明的覆盖层，用于木材表面的保护，可以显现木材的原有材质。有些清漆添加了一种着色剂从而使木材颜色变暗，通常在使用透明清漆之前先使用着色剂的效果更好。清漆可以是高光或哑光的。

（5）虫胶

虫胶是一种类似清漆的保护性涂层。它是由树脂制成的，也叫做紫胶，存在于印度和亚洲的树木沉积物中。它的溶剂是酒精。虫胶比清漆干得快，但耐久性差，容易产生水渍。当树的表面是浅色时透明虫胶是不会变色的。

（6）硝基漆

硝基漆是一种类似清漆的高档、快干油漆，来源于亚洲漆树（中国或日本漆树）或是一种合成的硝化纤维树脂。面层从平光到高光，色彩有白色、黑色或米色等。在商业中所制造的家具是涂硝基漆饰面的。

（7）聚氨酯漆

聚氨酯漆与清漆相似，是一种非常牢固的表面涂层。它有哑光，半哑光，或高光饰面。特别适合用于保护常被踩踏的硬木地板和潮气较重的墙面。聚氨酯漆也用于保护家具表面和木镶板。

10.2.4.3 涂料质感

这里列举一些涂料质感的特殊表现方法。下面的技巧包括将未干油漆的一种或多种颜色（通常是稀释的）涂在另一种颜色的干底漆上：

- 海绵涂刷法：是用海绵擦拭基层表面，形成斑点和涂污纹理。
- 喷涂法：是用刷子把涂料甩向基层表面，形成飞溅效果的表面。
- 点画法：与海绵涂刷法相同，不过由于用了尖刷，所以效果非常精美，用于在一种底色上点画有色图案。
- 刻纹法：是先在底层涂料的基础上用多种颜色，然后用吸水纸或碎布吸除部分颜料，产生大理石效果。
- 水洗色：在一种色彩基层上加上薄薄的另一种涂料或光泽更淡的涂料。
- 抛光：在基层上加上多层的透明色彩，使墙面有不同层次的色彩。

10.2.4.4 表面装饰

"视觉幻象"法语的字面意思是"愚弄眼睛"。"视觉幻象"的幻影效果是通过使用不同的粉刷技术来粉刷表面，来模拟其他的材料，如石头或木头。最受欢迎的装饰饰面是大理石，花岗岩和木纹，更具异域风情的人造饰面还有玳瑁壳和孔雀石。除了用于墙壁，人造饰面也可用于顶面、装饰线条、门、壁炉架和家具中（图 10-25 A～E）。

"视觉幻象"是对那些想要不寻常的装饰效果，或者希望设计有幽默元素的客户的一种很好的墙面处理方法。"视觉幻象"是手工粉刷的墙面或涂料层，几乎在所有情况下，都能呈现出三维立体感觉。适用于装饰非常简单和极其复杂的装饰设计（参见图 10-21 中的顶面）。

粉刷的涂料景物、图案和边框与"视觉幻象"的幻影效果不同，可以用手工画（图 10-26）或刻花模板制作。刻花模板是一种雕刻板面，上面有雕刻出的图案，可以重复印刷。刻花模板常用于非正式或乡村效果的房间，可以购买或自己雕刻。

贴金属箔是一种装饰方式，适合任何物体的表面。金属箔包括一些稀有金属，最常见的是黄金，但也可以用一些非稀有金属。也可以用金属粉末涂料涂饰在墙壁或顶面上，然后再在上面罩一层保护漆。法国洛可可时期和新古典时期的家具（在第 2 章之后的图片文章中可以看到）喜欢在木框架上涂饰金粉。美国州议会大厦的穹顶往往也喜欢里外都贴上金。

相关链接

关于装饰涂料 https://www.benjaminmoore.com/en-us/project-ideas-inspiration

Sherwin-Williams 装饰涂料 www.sherwinwilliams.com/do_it_yourself/faux_finishing/index.jsp

---

10.2.5 弹性墙面

10.2.5.1 壁纸

早在 16 世纪的欧洲和早期的美洲殖民时期，装饰壁纸就是重要的室内装饰元素，因为墙纸在某些时期比

A（改造前）

B（过程中）

C（改造后）

D（改造前）

E（改造后）

图 10-25　在这间客厅的改造装修中，通过使用"视觉幻象"和修改墙面修饰彻底的改变了室内的面貌。原来的白色格子顶面（A）被视觉幻象（B）成一个实木天花（C）。去掉在壁炉周围的木装饰造型（D）（移到了主卧室去使用），改成一个锥形壁炉罩和拱形墙面（E）。新的室内设计创造了一个更加放松的环境，同时也更加稳重。这个房间的主要社交区域的更新参见图 13-28。（图片来源：Pineapple House lnterior Design；摄影：Scott Moore）

图 10-26　这个住宅大厅，墙绘营造出文艺复兴风格的庭院效果。庭院墙面是想象的紫藤攀爬，蓝鸟和知更鸟盘旋在空中。（设计师/艺术家：Shannon Pable；摄影：John Orth）

图 10-27　Belle Haven Country 俱乐部的内部大堂有一幅保罗·蒙哥马利工作室的手绘风景图。它反映了 19 世纪弗吉尼亚乡村的景象。图中地毯叫赫列兹地毯，是以这种地毯的编织地伊朗西北部城市 Heriz 命名的。（设计师：Ferry, Hayes & Allen Designers lnc.；摄影：Gabriel Benzur）

其他时期更时尚，所以一直是变幻室内空间的很好载体。一直被认为是室内空间里改变视觉效果的一种有价值的工具。

（1）壁纸的历史

最早的手绘壁纸出现在公元前 200 年的中国，用于陵墓装饰。16 世纪末法国出现了第一家壁纸制造厂。最早的壁纸可以喷绘出大理石的效果，仿照进口波斯纸的图案，用在书籍封面和包装盒，叫做多米诺纸。

17 世纪早期，绒状壁纸（三维毛面纹理壁纸）的推广让高档壁纸在富裕家庭得以使用。17 世纪后期 Jean Papillon 改进了一种新的印制方法，使壁纸图案可以对称排列，在房间连续延展使用。

18 世纪后半期在法国教士 Reveillon 和英国教士 John Jackson 的努力下，建筑壁画开始普及。而 18 世纪的美洲，来自中国的手工壁纸在大西洋沿岸的气派的乔治风格住宅建筑里很流行（图 10-27）。

接近 19 世纪的中期，可以滚动印刷壁纸的铜芯滚轮机在英国北部被发明。虽然壁纸的使用在 19 世纪已经十分普遍，但是美洲地区的壁纸产业直到工业革命后才开始繁荣。20 世纪中期，一种创新的丝网印刷技术能够生产出人们可以承受得起的高质量壁纸后，壁纸的需求开始成倍增长。文献性的壁纸可以在室内空间展示历史场景。

相关链接
壁纸历史时间表 www.blonderwall.com/historyofwallpaper.html
来自法国 Du Papier Peint 壁纸博物馆的"壁纸"的集合 http://membres.lycos.fr/museedupapierpei/english/collections_uk.html

（2）壁纸的生产方法

壁纸最常见的三种生产方式是滚筒印刷、手工压板和丝网印刷。其中滚筒印刷最为普遍也最便宜，它是在滚筒表面上色，每种色彩连贯快速地印制在壁纸表面。手工压板是将各色分开处理，每次待前种色彩干燥后进行下次印刷。这种方法较慢，成本也比滚筒印刷高。丝网印刷是比较复杂的生产过程，一般是用木材或金属制成框架绷紧的丝织品、尼龙等，还有的是用金属丝框出图案和各种颜色的外形。丝网面的空白部分就是大片的底色部分，涂底漆或漂白。用各种颜料多次印刷，每次用压板推压丝网面，让染料渗透丝网。待颜料干燥后进行下一种色彩的印刷。这种方式生产的壁纸成本较高，质量很好。

压花壁纸和绒纹壁纸有独特的外表效果。压花壁纸是用机器处理成高低不同的表面效果，一般用于需要纹理感和三维立体效果的地方。绒纹壁纸可以突出设计图案，生产出的壁纸表面有天鹅绒的效果。

(3) 常见的壁纸术语

以下是最常用的壁纸术语：

- 耐洗性：通常指壁纸可以用温热的中性肥皂水清洗，但是不能过度擦拭。
- 擦拭性：指壁纸抗摩擦性能比前者好。像蜡笔等涂抹的一般污点可以用肥皂水清洗掉，制造商对此会有说明。
- 已削减：指镶边的卷壁纸已经被削减。
- 半削减：只有墙纸的一个边缘被削减。
- 背胶：在制造商生产时壁纸背面已经加上黏结剂。贴壁纸的详细说明通常是有的。一般来说，在使用前放进水中浸泡，然后在依然潮湿的情况下贴在墙面上。
- 单卷：壁纸一般按单卷标价，但要两卷或三卷一起出售。无论宽度多少，1 卷有 $3.34m^2$。Eurorolls（欧洲生产，经常在美国使用的墙纸）每卷通常有 $2.6\ m^2$。一般说，$0.46 \sim 0.51m$ 宽的墙纸是 3 个 1 卷的。2 个 1 卷或 3 个 1 卷用于做墙纸切成条状时是最不浪费的。要选择壁纸宽度与造型宽度略宽或有倍数关系，高度上要与壁纸长度有倍数关系，这样最节约。
- 色卡图板：是生产壁纸时的颜色排列图表板。每个色卡图板都有一个编号。由于不同染料批次的色调差异，一个房间的所有墙面都必须使用来自同一批次的染料。设计师应该保证已订购了充足的数量以满足客户的需求。想要在装饰的过程中重新订购是不可能的，因为特定的染料批次可能已经售完了。
- 图案重复：是指当壁纸有图案或图形，从图案的起点到下一个图案起点的距离。图案应该水平方向延展，并与墙面的上下匹配。图案越大，壁纸的浪费越大。
- 胶料：涂在墙上的液体要在壁纸之前使用。胶料可以防止墙纸吸收过多的浆糊或黏合剂，从而帮助墙纸更好地粘在墙上。

相关链接

壁纸安装信息和术语 www.wallpaperinstaller.com/index.html

10.2.5.2 聚氯乙烯涂料和聚氯乙烯墙纸

许多墙面装饰使用了不同厚度的聚氯乙烯墙纸，因为聚氯乙烯防水、非常耐久、防污、可擦洗，而且适用于几乎各种墙面和各种装饰风格。铺贴有聚氯乙烯的墙

图 10-28　在这座历史建筑的改造中，设计师对其进行了适合商业办公的建筑的改造。腰线和顶角线之间使用了聚氯乙烯墙纸。护墙板则涂了一层半哑光的乳胶漆。（设计师：Jones Interiors；摄影：Michael Wood）

纸的方法和其他壁纸是一样的（图 10-28）。

(1) 聚氯乙烯墙纸

以下是最常见的聚氯乙烯墙纸：

- 乙烯基保护层是指一般的壁纸上覆盖一层乙烯基塑料，可以防水。
- 乙烯胶是一种渗透乙烯基的纸张，薄薄的层压在轻质织物或纸张上下，然后用乙烯材料覆面。乙烯胶的厚度各不相同，经过这样处理的墙纸耐久、防刮擦。
- 织物面层是一种机制棉基底的材料，先涂刷油性或高分子面层，然后根据设计选择装饰面材。经过这样处理的墙纸耐久、强度高而且有韧性、可擦洗，是厨房和卫生间的理想选择。
- 塑料泡沫是一种柔软、有弹性的材料，可以是卷形、方形或长条形。能够吸音，防尘防污，绝缘，用肥皂和水很容易清理。虽然比一般壁纸成本高，但塑料泡沫是很好的电视机房或公寓房间内部薄墙的饰面材料，在商业和研究机构里尤其适用。

(2) 乙烯基饰面

乙烯基饰面包括基层、乙烯基层和面层。乙烯基墙板在建筑规范规定其用途的商业建筑中应用广泛。

乙烯基饰面分类根据重量确定：I 型乙烯基饰面重

图 10-29　在这间儿童眼科专家办公室，色彩强烈的竖条聚氯乙烯壁纸产生了一种停不下来的运动感并经久耐用。（建筑师 / 设计师：Stuart Narofsky Architecture；拍摄：Ron Solomon）

图 10-30　这个历史建筑被改建成了一个装饰艺术画廊，护墙板上檐装饰有浮雕并被漆成了灰白色。（设计师：Lynn M. Jones；摄影：J. J.Williams）

量为 0.02～0.04g/cm²，最适用于交通流量不大的地方；Ⅱ型乙烯基饰面重量为 0.04～0.07g/cm²，主要用于酒店和商业办公空间的过道部分等人流较多的地方；Ⅲ型乙烯基饰面重量超过 0.07g/cm²，用于人流非常密集的咖啡厅、过道和电梯间（图 10-29）。Ⅱ型和Ⅲ型通常为 1.4m，便于安装。

10.2.5.3　其他弹性饰面

麻草壁纸柔软、耐用、易维护，适合多种类型。然而，着色的皮草，容易褪色。其他类似剑麻的芦苇编织物可以做成美观实用的壁纸。

衬布木皮贴面，是另一种"墙纸"的制作方法，可以加工成一个真正的木材面，而且一旦贴在墙上，是很难与实木相区别。和木镶板相比的优势是这种材料可以贴合角落或曲线。最宽 7.3m、最高 3.7m。当然成本也是比较高的。

皮革片，由牛皮的最外层颗粒面制成，质感柔软、温暖、贵气、防褪色，能与传统或现代风格装饰结合，这种皮革一直和铝质瓦楞板粘在一起，有附着力，安装方便。它高度抗磨损，唯一需要的维护是偶尔用温和肥皂水和清水清洗。仿麂皮的皮革片也可以满足顾客定制的要求。由于皮质的弹性，不仅视觉舒适，而且不易发生变形。

刷子的小细毛，它的长度能产生有趣的纹理，不过

高成本限制了使用范围。

软木，是一个价位中等的有纹理的材料，能够产生自然棕色的温暖气氛。多用于隔声效果非常重要或者老人儿童安全性高的房间。除非加入塑性材料，否则软木不能用于卫生间、厨房和其他潮气较重的地方。有历史感的墙纸，从维多利亚时代开始，以浮雕壁纸的商标销售的复杂的设计。这种壁纸通常用在护墙板上。它的颜色是非彩色的，可以进行涂漆（图 10-30）。

织物也可用于墙面饰面，相关内容在第 12 章织物。

10.2.6　墙面材料计算方式

做工程时，设计师需要估算装饰的具体数字指标以进行造价预算，这里有两种普遍接受的计算房间墙纸数量的方法。一般的估计方法有助于快速"立刻"的估计：

（1）房间墙面总面积。把各面墙的长宽相乘，然后计算总和即可。

（2）将整个墙面面积除以 2.8m²（略小于每卷墙纸的平均数量），得到房间墙面需要的饰面卷材的数量。

（3）每两个可开启部分如门、窗减去一卷。记住墙面卷材通常双卷堆放，而且整卷不能分割购买。

在最终购买前，还应该使用更精准的截片法来计算。它需要将所有尺寸转换成英寸或厘米。设计师还要知道墙面每张卷材的长度、宽度和图案重复长度。一旦这些

维度确定后，按照以下步骤进行计算：

（1）测量整个房间的水平长度。就是说测量每面墙的长度然后相加，再把单位换算成厘米。

（2）用卷材饰面的宽度除总长度。这是为了计算出墙面总共需要多少竖片卷材。步骤3～5将计算出需要的卷材长度及容许的图案重复方式。

（3）测定房间墙面高度。将单位转换成厘米，再除以图案长度计算图案重复次数，取最为接近的整数。

（4）根据步骤3的结果图案重复数量乘图案重复长度，这样就决定了所需卷材每段的长度。

（5）用整卷的总长度（单卷、双卷或三卷）除每段长度（根据步骤4的结果）。取最近整数，这就得出每卷饰面卷材可以裁几段。

（6）用总共需要的段数（根据步骤2）除以每卷的可能段数（根据步骤5），取最近整数，这就最后得出需要多少卷饰面卷材（可能是单卷、双卷或三卷）。

10.2.7　墙面材料的选择

在选择墙面的装饰材料时，设计师需要了解该空间的功能、审美和预算方面的要求。从功能角度来看使用的频率或通行量是关键因素。例如医院、宾馆或一些频繁通过手推车和轮椅的走道就需要Ⅱ型和Ⅲ型饰面材料。塑料或金属的墙裙线脚在这些地方也很需要。

一些房间可能需要有吸音效果的饰面。图书馆、工作室、音乐室和办公室都需要柔软吸音的饰面。地面是硬质材料的大教室应该在讲台前部使用软木装饰或织物包板，一般应该是讲台背景的两倍大小。

在历史保留建筑里，设计师可能需要用装饰手法来遮蔽瑕疵。使用平光面的遮蔽效果比哑光面的要好。使用乙烯基饰面或浮雕装饰术也可以很好地遮蔽瑕疵。

从审美角度来说，房间里建筑的细部节点可能对墙面装饰的选择有直接影响。一个砖坯壁炉可能与较随意的装饰如使用块状材料相协调。而一个传统风格的壁炉就需要柔和的饰面材料。传统的室内陈设可能需要典雅的图案或能够产生"视觉幻象"的图形的饰面材料。而现代坚固结实的结构可能就需要使用光滑的金属材料和现浇钢筋混凝土的饰面材料。大面积的玻璃和玻璃砖也是不错的选择。

设计师需要了解设计的墙面是室内的焦点，还是作

图 10-31　迪拜柏悦酒店的这面特别的墙成为了这个餐厅的焦点。这一特色被设计师称为"地理墙"，是背光式的并且有三层楼那么高。用雕塑的形式创造了一个围绕着用餐者的未来派几何感。（室内建筑设计：Wilson Associates；摄影：Michael Wilson）

为其他陈设的背景（图 10-31）。一个深色明亮的饰面材料可以用于厨房，而在艺术品陈列室的墙面必须是中性柔和的，因为艺术品才是焦点所在。

当选择壁纸图案时，房间的尺度大小非常重要，直接影响了图案形式大小。小细点和碎花图案用在卫生间

合适，在餐厅或门廊里使用比例就过小。房间墙面的竖向纹路会显现高度感，而横向纹路会使房间显得低矮。墙面的对角斜线条纹会产生混乱和无方向感，除非需要房间有波动感，一般不建议使用。

从经济角度看，如果客户的资金有限或工程时间较紧，最好进行重新粉刷。粉刷是最便宜而且最快速改变室内墙面现状的方法。一种全新的墙面粉刷能够完全改变室内的现状。装饰线条和室内门的突出使用也会产生新颖的变化效果。

最后，设计师需要关注环境状态（或者说是客户应该关注），设计应该与环境相互协调。

本章小结

在室内环境里，顶面和墙面成为室内使用者的背景。这些表面装饰材料会提供一个安全、围合的机械系统，创造舒适的生活环境。设计师需要选定顶面、墙面的材料和安装方式，注意考虑最终产品的耐久性，满足空间等的功能需要和可持续使用。设计师还必须利用设计原则和设计元素，合理选择装饰饰面，与建筑构造协调，满足使用者的使用感受。

第11章

家　具

图 11-1　20 世纪 20～30 年代，工业时代融合先进的思想，最终形成了"度假胜地"的概念。青铜铸造的壁炉墙讲述着过去，而定制的手工簇绒羊毛地毯记述着当下。巧妙的纹理和色彩让这个高大的内部空间变成了一个温馨宜人的大堂。大型木梁弯曲下来保护着参观者；装饰性枝型灯的光从壁炉上方的金属墙上折射下来。大型叶子图案的地毯平衡了华丽的木材，并将家具、饰面和布艺中的色彩完美地结合在一起。壁炉周围和嵌在地板上的马赛克瓷砖是当代风格，而真皮椅子和古董配件则是复古风格。
（设计师：Keith Interior Design；建筑师：M2K Architecture；客户：Dubai World Africa.；摄影：Ryan Plakonouris）

因为家具要伴随我们一生，花心思布置房间是一件值得做的事情。所以对设计师来说，选配家具和空间设计同样重要，这样做需要花些时间和精力，但是会长期受益。仔细地研究和认真地规划家具布局有助于设计师和客户做出明智的购买决定。

设计师首先要具有甄别持久性的设计和仅流行一时的设计的能力，这是非常重要的。因为家具风格虽然多种多样，但都遵循点、线、面、体，以及比例、重复等基本设计要素与设计原则，所以要知道一件精品家具是如何设计制造的，有助于我们选购家具。当然，家具可以是一个简单的吧凳，作为实用物品来选择，也可以同放置在家具上面或四周的陈设品组合起来成为房间的一个艺术焦点（图 11-1）。

11.1　家具类型

家具已从纯粹的功能物品演变为重要的体现艺术形式的载体。在古埃及、古希腊和古罗马时期，家具具有优美的造型和高雅的装饰，满足功能和美学两方面的需求。而对北美最具有影响力的是英国和法国的家具设计，以及 20 世纪以来，大量涌现的系统家具、嵌入式家具和标准化装配式家具。表 11-1 和表 11-2 是家具类型实例。

11.1.1　椅子

人们每天都在使用椅子，是因为椅子有各种功能，它们是必不可少的家具。制作椅子的材料通常有木材、金属、塑料、皮革和织物。椅子的尺寸规格从轻巧的无扶手椅子到巨大的软包躺椅，不同的风格满足不同的需求品味。通常，在室内环境中需要各种尺寸规格和样式的椅子。图 11-2 至图 11-8 列出了不同类型的椅子的示例。

选择椅子时，可以考虑以下事项：

- 坐高、坐深和坐宽要适合人体特征。
- 可调节的椅子能够适合不同的使用者。
- 以人体测量学研究为基础的人体工学设计，为使用者提供最大限度的舒适性。

11.1.2　沙发

沙发是适合单人、两人或多人共同使用的配有软包覆面的坐具（图 11-9）。和椅子一样，使用者要选择适合自己的感觉舒适的沙发。需要特别注意的是，座面材料的硬度要符合使用目的。例如，老年福利中心需要配备座面具有很好刚性的高扶手椅，以辅助老年人站起；为一个坐轮椅的残疾人设计的环境需要配备一个没有扶

图 11-2　安妮女王时期的"高靠背扶手椅"，由于椅子左右两边的扶手升高成为高靠背，形似鸟翼而闻名，成为 17 世纪英国上流社会最受欢迎的椅子。（图片提供：Kindel）

图 11-3　图示为奇彭代尔式透雕细木靠背椅的复制品，原作于 1760—1780 年生产，特点是椅子 S 形前弯腿上雕刻有莨苕叶形团，结束于球爪形脚。（图片提供：Kindel）

图 11-4　伊姆斯夫妇（Charles and Ray Eames）针对木材的特点作了大量的家具有机设计的尝试。这款胡桃木模压胶合板成型的 Eames LCW 椅（1943—1953 年）是当时世界范围内的标准办公用椅。（图片提供：Herman Miller, Inc. archives）

图 11-5　这件名为"Royale"的沙发椅具有舒适的皮质蒙面,适合于商业空间的大堂、休息室和居住空间的客厅。(图片来源:美国采购商 Loewenstein)

图 11-6　这把名为郁金香椅(Tulip Chair)的经典椅子是由沙里宁(Eero Saarinen)设计的。这把椅子在 20 世纪 50 年代末非常流行,如今在住宅和商业室内尤其是在用餐区域,又重新流行起来。原来的椅子完全由玻璃纤维制成;但为了耐用,如今其底座由铸铝制成,一种树脂材料覆盖了整个椅子,使其看起来像一种材料制成。(图片来源:©Prisma Bildagentur AG / Alamy)

图 11-7　这款人体工程学座椅被称为"Aeron",是米勒办公家具公司的经典产品。其特点是不仅能够支撑腰椎,而且扶手、座面、靠背根据使用者自己的需要都可调节,尺寸也可以变化,最大限度满足舒适性需求。(摄影:Nick Merrick/Hedrich-Blessing;图片来源:Herman Miller 提供)

图 11-8　KI 公司的 Maestro 椅是适用于办公室、会堂、培训室等空间的可以叠放的众多椅子类型中的一种。坐椅的坐面材料为聚丙烯,椅腿材料为镀铬,可以叠放使其存放和移动都很方便。(图片来源:KI 公司)

图 11-9　现代主义建筑大师勒·柯布西耶(Le Corbusier,1887—1965 年)在 1928 年设计大安乐椅时,摒弃了软体式座椅的传统结构,开始表现关于功能性、经济性以及标准化的设计思想。(图片来源:Cassina 家具公司)

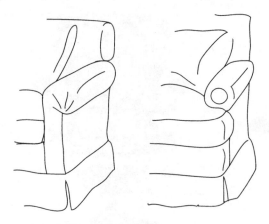

图 11-10 Lawson 带扶手沙发

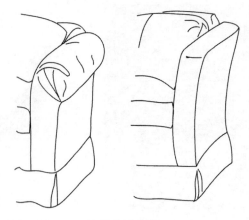

图 11-11 Tuxedo 带扶手沙发

手的座面硬朗的沙发，残疾人可以很容易的从轮椅移坐到沙发上。下列是家具贸易中经常使用的一些商品名词，设计师在选购商品时应有所了解：

- Lawson 一词是指配有比靠背低的平坦的扶手的沙发（图 11-10）。
- Chaise lounge 一词是指供一个人使用的沙发，是有靠垫的椅子和无靠背的睡榻的组合形式。
- Tuxedo 一词是指扶手和靠背高度一致的全部蒙面式沙发（图 11-11）。
- Chestfield 一词是指尺寸较大的、有靠背的、端部有软包的、木材不暴露在外的软体式长沙发。
- Divan 一词是指无扶手或靠背的矮沙发，该词是从土耳其人坐时使用的堆放有毛毯的坐具演化而来，
- Love seat 一词是指两人坐的小沙发。
- Settee 也是两人用的，带有靠背、扶手，并配有简单的软体的轻便沙发（图 11-12）。

图 11-12 "Old Hickory" 长靠椅是 19 世纪初早期主要用在有纪念意义的印第安木屋中。（图片来源：Old Hickory 家具公司）

- Settles 是全木制的、高靠背的沙发，原是用在美国殖民时期家庭的壁炉前，以保持炉火的热量。
- Davenport 是指由床转化而来的沙发，这是一个古老的名词，它原是以设计者名字命名的带抽屉的翻板写字台，现指沙发床。
- Modular and sectional sofas 是由几个单体并排排列组合而成的一个大的沙发单元，称为单体组合式沙发。
- 经典椅子，如天鹅椅，也可以延伸成为沙发（图 11-13）。

11.1.3 书桌和书柜

由于家庭办公人数的增加，以及对符合功效学家具的重要性的认识不断深入，书桌的设计与计算机关联越来越密切。

书桌是存储单元和桌子的组合。通常，家用书桌的高度约为 740～760mm，桌面长度一般在 1 200～1 600mm，宽度尺寸在 600～900mm。一些书桌附有左手或右手的边桌，边桌深度约为 500mm，长为 750～1 000mm，通常用来存放计算机设备。书柜比书桌更窄，但通常长度相同，为 500mm×（1 500～1 800mm）。它们通常放在书桌后面（图 7-9 显示了典型的布局）。

带键盘架的书桌和辅桌会让使用者感觉舒适（图 11-14）。键盘支架的理想高度是当人坐在计算机前时弯曲肘部的高度，必要时键盘架的高度应该具有可调节性。

书桌抽屉尺寸是变化的。有适合于悬挂文件夹的抽屉，有适合存放铅笔、回形针和其他办公用品的薄抽屉，也有适合存放文具、计算机磁盘和 CD 光盘的中等深度的抽屉（图 11-15）。书桌也可以配有隐藏计算机电缆、电话线和与电有关管线通道的穿线孔。

图 11-13　在著名地毯商 Interface Carpets 的商业展厅中，设计师选择了经典的蛋椅和天鹅沙发。圆形照明天花明确了休息区域。售卖的壁毯成为了被展示的艺术品。（摄影：Brian Gasse / TVSDESIGN）

图 11-14　这种伸缩式键盘架可以调节，能够支撑腕部，配备相连的鼠标垫托架。这三点都是基于人体工程学因素的设计。（图片来源：Inwood 办公家具公司）

图 11-15　这个独特的办公桌被称为"搭档桌"（Partners Desk）。它可供两人分别在桌两侧工作。这种设计在 19 世纪末和 20 世纪初的律师事务所很常见，但目前的更新颖。由 Dakota Jackson 设计的这个版本包括乌木饰面、皮革写字区和不锈钢桌腿。（图片来源：John Dakota Jackson）

接待空间的服务台也要有一个适合接待用的台面，这个台面通常高 1 050～1 110mm。它有两种功能，一是来访者站立在台前，可以把资料放置在接待台面上；二是挡住来访者的视线，避免来访者看到接待台里侧台面的文件（参见图 11-27）。为了满足坐轮椅的客人的需求，接待用台面还应该配有高不超过 900mm 的台面区域。

11.1.4　桌子

桌子有很多种类，包括餐桌、咖啡桌、边几（图 11-16）、游戏用桌、沙发边几。所有的桌子首先考虑的是牢固，再考虑合适的尺寸和高度。

边几要尽可能与沙发的扶手高度相匹配（图 11-17）。

图 11-16　这款圆桌名为"Vector"，来自 Carolina 商用家具公司，材料为木材和金属。其典型特征是风车状桌面。（图片来源：Carolina 商用家具公司）

图 11-17　这种常规设计的边桌既能和高扶手椅相配合使用，也能和靠背椅配合使用。（设计：Gandy/Peace 公司；摄影：Chris A.Little）

餐桌、厨房和游戏用的桌子通常高 740～760mm（图 11-18）。

用于会议或教育目的时，椅子上也可配有桌板（图 11-19）。

沙发背桌应放在沙发后面，与沙发靠背的高度相匹配，或略低于沙发靠背的高度（图 V-1）。咖啡桌的高度要与沙发上的软垫高度大致相当。

台球桌的尺寸从 914mm×1 829mm 到 1 829mm×3 658mm 不等。典型的住宅台球桌是 1 219mm×2 438mm。不管桌子有多大，它的长度总是宽度的两倍。球杆的长度

图 11-18　这组舒适的桌椅是为了在天气变化时便于折叠并搬动而设计的，桌子有各种尺寸。（图片来源：Smith & Hawken）

图 11-19　这款带有书写桌的椅子是最早的设计之一，用于会话区、会议室或演讲厅。它的灵感来自高中教室的木制扶手椅和书写桌，不同的是这款椅子考虑到了人的舒适感。Migrations 由 Michael Shields 设计。（图片来源：Brayton International）

图 11-20　台球桌庞大的尺寸使它通常会成为一个房间的焦点。这家酒店是位于英格兰米德尔塞克斯的华尔道夫酒店（Waldorf Astoria Hotel Syon Park Isleworth），其中的台球桌由于紫色毛毡显得更加突出。（图片来源：©Renato Granien / Alamy）

从 1 219mm 到 1 524mm 不等，在球杆的四周应设置大约等于球杆长度的距离，需要在桌子周围留出足够的空间（图 11-20）。

11.1.5　存储单元

满足各种存储功能的存储单元随处可见。存放音响的电视机和 VCD（DVD）的嵌入式存储单元。五斗橱、橱柜、餐具柜、箱子、瓷器柜、搁架、博古架、装饰柜、文件柜等，都是便捷而高效的存储家具（图 11-21 和图 11-22）。

图 11-21　这款现代风格的装饰柜，"餐具柜 2"（Sideboard 2），20 世纪初由苏格兰建筑师麦金托什（Charles Rennie Mackintosh，1868—1928 年）设计，1974 年被再次复制。这件家具以乌木为主材，配以彩绘玻璃形成对比，具有简单母体重复使用的韵律美。（图片来源：Cassina 公司）

图11-22 纽约家具设计师 Dakota Lackson 设计了 "Nuevo Tango" 系列独特的储藏单元。(设计：Dakota Jackson)

图11-23 这间卧室的设计获得美国室内设计师协会奖。设计师创造了一个禅宗精神的氛围。冷色调的墙面、玻璃、木质材料、地毯的质感和编织椅的搭配，相得益彰。(设计：Bruce Benning；摄影：David Duncan Livingston)

11.1.6 床

床可以是嵌入式的，也可以是独立式的。它们可以有双重用途，如沙发床或折叠沙发。床的种类很多，包括四柱床、装饰性架子床、墨菲床（一种可以从墙上折叠下来的床）、装有脚轮的矮床（一种可以从另一张床下抽出来的床）、双层床和水床。床也可以被设计成不使用弹簧床垫的形式（图11-23）。

11.1.7 嵌入式墙体单元

嵌入式墙体单元和墙体构成整体，可以有坐椅、桌子、床和存贮等功能，它的优点是使空间具有统一性和开阔感，缺点是不可随意搬动。

11.1.8 移动家具

随着家庭办公越来越普遍，家具设计的灵活性越来越重要。办公室同样可以根据需要由一个部门变成另一个部门，可移动的工作单元使房间的布置具有多变性（图11-24）。

图11-24 这个独立轻便的办公单元可以使任何房间的一个角落成为办公空间。打开时，系统提供一个 3.6m 的工作台面，包括键盘架、写字板、布告板等。(图片来源：Haworth 办公家具公司)

11.2 系统家具

系统家具由标准化部件构成，常用于办公空间，在某些情况下也用于住宅办公空间。系统家具设计的目的是提供灵活的设施。小隔间的布局有助于办公室内部沟通，让员工在不离开办公室的情况下进行交流；初级员工可以通过观察相邻经验丰富的员工而得到工作经验。家具系统的布局通过将各个部门分组到不同的区域来帮助组织部门，从而鼓励员工之间的互动。开放式办公系统需要非正式的会议区域，以便进行私人谈话（图11-25）。

系统中的垂直隔板可以构成墙壁。如第10章所示，一些垂直的隔板可以从地板直通顶面，形成全高墙壁，其他的可能仅仅延伸到工作台面的高度，或者是介于两者之间的高度，这取决于对隐私、降噪以及对显示器悬挂或隐蔽的需要。

电线、网线、插座被隐藏在隔断内部。隔断墙板有助于减少噪声，它们表面包覆织物或墙纸，或是金属、塑料、木材，抑或表面涂饰。一些隔断镶有玻璃或有机玻璃、记号板、钉板或其他可拆卸表面的面板（图11-26）。面板上可附有水平轨道，用以悬挂存储单元和其他配件（图11-27）。

工作台面可调至各种高度，以对应桌面、书橱、辅桌或书架之需。一些单元也可以用作接待台，并设有作为连接的较低桌面（图11-28）。另外，存储单元可以悬

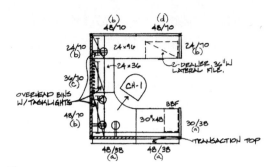

图11-26 此开放式办公室的规范图说明了自定义设置的多样性。注意面板材料和高度的变化，头部上方储物箱和照明的选择，以及电源插座和下方存储单元的增加。（建筑师／设计师：Godwin Associates）

图11-25 这个开放式办公系统鼓励在设计项目上进行合作。注意大量的工作区域和柜台下存储单元，它们可以作为团队工作的额外座位。（建筑师／设计师：Cooper Carry；摄影：Gabriel Benzur）

图11-27 这个现代化的办公空间展示了开放式办公家具系统。电线和电缆隐藏在系统的墙壁中。有或没有可拆卸表面的面板，提供了多种选择。自定义轨道提供了挂起便笺、文件和办公用品的区域。移动推车在桌面下方提供存储空间。（图片来源：Knoll，Inc.）

挂在墙上，用作下方储物箱、头部上方储物箱，甚至是小壁橱。头部上方储物箱提供下方的焦点照明或上方的环境照明（参见图 6-31）。

矮柜往往装有脚轮，可以放到工作台下面存储物品，这些对于需要在员工之间移动的文件尤其有用。此外，这些移动单元可以稍微拉出，作为一个额外的工作台面；而一些移动单元顶部还带垫子，可作为坐具（图 11-25 和图 11-27）。

系统家具可以为经理、主管、秘书、文员提供办公服务。这些标准化部件适合各种高度、角度和零件的组合，以适应空间的需求，灵活地满足人们不断变化的工作要求（图 11-29 和图 12-14）。

图 11-28　该护士站的设计采用开放式办公系统家具。周边区域可用于信息处理，包括可访问的较低台面。正如下沉的天花板一样，地板颜色的变化也有助于界定私人区域。（图片来源：Herman Miller, Inc.）

图 11-29　这家医院的护士站也使用了开放式办公系统。玻璃面板提供了半私人的工作区域，同时仍可以看到病房。台面拐角导圆边让环境更加安全。电线和网线隐藏在隔板中。椅子重量轻，可以移动，符合人体工程学，为背部、大腿和手臂提供充分的支撑。请注意照明和材料的改变是如何使图 11-28 与本图产生感觉上的差异的。（图片来源：Herman Miller, Inc.）

表 11-1　家具类型：坐具和床

梯背椅

美式温莎椅

曲背椅

靠背椅

扶手椅

劳森单人沙发

裙边椅

牧羊沙发椅

翼状高背椅

翼状梳背椅

双人座

驼峰式沙发

劳森三人沙发

双垫三人沙发

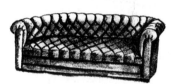
切斯特菲尔德沙发

贵妃椅

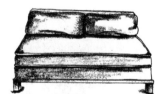
单人沙发床

脚墩

四柱床

华盖床（天堂床）

沙发床

表 11-2 家具类型：餐桌、柜类家具、书桌、钢琴和床

套几

高架桌

牌桌

糕点盘桌（架）
（英国乔治时期）

奎利顿桌

蝶形折叠桌
（美国后期殖民地风格）

门形结构折叠桌
（美国早期殖民地风格）

台灯桌

彭布罗克桌

双组抽屉柜

抽屉柜

箱形写字台

边桌

带右边柜的写字台

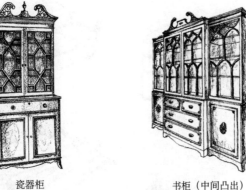

瓷器柜

书柜（中间凸出）

大衣柜

早期与写字桌组合的
书柜或称斜面书柜

威尔士餐具柜

英式高屉柜

小三角钢琴

小型立式钢琴

11.3　家具风格的一般分类

家具风格通常是指传统或现代的，不过，设计师还要熟悉一些称谓：

- 古董（antique）：根据美国法律，至少有100年以上历史的家具或艺术品才可以被称为古董。
- 复制品（reproduction）：原始时期的物品的复制，有些复制品制造得非常精细，甚至专家才能甄别，而有些现代的复制品就很粗糙。
- 改制品（adaptation）：一件物品的一些原始要素已经被新的设计取代。
- 特定时代风格（period style）：主要用于说明一个特定时期或具有代表性时代的物品或整个室内，包括建筑、家具和陈设艺术品。这种类型通常是传统的。
- 当代风格（contemporary style）：在一定程度上受历史或现代影响的设计风格，通常指简洁、美观的20世纪的设计。
- 现代风格（modern style）：可以出现在任何时代，无论是音乐、建筑、家具，只要打破了先前设计形式的束缚，就是现代的。

11.4　家具材料

了解一件家具的工艺和结构的品质有助于确定产品的价值。设计师需要了解家具结构的本质，以便为客户提供明智的购买建议。结构特征包括以下几点：

家具应该比例匀称和舒适。坐在椅子或沙发上可以测试其舒适性，检查座面的深度和靠背与扶手的高度。如果椅子是为一个特定的人选择的，要让使用者亲自体验。

好的表面涂饰的涂层是光滑、平整，没有流坠、皱皮、空鼓等现象的。优质的木制家具表面涂层光色柔和，这主要是因为工艺上增加擦漆的次数，消耗大量的时间和劳力，因而也增加了成本。

背板应该安装在背板槽上，并涂饰光滑。

抽屉和门板等活动部件必须耐用，并便于操作（图11-30）。质量好的抽屉有牢固的侧板，不会发生抽屉底板翘曲变形。所有板件都经过抛光和封边处理，用

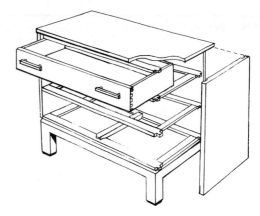

图11-30　这款家具的内部结构表明它很耐用：硬木材质，榫卯结构，重负荷的抽屉滑轨，抽屉面板和背板与旁板的连接采用燕尾榫结合，抽屉旁板耐用，抽屉底板连接在榫槽里，柜子的背板延伸到地面，顶板和旁板固定牢固，抽屉做封边处理。

燕尾榫连接。抽屉都要有阻尼装置，防止抽屉全部抽出时撞击身体，同时防止推入时夹伤手指。

抽屉导轨和拉手等五金件，应该牢固耐用。

桌子、橱柜、书桌等有工作台面的家具应该选择耐用材料制作，以满足功能需要，并具有良好的外观。实际上，材料都可能有一些缺陷，例如，大理石易污，玻璃易碎，塑料易断裂，硬木易划伤等。

桌子或其他家具的边角处特别容易破损和造成人身伤害。采用圆形的边角，或实木收边，都是防止破损和增加安全性的有效方法。

总之，家具的各个部分必须安全连接。下面对家具材料和家具结构方面进行介绍。

11.4.1　木材

木材是家具制造的主要材料，家具由硬木和软木制成。表11-3列出了最常见的木材及其用途。硬木来自落叶树（这些树会落叶），如橡树和枫树。硬木比软木更耐用，抗凹痕，但由于它们生长缓慢，因此成本高。硬木是高级家具的首选（图11-31）。软木来自针叶树（一般一年四季是绿色的），如松树和云杉。软木材用于较便宜的家具，并和硬木结合使用。

最广泛地用于家具制造业的木材有桦木、枫木、橡木、樱桃木、胡桃木、桃花心木、山毛榉木，山核桃木和柚木。描述饰面的分类时，如使用"果树木饰面"或"胡桃木饰面"，仅指木材颜色，而不是指使用的木材种类。每种木材都有其特殊属性。用于制作家具的特定木

表 11-3　常见木材材性和用途

木材种类	特 性	家居中的用途
金合欢属植物	硬木，浅棕色	家具，木制品，通常用于制作宗教装饰品
桤木	质轻，软木，白色或淡棕色	家具，结构框架
梣木（白腊树）	金黄色硬木，和橡木类似，但价格较橡木低廉	橱柜和家具，家具框架，地板
竹材	典型的中空管状结构的木质植物，有上升的竹节	亚洲风格的家具，装饰性的配饰
榉木	金黄色硬木，美丽的粒状纹理，硬度高	普通家具，在斯堪的纳维亚地区很受欢迎
桦木	细腻的波浪纹理，质硬耐用，可以染色或进行透明涂饰	家具，在斯堪的纳维亚地区很受欢迎，地板，门或橱柜，家具框架
雪松*	红棕色硬木，带黄色条纹，质软且轻	壁柜衬料，衣柜，一般家具，盖板、旁板和嵌板
樱桃木	红棕色硬木，类似于桃花心木，耐用，硬度高	用于制作小物件，镶嵌细工，在早期美国家具中是受欢迎的一种材料
柏木	颜色从浅黄色到深棕色，质软，抗弯，价格低廉，风干后呈银灰色	通常被用作装饰木材、门、盖板和旁板
乌木*	精美的黑色硬木材，具有深棕色到黑色的条纹；又称黑檀，有时呈红或绿色，质重且硬	用于制作现代风格和亚洲家具，以及镶嵌细工
榆木	木材呈浅棕色并带有灰色光泽，纹理呈细小的波浪状	适合于制作胶合板、家具和室内装饰、家具框架
冷杉*	坚固耐用，波浪纹理和松木类似	胶合板和层压单板，橱柜，贴面，镶边修饰，低档家具
橡胶木	红棕色，中等硬度，类似于桃花心木，具有美丽的纹理	用于制作胶合板、门、室内外装饰配件、家具零件
桃花心木	淡红褐色到深红褐色，纹理美观，材质致密而均匀，具有良好的油漆装饰性能	贵重木材，在安妮女王式、齐彭代尔式和18世纪的家具中很受欢迎，镶板和细木工雕刻
枫木	白色或淡黄棕色，纹理美观，材质硬且重，价格适中	用于制作普通家具，在早期美国风格家具中很流行，适用于地板，细木工雕刻，家具框架
橡木*	白橡呈淡棕色到黄棕色，红橡呈粉红色色泽，纹理通直或大波浪形，质硬耐用	是家具、装饰和细木工雕刻的重要木材，径切（直纹理）板通常用于制作优质的家具和镶板
山核桃	白色到红棕色，纹理精细，通常带有黑色条纹，材质硬且重，强度高	优质家具，家具零件，细木工雕刻，镶板，和室内外装饰配件
松木	灰白色到淡黄色，材质轻且软，强度低，价格低廉，直纹理，偶尔带有波浪纹理	地板、门和室内外装饰配件，早期美国或地方性家具的镶板，家具框架
杨木	灰白色到淡黄色，软木，质轻，细腻的直纹理，价格价廉	用于制作普通家具，制品油漆性能好，也可用于室内外装饰配件，细木工雕刻，外表装饰壁板，家具框架
白藤	一种生长于亚洲丛林的藤本植物，浅黄色到深棕色，质软，柔韧，可弯折	亚洲风情的普通家具，可以进行精美的涂饰和染色
红木*	均匀的红色，暴露在空气中会变灰色，可以获得大块板材	外表用装饰面材，用作梁、镶板等，普遍采用细木工雕刻，户外家具
黑黄檀*	红棕色，纹理美观，有褐色条纹，抛光加工后外观美丽	在18世纪的家具中很受欢迎，也用于镶嵌设计，丹麦现代家具
椴木*	浅黄色带光滑的缎纹，纹理独特，价格昂贵	用于优质家具和制品装饰，镶嵌制件和镶木地板
柚木	黄色到红棕色代黑色条纹，材质坚硬且耐用，油漆后很美观	在亚洲和丹麦设计的家具中广受欢迎，也用于装饰性和功能性配件
胡桃木	浅到深金黄棕色，具有多种多样的美丽纹理，材质坚硬且重，耐用，价格昂贵	适用于多种风格的优质家具，尤其在18世纪的安妮女王时期家具中广受欢迎，被称为"胡桃木时代"，也用作镶板
红豆杉*	产自英格兰的深红棕色硬木，直纹理	用作细木工雕刻和一些家具

* 为经过生产商长期应用，并通过木材等级分类的木材。

图 11-31 在这个现代化的厨房中，定制的木桌已被抬高到台面高度，用作工作台面，也兼作餐吧。硬木凳子的外形符合人体的特征。（建筑师 / 设计师：Rozanne Jackson；摄影：Chris Little Photography）

材应经过适当干燥，满足预期的构造、功能、表面装饰、尺寸和风格需要，并且耐翘曲、开裂、膨胀和收缩。

（1）实木和薄木贴面

实木是指家具的部件由一块木料制成，例如，椅子和桌子的腿、框架等。薄木贴面是用在普通木材或合成材料表面的一层装饰木皮，它采用不同的方法切削加工，可以获得特殊的装饰纹理（图 11-32），有时一件铝合金型材为骨架的薄木贴面家具比实木家具更能抵抗翘曲变形。标签真实表明了所有外露的实心木片和贴面均由同一树种制成。

相关链接
美国硬木协会 www.hardwoodcouncil.com

（2）家具中的其他形式的木材

胶合板通常用于建筑装饰上，是由多层薄木层积而成的，每一层的纹理互相垂直以提高强度。在家具设计

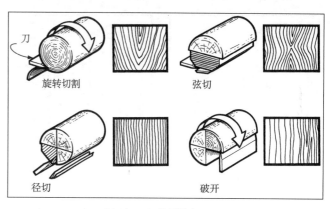

图 11-32　单板旋切图示

中，胶合板经常用作薄木贴面的基层。

刨花板也被称为木屑板或碎料板，是由木材的碎屑和胶黏剂混合挤压后形成的大幅木质板材。因为刨花板比胶合板表面平整度高，它也经常用作薄木贴面家具的基层。

纤维板，通常称为中密度纤维板（MDF），有各种密度。通过蒸汽加压，木材被分解成纤维，然后与树脂混合，压成板材。纤维板通用作橱柜门板和装饰线条以及作为复合表面的基层。

硬质纤维板是一种高密度纤维板，通常用作抽屉、防尘板和家具的背板。它比刨花板更薄，并且看起来像一块薄的实木。常见的商品名称如美森耐纤维板(Masonite)。

弯曲木是在加压和蒸汽软化作用下把实木放置在模板中制成的。如索奈特（Mihael Thonet）的弯曲木坐椅，在 19 世纪 50 年代制造，至今仍然很流行。

麦秸板，是由过剩和废弃的植物秆茎制成的，可以做染色和涂饰处理，用来制作柜台的台面和搁架。麦秸板被认为是新型绿色产品。麦秸板也可用作室内家具框架，不含甲醛。目前很难找到麦秸板，设计师应该继续寻找其绿色替代品。例如，Kire 板就是一种用高粱秸秆制成的木质产品。

（3）连接方法

木材接合的类型暗示了强度要求，也决定了一件家具的耐用性和美观性。木材接合最常用的构造方法如下（图 11-33）：

- 榫眼和榫头：一根木料上开有榫眼，与另一根木料上的突出部分（榫头）接合，它们形成牢固的连接，尤其适用于扶手、腿以及框架的连接。
- 暗榫：将圆棒榫施胶装入相配的孔内，它的强度依赖

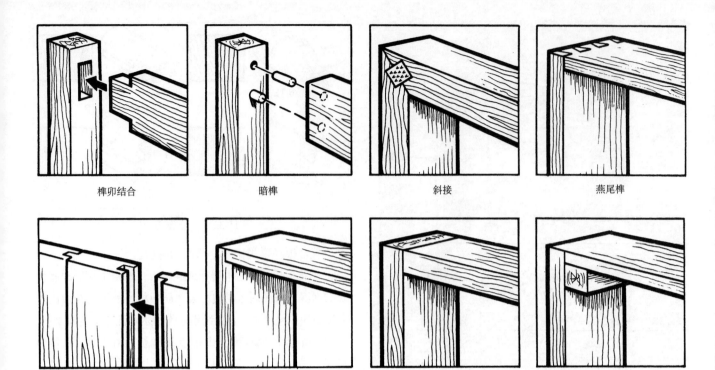

榫卯结合	暗榫	斜接	燕尾榫

舌榫	搭接	对接	塞角

图 11-33 木材接合的类型

于暗榫的强度。

- 斜接：边部加工成 45°斜角，插入一块长木条连接角部。
- 燕尾榫：梯形或扇形装入具有相同尺寸和形状的槽口，这种形式的接合适用于抽屉的面板和旁板。
- 舌榫：企口连接类似于榫眼和榫头的接合，主要适用于长度方向的接合。
- 搭接：木材一边裁去一半宽度形成凹槽，容纳另一块直线形木料。
- 对接：这种接合有时在低价位的家具上会看到，但必须有十字支撑件或角部装木质塞角以增加强度。
- 塞角：转角的木块或隐藏的木块加强桌或椅腿部位的连接。

相关链接

陶顿出版社精细木工网页 www.taunton.com/finewoodworking

AWI 结构材研究所 www.awinet.org

（4）表面装饰

木制家具主要的表面装饰类型包括染色剂、颜料、清油、清漆、虫胶漆、硝基漆和聚酯漆等，当然还包括模板印刷、压花（仿大理石或花岗岩等材料）、雕刻、贴金、烙花、软包和手绘等特种装饰。

11.4.2 金属

金属是家具构造的常用材料，有铝、铬钢、铁和钢等，它可以经过焊接、铆接等加工方法制成各种形状，为设计提供很大的灵活性。

铝的强度相对较低，所以需要用管状型材加工成腿和框架等构件，同时它的表面需要进行氧化工艺处理以防止腐蚀。

铬主要用于家具用金属的表面处理，它的特点是磨光后表面光泽度高，抛光后也可获得很好的光泽。优质镀铬很难实现，应该与信誉良好的制造商合作。

铁主要用于制作户外家具和栏杆等。"熟铁"的意思就是加工过的铁。

钢是铁和碳的合金，是家具制造中最常用的金属。这种金属加工成钢板后，常用于办公家具、橱柜、搁架或其他产品。钢的规格或厚度决定了它的质量。薄板易碎，容易出现凹痕，敲击时会发出鼓声。优质的金属家具应能够承受正常程度的破坏和敲击。包豪斯时期几位设计师的作品使得钢管家具在 19 世纪 20 年代后期大受欢迎（图 11-36）。

钢会生锈，因此必须涂漆或镀铬。不锈钢、钢和铬的组合，用于制作五金件和装饰配件。其他用于家具上的金属如青铜、黄铜和锡，仅仅用做家具的装饰配件。

11.4.3 塑料

塑料可以源自动物蛋白、植物纤维，但最常见的还是从石油中提取，有超过 15 000 种的塑料可供消费者选择。塑料是一种有机合成的高分子材料，其主要成分是树脂，树脂是指尚未和各种添加剂混合的高分子化合物。塑料的基本性能主要决定于树脂的本性，但添加剂也起着重要作用。热固性塑料通过热定型工艺保持其形状，一旦制造出来，就永久定型；而热塑性塑料则可以通过再次加热来重塑，因此是可回收的。

家具中常用的热固性塑料是三聚氰胺，通常称为层压板。低压层压板经常用于橱柜内部。高压层压板更耐用，可用于橱柜表面和书桌表面。层压板实际上是纸浸渍树脂后层压形成的，有多种颜色、厚度、纹理和图案可供选择。亮光层压板可以用来装饰立面，而水平台面则需要哑光面。另外，纹理层压板不适用于水平台面，因为水平台面需要更光滑的表面。

室内设计中使用的其他热固性塑料包括聚氨酯泡沫和海绵（用于垫子）、有机硅（用于防水饰面）、环氧树脂（用于密封剂）和涂层树脂（用于人造大理石台面）。

玻璃纤维加入聚酯树脂可以形成玻璃钢，用以制作模压成型家具。而一些聚酯，例如聚丙烯，是热塑性塑料，也可用于织物中。

热塑性塑料如尼龙、聚烯烃和乙烯基树脂，也用于纺织工业。用于家具设计的热塑性塑料还包括丙烯酸树脂，如 Lucite 和 Plexiglas；以及聚碳酸酯，如 Lexan（图 11-34）。它们质轻、不会发黄，是常见的玻璃替代品。铸塑树脂是一种热塑性聚酯，它可以着色，成型，并形成半透明板。这些面板有多种用途，如墙壁、地板、房间隔断或其他建筑部分（图 11-35）。

固体表面材料，如以商品名为"可丽耐"（Corian）出售的那些，是与天然材料结合的丙烯酸聚合物。它们模仿石头、大理石或花岗岩。与层压板台面不同在于颜色可以渗透到整个材质，且拼接后表面可呈现无缝效果。这些材料最常用于台面（图 11-35），也可用于垂直面。材质表面如有香烟烫印、酒精、食品、口红、染发剂、鞋油、碘，甚至记号笔留下的污迹或损坏，都可以使用磨砂清洁剂进行修复。

塑料具有耐久性和易清洁的特点，可是，一些合成材料经过一段时间后会变得没有光泽、易破碎或刮擦，甚至易燃，损坏后难以维修。因为合成材料主要是石油基，它们要耗用不可再生的石油资源，同时不是所有的合成材料都可以生物降解，只有一部分可以回收利用。

图 11-34　在这个现代化的高层公寓中，设计师使用热固性塑料板来划分空间。Ghost 椅子由热塑性聚碳酸酯制成。（设计师：Carson Guest；摄影：Gabriel Benzur）

图 11-35　在面部美容外科办公室的化妆台上使用了一种称为人造石（Polystone，一种热塑性塑料）的固体表面材料。它形成了一个光滑的表面，圆润边缘和凹进去的弧度。灯光围绕镜子周围，以最大限度地减少照镜子人的阴影。门上的装饰处理由 Ecoresin 板。（建筑师／设计师：LeVino Jones Medical Interiors；摄影：Thomas Watkins）

相关链接
3-form 半透明树脂板网站 www.3-form.com/index.php

11.4.4　玻璃

玻璃通过结合沙子、苏打灰、石灰石、白云石和少量氧化铝制造，是家具设计中常用的材料，主要用于桌子台面。玻璃可以进行刻蚀或喷砂加工（图 11-34），整个表面产生细小的霜雾状和不透明的效果。因为玻璃很锋利，所以玻璃的边缘要加工成斜面。此外，桌面玻璃应有一定厚度，并经过钢化处理，防止破碎后锋利的边缘伤人。

如图 11-34 中的玻璃茶几所示，清澈的玻璃表面，不仅具有艺术性并且有助于扩展空间，玻璃使室内空间熠熠生辉，增加了空间的情趣。玻璃有时用在古董或实木家具的台面上，保护漆膜。玻璃可以使卫浴产品具有雕塑感。

11.4.5　竹藤

竹子、白藤、藤条、灯心草和枝条形状的材料都来自于自然，这种天然特性使得它们容易和一些日常使用的物品相配，可以很好地用于室内或室外空间。如在一个充满电子产品的房间里，它们的存在也为空间增加情趣（参见图 11-12）。

竹子具有木质化特征，它空心的竹竿和环状的竹节，可以用来制作轻型家具。

藤条（rattan）是从木芯藤木棕榈上切割获得的，可以弯曲成各种设计需要的形状，主要用来制作椅子、桌子和床。

藤篾（cane）是由劈开藤获得的，可以编织成网状。大约 1660 年，藤条被引入英格兰，用于椅子的座面和靠背（图 11-36）和一些户外桌子的台面。

草编（rush）是紧紧搓在一起做成绳子的长草，再将绳子编织起来，可以做椅子的座面和靠背。

枝条编织技艺（wicker 或 baskwork）就是从传统篮筐编织技艺而来。自古代起就用在椅子上，枝条编织的椅子可以用灯心草、细枝或芦苇等材料。

图 11-36　作为包豪斯的第一期学生布劳耶（Marcel Breuer，1902—1981 年）于 1925 年设计了世界上第一把钢管椅子，这里是用藤和钢管创造的著名的西斯卡椅。布劳耶是第一位把钢管用于家具结构的设计师。（图片来源：Thonet 工业公司）

11.5 软体家具

在古代文明中，人们最初通过在坚固的框架上铺织物、动物皮或其他天然材料来创造"软垫家具"。在坐椅和靠背框架上铺织物仍然用于较轻的家具。文艺复兴时期，覆盖纺织品的椅子座面上通常会放上简单的软垫，后来，纺织品代替了这些软垫。到了十六世纪，用马毛、羽毛、羊毛和羽绒制成的衬垫变得更厚更舒适。19世纪，弹簧被引入，从而进入现代软体家具时代。从那时起直到19世纪30年代，软体家具的结构没有发生多大改变。此后，合成材料出现并在家具上大量使用，对家具产生了巨大的影响。软体家具有两种形式：框架上完全覆盖衬垫或填充物的和有些框架暴露在外的。

11.5.1 软体家具配件

软体家具隐藏在内部的是体现耐用性、舒适性和品质的部分（图11-37）。因为这些元素是隐藏的，设计师在选购软体家具时必须依赖制造商的说明书。

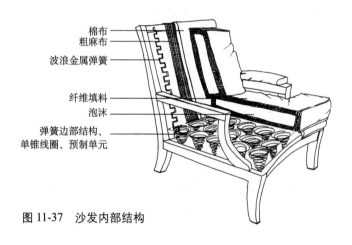

图11-37 沙发内部结构

（1）框架

框架是用金属、塑料或窑干燥处理的枫木、橡木、榉木、杨木、榆木等硬木制作的，这样使其平直光滑来防止纺织品松弛。如果是木质框架，装配一定要牢固，通常用带沟槽并施胶的插入双榫连接，优质家具的框架从不使用钉子。

（2）绷带和毡垫

绷带通常宽75～100mm，是将亚麻、黄麻纤维、塑料或橡胶用编篮筐的手法编织而成的，满铺在骨架上，支撑弹簧和软垫。棉质毛毡用来保护弹簧和其他材料。

（3）弹簧

弹簧由盘绕的金属线或线圈制成。盘绕的金属附着在框架上，形成锯齿形。成型的钢丝弹簧也附着在框架上，但形成盒子形状而不是锯齿形。盘绕的金属线越简单，越适用于纤巧的现代家具。

圆锥形线圈可以是单锥也可以是双锥（图11-38）。单锥形线圈是预制所有线的部件。为了制造弹簧垫，将单锥形线圈绑在一起，并将其连接到顶部和底部边界线上。将双锥形线圈固定在弹性底座上，例如织带或金属条，并用手在顶部打结，以防止滑动。双锥线圈的结构提供更大的舒适性，因此多用来制作较昂贵深座面的软体家具。而在大多数家具中，采用粗麻布保护和覆盖弹簧，防止填充物压入弹簧中。

图11-38 单锥和双锥弹簧

（4）填充物和垫料

软垫中填塞各种类型和品质的填充物和垫料都应标注在标签上，最常用的填充物有以下几种：

- 聚酯，是一种轻质、有弹性、无味、不易霉变和虫蛀的材料。它可以单独使用，也可以和泡沫颗粒、羽绒混合在一起使用。聚酯或纤维填料要用纺织品包裹以保持形状，防止摩擦和损坏。
- 聚氨酯海绵，是常用的填充材料，具有防水、防霉变、防虫蛀的特点，弹性根据密度而不同。软垫里的聚氨酯海绵通常用纤维填料包裹以增加软垫的柔软性。
- 羽绒和羽毛，通常和聚酯以及碎海绵颗粒混合用在坐椅软垫上。羽绒和羽毛历来被看成是奢侈品，百分之百的羽绒十分昂贵并且没有弹性，需要经常拍打使其膨起。
- 胶粘纤维，和前面提到的填充材料相比弹性较差，主要用在中等价格的家具。

| T形坐垫 | 方形坐垫 | 通过侧滑拆卸的座面 |

图 11-39　软垫类型

- 来自于自然界的纤维（如某种树叶）或合成毡制品，通常用在低档家具上。
- 棉花，偶尔可以用来做小东西。

软包可用于家具的部分或全部结构上。座椅、靠垫和靠枕，可以使家具的风格更突出，靠垫可以结实或者蓬松，这取决于风格和选择的灵活程度。坐垫也可以选用弹簧内芯并包覆海绵，包覆织物的钉扣通常起到装饰作用。起缓冲作用的东西应该是舒适的、有弹性的、耐用的，并应固定好。图 11-39 显示了三种类型。

（5）织物和饰面

织物不仅用来包裹软垫和家具框架材料，而且用来反映家具的风格。耐用、时尚、满足功能需要的软体用织物方面的内容在第 12 章中阐述。最后的织物修饰可以强化软体构件的风格和细节：滚边（围绕软垫四边的细带或用织物缠绕在木材上的装饰）可以做单排，也可以做双排；可以是同种织物，也可以是有差别的织物；流苏装饰也可以用在软垫四周；钉头（通常是黄铜的）给家具增添阳刚气息。

11.5.2　产品标签

如前所述，地方或国家法规要求在产品上附带使用说明和材料标识。知名的家具制造商应保证使用合乎规定的材料，确保家具的性能符合产品标签上的说明。

11.5.3　优质软体家具的选择

在选购软体式家具时，要考虑以下原则：

- 软体家具是现在仍然保持手工制作的家具，所以选择时首先考虑与手工相吻合的自然形态。缝制十分讲究：线缝、滚边和流苏应该平滑、挺直，缝制要牢固，不能有松弛的线角，卷边和褶皱应该平整。
- 大的图案，要注意图案的拼接，尤其在软垫边缘处。
- 所有图案，包括座面上软垫的图案都应同向。
- 织物用垫料填塞时，防止裂口现象，应采用小些的针脚。
- 软垫应该紧贴家具，对家具而言，软垫要合身而舒适。
- 如果使用拉链，拉链要缝制得平直，没有褶皱且容易拉动。
- 如果使用的织物是绒毛状的，绒毛应该向一个方向倾倒。
- 织物应该平整拉直包裹在骨架上，没有褶皱。
- 背板应该牢固整洁地用平头钉钉住或缝合。
- 裸露在外的木质部件的表面应该经过优质涂饰，并且是硬木。
- 选择绿色家具。有关更多信息，请参阅可持续设计：选择"绿色"家具和 LEED-CI 和 E3-2010。

相关链接

装潢物品码数图表 www.upholstery-supplies-guide.com/upholstery-yardage-chart.html

本章小结

家具类型和结构方面的知识有助于设计师更好地创造室内空间。客户可能离不开使用了很多年的家具，处理掉原有的家具会觉得很可惜。从经济投资角度分析，设计师甚至需要考虑产品的生命周期和运营维护费用。

可持续设计

选择绿色家具

家具制造的过程如果不注意控制，会对环境造成危害。选购"绿色"家具时，设计师应该用可再生的木材为原料制作的产品或用可回收材料制造的家具。

许多家具公司对生长在雨林中的濒危树种的木材有严格的使用政策。在某些情况下，法律限制某些木材用于家具制作。有些树种如枫木和橡木，比其他稀有木材如桃花心木、柚木和红木，更容易生长。有些专用于家具制造业的濒危树种材料，只能做成薄木贴皮。而这类木材需采伐自人工林或经过可持续发展认证的森林。由速生材或木材副产品等制成的刨花板则可用作基材。

据《Design Solutions》杂志报道，热带森林基金会（Tropical Forest Foundation）是一个致力于向消费者和生产者宣传保护和森林管理益处的组织。其主要目标是让个人和公司了解低影响伐木的好处，选择由再生产品制成的家具。例如，德国家具制造公司 HAG 设计了可调节的 H03 椅子，其椅面和椅背由回收瓶盖制成（图 SD11-1）。Knoll 的 Life 椅子中包括多达64%的再生产品，在设计制造过程中对环境的影响最小（图 SD11-2）。

绿色家具的正确选择原则也包括选择安全环保的表面涂饰。家具油漆工艺过程中会释放有毒的容易挥发的有机化学物质或 VOC 到空气中。这些有溶解力的物质通过排气管释放到大气中。VOC 是烟雾状的，它通过破坏地球的紫外线危害臭氧层。

1990 年，美国国会通过《清洁空气法案》（Clean Air Act），要求企业减少有害气体的排放。目前几种可行的方法是，以水性涂料替代有机涂料，增加涂饰生产线的自动化水平和环保装置以减少释放到空气中的 VOC；金属家具可以采用电镀的方法或采用金属粉末喷涂。此外，作为代替品的水性涂料和家具蜡的使用以及用碳过滤，都可以减少 VOC 的释放。

为了助于保护环境，设计师在决定选购制造商的产品之前，应该要求制造商提供有关的法律法规和能持续发展的森林方面以及《清洁空气法案》的执行情

图 SD11-1 符合人体工程学的 H03 坐椅，坐椅和靠背由回收的塑料瓶盖和汽车保险杠制成。（图片来源：HAG 公司）

图 SD11-2 Life 椅被认为是一种可持续的设计产品。（图片来源：Knoll 公司）

况的数据。"可持续设计：LEED-CI 和 E3-2010"进一步回顾了对环境敏感的设计需求，并阐明了企业的解决方案。

相关链接：
诺尔"Life"椅网站 https://www.knoll.com/product/life

LEED-CI 和 E3-2010

如第 2 章所述，美国绿色建筑委员会（USGBC）制订了能源与环境设计（LEED）的领导计划。它是一个自愿的，以市场为导向的评级系统。用于量化建筑物的绿化程度。他们的使命是"改变建筑和社区的设计、建造和运营方式，创造一个对环境和社会责任，健康、繁荣、能提高生活质量的环境。

商业和住宅结构的计划已经到位。通过自我认证的积分系统，建筑物可以达到青铜到白金级别。LEED 的清单评估了以下几个方面：

- 可持续发展网站
- 用水效率
- 能源和大气
- 室内环境质量
- 材料和资源
- 创新和设计过程

LEED 最初专注于建筑的建筑构件。2002 年，他们为商业室内设计推出了 LEED-CI。商业室内设计方案适用于新建或现有建筑物的租户空间。该格式与原有的 LEED 绿色建筑评级系统相得益彰，但通过功能扩展，可以识别室内家具的环境影响。室内设计师感兴趣的是关于有效照明设计、低挥发性有机化合物排放量、使用可循环来源的材料和使用区域制成品的评级。

同样，商业和机构家具制造商协会（BIFMA）与许多学科的制造商合作，制订了一套可持续的家具标准，即 ANSI / BIFMA e3-2010《家具可持续标准》。该标准以 LEED 系统为模型，具有 6 个先决条件和可选信用。在 90 个条件中，必须达到 32 个才能达到最低水平。

以下项目是符合 LEED 指南的建筑示例（图 SD11-3 至图 SD11-7）。

相关链接
LEED 官网 www.usgbc.org

图 SD11-3　在这座罗马式世纪之交的建筑中，绿色和平组织将其美国总部迁到了高层。这个 1 400m² 规模的项目专注于可持续设计，绿色和平组织保护环境的使命需要纳入设计方案中。以 LEED 绿色建筑评级系统作为指导。（建筑师 / 设计师：ENVISION Design，PLLC；摄影：©Michael Moran）

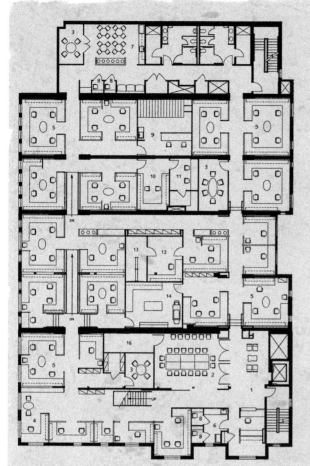

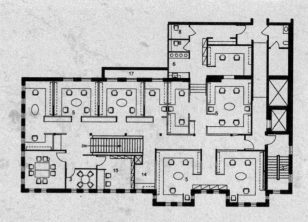

1.接待 2.会议室 3.小型视频会议室 4.总监室 5.工作单元 6.储藏室 7.休息区 8.电话间 9.档案室 10.看片室 11.影像编辑室 12.市场信息资料工作室 13.机房 14.复印间 15.资料室 16.设备间 17.阳光房

图SD11-4 这两个平面图表明了相连接建筑物的复杂性。请注意，已有的斜坡用来连接不同的楼层，允许行人通过。天花板高度变化很大，为了保持均匀性并隐藏暖通空调系统和电气系统，吊顶设置在工作区域2 900mm和走廊2 440mm处。该设计还在屋顶上安装了太阳能电池板，用于供电和供热水，以及作为光传感器和节能照明。开放式办公系统节省了45%的隔墙、61%的门和39%的照明。最终在一座历史建筑中，用可持续的材料建造了一个美观宜人的室内。（建筑师/设计师：ENVISION Design, PLLC）

图SD11-5 三楼的接待区通向主会议室，提供了灵活的集会空间。门由刨花板制成。主走廊连接相邻的建筑物。所有使用的木材均通过森林管理委员会（FSC）的认证，包括由Knoll为该项目定制的Rison接待椅中使用的木材。（建筑师/设计师：ENVISION Design, PLLC；摄影：©Michael Moran）

图 SD11-6 接收区的另一个视图。楼梯通向四楼，为了让更多的光线进入楼梯，踏步板是透明的。尽可能展现已有的建筑体，以避免增加更多的建筑材料。（建筑师/设计师：ENVISION Design, PLLC；摄影：©Michael Moran）

图 SD11-7 第四层通向屋顶结构，与设施的其他部分一样，采用开放式概念，其中穿插着小型会议室。开放式办公系统由麦秸板和 FSC 认证的刨花板构成，并用无 VOC 和无甲醛涂料完成。天然软木用于弹性表面。（建筑师/设计师：ENVISION Design, PLLC；摄影：©Michael Moran）

第12章

织　物

图 12-1　在这个男性化的都铎建筑样式住宅中，设计师选择了温暖的色调体现室内的人性化设计。注意窗帘和枕头上的装饰和流苏。（设计师：James Essary & Associates；摄影：Robert Thien。见《Atlanta Homes & Lifestyles》）

织物在增添住宅和商业室内环境效果方面，比设计中其他的元素更加多样化，所以在空间中所占的分量比想象中要重。一踏入房间，窗帘、沙发等软装最容易吸引人的视线。织物由于柔软的质地，经过缝纫、垂褶、弯曲、折叠、包卷、纵褶、褶皱和伸缩等多种缝制手法，可以做成布艺家具、窗帘、沙发套、枕头、靠垫、床罩、毯子、毛巾、桌布、墙纸、天花布幔、灯罩等装饰品。

如第5部分讲述的，选择室内材料时还要考虑的基本要素是功能性、艺术性和经济性。同样，运用织物的主要目的之一是让居住空间具有人情味，因为织物是建筑和家具之间的过渡，它们给住宅和公共空间带来舒适、温暖和柔和的感觉（图12-1）。

本书中讲的织物是纤维、纱线和布料的总称。生活中纤维、纱线、布料和织物的名称经常被混淆，所以在这里首先要了解它们各自的含义：

纤维：是原材料，包括天然纤维和人造纤维，主要的用途是用来纺线和加工布料。

纱线：是纤维加捻后形成的绞股，用来加工成布料。

布料：由纤维、纱线经编织、针织、扭搓、黏结和交织等编织方法加工而成，也可以用塑料加工而成。

12.1　纤维

生棉花、丝绸和涤纶等纤维是布料的最基本成分。每一种纤维都有自身的优点和缺点，并没有满足全部设计要求的完美纤维。制造商往往通过弯曲纤维，将那些质量最好的纤维织成高档的布料。

布料的性能和外观受纤维加捻方式和数量的影响。高度加捻的产品强度和耐久性较高，但光泽较差；而稍稍加捻的长纤丝通常有很好的光泽，但稳定性较差。所以，在编织前常见做法是将两条或更多的纱线捻成股，不仅增加强度，而且能形成表面肌理效果。

12.1.1　天然纤维

来源于自然的纤维通常分为四类：纤维素纤维、蛋白质纤维、矿物纤维和金属纤维。

图 12-2　在英属西印度群岛安圭拉的这个定制设计的住宅中，设计师选择天然面料来装饰室内环境。床单是亚麻布，窗帘是棉帆布。天花板上是木饰面（cumaru），也被称为巴西柚木。（设计师：Wilson Associates；摄影：Michael Wilson）

（1）纤维素纤维

纤维素纤维（或植物纤维）包括植物中的茎、叶和种子表皮毛，两种最普遍的纤维素纤维是棉和麻（图12-2）。

棉出现于公元前4世纪的印度，在罗马时期就被使用，它在天然纤维中种类最丰富。棉的优点是染色方便，不易褪色，易清洗，可以编织成薄或厚的布料。由于棉具有弹性，它可用于家具装饰、地毯和窗帘。棉的缺点是不如其他纤维耐用，且会缩水、发霉、褪色。棉的成本取决于纤维、编织方式和表面处理的质量。

麻由亚麻纤维加工而成，是所有纤维中历史最悠久的。早在公元前4000年，埃及已出现了麻。麻的优点是结实、柔韧、有光泽、耐洗、易染色、不易褪色、吸声性好。而缺点是容易缩水、褪色、质地硬、难清洗，所以麻织品普遍需要经过化学处理，效果会好些。麻主要用于家具装饰、织物、桌布和沙发套。

（2）蛋白质纤维

毛料和丝绸是最重要的蛋白质或动物纤维。

毛料指的是绵羊、安哥拉山羊（称为马海毛）、骆驼和其他动物的毛。从公元前7世纪或前8世纪开始，人们就已经开始使用毛织物。在早期的埃及、希腊、亚洲和中东地区，毛料用来加工衣服和一些家庭物品，其主要优点是具有弹性、阻燃、耐磨，有良好的绝缘性，它能织成各种不同质地的织物。毛料能染成从最浅到最深的各种颜色，还便于清洗、防尘，而且能吸收自身重量20%的水分而不感觉潮湿。但是毛料的缺点是随着时间的推移颜色会变黄（特别是暴露在阳光下）、缩水、易虫蛀；此外，毛料价格高，需要专业的清洗，并且部分人群还会对毛织物过敏。毛料主要用于住宅和商业用途的室内装饰品、地毯、窗帘和墙纸（图12-3）。

丝绸是一种古老的纤维，大约在公元前2540年在中国被发现。养蚕和蚕丝纺织技术多年来一直保密，但现在逐渐为世界各国所知。丝绸的优点在于，它是一种美丽的长纤维，柔软而华丽，强度仅次于尼龙，具有易上色，不易褪色的优点，并能很好地垂挂（图12-4）。缺点是太阳光能够分解丝绸纤维，因此需要保护其免受阳光直射。丝绸也容易受到土壤、甲虫和水分的破坏，且价格昂贵。

图12-3 这间餐厅的座垫采用简单的棉质格纹图案，与褪色的仿古羊毛地毯形成鲜明对比。这种组合在正式的室内装饰中营造出清新的休闲氛围。该房间的门厅请参见图8-2。(设计师：Drysdale Design Associates；摄影：Antoine Bootz；图片来源：Southern Accents)

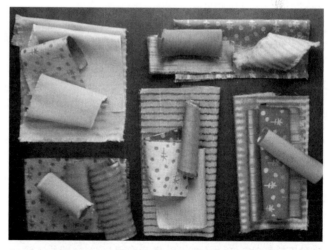

图12-4 Donghia 的 Sleight of Hand 系列4种丝织物面料，包括 Abracadabra（山东丝绸），Hocus Pocus（条纹），Shazam（锯齿形设计）和 Presto（一种填充衬垫的母料）。（图片来源：Donghia Textiles）

生丝，是一种短而粗的纤维，光泽较少。两种类型的丝纤维都可以在窗帘、家具背布、墙面覆盖物、装饰、和面料艺术上使用。

(3) 矿物纤维和金属纤维

矿物纤维和金属纤维是从自然界中存在的金属物质中提炼的。金属纤维包括金线、银线和铜线，它们主要用于对织物的装饰（图 12-5）。金属纤维光泽好、不变色，且耐洗。

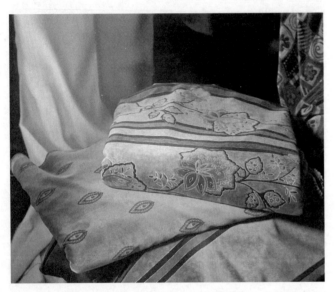

图 12-5　德国制造商 Girmes 生产的有图案的布料，金线的高光为它增添些许华丽感。(图片来源：Fine Furnishings International)

12.1.2　人造纤维

人造纤维是从合成化工品或经化学处理的天然产物中提炼出来的，它们与天然纤维相比，质量有所提高，更加耐用和易清理，耐脏，且防霉防虫。尽管人造纤维价格相差很大，但与天然纤维相比它们更加便宜。人造纤维由原始材料液化或黏液化，然后经过喷丝头（类似莲蓬头的小孔）制作而成。改变小孔的尺寸和形状则会改变纤维的特性。微纤维是一种比包括丝绸在内的所有天然纤维都细小的人造纤维。微纤维由于能制成重量轻、抗皱、抗起球的豪华幕帘而被人们所使用。

人造纤维分为两类：再生纤维素纤维和合成纤维。再生纤维素纤维是通过改变纤维素（植物和木纤维）的物理和化学特性加工而成的，如人造纤维、醋酸纤维素和三醋酸纤维。合成纤维则是由化学制品和碳化合物加工形成的，如尼龙、亚克力、聚烃烯纤维、聚酯纤维、石蜡和玻璃（图 12-6 A、B）。

在过去的 60 年间，人造纤维的生产和消费逐年稳步提高。1940 年人造纤维只占消耗掉的纤维总量的 10%，如今，消耗掉的纤维中 80% 是人造纤维。表 12-1 列出了最常用的人造纤维，以及它们的品质、重要的装饰用途和保养建议。

12.2　布料结构

织物艺术的历史几乎和人类的历史一样久远。虽

图 12-6A　这一系列织物被称为 Streetsport。它包括各种人造和天然纤维，其中大部分是聚酯和丙烯酸。(图片来源：Carnegie, www.carnegiefabrics.com)

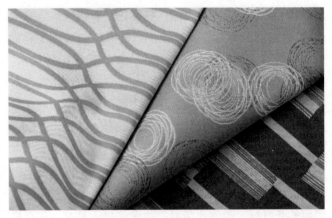

图 12-6B　这一系列织物称为 In Motion。该产品由 70% 的再生聚酯制成。这种织物能抵抗污渍、湿气和细菌。(图片来源：Momentum Textiles)

表 12-1　人造纤维的特性

生物名	外　观	磨　损	弹　性	耐热性	易燃性	光耐性	装饰性用途	保　养
醋酸纤维(再生纤维素)	光滑、丝绸般、悬垂性好、易成型	中等	差	差	慢	长时间暴露会损坏纤维,如不经特殊表面处理会褪色	窗帘、幕帘、室内装饰布、小块地毯、和其他纤维混合做成浴帘	抗污性中等、温水洗涤或干洗,洗涤方式取决于染色、表面处理和装饰性的设计等因素、快干、中等温度熨烫
三醋酸纤维(醋酸家族的细分)	易脆、光滑、丝绸般、悬垂性好、颜色鲜艳	中等	好、抗皱、可打褶	比醋酸纤维更易损坏	缓慢易燃	比醋酸纤维抵抗性好	和醋酸纤维一样	和醋酸纤维一样
亚克力	像羊毛、软、厚重、温暖、可能轧轧响、色彩丰富、起球情况取决于质量	好、需要静电处理	好、热定型打褶	抗232℃	防火、燃烧产生黄色火焰	好	小块地毯、地毯、毛毯、窗帘、幕帘和室内装饰布	用温水洗涤时有浮性,机器烘干,不皱缩、不松弛、不拉伸,蒸汽熨烫减少放样
聚烃烯纤维(改进的亚克力)	与亚克力类似、好的持色性	好	中等到好	不溶化	半自熄	优秀	窗帘、幕帘、混纺地毯、毛皮地毯、毛毯	和亚克力类似、抗化学污染、易洗、中温熨烫、如不进行稳定化处理会皱缩,不适合干洗
芳纶纤维	硬而光滑	高、卓越的强度	优秀、低的拉伸性	不影响	低的易燃性	长时间暴露易损坏	地毯	受潮时无影响
玻璃纤维	滑腻的、有光泽、丝绸般、色彩范围中等、β位的玻璃纤维有非常好的透明度	所有纤维中最坚硬的	优秀	防火	不易燃	不损坏	窗帘、幕帘、床罩、β位的玻璃纤维适合做床罩	不受潮湿的影响、手工洗涤、快干、无须熨烫
尼龙(聚烯烃纤维)	轧轧响、丝绸般、手感冰冷、天然光泽、优良的色彩范围、悬垂性好	优秀	非常好、抗皱、可热定型	高的热阻性	融化缓慢	差	室内装饰布、床罩、地毯	易洗、快干、中温熨烫、抗污、污渍易除、如不经处理会起静电
石蜡(丙烯和乙烯)	光滑、像羊毛、色彩范围中等	好到优秀	好、抗皱	不好、对热敏感	缓慢燃烧	好	小块地毯、毛毯、室内装饰布、织带、椅套	水洗或干洗、低温熨烫、良好抗污性
聚酯纤维	丝绸般、像羊毛或棉、悬垂性好、色彩范围中等	好到优秀	优秀、抗皱	抗204℃	缓慢燃烧	长时间暴露会丧失强度	窗帘、帐帘、室内装饰布、地毯和小块地毯、枕头、毛毯	去污容易、中温机洗、快干、中温熨烫、抗拉伸和皱缩
人造纤维(再生纤维素)	柔软、悬垂性好、优良的色彩范围、光亮	中等到好	低到中等、耐皱性能差	优秀、不融化	燃烧快速	非纺前染色时易褪色	窗帘、室内装饰布、幕帘、桌布、小块地毯、可能是最通用的纤维	和醋酸纤维一样、中等抗污性
莎纶	柔软、悬垂性好	硬	耐皱	强加热时收缩	不易燃	优秀	室外家具、室内装饰布和屏幕、窗帘、幕帘、墙纸	非常易于保养、抗皱和抗污、防水
乙烯(热塑性塑料树脂)	光滑、各种重量、膨胀乙烯和皮革非常类似	好	低	干热至100~110℃时收缩,湿热时更差	很难燃烧	长时间暴露会损坏	浴帘、墙纸、加背衬用于室内装饰布	不易污、防水、水洗和擦洗

生物名	外观	磨损	弹性	耐热性	易燃性	光耐性	装饰性用途	保养
天丝（从桉树提取的纤维素）	介于人造纤维和棉之间，丰满手感和光泽、悬垂性好	中等，尤其是表面光滑时，或潮湿时易磨损	中等、会皱	不融化，但会烧焦	烧成轻的灰	好	良好的环保材料，可生物降解和重新回收、潮湿时很结实、家庭日用织品、床单和床罩	根据制造过程而有差异、有些洗时会缩水、需要熨烫使之除皱
聚乳酸（玉米基，用聚乳酸加工）	手感极佳；极软；悬垂性和光泽好	好	高	在182℃熔化	低可燃性	优秀	纤维填充物、地毯纤维、室内装潢，卓越的绿色来源；完全可回收利用	抗皱，可洗，耐污渍

* 所有的人造纤维都可以免受蛀虫和霉菌的危害。人造纤维的绝缘性取决于材料的结构，主要和材料的厚度有关。中空的聚酯纤维具有特别优良的绝缘性，其成本因结构而不同。

然织布机最早的起源不太确切，但有资料显示，公元前5000年在美索不达米亚，人们已经开始使用织布机。现代制造业给纺织工业带来巨大的改变，但织法结构仍与早期文艺复兴时期使用的结构是一样的，这些简单的织法仍然是工业生产中的标准。但起源于亚洲的锦缎和织锦有更加复杂的织法，需要通过特殊的提花织布机来生产。由Joseph-Marie Jacquard（1752—1834）于1801年在法国发明的提花织机可以制造出具有复杂图案的多彩织物。

12.2.1 机织织物

这一部分讨论最常用的织法（图12-7），以及一些装饰性布料中常用到的复杂织法。

（1）平纹织法

平纹织法指的是单层或双层，规则或不规则的纱线通过经线（垂直的或纵向的）和纬线（水平的或交叉的）的简单交织。在平纹织法中，一条纬线从上面穿过一条经线，然后再从下面穿过另一条经线。当经线和纬线所用的纱线重量和质感不一样时，这种织法称为不规则型或不平衡型。在篮子织法中两条纬线和两条经线相互交叉，这种织法也可因为纱线的重量和质感不同而呈现不规则的形态。

（2）斜纹织法

斜纹织法是两条或更多的线从上面或从下面穿过另

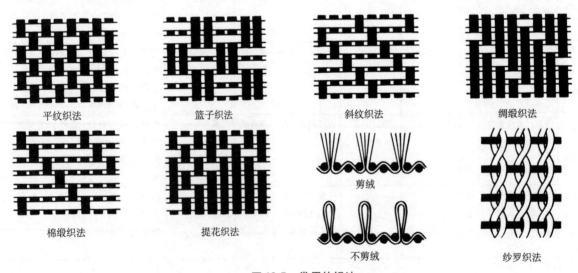

平纹织法　　篮子织法　　斜纹织法　　绸缎织法

棉缎织法　　提花织法　　剪绒／不剪绒　　纱罗织法

图12-7　常用的织法

一组线，以规则的间隔跳线，形成斜纹效果。斜纹织法可以是规则的或不规则的，不规则的斜纹用于装饰性的布料，如牛仔布、斜纹呢和人字呢。

（3）缎纹织法

缎纹织法是将一条经线"浮"在四条或更多的纬线上。这种经线和纬线的结合加工出的布料光泽好、柔软和悬垂好，特别是当使用光滑的纤维，如绸缎和锦缎时，效果更明显。

（4）提花织法

提花织法需要借助复杂的穿孔程序，告诉机器哪些线要上升，哪些线要下降。有一些最常用的布料，如花缎、织锦和锦缎，就是在织布机上纺出来的（图12-8）。

（5）起绒织法

起绒织法是在经线纬线之外增加第三种纱线，它们突出于布料表面打圈或成簇，这些圈可以是切割的、未切割

图12-8　使用的布料包括由74%人造丝和24%醋酸纤维制成的提花帐帘布、棉混合丝绸的床罩和来自德国Zimmer & Rohde的纯丝绸装饰枕头。（图片来源：Fine Furnishings International）

的或组合的。起绒织法用于大量的织物。地毯工业的基本织法是经线突出表面起绒。大多数的布料是起绒织法加工而成的，包括毛巾、灯芯绒和起绒粗呢。天鹅绒最初是以这种方式进行纺织，但现在通常是用双层布分割来起绒。

（6）双层织法

双层织法是将两层布织在一起，通常在中间加棉。古代秘鲁人所熟知的这种布料既耐用又美观。提花织布机可以编织这种布料，用于商业场所。

（7）纱罗织法

纱罗织法是一种宽松的、花边状的、由经线相互扭织的织法。纱帘、半纱帘和薄窗帘（粗织纱）都是纱罗织法。

12.2.2　非机织织物

（1）针织织物

针织是用毛线针将一系列的纱线圈相互穿套形成织物的过程。通过不同的针法运用，形成图案。针织布料由手工编织或机器加工，种类很多，从宽松、开放式结构到紧密精细的网状结构都有。精美的针织布料因为良好的抗皱性、紧密适宜和易于保养的特性，用于很多家庭陈设。针织布料的易伸展性可通过新的加工方法加以改善。

（2）缠绕织物

缠绕织物非常复杂，通过纱线的缠绕、穿套和结绳织成各种各样的网状结构，如网眼织物、蕾丝和流苏。

（3）网状织物

网状织物通过加湿、加热和加压，产生具有不磨损、吸声、隔热和防冻性能良好的压缩单片，最终形成大量纤维结网而成形。毛毡以前由羊毛和毛纤维加工而成。通过现代技术，新的纤维和熔融方式被用于生产大量的新的非机织织物。

（4）黏合织物

黏合织物是通过化学方法或加热的方法将两种布料黏合（或结合或叠层）产生的。将一层布料黏在另一层布料底部，可以稳定织物表面。但是如果不加以保养，

清洗时会导致两层布料分离。黏合布料用于家具装饰的衬布来增加稳定性。

相关链接
织物相关知识内容 www.fabriclink.com
美国国家纺织中心 www.ntcresearch.org

12.3 织物染色

在织物加工的每个阶段都要进行布料的染色。通常，染色最快的产品在制造过程的前期进行染色，在制造后期重复染色会很大程度上改变色彩。纤维、纱线和布料染色的不同方法如下：

溶解染色：将着色剂添加到合成纤维的黏稠液体中，然后将其压过喷丝头，形成纤维。

原料染色：在纤维加工成纱线之前进行染色。

纱线染色：纱线编织成布料之前将一卷卷的纱线进行染色。

布匹染色：编织成布料后再染色。

每一次染色用一种新的染料溶解或使用新的染池，会导致色彩与上一批布料的颜色有色差。因此，每一次染料溶解都会编制一个染色的缸号。当在一项工程中用到多匹布料时，要确保这些布匹来自相同的染色缸号，以使布料颜色一致，这一点很重要。替代染色的唯一方法是选用与希望获得的颜色一样的纤维来加工布料（参见"可持续性设计：彩色纤维和'绿色'纺织品"）。

可持续设计

彩色纤维和"绿色"纺织品

确保环境安全的室内纺织品的最纯净的方法之一是使用未经处理的天然有机纤维。开发"绿色"内饰的设计师需要考虑纤维的来源及其潜在的环境成本。例如，根据 Natural Cotton Colours, Inc. 的数据，在美国，纤维的染色工艺可能比其他国家贵五倍。这是因为美国的政府机构要求将染色工艺中的残留物无害化。尽管全世界都需要这样做，但并不是所有国家都会有强制要求，因此会污染环境。

成为优质绿色产品的其他纺织品还有 Lyocell（表 12-1）和 Xorel。Xorel 是一种耐用的聚乙烯纤维基织物，用于商业墙面材料和室内装饰。它在生产过程中不会产生有害的副产品，不会产生废气，并且燃烧后的毒性比木材小（图 SD12-1）。ISdesigNET 称，环境敏感型设计的领导者 Penny Bonda 将 Xorel 列为她的"十佳"名单。

Momentum Textile（Momentum Group 的一个部门）的目标是独家提供"到 2017 年被归类为降低环境影响（REI）的产品"。到 2013 年，他们希望所有新产品都将成为 REI。他们目前满足这些标准的两个产品包括二氧化硅和裸尼龙。

二氧化硅是乙烯基和聚氨酯的替代品。经过两年的研发，由 51% 的有机硅和 49% 的 PLA（聚乳酸）制成。它的聚氯乙烯含量为零，溶剂含量为零（图 SD12-2）。

图 SD12-1 这种传统的装饰面料由 Xorel 制成。因其制造技术，该纤维被认为是可持续的产品。（图片来源：Carnegie，www.carnegiefabrics.com）

Momentum Textiles 与 Unifi, Inc.（生产复丝聚酯和尼龙变形丝及相关原料的生产商和加工商）合作，生产尼龙纤维。他们的目标是生产一种可回收利用的尼龙，这种尼龙经过溶液染色，可漂白，并由 100% 工业后尼龙制成。另外，它必须满足或超过现有不可回收尼龙的美学和手工要求，所得产品之一是裸尼龙（图 SD12-3）。

相关链接
关于 Momentum Textiles www.memosamples.com

图 SD12-2　可以使用高达 4 : 1 的漂白剂溶液或 Virox（某些医疗保健机构首选）清洁二氧化硅（silica）。二氧化硅具有很高的抗紫外线性，且不蓄热，因此可以在室外使用。它由硅制成，具有令人印象深刻的 365 000 双重摩擦等级。（图片来源：Momentum Textiles）

图 SD12-3　裸尼龙可计入《材料与资源》中 LEED-CI 和 LEED-NC 概述的可回收内容材料。它耐磨次数超过 100 000 次，也可以回收利用。（图片来源：Momentum Textiles）

12.4　精整加工

精整加工是在布料成形前或成形后对其做的处理，目的是改变它的外观和性能。未精整加工的布料从织布机上取下时仍是生坯布。布料进入市场之前，要经过一系列的精整加工：预加工、功能性精加工和装饰性精加工。本节末尾解释的另一种精加工工艺为工程加工。

12.4.1　预加工

生坯布的预加工和加工准备包括以下处理内容：

- 捶布或重拍布，使之有光泽；
- 漂白布料；
- 煮沸去除布料的油脂和不必要的成分；
- 碾光使表面光滑，编织紧密；
- 耐久性精加工，增强纤维结实度；

- 粗加工或拉毛产生绒布状纹理；
- 加热以增加稳定性，尤其是永久性褶皱；
- 预收缩织物，然后进行精整加工，从而防止纤维暴露在潮湿环境中收缩变形；
- 烧毛以去除表面的绒毛和绒布。

布料经过预加工之后，将进入功能性精加工和装饰性精加工的过程。

12.4.2　功能性精加工

进行功能性精加工的目的是提高布料的性能。标准的织物功能性加工如下：

- 抗菌处理以防虫和防霉；
- 抗静电处理以防止静电；
- 免保养处理以提高抗皱和抗压痕性能；
- 防火处理以提高阻燃性能；

- 绝缘处理以提高绝缘性能，在布料上黏结泡沫或其他材料涂层；
- 防蛀处理以提高防虫损坏的性能；
- 防污处理以提高防污性能；
- 防水处理以防止变污或潮湿。

进行防污处理尤为重要。防水、防污和易去污处理都是化学加工，它们能防止灰尘和污点对布料的影响，有助于更加方便地清洗布料。例如，斯科奇加德是一种防水防油的涂料，将它涂在布料上能起到防污的效果。最好是在工厂对布料进行这种处理，但是若用户分别购买防污剂或防水剂，手工对布料进行处理也是可以的。布料一般配有制造商的商标或使用说明书，上面会告诉消费者怎么挑选、如何清洗和精整加工的效果如何。

12.4.3 装饰性精加工

装饰性精加工包括：手工或机器印花、定制处理和手工缝制。

（1）手工印花

通常布料在编织之后进行印花。很显然，手工过程需要大量的人力，工艺如下：

- 蜡防印花：布料不需要染色的那一部分先用蜡封住，然后将布料浸入染池，接着再除蜡，最终形成图案。
- 手工模版印花：木版或麻胶版上墨，在布料上印拓，从而产生设计。
- 扎染：首先将布料捆扎或缝结，然后将布料浸入染料中，产生抽象的图案。
- 丝网印花：用一块特殊准备的布屏阻止颜色渗透到需要染色的地方之外的部分，染料调成糊状，被挤压通过布屏，到达下面的布料。每一块单独的布屏印染设计中的一种颜色。只有丝网印花能以商业规模大量生产手工制作的织物。

（2）机器印花

许多印花是机械加工的，通过刻花铜辊将颜色转印在布料上，这个过程称为辊筒印花。一个单独的辊筒只能印一种颜色，但一旦准备工作做好之后，辊筒可在上千匹的布料中完成各种各样的色彩方案。其他种类的辊

筒印花包括如下：

- 压花：压花辊筒在布料上产生压印的凹凸设计。
- 波纹印花/纬向波形印花：辊筒在布料上压出水印的一种压花设计。
- 经纱印花：对布料编织之前的经线纱进行印花；

印花织物的设计风格不受限制，包括文件印刷品（根据特定历史时期的图案复制的设计）。这些设计有助于在房间内营造真实的感觉。

（3）定制处理

定制处理制作过程包括：

- 蚀刻：用酸将纤维烧灼，产生极薄极轻的布料。
- 植绒：小的纤维黏在布料上，形成图案设计。
- 软化处理：将化学品加在布料上使之手感柔软。
- 织纹状饰面：将化学品加入布料中产生皱褶的表面。

（4）手工缝制技艺

手工缝制技艺和用复杂针线装饰的布料是传统的艺术形式。大量的手工缝制技艺，如刺绣、针绣、灯芯纱、缝饰和被子绗缝，被人们所应用，尤其在住宅装饰中应用广泛。

12.4.4 工程性布料

Crypton 是一种相对较新的软包面料，具有极其耐用、耐热、防污和透气性的特点。符合公司标准的织物卷材在热定型过程中浸渍了复杂的化学品，使最终的织物无孔。Crypton 面料可以抑制黑曲霉等霉菌和金黄色葡萄球菌等细菌的生长。Crypton 纤维具有防潮和防污的特性，易于清洁且结实，同时又能保持高质量的手感（在本章的后面讨论）。

Crypton 的制作工艺可用于其他纺织品，如地毯和皮革。Crypton 也提供绿色纤维；该工艺避免使用对环境有害的元素。

相关链接
美国纺织印染表面设计协会 www.surfacedesign.org

12.5 布料检测和安全规范

布料，特别是那些用于商业用途的布料，必须满足耐用性、色牢度和可燃性的检测标准（图 12-9）。

12.5.1 耐用性

耐用性通常指的是布料对磨损的抗性。威士伯试验常用来说明布料损坏之前来回磨损的数量或转数。典型的商业等级布料可承受 25 000 次甚至更多的磨损。住宅布料同样以来回磨损数为检测规范。耐用（HD）：承受 15 000 次来回磨损；中度耐用（MD）：承受 9 000～15 000 次；轻度耐用（LD）：承受 3 000～9 000 次；不耐用（DD）：承受低于 3 000 次的来回磨损。一年在住宅的布料使用大约为 3 000 次的来回磨损。

另一种检测耐用性的方法是测量布料的稳定性、抗松弛或拉伸性、弹性和抗撕裂性（韧性）。布料也要有自弹性，即当它们被拉伸或压挤后恢复原样的能力。

12.5.2 色牢度

我们在前面已经讨论过，布料的色牢度是染色的部分特性。色牢度检测布料暴露在阳光下和在各种洗涤中的抗褪色性。布料也可用摩擦脱色进行检测（布料颜色擦到其他布料或皮肤上面）。

12.5.3 可燃性

布料点燃和产生火焰的速度、自熄性能、散发烟雾的特性（图 12-10），这些都是检测可燃性的标准。用于商业用途的布料需要进行两项可燃性的检测：风动试验（ASTM84）和垂直燃烧试验。防火等级 A（最阻燃）到等级 C（最不阻燃）的布料都可用于室内装饰。

12.5.4 标示规范

为了帮助消费者区分各种各样的人造纤维，美国联邦贸易委员会（FTC）制定了织物产品标记法。根据法规规定，每一种人造纤维有特定的名词术语和生物名，这个名字和公司的商品名必须同时标在布料的标签中。生物名是标明产品化学族的术语。族中所有的成员有着一些共同的特性。例如，尼龙家族成员的特点是特别坚

图 12-9 由聚酯纤维制成的这种隐花织物，在耐久性、色牢度和易燃性方面都能满足所有的商业测试。在 Wyzenbeek 测试中，它承受超过了 10 万次的摩擦实验，这种结合创造了一个优秀的商业产品。（图片来源：Pallas Textiles）

图 12-10 Perennial 主要用于医疗保健行业的隔间拉帘。Perennial 由 100% 回收聚酯纱线制成，具有固有的阻燃性能。（图片来源：Momentum Textiles）

硬、抗磨损，但在阳光直射下易损坏。聚酯纤维家族以快干和抗日晒损坏性能为大家所熟知。商品名标明制造商的原因是制造商需要为他们的产品起特定的名字，所以出现了成百上千的关于人造纤维的商品名，对于消费者来说，认清所有的这些名字几乎是不可能的。但是，在选择最适合特定需求的布料时，熟悉每一种纤维家族

的普遍特性，检查商标以确定布料性能，这一点很有帮助。然而，如果有关的结构、染剂、精整加工并未处理好，仅仅有标签是不能确保良好性能的。

用于商业场所的织物应该在标签中说明可燃性、纤维含量（实际使用时天然纤维和人造纤维的百分比）以及是否经过如 3M 思高洁（Scotchguard™）的保护性精整处理。

成立于 1985 年的美国织物合约协会（ACT）已经建立了易于布料规范化的性能准则。表 12-2 说明了这些规范和相应的标志（于 2007 年更新）。

表 12-2　美国织物合约协会（ACT）织物性能导则（2007）		
act. association for contract textiles	ACT 制定了以下自愿性性能指南，以简化织物规格。这 5 个标识以简洁的视觉方式为建筑师、设计师和最终用户提供了大量性能信息。在 ACT 成员公司的样品中可以通过这些标识来确保您指定的织物符合合同标准并通过所有适用的测试 这些类别描述了在标准实验室条件下通过指定方法测量的材料的性能特征	
阻燃性 （Flammability）	阻燃性指织物在特定的火源下燃烧的表现	
	家具软包布料 加州技术公告第 117 条 E 章 -1 级（合格）	
	直接胶黏墙布 ASTM E-84-03（胶黏法）A 级或 1 级	
	软包墙板 ASTM E-84（非胶黏法）A 级或 1 级	
	帐帘 NEPA 701-89 合格	
湿和干摩擦脱色的色牢度 （Wet & Dry Crocking）	色牢度是布料在不同条件下保持颜色的性能。摩擦脱色指的是布料受磨损时将颜色擦掉	
	家具软包布料 AATCC 8-2001	干摩擦脱色，至少 4 级 湿摩擦脱色，至少 3 级
	直接胶黏墙布 AATCC 8-2001	干摩擦脱色，至少 3 级 湿摩擦脱色，至少 3 级
	软包墙板 AATCC 8-2001	干摩擦脱色，至少 3 级 湿摩擦脱色，至少 3 级
	帐帘 AATCC 8-2001（纯色） AATCC 116-2001（印花）	干摩擦脱色，至少 3 级 湿摩擦脱色，至少 3 级 干摩擦脱色，至少 3 级 湿摩擦脱色，至少 3 级
光照色牢度 （Colorfastness to Light）	光照色牢度指的是布料暴露在光照下的抗褪色性能	
	家具软包布料 AATCC 16 Option 1 或 3-2003	光照 40 小时至少达到 4 级
	直接胶黏墙布 AATCC 16 Option 1 或 3-2003	光照 40 小时至少达到 4 级
	软包墙板 AATCC 16 Option 1 或 3-2003	光照 40 小时至少达到 4 级
	帐帘 AATCC 16 Option 1 或 3-2003	光照 60 小时至少达到 4 级

力学性能 (Physical Properties) 	力学性能测试包括：毛刷起球测试，裂断强度和接缝滑裂 起球是在布料表面形成仍然附着在织物上的毛茸茸的纤维球；毛刷起球测试用尼龙毛刷在测试布料表面摩擦特定的时间；裂断强度是布料受力状态下抗撕裂和断裂的性能；接缝滑裂指的是布料与缝线脱离 **家具软包布料** 毛刷起球 ASTM D3511-02，至少 3 级 裂断强度 ASTM D3597-D1682-64 经纱和纬纱至少 50 lbs. 接缝滑裂 ASTM D3597-D434 经纱和纬纱至少 25 lbs.
	软包墙板 裂断强度 D5034（抓取方法） 经纱和纬纱至少 35 lbs.
	帐帘 接缝滑裂 ASTM D3597-02-D434-95（高于 6 盎司 / 平方英尺的织物） 经纱和纬纱至少 25 lbs.
磨损 (Abrasion) 	抗磨损指的是布料承受摩擦导致的磨损的性能。 **常用商用家具软包布料** ASTM 3597 修正的（10# 帆布） Wyzenbeek 检测方法 15 000 摩擦圈数
	ASTM D4966–98（12 千帕压力） Martindale 检测方法 20 000 摩擦圈数
	重负荷的家具软包布料 ASTM D4157-02 的（10# 帆布） Wyzenbeek 检测方法 30 000 摩擦圈数
	ASTM D4966–98（12 千帕压力） Martindale 检测方法 40 000 摩擦圈数
这些商标是美国专利商标局的注册认证商标，由 Contract Textiles, Inc. 拥有。	

资料来源：合同文本协会，采购订单。

注意：此表指示了总体准则。具体的测试说明可在其网站 www.contracttextiles.org 上找到，有测试方法的视频。

12.6 织物保养

　　尽管客户没有要求，但在一个设计项目完成之后，室内设计师会提供给客户有价值的服务，如提供制造商的手册、布料小册子和其他的保养指导资料。了解特殊布料的清洁常识对布料的保养而言非常必要。例如，必须定期重新涂上防水和防污整理剂，尤其是在布料被清洁之后。

　　设计师也会提醒客户，有些布料需要特别加强防晒保护。它们很容易受直射阳光的破坏，玻璃会增加阳光中破坏性射线的成分。甚至冬天的阳光和雪反射的阳光对布料同样也会有危害。有衬垫的窗帘会减少阳光照射对布料的损坏，特别是使用易脆布料时。在白天时使用百叶窗和外部遮阳篷，是一种很实用的方法。遮挡窗户的树或灌木林同样会减少阳光对室内的损坏。在窗户上涂上保护性涂层可过滤阳光中的紫外线，隔离紫外线不进入室内。

12.7 室内设计中织物的运用

　　新布料层出不穷，室内设计师有多种织物可以选择。市场拥有大量可以满足不同品味、风格、装饰目的以及价格需求的布料。增加改良纤维的吸引力似乎能产生大量的设计，从来自世界各地的民间图案到传统的和现代的设计，丰富多彩。以下内容是布料的主要装饰用途。

12.7.1 窗帘

第 13 章将讨论窗户处理的种类，以下是用于这些窗户的典型布料。

打褶窗帘：打褶的布料应该从轻质到中等重量都有，如丝绸、缎子、印花棉和锦缎。布料的悬垂性较好，洗涤时不缩水，能满足房间的装饰需求（参见图 12-1）。

透明薄纱或半透明薄纱：薄纱能过滤光线，使房间柔和并提供白天的私密性。选用的布料应该耐晒并仍能让部分光线进入室内，洗涤性能良好且不缩水。常用的四种布料有薄纱、巴里纱、尼龙绸和雪纺绸。

薄窗帘：薄窗帘通常使用比透明薄纱粗质的布，图案非常丰富，布料有悬垂性，防晒、洗涤性好且不缩水。纱罗织法可以有效减少布料的变形，常用于商业环境。

百叶帘：百叶帘有助于防止阳光对布料的损坏，且能形成统一的室外效果。腈纶和聚烃烯纤维防晒性能较好。

挂帘：重量轻、装饰性强的挂帘通常选用棉和棉涤制作。厨房和餐厅的挂帘由易洗的布料加工而成。挂帘相对便宜，但比打褶窗帘寿命更短。

12.7.2 软包

软包是在家具表面长时间地覆盖一层布料、动物皮毛或其他材料，增加美观性和舒适性，遮掩或强调家具设计，增加或赋予房间主题和格调。

（1）家具用软包布料

用于家具软包的布料应编织紧密、耐用、舒适和便于清洗。常用的有重质的布料，如马特拉塞凸纹布、粗花呢、织锦、天鹅绒、毛呢（图 12-11）和起绒粗呢；中等重量的布料，如锦缎、凸花厚缎和帆布；轻质的布料，如印花棉布、亚麻布、手织物和波纹绸。

当选用软体家具时，布料是考虑的首要因素，因为它是个性和品位的体现。而选用布料时，用途通常是起决定作用的因素。可以通过以下问题来选择合适的布料：

- 是什么种类的纤维和编织方法？如果布料的经线和纬线是同样重量，而且编织紧密，则非常耐用。
- 布料是否美观吸引人，是否手感舒适？

图 12-11　这种 nubby 纹理是使用 bouclé 纱线制作的。该产品名为 Thunder，由 100% 回收聚酯制成，能够承受超过 95 000 次双摩擦。（图片来源：Pallas Textiles）

- 喜欢丰富的还是朴素的图案？遍布小图案的布料比纯色的布料更易脏。如果选择了某种图案，它的比例与家具和房间的比例是否恰当，风格是否吻合？
- 布料是否与预期的功能匹配？例如，家具装饰将被家庭中活跃的儿童使用或是被单身的职业人士在很少有人拜访的场所使用？
- 考虑到长时间的使用和维护，布料是预算范围内品质最佳的选择吗？不建议便宜的家具使用昂贵的布料、或者是精美的家具选用品质差的布料。
- 需要哪种保养？家具装饰布料是否需要经过像思高洁（ScotchguardTM）产品或丙烯酸氟烃酯类（Zepel）防水和防污处理？因为用丙烯酸氟烃酯类整理后的织物可使水、油等污物如水珠般地悬浮在织物表面而不渗入到纤维内，并保持织物原有的透气性和柔软性，所以多用于户外家具中。
- 家具装饰布料是否适合房间的风格、基调和特点？选用正式的还是非正式的布料？与使用者的生活方式是否一致，与环境是否互补？

图12-12 这些皮革形成各种不同的表面肌理。有些具有风蚀效果，有的光泽度较高或有与众不同的外观。起绒天鹅绒皮革经过防缩和耐用处理。右起第二种皮革是系带图案皮革中的一种。（图片来源：Cortina Leathers）

图12-13 贴在墙上且加外框的布料能增加趣味性，并形成特有的风格。

（2）家具用软包皮革

皮革（鞣制的动物皮）因其艺术性和实用性，很久以来一直为人们所使用（特别是牛皮和猪皮）。皮革的优点是具有柔韧性和耐用性，可以将之染色或保留原色，也可压花或作成绒面革（图12-12）。真皮很昂贵，可用人造皮（乙烯树脂）来替代，但使用时需要注意挑选与室内环境设计特点相符的产品。皮革的缺点是易脏、易开裂和易撕裂，可用于墙纸和地砖。

12.7.3　沙发套

沙发套可遮掩破旧的软包家具、保护昂贵的布料、提亮或改变房间的氛围。通常，沙发套仅用于住宅内。

沙发套由轻质到中等重量、且编织紧密的布料加工而成。一些制造商提供用薄棉布或其他平纹织物制作的，用户可根据季节调换沙发套的软体家具。帆布、条纹棉麻布、印花棉、缎纹卡其、灯芯绒都是做沙发套的很好选择。

12.7.4　墙布

布料可贴在墙上来增加墙体的美观（图12-13）或者解决墙面的装饰性问题。

除了使用褶皱方法外，最佳选择是中等重量，紧密织造的织物。对于非正式的房间，可以使用帆布、条纹棉麻布、印第安头巾或印花棉布等面料；如果是正式的房间墙体，可以使用挂毯，织锦或锦缎等面料。在商业环境中，墙纸必须遵守可燃性法规。

一些织物用于在墙壁上粘贴并且层压到纸的背面。

无方向的墙布更方便，因为它们不需要对接。而有图案的壁纸需要考虑重复图案的匹配。织物可以以多种方式应用于墙壁。

双面胶带方法不是永久性的，因为胶带会很快干燥；但是，这种方法可能适用于临时或季节性的应用。织物是由缝纫板缝在一起制成的。双面胶带贴在墙面的边缘，布料先贴在胶带的顶部和底部，然后贴在两侧。

尼龙搭扣方法类似于双面胶带方法，只是尼龙搭扣胶带的一侧沿织物边缘缝合，然后贴到胶带的另一侧，胶带的另一侧已固定在墙壁边缘周围。

在短纤维法中，织物的制备与胶带法相同。先钉上顶部，然后钉上底部，最后钉上侧面。外露的订书钉可以用编织物（装饰带）或饰条（装饰线）隐藏。

粘贴法是最专业和最持久的方法，但它需要特殊的技法和一套贴墙纸工具。墙表面先通过涂一层液体密封或施胶，填充墙表面的孔隙；待表面干燥后，再将第二层密封层贴在墙上，织物条的位置与壁纸相似；织物干燥过夜，然后喷上保护涂层。

褶皱方法是用织物覆盖墙壁的最简单方法。一种质地轻盈、悬垂性好的织物是最好的。切割安装杆固定在底板上方和天花板附近。织物被收集、折叠或折叠并安装在杆上。

织物也可以应用于面板，然后安装在墙壁上。边缘通常用线脚隐藏（装饰线）。

12.7.5　板式家具软包布料

在商业室内，特别是在商业办公室，板式家具系统的使用非常广泛。如第11章的内容，在雇员频繁交流的办公室里，板式家具系统能提供有效的解决方案。开放式办公室中板式家具系统设计的一个挑战是噪声问题的解决，而在家具板上包覆布料能有效地减少噪声。

板式家具软包布料必须符合几项标准：首先，它们必须耐用，因为雇员和来访者会将手和身体靠在家具板上；其次，布料必须能钉图钉，尽管在板式家具系统中会有布告板，但有经验的设计师知道，加班、备忘、日历、图片以及类似的东西被贴得到处都是；最后，布料必须易清洗，因为在布料上将会有食物渍、饮料渍和手的污渍。

布料可以充当办公室家具的背景色，带有图案的布料也能增加空间的趣味（图 12-14）。也可以将墙纸贴得低于桌面，然后在上面使用布料（参见图 11-26）。板式家具系统不同的位置、不同的板块所使用的布料也可能各不相同。制造商提供的多种布料，是经过使用性能测试的，但如果设计师选用一块定制的布料，则需要对布料进行检测以确保它能被使用在板式家具上。

12.7.6 保健面料

医疗保健行业的面料必须通过阻燃测试，并满足最高级别的色牢度和摩擦力。在选择用于隔间窗帘和床罩的织物时，设计师应确保产品是双面的。许多隔间窗帘产品都是宽 1 800mm 的。易于垂褶且手感光滑的材料是理想的选择。用于医疗保健环境的材料应易于清洁，且耐霉菌、无溢出物和防染色，并包括抗菌处理（图 12-10）如聚酯 Trevira 是一种常用的纤维。

12.7.7 焦点装饰

织物可以作为房间中的焦点。设计师常用装饰花边、流苏和辫饰带来增加室内的个性和特点（图 12-1）。金银线花边（装饰花边、细绳和流苏）最初是用来隐藏接缝和钉子，而今其功能已退化，纯粹用于装饰。金银线花边早在法老的墓中和国王的服饰上被发现，而在法国路易四世统治时期它的经典特征才逐渐成形。人们组织成立专门的手工业行会来加工金银线花边。工业革命时期的大机器发展，让维多利亚时期室内的每个角落都充斥着金银线花边。如今，传统的室内运用一些装饰花边，甚至现代的室内空间也会使用起焦点作用的滚边，偶尔也会用到流苏（图 12-15）。

第 9 章讨论了作为地板材料点缀的织物的运用，第 13 章将讨论织物作为墙体一种艺术形式的运用。此外，织物还可用于视觉焦点的靠垫，在增加房间舒适性和整体性的同时，增加房间的趣味性。

图 12-14　为 MTV 雇员设计的这个开放式办公室运用了大量的织物。室内装饰布为墙面增添了趣味性，色彩丰富的灯罩温暖且光泽宜人，与坚硬的金属和几何感的轮廓线形成强烈的对比。（设计师：Felderman & Keatinge Design Associates）

图 12-15　这间宁静的卧室以单色搭配为基础；家具、窗户处理、墙壁、地板上的各种纹理和织物增加了房间的趣味和个性。光滑的拱形天花板、黄铜配件以及玻璃装饰也融入了房间的整体设计。（设计师：C.Weeks Interiors，Inc.；摄影：Chris Little）

12.8　室内织物的选择

职业设计师被客户问得最多的问题可能是"什么布料和什么搭配适合呢？"这个问题并没有绝对的答案。综合运用布料是设计师的一项基本技能。有些人似乎在这方面有天赋，而其他人则需要更多的耐心去学习和实践才能得心应手地运用布料。

12.8.1　织物的组合设计

尽管材料的随意组合可能会产生非常有意思和吸引人的效果，但对经验不足的设计师来说，进行材料图案、

质感和色彩选择时遵循一些常用的原则，对把握最终设计效果会很有帮助。

任何织物组合的选择必须与房间预期的感觉和主题吻合。例如，一间住宅兼工作室的现代房间宜选用清新、明亮的布料，可以用皮革进行点缀；编织的带刺绣的室内装饰布料显然不合适。

一些设计师根据布料或小地毯的图案，使用一种称为色彩来源的方法对织物进行协调（图 12-16）。这种方法相当安全，因为方案中基本的颜色已经很协调了。但是如果设计师不经过仔细地考虑，室内效果就会缺少变化且乏味。

选用的织物方案与室内风格匹配。例如，在维多利亚风格的房间中，锦缎、天鹅绒和重质的窗帘往往会用深紫、淡紫、绿色和红色。

确保织物的颜色和选用的布料要和谐，要比较室内自然采光和人工采光中织物的使用效果。

通常，墨守成规的颜色和布料的组合尽管相互非常匹配，却显得单调和缺乏创意。进行布料的组合能训练设计师的眼力，有助于培养他们的直觉，能把握哪些布料可互补运用，哪些布料不适合同时使用。一些制造商生产出墙纸和布料的"搭配和匹配方案"，有眼力的设计师通常会选择可替换的织物和布料来实现这些预先设定的方案。

（1）图案

图案意味着织物具有设计比例合适、色彩色调对比恰当、区分醒目的主题。对图案的熟练使用能掩盖缺陷，产生美观的效果。不存在绝对的以颜色"行"或"不行"来评价图案使用的好坏。但是仍有以下一些普遍的准则，会对设计有所帮助：

- 一个房间的所有图案应该相互关联。图案的色彩、质感和主题等元素相互影响，保持设计的一致。
- 房间的主要图案不必重复，只要将图案中的一种或多种颜色在其他地方继续重复使用（图 12-16）。图案可在家具陈设、窗户和墙上重复，这取决于设计师希望达到的整体空间效果。怪异的家具可以通过遮盖一层相同的布使之统一，布的重复使用给房间带来整体效果。
- 在同一种设计中只使用一种大胆图案，例如一种花的图案，这通常更有效。一旦确定空间的主题，设计

图 12-16 在这个室内改造项目中，现代布料与传统布料和传统家具风格相混合。整体色调源于古式地毯。自然的黄色墙面与清新的白色装饰、花卉图案布料共同打造一个古今兼容的室内空间。（设计师：Spectrum；摄影：Kim Sargent）

师可以趣味性地补充一些柔和图案、条纹和格子纹的织物，同时增加一些素色的织物（图 12-17）。

• 设计师对有图案的布料进行搭配时，要考虑图案的比例和尺度。例如，比例很大的花卉图案与小比例的格子布、条纹布或者两者相拼的图案搭配使用，会非常恰当。如果不显眼的花卉图案搭配大胆的图案也很协调。

设计师通过练习、实践和基于基本准则的考虑，可以很和谐地搭配图案。在设计杂志、设计事务所、展厅和家居展示中，设计师多观察经验丰富的职业设计师做的图案搭配，对自身能起到帮助作用。

(2) 质感

设计师在具体工程项目中进行搭配织物时，织物表面的质感也是一个重要的考虑因素。了解哪些因素使布料看起来正式或非正式，这一点对成功搭配织物很有帮助。

正式布料主要是那些质感光滑、明亮，有着优雅风格和几何图案的布料，一些正式织物的样品有丝绒、锦缎、织锦、凸花厚缎、缎子、山东绸和塔夫绸。由于色彩和图案范围广泛，它们通常创造性地被运用在传统和现代室内。非正式织物通常是具有更粗糙质地和哑光面料的面料，例如粗麻布、帆布、席纹呢、平纹细布、粗花呢和毛呢。手工编织的布料是一种非正式布料。如果非正式布料印上图案，其设计会大胆、自然、抽象或具有几何感。

有些布料可以同时在正式和非正式的场所使用。例如，棉和麻质感强，色彩和图案独特，适合正式场所或住宅等非正式场所使用。皮革也可同时运用在正式和非正式场所。当设计师设计一个房间时，织物的恰当搭配对增加空间趣味很重要（图 12-15）。房间中一些织物应该有光泽，而有些织物应该有更深的绒毛面。例如，仅用印花棉布覆盖家具的房间缺乏深度。

当设计师进行织物搭配时，应该考虑每一种布料的独特肌理或手感（粗糙、光滑、软硬、有无光泽）。织物

图 12-17 在这个家庭活动室和书房里，图案的规模从巨大的几何木质天花板到大型对角瓷砖地板，从窗户处理的醒目条带，再到枕头上的小型格子图案，不一而同。设计师选择了三件粗体条纹的丝绸来装饰窗户。皮革覆盖壁炉旁的路易十五椅，为室内带来光滑感。（设计师：Pineapple House；摄影：John Umberger）

与房间风格、基调应该协调一致（图 12-18）。例如，在用光滑的锦缎装饰精美的 18 世纪英国住宅内，用僧侣布装饰并不合适，而在乡村风格的藤椅上使用则很相配。

此外织物应与它预期的用途相匹配。例如，起居室中一把舒适的椅子更适合用光滑柔软的皮革，而不是硬的粗麻布。

（3）色彩

设计师搭配布料时，要选择恰当的、协调的色彩。选择色彩时，要记住第 4 章所叙述的，色彩包含三部分内容：色调、明度和纯度。

色调分为暖色调和冷色调，设计师可选择这些色调中的一种作为设计的主色调。合适的色调能满足居住者的需求和喜好。选择主色调时要考虑诸如气候、空间位置与采光的关系、业主的生活方式等要点。

布料的明度分为高、中、低，大多数的布料搭配包含这三种明度的布料。如果房间的主要布料是高明度的色彩，则小面积的陈设或设备应选用中等或低明度的色彩。一些设计师在房间的下半部分用低明度的色彩，中间部分使用中等明度的色彩，上半部分使用高明度的色彩。当然，这种方法会产生一种颠倒的非常规效果。而如果在空间内仅仅采用低明度和高明度的色彩，则会产生戏剧性效果；在空间中仅仅采用黑白色同样会有戏剧性效果。

布料的纯度分为柔和的和鲜艳的。在色彩方案中将各种纯度等级的色彩搭配运用，通常效果良好（图 12-19）。例如，房间主要布料采用低纯度的色彩，在一些焦点处采用高纯度的色彩，视觉效果则会很有趣味。房间内仅采用低纯度的色彩，则会沉闷单调；而如果全部采用高纯度的色彩会令人疲劳甚至不安。

12.8.2 古典室内的织物设计

织物的设计在古代是一种具有宗教目的的象征性媒介。而随着时代的发展，布料更多地作为艺术表现的媒介。东土耳其斯坦早期的地毯与印加和纳瓦霍人使用的

图 12-18　在这个庄严的客厅里，织物的质感决定了它的富丽堂皇。深装饰、绳边、镀金路易十六椅子、纹理锦缎、高光泽彩绘柱和焦点壁纸中都有各种各样的图案。（设计师：Essary & Murphy, Inc.；摄影：Chris Little Photography）

图 12-19　这个功能复杂的会议室通过椅面和家具细部点缀的黑色来强化整体的柔和基调。大胆的艺术品为空间增添了趣味性。（设计师：Spector Group；摄影：Peter Paige）

地毯有着相同的主题，是因为人类早期的艺术形式主要反映自然现象。例如，太阳和恒星以可识别的形式表示。早期织物编织的差别也很小，因为所有的织物几乎都是使用天然的纤维和染剂，在简单的织机上进行加工的。尽管每一个国家有着各自不同的艺术风格，但共同的手工艺技术让各个国家的艺术呈现出协调统一的风貌。

在中世纪和复兴时期，欧洲、近东和亚洲国家的设计之间往往存在着密切的关系。征服者将各种手工艺人

带到他们新占领的土地上，在那里手工艺人继续自己的职业。他们受到新环境设计的影响，最终将不同的方法和风格融合在一起。在 17～18 世纪文艺复兴时期，有着独特主题和色彩的亚洲布料，在欧洲和美洲广受欢迎。

历史性设计让人身临其境地感受到特定的历史风貌。如今，尽管文献记载的各个历史时期的布料已能加工生产，但是，很少有客户希望使用历史上一模一样的布料来复原完完全全的古代房间。通常，这种复原在历史建筑保护工程和博物馆中才能见到。

相关链接

美国织物协会 http://textilesociety.org

12.8.3　公共空间的织物设计

尽管之前讨论了布料检测和安全法规及与之相结合的图案质感和色彩搭配适用于公共空间，而所处环境的设计标准对公共空间的设计也很重要。

公共空间不像住宅室内那样运用各种各样的布料，例如餐厅、办公室、医院和酒店内的布料往往重复地使用，以获得空间的统一性和流动性（图 12-20）。走廊或门厅选用耐用的织物，既保证行走顺畅又将空间连贯起来。

公共空间通常运用朴素的材料和色彩，大胆的色彩有保留地用于焦点墙面、儿童区域（图 12-21）和主题餐厅酒店。但偶尔，客户也会需要强烈夸张的空间。

所用布料必须耐用，因此设计师应该从有信誉的商业制造商那里挑选布料，这些布料已经经过产品性能检测，可满足可燃性和耐磨性要求。

一个可爱的桃色椅子沾上咖啡之后便不再可爱了，住宅内布料上的溅渍可以马上清洗，但在酒店大堂或办公环境中，可能需要几个小时之后清洁工才能对溅污的布料进行清洗。因此用于商业室内的布料应该经过抗污处理。此外，医疗设施，如医院和保育院需要使用可快速清洗以及高度抗血污和尿污的布料。设计师应该提供织物清洗和保养方法的资料给客户。有些纺前染色的产品可以漂白，成匹染色的布料更加容易漂白。

最后，记住大多数的商业场所，设计不是为客户，而是为客户的客户（例如餐厅的顾客）。有时候设计师必须根据终端客户的喜好进行布料选择，并耐心地向客户解释原因。

图 12-20 在这家名为"星"的餐厅内，通过对地毯、布料（重复运用在椅子和小房间）、灯光，甚至海报艺术的巧妙设计，为空间确定了设计主题。（建筑师 / 设计师：DES Architects+Engineers；摄影：Paul Bardagjy）

图 12-21 这家位于西雅图的医疗机构内，儿童活动区运用了大胆的颜色和耐用的布料。定制的陈设和嵌入式家具满足了儿童的需求。（建筑师 / 设计师：NBBJ；摄影：STEVE Keating）

12.8.4 现代的织物设计

为了与客户交流布料和家具的选择，设计师可以准备一系列的展示板，贴上室内陈设以及布料、表面材料的样本（见第 1 章设计进展）。这些展示板经常与家具方案、立面图和透视图相结合，用来与客户交流设计（图 12-22）。

设计师使用的样本由制造企业代理人、装饰艺术中心和网络提供。设计公司一般提供一个满足需求的产品资源库（第 14 章已讨论），设计师在签订合同之前，将这些织物资源，或者为客户定制的产品呈现给客户浏览，并确定最终的选用方案。当设计师提供客户计算机辅助设计的平面图、立面图以及影像，并向客户解释项目时，计算机绘制的织物图像缺乏真实布料的温暖感。客户应该有机会在设计师介绍方案时感受布料的手感。

12.9 用纺织品解决设计问题

设计问题通常可以通过设计师熟练运用织物加以解决。一种合适的布料有以下作用：

- 将房间变亮或变暗。高明度的布料能在视觉上提亮房间；如果房间过于明亮，低明度的布料有助于将房间变暗。
- 强调墙体、窗户或陈设以吸引注意力。
- 提供房间的平衡。例如，醒目图案的布料用在窗户或是小块的家具上，可平衡房间内大面积的平淡家具。一块亮色的布料运用可平衡大面积朴素的色彩。
- 改变家具或整个房间的视觉尺度和比例。例如，如图 12-23 所示的那样，同样一个沙发使用大图案或醒目色彩的布料，比使用亮的朴素色彩或是不显眼的小图案的布料，显得大一些。椅子或双人沙发用垂直的条纹布，比用简单布料显得高一些。
- 遮盖墙体、窗户或家具。设计师可能需要将视线引开，或是遮挡特别的墙体、窗户或部分家具。
- 通过相同或互补布料的重复，达到和谐统一。
- 建立房间的色彩计划。计划的成功方法是在一开始客户就选择、喜欢有图案的布料。
- 确定房间历史的或现代的风格。如果房间是基于某些特定时期，那么布料比其他元素或陈设，更能获得所需要的感觉。文件中记载的布料可提供历史风格的真实记录。
- 根据四季的变化而改变房间外观。例如，深的暖色调沙发或椅子在夏天可换成明亮色调的沙发套。厚重的冬用窗帘在夏天换上轻的透明薄纱，可以让室内变得清爽。

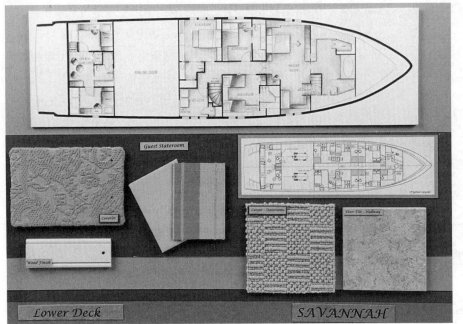

图 12-22　在这个大的方案展示中，业主雇用设计师，将一个租船设计成私人游艇。展示板 A 中，更小的平面图是以前的设计。展示板 B 和 C 是主要的起居空间和餐厅，包括家具，饰面和织物选择。展示板 D 是主人的书房。展示板 E 是低层的甲板和主卧室的陈设。（设计师：Susan E.Gillespie；摄影：Southern Light Photography）

A

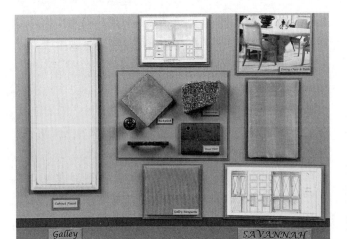

B

C

D

E

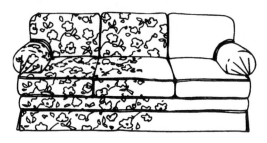

大的或显眼的图案让家具显得大一些

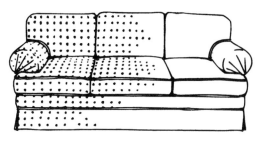

小的图案会缩小家具尺寸

图 12-23　图案和规格的关系

图 12-24　这个起居室设计了一处幽僻、舒适的静居区，暖棕色和质感丰富的布料打造了一个放松的环境。（设计：BRITO 设计公司；摄影：Robert Thien；见《Atlanta Homes & Lifestyles》）

本章小结

所有的布料不仅给空间增添柔软和舒适感，也可为空间增添个性、降低噪声，并提供丰富的质感（图 12-24）。选择合适的布料需要设计师掌握纤维、布料结构、着色或染色程序、精整加工选择和产品检测及安全法规的知识，而且布料的搭配需要设计师对人的因素、设计元素和设计原则做仔细的考虑和评价。合理的布料运用可解决建筑或室内结构的缺陷。

纺织品专业术语注释

这一部分的内容帮助设计师最大程度地了解布料知识。以下是常用的布料和它们的品质用途，以及和纺织工业有关的专业术语。以下术语按照常用的装饰名排序，括号中为较难术语发音。

仿古缎 Antique satin　一种模仿古代丝绸，有着水平条纹质感的织缎布料。重量轻，通常为纯色，用作窗帘。

细薄织物 Bastiste　纤维平纹织物，精细、柔软的轻薄布料。用作透明薄纱。

毛呢 Bouclé　法语单词，意思是"卷曲"。它指的是将平整布料或起绒布料的纱线卷曲或起圈。质量重。用作室内装饰布料。

饰带 Braid　用于装饰的蕾丝带、刺绣边或金属线。

细平布 Broadcloth　一种平纹或斜纹织法织成的轻质布料，常用棉、羊毛或人造纤维。用作窗帘和床单。

织锦 Brocade　一种提花机编织、中等重量的布料，凸显缎子或罗纹布上面色彩丰富的绣花图案。用作窗帘和室内装饰布。

凸花厚缎 Brocatelle　背衬有不均匀斜纹编织的额外纬线，表面突出的中等重量提花布料。用作室内装饰布和窗帘。

硬麻布 Buckram　胶黏的硬质材料。用于窗帘或帷幔的加固。

金属流苏 Bullion fringe　在织物褶布成匹的褶边线贴着的厚重的线缕，可织成灯芯绒。

粗麻布 Burlap　黄麻平纹松散编织的、中等重量的粗糙布料。用作窗帘和灯罩。

印花布 Calico　遍布小图案、质量轻的平纹棉布。用作挂帘。

细薄布 Cambric　平纹棉或亚麻，称为"麻纱手帕布"，最早在法国康布雷加工。从很薄到粗糙的质感都有。用作衬里。

帆布 Canvas　中等质量、紧密的织棉。纯色或有图案，平纹或斜纹编织。用作室内装饰布、窗帘和墙纸。

薄窗帘 Casement　一个宽泛的名词，指的是和透明薄纱用途一样，而相比较更粗糙的布料。通常是淡的中性色，纱罗织法或稀疏织法，用于商业设施中。

轻质毛料 Challis　平纹密织、质量轻的羊毛、棉和人造软布。有图案或素色，用作窗帘和室内装饰布。

雪尼尔 Chenille　雪尼尔纱纺的布料，质量重。通过布料的编织能产生天鹅绒的效果；如果在提花机上编织则能呈现割绒效果。用作室内装饰布。

雪纺绸 Chiffon　半透明布料，密织，质量轻。用作薄纱。

印花棉 Chintz　平纹，密织。上等纱线纺的棉布，质量轻。表面光泽处理、纯色或有图案。用作窗帘、沙发套和床罩。

色旗 Color flag　为了显示色线系列，将零头布粘贴在买来的布料样品上。

色线 Colorline　布料系列的完整颜色范围。

色彩设计 Colorway　个别布料的颜色。

布上凸起的楞条 Cord　将线卷成束，束宽超过 1 英寸称为绳子。

灯芯绒 Corduroy　质量重的棉或合成布料，纵向凸起或起棱纹。用作窗帘、沙发套、室内装饰布、床罩和其他用途。

绉绸 Crepe　多种类型的起皱或有褶皱的布料。通常是编织时将纱扭卷或通过化学处理使之起皱。典型的有棉、丝绸、羊毛。平纹织物。

印花装饰布 Cretonne　首先在法国的克里顿制作，与印花棉布类似，但更重些。是一种带图案的棉布，平纹或棱纹平布。

绒线刺绣 Crewel embroidery　质重的平纹织物，将两股精纺的扭卷纱在棉、麻或羊毛上刺绣。常见的是印度克什米尔省手工制作的。用作窗帘和室内装饰布。

摩擦脱色 Crocking　将颜色从染色布料或有图案布料上面擦掉。

克里普登 Crypton　为商用椅子设计的专利装饰布配方。特别牢固耐用、防潮防污防虫、透气、手感佳。

客户自供材料（Customer's own material）或 COM　当设计师向家具制造商提供材料时，使用"COM"称号。布料单独购买，运至家具装饰公司，并用在特定的家具上。

剪贴 Cutting　为展示或设计而制作的布料样品。

锦缎 Damask　有图案的提花织物，质量中等，编织效果独特。可以是一种色调或一种颜色的经线与不同颜色或多种颜色纬线的混合。锦缎区别于织锦之处在于布料的表面让人很愉悦。颜色一般反转到另一边。用作窗帘和室内装饰布。

牛仔布 Denim　中等质量，粗纱斜纹密织棉。通常为纯色，也可有图案。用作窗帘、室内装饰布、床罩、墙面和其他广泛的用途。

点子花薄纱 Dotted swiss　用特殊纱制成的带圆点薄纱布料，大量圆点产生独特的视觉效果。用作挂帘。

马尾衬 Duck　和帆布类似，密织、耐用的棉织物。通常为条状，用于遮篷。

刺绣 Embroidery　针织艺术。最早是手工设计，现在可机器加工。

罗缎 Faille(fīl)　纬纱有着明显棱条的平纹织物，质量轻。棱条效果比粗丝绸稍平，比棱纹平布稍小些。罗缎可做波纹绸的衬布。用作窗帘和室内装饰布。

毛毡 Felt　用羊毛或混合纤维压制而成。质量重，用于墙面、桌布和其他用途。

玻璃纱 Fiberglass　用玻璃制成的纤维和纱织成的布料，轻且有弹性。注意它的防火品质。贝塔玻璃纱是一种有注册商标的玻璃纤维。用作挂帘。

细丝状物 Film　质轻的或薄或厚的塑料布，用于室内装饰、浴帘和桌布。可有纹理、图案或纯色。

法兰绒 Flannel　羊毛或棉的斜纹织物，将软纱摩擦形成绒毛质感。用于夹层。

火焰针 Flamestitch　历史上一种英国早期的编织装饰，包括一个五颜六色的火焰状的 V 型装饰（锯齿形装饰），通常采用强烈的宝石色调。可以用印刷材料复制。

起绒粗呢 Friezé（frē-zā'）　粗硬、质量重的布料。用起绒杆织机机织，表面剪绒或不剪绒。用作室内装饰布。

流苏 Fringe　布料边部黏上的细线缕。

华达呢 Gabardine　有明显斜线设计的斜纹织物。耐用、轻或中等质量，天然或人造纤维制成。

薄纱 Gauze　罗纹、平纹或两者兼有，一种透明、细腻的织物。最初是丝绸，现在可为棉、羊毛、麻和合成纤维。用于透明薄纱。

绒丝带 Gimp　用于遮挡钉子的装饰带。

色织格布 Gingham　重量中等或轻的棉布或仿棉布，用于非正式场合。各种颜色的纱线纺成格子、格格或条纹。

薄绢 Grenadine　罗纹织物，与薄纱罗相似，但更薄一些。常为圆点或有图案。用作透明薄纱。

横棱绸 Gros（grō）point　重的针织刺绣。用作室内装饰布。

手织物 Homespun　手工材料编织的布料、宽松且轻。用作挂帘或窗帘。

席纹呢 Hopsacking　将各种不同纤维用平纹篮子织法编织的布料，表面粗硬，质量中等。

绝缘 Insulating　布料加工的一个过程，将布料一边加上反光金属纤维或是泡沫塑料，提高绝缘性能。

提花机 Jacquard　锦缎、织锦、花毯以及所有布料都需要使用提花机。

卡其布 Khaki　粗糙的、土绿色斜纹织物，质量轻到中等。

蕾丝 Lace　稀疏的针织布料。起初为手工，现在可机器加工。通常带有花卉图案和几何图案设计有网格背景。用作挂帘和桌布。

彩花细锦缎 Lampas　像缎子外观一样，经线上有窄的棱条，或者相反，在纬线上有棱条。用作窗帘和室内装饰布。

皮革 Leather　动物皮，常用牛皮。用作室内装饰布。

衬料 Lining　专用名词，指的是在窗帘或其他装饰物内里或背面加层平纹棉或棉缎。

薄纱罗 Marquisette（mär'-kǐ-zět）轻薄的罗纹织物，用作透明薄纱。用天然或人造纤维加工，看上去像薄纱。

马特拉塞凸纹布 Matelassé（mǎt-lä-sā'）双层织物，质量重，内絮棉花。来自法语"马特拉塞"，意思是"垫子"。用作室内装饰布。

备忘样品 Memo sample　必须被放回布料展厅的布料样品。

马海毛 Mohair　安哥拉羊毛加工成的绒毛布料。

波纹绸 Moiré(mwä-rā')　波纹效果的布料，和塔夫绸、罗缎一样表面起棱。质量轻，用作窗帘、室内装饰布或床单。

僧侣布 Monk's cloth　粗糙、中等质量的布料，将亚麻、黄麻和大麻，混合棉布，自由宽松地编织。常为自然色。容易松弛塌陷。

平纹细布 Muslin　漂白或不漂白、纯色或有图案的轻质平纹棉织物。有许多装饰用途，特别是在早期美国和现代房间内。可用于墙面、窗帘、沙发套。

针织物 Needlepoint　质量重的手工或提花布料。点针绣品有着精美的效果，横棱绸是一种较大的针织物。

网眼织物 Net　一种轻薄的的蕾丝布料，通过各种纤维织成的连续网格质感。适合做床品。

尼龙绸 Ninon（nē'-nǒn）平纹紧织，外观光滑、易脆、如薄纱般。用作床单。

玻璃砂 Organdy　一种轻薄、手感脆且打褶的布料。素色、刺绣或印花。用作床单。

色格棉布 Osnaburg　质量轻到中等的布料，类似于手织物。纯色或有印花、松散、不均匀和粗糙的棉布。

牛津布 Oxford　平纹编织，两根经线上穿插大纱线的布料。用途广泛，是一种非正式的布料。

佩斯利涡纹旋花呢 Paisley　印花设计，来源于印度的基本图案或源于苏格兰佩斯利的披肩图案。最典型的设计是夸大的弯曲水滴或梨形。质量轻到中等，通常是棉的。

帕赛米提瑞 Passamentetie　室内装饰品和窗帘上的流苏花边、饰带、绒丝带、穗饰和其他装饰物。

密织棉布 Percale　一种密织、耐用、质量轻的布料。可以是素色或印花。常用于床单。

起毛织布 Pilling　磨损或摩擦使表面起毛的布料，常见于尼龙、聚酯纤维、腈纶、开司米或柔软的毛线。

珠地布 Piqué（pǐ-kā'或pē-kā）质量中等到重的棉布，表面有凸起的细绳或者纵向的几何纹设计。通常用于床单和窗帘。这种布料有多种变化的类型。

泡泡布 Plissé（plǐ-sā'）经化学处理使之起皱的布料，重量轻。用作窗帘。

绒毛料 Plush　比天鹅绒厚、质量重的起毛布料。通常有很好的光泽度。用作室内装饰布。

加光棉 Polished cotton　平纹或缎纹编织的棉布，光泽从沉闷到亮丽不等。既可通过编织也可通过表面添加树脂使布料具有光泽。

茧绸 Pongee（pǒn-jē'）来自中文的"天然颜色"一词，由野生蚕丝加工而成，保留了丝绸天然的黄褐色。质量轻、耐用，用于窗帘。

府绸 Poplin　质量轻，与棱纹平布类似，在布料表面有轻轻的棱纹。由天然纤维或人工纤维加工而成，常用于帐帘。

绗缝布 Quilted fabrics 在印花布或素色布上和一层棉絮上绗缝出的一种图案，绗缝线的轮廓沿着印花布料的图案。提花机绗缝是单独绗缝形成的设计的小型重复。超声绗缝产生黏合的热焊接，并用之取代了缝线。

棱纹平布 Rep 平纹织物，质量轻，宽度或长度方向有窄的圆形棱纹，通常精美的经线嵌有重纱线。用作帐帘、室内装饰布、沙发套和其他非正式用途。

圆花饰 Rosette 许多圆形材料编织成的装饰。

帆布 Sailcloth 质量中等的平纹织物。用于非正式的室内或室外装饰布。

锦缎 Sateen 非常有光泽的布料，通常用丝光棉经缎纹编织而成。用作帐帘。

缎子 Satin 平纹织物，精美的纱线提供一个更加有光泽的表面。质量轻或重，适合室内装饰布。当室内需要正式的装饰风格时，缎子有很好的装饰性。古代：缎子表面因为图案随意的粗捻纱（扭曲纱）而非常光滑。很适合帐帘的布料。

毛哔叽 Serge 斜纹织物，表面密实。由人造纤维、丝绸、棉或羊毛加工而成。

山东绸 Shantung 一种质重的茧绸。常由野生蚕丝加工而成，表面有织纹和条纹。古代的缎子是模仿山东绸织成的。

透明薄纱 Sheer 薄轻织物的总称。

竹节纱 Slub 竹节纱带有轻微不规则性的粗点。

绒面革 Suede 绒毛表面的皮革。涤纶绒面革洗涤性和耐用性好。用作室内装饰布。

细薄洋纱 Swiss 起源于瑞士的一种精美、细腻的棉织物，常用于床单。可以是平纹，但通常是刺绣或有化学处理的圆点（点子花薄纱）或图案的设计。常用人工纤维。

塔夫绸 Taffeta 平纹织物，紧密整洁光滑的编织，有微小的水平棱纹。丝绸编织的塔夫绸是一种适合帐帘、床单和灯罩的奢侈布料。古式或山东绸：光滑柔软的编织，随意的粗捻纱形成一种纹理效果。一种光泽感强的布料，有很多种装饰用途，特别适合帐帘和灯罩。

织锦 Tapestry 由两组经线和纬线在提花机上编织的图案丰富、色彩多样的布料。多种颜色的纱线，通过各种不同的编织方法，形成独特的设计。表面肌理粗糙。一种质重的室内装饰布。

流苏 Tassels 黏在布料边缘的悬垂剪纱、圈纱或细绳。

毛圈织物 Terry cloth 中等质量的棉布或麻布。剪绒或不剪绒，一侧或两侧起圈。用作床单、室内装饰布和毛巾。

条纹棉麻布 Ticking 中等质量、密织棉布或麻布。坚硬，通常有条纹，缎纹或斜纹编织。用作床垫、枕头、墙纸、沙发套和帐帘。

约依印花布 Toile de Jouy 花饰或自然风景图案的设计，在平纹棉布或麻布表面印花。最早人们在法国的约依对布料进行印花处理。

提花垫纬凸纹布 Trapunto 在室内装饰布表面用单一颜色区分区域的绗缝。

粗花呢 Tweed 平纹织物、质重的室内装饰布。多种颜色的薄片纱（或打结的纱）在织物表面形成粗呢肌理。用作室内装饰布。

棉毛呢 Union cloth 一半麻和一半呢的布料，平纹或有图案。粗糙编织，有多种用途。

天鹅绒 Velou 法语名词，泛指所有在一侧端头有毛圈或剪绒的布料。尤其剪绒的天鹅绒布料和丝绒很类似，但它的绒毛更厚一些。一种重质的室内装饰布。

丝绒 Velvet 质重的布料，有短、厚的绒头经纱。可以用任何纤维加工。压碎式：多数情况下布料通过窄的圆筒形成挤压的效果。剪绒式：提花设计，通常平纹质地上剪绒或不剪绒。古式：丝绒外观古旧。用作室内装饰布。

棉绒 Velveteen 质量重的带有绒头纬纱的布料，短绒，通常为棉布。用作帐帘、室内装饰布、床单和大量其他用途。

乙烯基塑料 Vinyl 质重的非编织塑料布，适合印花或压花，可加工成任何需要的表面效果，如皮革、羊毛、花纹和肌理质感。布衬可防撕裂。用作墙纸和室内装饰布。

巴里纱 Voile (vòyl) 精美、柔软、半透明的布料，有各种各样的肌理，适用于床单。

带状织物 Webbing 质重的黄麻、棉或合成片料。护相编织、平纹编织或印花。特别适合沙发和椅子，还可做为装饰件用来保护弹簧。

第13章

窗的设计、室内配饰与艺术品陈设

图 13-1　室内陈列、巴塞罗那椅和动态灯光一起创造了一个吸引人的洽谈空间。原始粗犷的砖墙、凉爽的皮革和轻盈的玻璃桌塑造了肌理的多样性。巨大的承重柱塑造了这里的空间格局。（设计师：Epperson/Gandy；摄影：Chris Little Photography）

图 13-2 选择窗户时，设计师必须考虑到窗户对建筑外立面的影响。如图中性色通常能使建筑的形象得到完美的补充。此外，窗户不宜五颜六色，否则从外立面看上去建筑像一个彩色盒子。（图片来源：Hunter Douglas window fashions）

本章讲述了室内设计中的装饰物的使用原则，包括窗帘、配饰和艺术品。这些内容都是可以应用的设计元素，在室内环境的设计中至关重要。配件和艺术品塑造了设计的特点，在住宅和商业环境中增加了其风格和个人属性（图 13-1）。窗的设计具有功能性，但对于室内品质的塑造也起到重要作用。饰品，尤其是艺术品，可以成为室内装饰的焦点，并且能反映出客户强烈的个性诉求。

13.1　窗

关于窗的样式和相关专业术语在第 5 章已有论述。但是这里还是要强调，窗的选择无论是对建筑室内空间还是建筑外立面都很重要。例如，窗户使用强烈大胆的颜色能够增强室内的视觉效果，但是需要与中性色彩进行搭配，以避免建筑外立面的视觉杂乱（图 13-2）。除了装饰风格，从功能性作用来看，窗户能提供隐私保护、保温隔热、减小噪音，此外还能控制外部灯光，以最大程度减少眩光或者需要时提供一个黑暗的室内环境。

13.1.1　硬质窗选择

所有的窗可以分成两大类：硬质窗和软质窗。要从众多方案中选择合适的窗户类型是具有挑战性的一件事。

（1）卷帘式百叶窗

图 13-3 所示的就是几种卷帘式百叶窗类型。卷帘式百叶窗在古代、美洲殖民地时代以及艺术装饰主义时期较受欢迎。如今，在传统和现代风格的家居及商业空间中，卷帘式百叶窗再次成为时尚选择（图 13-4）。在大多数情况下，卷帘式百叶窗由铝合金、不锈钢、塑料或木质材料构成。这些水平或垂直布置的叶片正好可以调节光线及私密性。百叶窗外观呈简洁的流线型，有多种颜色和尺寸可供选择，可以安装在窗框的内侧或外侧。

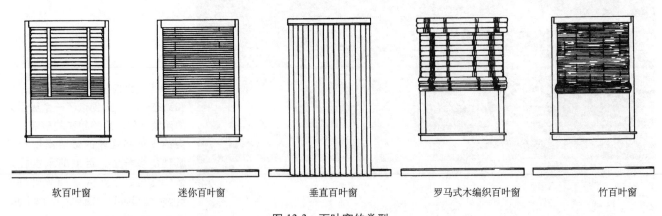

| 软百叶窗 | 迷你百叶窗 | 垂直百叶窗 | 罗马式木编织百叶窗 | 竹百叶窗 |

图 13-3　百叶窗的类型

图 13-4　高窗使用的百叶窗投射的自然光，在墙壁上形成有趣的棱角线。水平窗帘处理、圆形镜子、装饰性悬浮球形灯和方形图案的枕头凸显了几何造型。该房间与图 5-28 属于同一住宅。随意、开放的感觉和对基本形状的使用贯穿整个室内。（设计师：Clever Homes of Toby Long；摄影：©Robert Thien）

　　迷你百叶窗很窄（约 25mm 宽），能够营造出有序整齐的外观。迷你百叶窗坚固、轻巧、完整、不需要辅助硬件。单独使用时，适用于任何房间。百叶窗的使用是商业环境中常见的设计方案。迷你百叶窗可以通过各种褶皱和侧帘的结合，使外观更显传统。这些百叶窗很难清洁，但是，由于迷你百叶窗被密封在两块玻璃板之间，可以减少灰尘问题（图 13-5）。这种款式虽然价格昂贵，但隔绝灰尘的效果更好，微型百叶窗的板条尺寸约为 13mm。它们不像迷你百叶窗那样耐用。

图 13-5　百叶窗安装在两层窗玻璃中间，这种设计特别适用于玻璃门以及任何有灰尘问题的地方。（图片来源：Hunter Douglas, Inc.；摄影：Joe Stawdart）

图 13-6　这种手织百叶窗与拱形窗的形状一致，其纹理与这个室内空间里正式的氛围形成对比。（图片来源：Conrad Handwoven Window Coverings）

　　垂直百叶窗是由上端或上下两端可旋转的垂直叶片构成的。当拉动时，叶片重叠起来可以保证最大的私密性并且可以控制光线。百叶窗通常由塑料或金属制成，垂直百叶窗的每一侧可以是不同的颜色，可能会用墙纸或织物饰面。当然百叶窗也可能用木材制作。垂直百叶窗给人以正式、剪裁讲究的外观，特别适合于玻璃推拉门上使用（参见图 13-22）。

　　木竹卷帘式百叶窗是由彩色或素色的线交织起来的叶片组成的，可以使部分光线投射进来，这些柔和自然的纹理适合很多空间（图 13-6），它们可以单独使用或与窗帘和顶部的帷幔结合使用。卷帘式百叶窗可以通过卷轴或折叠的方式拉升。

　　设计师需要注意的是，百叶窗的不能应用于幼儿能够接触到的区域。但不幸的是，还是会发生孩子被百叶窗的拉绳缠绕甚至被勒死的事件。因此，应在儿童可能在场的任何地方，采用无拉绳百叶窗。

（2）硬质百叶窗

　　图 13-7 展示了几种类型的硬质百叶窗。短板百叶窗从古代一直沿用至今，它们可以取代落地窗帘来调节光线和通风（图 13-8），有显著的多功能性。百叶窗采用

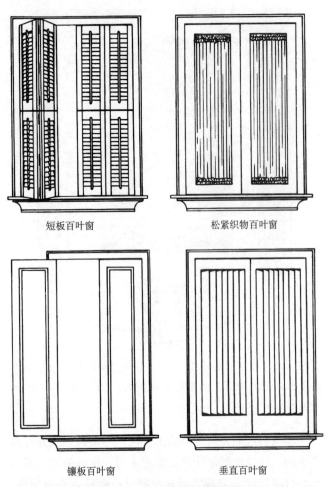

短板百叶窗   松紧织物百叶窗

镶板百叶窗   垂直百叶窗

图 13-7　硬质百叶窗的类型

图 13-8　这间充满历史感的室内空间使用了褪色的木质百叶窗，将温馨丰富的感觉融入了室内。（设计师：Richard Warholic/Gross；摄影：Daley）

标准尺寸，可定制以适合任何窗户。深色更容易显灰尘。硬质百叶窗有多种做法，可以在板框中间镶入有褶皱的纺织品，可以镶嵌凸出的木板，也可镶嵌竖向的板条。嵌入式百叶窗有较大的板条，适用于许多风格和窗户类型。尽管硬质百叶窗价格昂贵，但具有很好的保温性能。

（3）日式推拉窗

传统日式推拉窗或推拉屏，其米色纸屏面由木质窗棂和隔条支撑，可以水平滑动或固定，能营造一种亚洲或当代风格。如同前面所讨论的日式推拉门，半透明的米纸屏面阻挡了视线，保证了私密性。日式推拉窗通常安装在玻璃窗前，通过轨道滑动开闭（参见图 5-31）。

（4）格栅窗

几个世纪以来，透雕格栅窗在西班牙和中东被广泛使用，是一种具有异国情调的窗饰。当光线穿过窗户时，产生吸引人的效果，隐私也可以得到保护（图 13-9）。

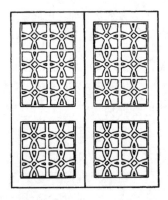

图 13-9　花格图案用于窗户或门的处理手法中用在门窗上的格栅图案

（5）特种玻璃窗

特种玻璃窗包括斜边玻璃窗和彩色玻璃窗，在当代和传统空间中都很常见。斜边玻璃窗指的是其角度延伸至玻璃板边缘，用有趣的方式反射光线的窗。彩色玻璃窗是各色玻璃块按照艺术形式排列形成 一个图案的窗。斜边玻璃或彩色玻璃片之间由铅、锌或铜构件相互连接。

斜角和彩色的玻璃面板可用于门、窗、边窗（窗旁边的门）、横楣（过道窗或大窗之上的窗）以及天窗。天窗的使用可以增加室内空间采光，私人工匠可以提供定制艺术玻璃设计（图 13-10）。

图13-10 在这个位于度假村的美容院，入口门窗上安装了艺术玻璃满足了私密性需求。艺术玻璃的设计与美容院其它的光滑饰面形成鲜明对比，增添了空间质感。（设计师：Design Directions International；摄影：Neil Rashba）

玻璃砖（也用于墙体结构）是一种半透明不规则玻璃块，广泛使用于装饰艺术时期和20世纪20—30年代的国际主义风格时期。玻璃砖也适合于当代商业及住宅空间（图13-11）。玻璃砖由两片中空的玻璃拼合起来，有多种尺寸和规格。玻璃表面可以是光滑的、磨砂的、有杂色的或带纹理的。有少数的玻璃砖制造企业为建筑师和设计师生产出三角形的玻璃砖，以提供更多的设计选择。

亚克力砖与玻璃砖有相似的尺寸和形状，但质量比玻璃砖轻了70%，可以作为玻璃砖的替代品。亚克力砖之间通过一种内部夹具系统相互结合起来，并用一种混合了防腐剂的化合物进行封边。亚克力砖墙安装必须要满足建筑规范要求。与玻璃砖相比，亚克力砖的质量更轻、易于组装，但它容易被划刻。

喷砂玻璃和酸蚀毛玻璃能显现出各种各样的霜花图案，通常用于客户指明需要私密性的设计方案。一些被喷砂或化学蚀刻太乱的区域，可以贴上制造商提供的薄膜贴进行处理，这种贴膜可以精细地刻出各种设计样式（图13-12）。

隔热膜也可以应用于玻璃，以防止眩光或保护室内家具免受紫外线的伤害，同时使房间保持凉爽。玻璃贴

图13-11 弧形玻璃砖墙将自然光与室外夜间照明透射至餐厅。巨大的木架天花板、厚重的实木桌椅与玻璃砖墙的设计相得益彰。（设计师：Linda Seeger 室内设计；摄影：Pam Singleton）

图 13-12　半透明树脂板可以设计成多种纹理和颜色。这扇门的嵌板是用一种环保树脂制成的，定制设计体现在床罩上。（建筑师／设计师：LeVino Jones Medical Interiors, Inc.；摄影：Thomas Watkins）

图 13-13　曲线形的落地玻璃窗和秀美的外景决定了这家高档餐厅的用餐体验。阶梯式的座椅设计使所有用餐者都可以欣赏到水景。除眩光预防外，窗户最好的处理方法是什么也不要做。（设计师：Design Directions International；摄影：Neil Rashba）

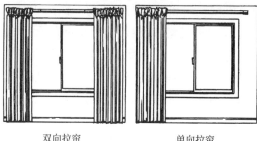
双向拉帘

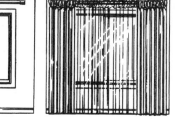
单向拉帘

带纱帘的落地窗帘

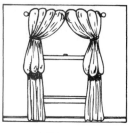
两侧带绑带的落地窗帘

灯笼袖式落地窗帘

图 13-14 落地窗帘的种类

膜有各种色调，对于对光照敏感的客户来说，这种贴膜是很有效的。

液晶玻璃，又叫调光玻璃，是将液晶膜固化在两片玻璃之间，经过特殊工艺胶合后一体成型的夹胶结构的新型特种光电玻璃产品，通电后毛玻璃会变成透明玻璃。当电流通过玻璃时，液晶分子可以排成一条直线使光线通过，变成像普通玻璃一样透明；当电源被关掉，液晶分子散开，玻璃板则变成半透明。这种玻璃可以在公司会议室、办公室和酒店卫生间隔断等场合需要变换时使用。

如果没有隐私问题，无遮蔽的窗户也是很好的选择（图 13-13）。将窗户隐藏在多层窗帘中会遮蔽其本身的美感。三层玻璃可以有效节能。

13.1.2 软质窗选择

（1）落地窗帘

短窗帘比较简单，质量轻盈，具有装饰性，而落地窗帘是由较厚重的织物做成的。主要用于覆盖窗户，

控制光线、温度和私密性（图 13-14）。落地窗帘的离地高度有三种：到窗台、到窗台护板下方、到地面；当然一些落地窗帘可以裁切得特别长，在地面上形成了一种"水潭"的艺术效果（图 13-15、图 13-16）。它们垂直悬挂，可以单独使用，也可以与其他百叶窗或遮光罩组合使用。

例如，使用罗马杆和拉伸窗帘的组合是最常见的用法，不但可以让人欣赏风景，而且可以控制光线、声音、温度和隐私。从左右两侧拉出的帷幕被称为双向横移。可从左右两侧拉开的窗帘称为双向窗帘，只能从一侧拉开的窗帘称为单向窗帘。

至窗台板
（恰当的长度）

至窗台护板下方
（恰当的长度）

在窗台护板和
地面之间
（不恰当的长度）

至地面
（恰当的长度）

图 13-15 落地窗帘的长度

图 13-16 占据房间主要位置的窗户最好配有简单的双向横向窗帘，挂在罗马杆上。优雅的面料在地板上微微摊开，突出了拱形窗的古典美。（建筑师 / 设计师：Robert Brown；摄影：Chris Little Photography）

侧窗或固定面板仍保留在窗户的两侧。固定面板可以直接悬挂或系紧，通常它会与其他窗户结合处理。这样的设计不仅能为室内提供隐私与隔热的功能，而且能将设计风格融入房间。

纱帘或半透明纱帘主要用于散射光线以及保证日间的私密性。这种纱帘可以长期不变地挂于玻璃上或拉开。其大多数的美观性和有效性取决于纱帘的厚度，其宽度通常是窗户宽度的 3 倍。当夜间需要私密空间的时候，纱帘可以和落地窗帘、百叶窗以及下拉式窗帘结合起来使用。

薄窗帘布一般由宽松的亚麻织物制成，比纱帘重，可以用于住宅，但多数用于商业环境，以便于控制光线。

下拉式窗帘，一般更多被称为不透光窗罩或遮光罩，用于需要全黑的环境中。商业办公报告厅和会议室多使用遮光帘，其中一些则由机械设备控制。所有的下拉式窗帘应该做成隐蔽性的而不需要考虑装饰性。

落地窗帘内衬具有几个方面的作用。从外面看，落地窗帘内衬提供统一和吸引人视线的一面；从室内角度来看，内衬呈现着图案和色彩，看起来更有吸引力。当窗户面向街道的时候，最好通过使用落地窗帘内衬起到统一外观的作用，特别对于处于同一水平的窗户，窗帘内衬还起到额外的隔绝冷热的作用，避免光线的暴晒。

按照标准长度制作的成品落地窗帘和短窗帘适用于大多数住宅的落地窗。尽管比起定做的落地窗帘要稍逊色，但是成品窗帘以其适中的价格获得了比较令人满意的效果。

（2）短窗帘

图 13-17 所示为最常见的短窗帘种类。

普利西拉窗帘带有皱边的绑带，大多用于非正式场合。通常由质地轻薄的带褶皱边的纱制成，悬挂在窗帘杆上。它的布面既可以重叠在一起形成十字交叉式样，也可以对称布置形成对开式样。

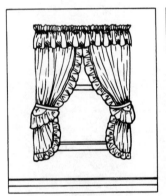
普利西拉对开式样短窗帘

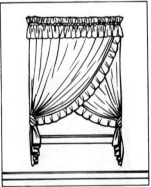
普利西拉十字交叉式样短窗帘

褶皱式样短窗帘

框式式样短窗帘

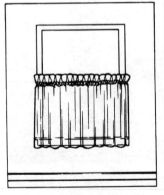
单层咖啡帘

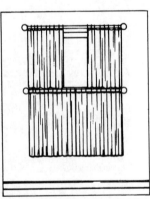
双层咖啡帘

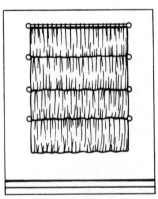
多层短窗帘

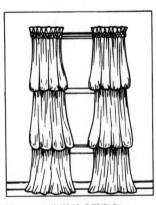
灯笼袖式样窗帘

图 13-17　短窗帘的种类

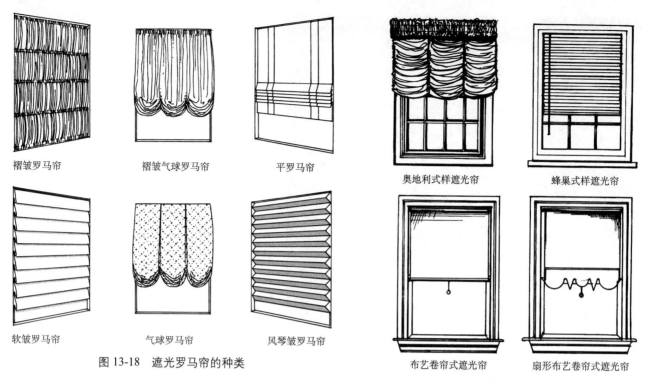

褶皱罗马帘	褶皱气球罗马帘	平罗马帘
软皱罗马帘	气球罗马帘	风琴皱罗马帘

图 13-18　遮光罗马帘的种类

奥地利式样遮光帘	蜂巢式样遮光帘
布艺卷帘式遮光帘	扇形布艺卷帘式遮光帘

图 13-19　其他类型的遮光帘

褶皱短窗帘是将布结合窗帘杆加工出皱边，使布柔顺地垂下来。布的使用量决定了窗帘的效果。

框式短窗帘通常紧挂在玻璃上，布艺采用顶部打皱，底部固定在窗框支杆上的方式。

咖啡厅窗帘一般悬挂在窗户的下半部，通常用于保护隐私，可以是固定或活动的。悬挂两层或多层以覆盖整个窗户，在这种情况下，窗帘杆是隐藏的。咖啡帘可以和落地窗帘、遮光帘、百叶窗一起使用。咖啡厅的窗帘经常用于顶窗的装饰。

图 13-14 所示的落地窗帘就像红衣主教的袖子或者像厚实的坐垫，只不过用的是薄纱面料。

(3) 遮光帘

图 13-18 和图 13-19 所示为最常见的布艺遮光帘类型。

罗马帘伸展下来的时候表面是扁平的（图 13-20）。当用绳子向上拉的时候，遮光帘表面重叠起来形成水平褶皱。罗马帘有各种类型，包括褶皱罗马帘、褶皱气球罗马帘、平罗马帘、软皱罗马帘、气球罗马帘和风琴皱罗马帘。

奥地利式遮光帘由一排排轻质布料构成，垂落下来好像一片片贝壳。这种遮光帘通过拉绳控制，在设计上与褶皱气球罗马帘很相似。

褶皱布艺遮光帘也称为"风琴遮光帘"和"软质遮光帘"。褶皱遮光帘为工厂化制作，有较大范围的色彩和装饰可供选择，并可以隔热；面料种类很多，从不透明到半透明，带图案和素色的都有。蜂巢式遮光帘褶皱比较小，通常是用一种较厚的涤纶布制成的。除了是由双层的褶皱遮光帘连接起来以外，它和单层的褶皱遮光帘的操作方式是一样的，形成了蜂巢的横截面形式（图 13-21），这种结构可以有效节能隔热。遮光帘的外侧是白色的，可以反射太阳射线并与外部保持统一。

卷帘是一种廉价的窗户处理方式。它可以安装在窗套与外部窗框之间。最普遍的是塑料卷帘，有各种不同的重量。传统上，卷帘是白色或灰白色的，现在也有大量其他色彩可供选择，但是颜色对外墙会产生一定影响。最初卷帘被认为是纯功能性的，简洁的卷帘可以用各种方式与布艺进行叠合和修饰。安装在窗户底部的卷帘向上拉时可以起到保护隐私的作用。卷帘可以过滤光线使房间变暗，这取决于材料的薄厚程度。遮光帘易于保存，可以隔热防寒。窗被和保温遮光帘由额外的织物层构成，通常缝制有装饰性图案，用以加强保温。

无论是使用硬质窗还是软质窗，独特尺寸的窗户通常都需要仔细设计。圆形窗口可以设置一个带有中心玫瑰花结的定制折叠式百叶窗。拱形窗口（图 13-6 和图 13-16）的设计可以突出或柔化。处理方法应与窗户

图13-20 罗马遮光帘可以根据窗户的角度进行定制以便业主饱览城市的景观。简洁明快的遮光帘为整个房间营造出一种美国西南乡村风格。(摄影：Mark Boisclair)

图13-21 这种蜂巢式遮光帘提供了私密性和隔热性，同时能够让柔和的光线射入，并有各种尺寸的褶皱表面、层次和颜色可供选择。(图片来源：Hunter Douglas Window Fashions)

的大小和形状相适应，同时强化室内风格（图13-22）。

（4）植物

植物可以用来替代窗饰。将植物挂在不同的高度，放置在基座或者地板上，能够形成绿化的边界（带），不仅可以弱化建筑的硬质边界，还可以过滤光线、提

供私密性。在采光良好的室内空间，通过改造窗户可以创造一个花房，花房常常成为厨房的视觉中心。

13.1.3　窗顶部装饰

对窗顶部进行布置的装饰手法有很多种，主要会使用到软质和硬质材料（图13-23）。

（1）软质材料

窗幔是最常见的窗户顶部处理手法。窗幔不仅可以遮盖五金件，而且会增加窗户的高度和宽度，统一不同尺寸的窗户，这样就改变了房间的视觉比例。窗幔应根据落地窗帘的样式进行匹配，图案一致较好，纹理方向也应保持一致。窗幔可以与侧窗匹配，或者起到拖拽窗帘的作用，并且通常有坚硬的衬里。如果织物被图案化，窗幔最好与图案的形状相对应。窗幔的纹理应与窗帘方向一致。

垂波是窗幔的一种，它将织物搭在窗帘杆上并悬垂下来。花彩装饰是垂波的一个单向下垂的部分。瀑布从垂波的拐角处垂下，瀑布紧靠垂波的地方是波浪形的垂直边沿。褶裥与瀑布很相似，只不过它从垂波的边缘垂落下来，并且常被做成不同长度的褶皱。垂波、褶裥和瀑布多被挂在纱帘、落地帘、卷帘、百叶窗、遮光帘或者裸窗的顶部（图13-24）。

图 13-22 在此空间内，由半透明材料制成的简单垂直百叶窗不但可以控制光线和眩光，同时并不影响视线。这种简洁的设计凸显了一种现代设计的气质。（图片来源：Hunter Douglas Window Fashions）

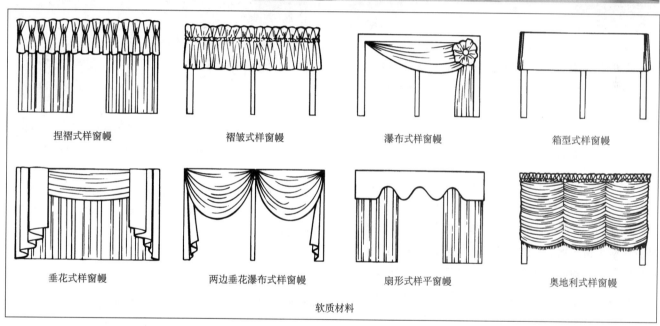

捏褶式样窗幔	褶皱式样窗幔	瀑布式样窗幔	箱型式样窗幔
垂花式样窗幔	两边垂花瀑布式样窗幔	扇形式样平窗幔	奥地利式样窗幔

软质材料

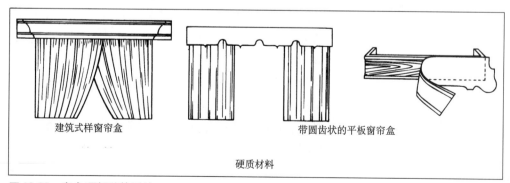

建筑式样窗帘盒	带圆齿状的平板窗帘盒	

硬质材料

图 13-23 窗户顶部装饰手法

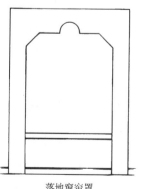

落地窗帘罩

图 13-24　在这个正式的餐厅里，设计师通过使用垂波和瀑布帘来强调窗户的体量，镀金的窗帘勾和窗帘环使得窗幔更加完美。（设计师：Miner Details；摄影：Deborah Whitlaw）

图 13-25　在这个餐厅的翻新过程中，设计师选择了与天花板线脚平行的硬檐口，弯曲的织物帷幔延伸到檐口下方，但在窗户上方，织物色调落在帷幔后面，侧板延伸到地板。（图片来源：Pineapple House；摄影：Chris Little）

（2）硬质材料

窗帘檐口一般由木质、金属或其他硬质材料制成，并且是一种处于顶部的窗户处理手法。通常，窗户檐口是建筑构造的一种延伸，或是在顶部边缘的檐口向外延伸能够容纳整个窗户顶部。檐口可以是光素无饰的，也可以富有装饰性，如圆形锯齿状或带打孔的设计。檐口可以是经过着色的、喷绘的或用布艺进行铺贴的。一个檐口附带布艺窗幔是一种有效、正式的处理手法（图 13-25）。

窗帘罩和窗帘檐口很相似，但也有严格的处理方法：檐口沿窗户两侧垂直延伸下来；窗帘罩可以涂饰，也可以用壁纸或布艺进行铺贴，可以带有落地窗帘、短窗帘、百叶窗或遮光帘，也可以没有以上这些。窗帘罩外观讲究并可以改变窗户的尺寸。

13.1.4　窗用五金

（1）功能性五金

图 13-26 所示为几种功能性和装饰性五金类型。纯功能性五金应该是隐藏起来的。窗框杆是扁平的，紧贴在窗框上（通常上下都安装），穿在杆上的窗帘是褶皱的。伸缩杆通常用于不动的短窗帘和落地窗帘。这种窗杆可以延伸出不同的长度，可以安装单个或双个。轨道杆用滑轮系统进行操作。无论是单向轨道杆还是双向轨道杆，都可以用来拉启短窗帘和落地窗帘。弹簧伸缩杆适合安装于窗套里面。摇杆装在一个设备里可以让杆来回摇动。这种杆适用于内开窗、屋顶窗和法式门。加长杆延伸到窗框外，用以支撑超过窗侧外部的固定式落地窗帘。带滑动装置的暗藏式天花轨道在现代空间中特别受欢迎。小配件如挂钩、圆环、圆环滑片、托架和拉绳等都是隐蔽的拉帘装置的组成部分。图 13-27 展示了窗帘杆的安装位置。当落地窗帘用于儿童房间的时候，过长的可来

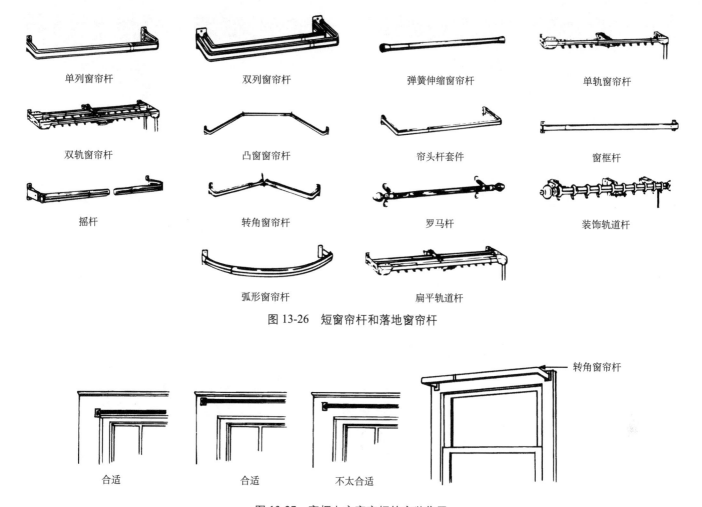

图 13-26　短窗帘杆和落地窗帘杆

单列窗帘杆　　双列窗帘杆　　弹簧伸缩窗帘杆　　单轨窗帘杆

双轨窗帘杆　　凸窗窗帘杆　　帘头杆套件　　窗框杆

摇杆　　转角窗帘杆　　罗马杆　　装饰轨道杆

弧形窗帘杆　　扁平轨道杆

转角窗帘杆

合适　　合适　　不太合适

图 13-27　窗框上方窗帘杆的安装位置

回摇荡的拉绳（如同在百叶窗上用的拉绳）对孩子来说是个潜在的危险，应该置于他们接触不到的地方。

如同门一样，窗户也需要安全的五金。门锁和闭合装置需要耐久的表面涂饰并且要与房间的风格相融合。

（2）装饰性五金

装饰性五金有一定功能性，但更主要是满足房间风格塑造的需要。窗帘杆可以是木质的（带自然纹理、做旧的或喷涂饰面），也可以是金属的（如磨光或仿古黄铜、青铜、锻铁等）。

13.1.5　帘头处理

帘头处理通常是在窗户上部设计有褶皱的织物装饰，其中褶皱部分就叫窗幔，它使窗帘图案更具有丰富的美感。窗帘顶部有很多种处理方法，如法式或者金色的褶皱。由三块距离顶部70mm的小褶皱缝合而成，间隔70～100mm的褶皱由于内衬而保持直立。波浪形褶皱是一种比较简单的能够创造出温和的波浪形折叠效果的方法，它通过把一些小型配件紧凑地缝制在一起，重叠部分由平滑的纤维组成，它两个面是相等的；风琴式褶皱也由轨道将小型配件结合在一起，在顶端配有呢绒轨道；定制的褶皱可以形成类似建筑的重叠方式，简单的褶皱由一种特别的穿孔带被放置在窗幔内部并置于窗户最高处。当褶皱的挂钩插入顶部穿孔带后，褶皱就自然形成了。

抽褶式帘头是通过缝合一个距离顶部25mm的布袋制成的，窗帘杆置于布袋中。片式帘头设计类似于抽褶式帘头，但是垂片间距是50～100mm，因此窗帘杆会显露出来（图13-28）。

束带能将窗幔固定住，它不仅可以由很多种材料制成，而且还有各种各样的风格。它可以由细绳、流苏、金属、木材，或者与之协调的或与之形成对比的纤维编

A. 改造前   B. 改造后

图 13-28　在这次改造中，设计师保留了房间的硬装，并通过两层帷幔的处理手法突出了大房间的高度。流动的帷幔线条为环境增添了庄严感和形式感，同时让花园轮廓更加清晰。（图片来源：Pineapple House Interior Design；摄影：Scott Moore Photography）

织而成。设计师通常会选择距离窗帘底部 1/2 或 1/3 的位置来配置束带，即黄金分割位置。装饰品如流苏、编带、细绳等也能够给窗帘盒、窗幔、檐口、饰罩增光添彩。

13.1.6　窗户设计和布置及处理手法

选择窗户和其处理方式的设计时，以下这些指导意见是非常重要的：

- 加强或隐藏建筑的特征（图 13-28）。
- 室外景观也可以根据需求加强或隐藏。
- 在商业环境中，房屋承租人可能需要遵循窗户的设计标准。
- 在夜晚、白天或全天，私密性都需要得到保证。
- 要防止眩光或保护珍贵家具饰品时，光线需要被阻隔。
- 可能需要通过阻挡光线来增强视频观看的效果，或是营造一个完全黑暗的室内空间。

- 对光线敏感的客户可能需要增强减少眩光的设施。
- 窗户设计应该是家具风格和布置的补充。
- 窗户处理应与建筑物的外部相辅相成。
- 窗户处理应考虑到节能（参见"可持续设计：节能窗处理手法"）。

在许多案例中，与其他窗户的处理方式结合起来，提供多种功能是必需的（图 13-25）。这种结合应该协同工作并成为一项设计准则。

相关链接：

窗户处理方式 www.hunterdouglas.com/starter-guide.jsp?so=tn

窗帘术语表 www.home-decorating-made-easy.com/window-treatment-styles.html

有关测量和放置窗户护理的信息 www.nobrainerblinds.com/control/topic/p，measure

图13-29　这个浴室空间高4.5m，可以看到夏威夷山，设计师用灯具和配饰创造了整洁、现代的室内空间。（设计师：Gensler；摄影：Marco Lorenzetti/ Hedrich-Blessing）

13.2　配饰

室内配饰能使空间的风格和感觉更加清晰和突出。因为配饰可以大大提升一个空间的质感，所以无论是在住宅还是商业环境中，配饰的选择和摆放都值得深思。配饰为房间增添了点睛之笔，体现了客户的个人品味和个性，可能对客户具有感性价值，并可能包含个人收藏。配饰也可以成为建立概念或表达文化背景的有力工具。通过添加功能性和装饰性配饰，可以丰富室内设计。

装饰配件的独特价值在于其能给人带来视觉享受。家具和装饰品商店、画廊、设计工作室、艺术和工艺品展览以及众多其他来源的装饰品比比皆是。配饰可新可旧，传统可现代，可手工制作可机器制造。

功能性配饰既有实用性，又对空间有装饰性。一种是依附于建筑的，例如，各种柱子、毛巾架、窗帘杆、门把手等（图13-29）；另一些配饰，例如，镜子、灯、时钟或瓷盘是可移动的。

无论何种形式的功能性配饰，在选择时都要考虑空间的目的和用途。例如，起居室的休闲椅旁边需要照明，

选择一款满足用户需求的合适的落地灯，列出每个房间所需的配饰清单将有助于饰品的选择和陈设。下面的内容是基本配置，将帮助我们完成一个有吸引力的、理想的、有居住感觉的房间。

（1）灯具

灯具（不要与第6章中定义的光源混淆）在夜晚或需要的时候为房间提供照明，是重要的饰品之一。常见的有台灯、落地灯、壁灯、庭院灯、吊灯。无论传统的、现代的，还是装饰性的，都要根据空间大小、风格、样式等条件选用（图13-30）。灯具和照明的更多信息参见第6章内容。

（2）书籍

"一个没有书的房间就如同没有灵魂的躯体。"通常，没有哪个房间能够阻挡书的魅力，书的特性和肌理效果会增加空间的亲和力。书架可以放置在任何一个房间，它只占据房间很小的空间，却能增添温暖、友好的气氛。儿童房书架的高度要确保孩子够得到；卧室可以配备搁架，放置一些书籍便于晚上阅读；厨房也需要配置可以

图 13-30　设计师 Michael Kreiss 在自己的住宅设计中，将富有现代感的线条与历史元素相融合。需要关注的是床头灯高度的设置，要让灯光正好照到阅读面上，还要避免光线直射人眼，同时还要考虑室内空间丰富的纹理变化。（室内设计：Michael Kreiss；家具收藏：Kreiss Collection）

放置烹饪类书籍的移动式搁架；会客厅设置的搁架通常用于存放纪念物品、奖品以及相关书籍。

另外，书特有的肌理、色彩和形状能够增添房间的装饰性，它们也能和其他装饰物很好地匹配。例如，可以将几本书放置在书架搁板上，配上美观的书立，旁边放一盆绿色植物或一个雕塑；同样地，在咖啡桌上散放几本书，空间情趣倍增（参见图 12-1）。

（3）镜子

从 14 世纪开始，富于装饰性或功能性的镜子就被广泛应用在住宅和公共空间中。镜子是室内设计师的有效工具，它不仅能使空间变得华美、开阔，而且通过反射灯光使昏暗的空间显得明亮，并通过镜像来增加空间的趣味。镜子的使用越来越普及，在各种风格的室内空间中都扮演着不可缺少的角色（图 13-31）。

（4）钟表

时钟在家和办公室中都是重要的饰品。从雕刻精美的落地或箱式古典座钟，到 20 世纪后期的高科技时钟，时钟不仅具有重要的功能，也为房间增添"滴答滴答"的背景音乐，使空间富有生气，安静又祥和。通常，时

图 13-31　花艺和镜子突出了这个定制条案。这件作品由 Jeffrey Jurasky 设计，由钢和板岩组合而成。（设计师：Jurasky & Kaminsky；摄影：Kaminsky Production）

钟要放在容易被看到的地方。在户外，时钟通常是大都市环境的地标。在小型的社区，钟塔的钟声有助于营造出场所精神。

（5）屏风

屏风不仅具有很强的装饰性，还具有很多实用功能。当入室门正对着起居室空间时，使用屏风可以遮挡入口；屏风还可以分隔起居室和餐厅空间；在一个房间内设置屏风可以分隔出另一个空间。如果有策略地设置屏风，还可以引导人流和空气流向以及光线的方向。装饰屏风可以给房间带来建筑的质感，增强房间的装饰效果，为一组家具提供背景，可以代替侧帘，也可以成为房间的焦点。

（6）五金件

一个现代风格的房间可能因为五金件而凸显现代特征，在一个传统风格的房间里，老式五金件可以带给你更真实的历史感。而抽屉滑轨、锁眼盖和铰链等功能性五金件可以使一件家具更具时代感（图13-32）。

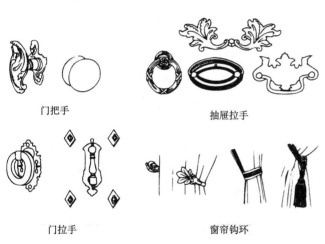

门把手　　　　　　　抽屉拉手

门拉手　　　　　　　窗帘钩环

图 13-32　五金件

（7）鲜花和绿植

完成住宅或商业空间各种配饰的收尾工作以后，几乎没有什么能像鲜花一样展示它的影响力。插花的关键是善于选材、精于剪切和巧于搭配。典型的插花风格包括东方风格（ikebana）、传统风格和现代自由风格。东方风格讲求不对称性，多用小叶植物；传统风格更讲究均衡，用多个品种和色彩的植物；现代风格多是对称的，只用几种植物，有时只用一种植物。容

器的质感、图案、尺寸要和环境相配，以达到最好的艺术效果。

摆放在室内环境中的天然盆栽把绿色从户外引入室内（参见图13-1）。空间中，既有天然盆栽，也有新采摘的鲜花。选择盆栽时，个人在质感、色彩、形状、尺度上的偏好起决定作用，当然也要注意植物对阳光、水和温度的要求。

干花、干枝和其他干燥处理的植物通常被作为新鲜植物和花的替代品。它们的优点是可以保存很久，不需要特殊的养护，只须除尘。制作精良的人造花卉、树叶和植物看起来非常自然。它们可以由丝绸、聚乙烯或聚丙烯制成。后两种材料比丝绸更容易清洗，而且是一次性投资，可以减少养护成本。

13.3　艺术品

通过对艺术品的应用，可以达到马斯洛的第五个层次自我实现的需求。与配饰一样，艺术品也能很好地反映出个人和公司的理念。

在居住空间中，绘画、素描、版画、照片、雕塑等各种艺术品通常是由客户自己选配的，而设计师则帮助某些特别的艺术品来进行搭配设计。系列艺术品也可通过策展人来选配。设计师也可以帮客户推荐或选择一件真正的古董。设计师应该了解下面各种类型的艺术品。

13.3.1　平面艺术

虽然这一讨论将艺术分为平面艺术和立体艺术，但在这两种描述之间有许多类型的艺术交叉。

（1）绘画、素描、版画、照片

油画、丙烯画、水彩画或蛋彩画等原作通常是艺术品里价格最高的一档，可能出自著名的画家或是当地艺术家，如图13-33所示。

素描作品通常是用墨水、木炭、铅笔、粉彩笔或蜡笔完成的。

版画原作，采用蚀刻、平版印刷、木刻、钢板雕刻和铜版雕刻等工艺制作，不像照片那样复制。这些作品由艺术家设计并亲自制作或者监制，限定版次的版画被艺术家编号和签名。例如，一件编号为27/100的作品，意思是该作品总共制作100件，这是第27件。作品制

图 13-33　由艺术家 Alice Nebitts 创作的一组绘画作品悬挂在扶手沙发后面的墙面上，增添了空间的肌理感。（设计：Gandy/Peace Inc；图片来源：Chris A. Little）

作的数量越少越珍贵。但限量生产的版画通常比仅有一件的艺术品要便宜。

摄影作品的原作也被认为是艺术品，可以由艺术家签名，并且限量出版。家庭照片可以使空间更加个性化。

招贴画最初被称为"穷人的艺术"，是成本最低的配饰。它们通常被认为是一种低价的配饰，但经常会在艺术空间中被装在画框中陈设。但一些早期的招贴画现在已经成为了收藏品。名作复制品也不便宜，并被广泛应用。

（2）画框和装裱内衬

只要不喧宾夺主，画框和装裱内衬是提升作品表现力的最有效方式。画框和装裱内衬需要注意式样，以及背景的建筑元素。画框的尺寸、线条和形状不能盖过原作，而应起衬托作用。如果有需要，可以在装裱内衬中或内衬和框的交界处通过压金线来提亮画框。

装裱内衬通常是对所有类型的图纸、蚀刻、水彩画和版画的补充。油画很少用到内衬装裱，但可以用亚麻布、天鹅绒或皮革做衬里。装裱保护艺术品不与玻璃直接接触，以免温度变化时发生意外。优质装裱内衬无酸，

可以防止艺术品褪色和被严重损坏。

通常印刷品、水彩画等需要覆盖玻璃进行防护，但油画不需要。通常使用一般玻璃、防眩光玻璃、亚克力。防眩光玻璃往往会减弱一点清晰度，但会减少光反射。在一些需要避免玻璃破碎带来危害的环境中，通常用亚克力板来替代玻璃。还可以使用防紫外线玻璃，来保护画作不被紫外线晒退色。

13.3.2　立体艺术

立体艺术品可以作为民用或商业环境中的珍贵配饰被收藏（参见图 V-4）。立体艺术通常需要一个架子或平台来展示作品，在视觉上架子或平台不能抢了作品的风头。

（1）雕塑

雕塑可以用很多材料来制作，如金属、大理石或其他石材、木材、玻璃和陶瓷。放置位置取决于雕塑本身的大小。小型的雕塑最好陈列在搁架、桌面和壁炉架上；大型雕塑可以摆放于空间的视觉中心。给雕塑配置基座可以更加突出作品。设计灯光的时候要注意，灯光是让

雕塑更立体而不是将雕塑照得惨白。

(2) 其他艺术品和手工艺品

陶瓷是用陶土制作的，形式可以包括雕塑、碗盘、瓶罐、装饰砖等。陶土的粗细程度和颜色可以有很大差别。艺术家可以用陶瓷塑造出不同的装饰类型、色彩、肌理和形状（图13-34）。陶瓷分为四大类：西洋瓷器、中国瓷器、陶器和炻器。

图 13-34 这个名为 Perianth 的陶质花瓶采用 raku 工艺制作，这种工艺源于 16 世纪日本的茶艺器具制作，如今是指瓷器快速烧制并快速冷却，通常被浸在冷水里。这个花瓶高 762mm，放在室内空间能够成为视觉中心和焦点。（艺术家：Mary Jane Taylor）

马赛克由小块的，通常是方形的瓷、石或玻璃组合成装饰性图案，并贴在水泥上。马赛克在古时被用在地面或墙壁上，而现在还会被用在一些小型的装饰品上，如托盘、盒子和小桌上。

玻璃艺术品包括花瓶、盘、碗、雕塑。玻璃可以进行染色、施釉、镀金、切割、雕刻等加工。手工吹制玻璃制品几个世纪以来都很受欢迎，其中，流传几世纪的精美作品，每一件都有独特的设计制作手法，更备受美国大众的推崇。意大利和斯堪的纳维亚地区的艺术家引领现代设计的潮流，他们设计制作了很多造型优美、工艺精湛的现代玻璃精品。

彩绘玻璃是由多块小的彩色玻璃艺术地组合而成的，已经流行了几个世纪。尤其在中世纪，彩绘玻璃被用在哥特式教堂的窗户上，创造出精彩绝伦的迷幻效果。

编织品和纺织品几个世纪以来在世界各地都很流行，各地的产品都具有当地的文化特征（图13-35）。历史上，大多数纺织工人都使用简单的手工织布机、毛线和天然染料。挂毯是一种复杂的、通常带有图案的、多

图 13-35 这块精美的编织品和古老的神兽相辅相成，增强了室内泰式风格的效果。（设计：Jerry Pair；摄影：Peter Vitale；图片来源：Veranda）

彩的手工编织物，表面有棱纹。有些连续的回纹用于特定时期，有些在设计上比较现代。挂毯可以作为配饰，以类似于绘画的方式成为装饰品。

手工制作和定制设计的地毯通常被用作房间的焦点，或给房间配色打底（参见图9-16）。块毯也被用作墙面装饰。印第安人、芬兰人制造的块毯使房间具有悦人的装饰特色。传统的绗缝工艺是将小块彩色、素色或有图案的织物排列成整体图案，这样的工艺在床罩设计上经常被使用。

兽皮可以像画一样被悬挂起来。在选择兽皮之前，设计师要确认兽皮的合法来源。慎重对待和使用动物制品，杜绝使用濒临灭绝的物种的制品。

在鹿、驼鹿和野牛等兽皮上作画，是美国西部设计中流行的艺术形式。这种艺术形式是从美国本土发展起来的，画在兽皮上的设计，其灵感可能是象形文字、几何图案或艺术家的最初灵感（图13-36）。

篮子和篮子编织艺术从古至今都没有多少变化。艺术家通过引入新的色彩、形状、图案和风格，对这种产品进行了很多改进设计。特定的文化背景下产生的传统的篮子具有显著的风格特征，具有很高的艺术价值。

手工制作的蜡烛，原本是纯粹的功能构件，现在成为高度复杂的艺术品。蜡烛有各种色彩、各种质感、各

图 13-36　在这里，兽皮绘画很好地与当代风格或乡村风格相融合，兽皮绘画悬挂在为客户定制的梁框上，并配以装饰品，创造出了惊人的视觉焦点。（艺术家：Lee Secrest；摄影：Laurie Lane）

种形状，满足传统和现代环境。蜡烛经常是室内装饰的重点，无论是私人房间还是公共空间，点亮蜡烛，空间变得温暖，更有生机。

相关链接

纯艺术博物馆 http://www.famsf.org/

罗浮宫博物馆 http://www.louvre.fr

大都市艺术博物馆 http://www.metmuseum.org/

芝加哥艺术学院 http://www.artic.edu/

现代艺术中心博物馆 http://www.whitney.org/

13.3.3　配饰选用原则

在决定什么样的配饰适合一个特定的空间时，大部分客户会从实用美术角度出发，而少量高端客户也会从艺术品收藏角度考虑，所以要对选择配饰的原则和环境作全面的分析，要考虑多种可能性。表 13-1 列举了住宅和商业环境中常用的配饰。

表 13-1　常用配饰列表

兽皮	厨房和炊事用具	小罐	小地毯
鱼缸和鱼	风筝	陶器制品	幕帘
武器和盔甲	灯	时钟	雕塑
艺术品（二维）	地图、图表和证书	衣帽架	seving cants 工具车
人造插花和盆景	镜子	收藏品（如硬币、邮票、古董等）	贝壳和岩石
烟灰缸	模型（如船、飞机模型等）	软垫	隔板（如装饰性的小块木雕隔板）
篮子	马赛克	书桌配饰（如笔筒、文件夹、桌垫、通讯簿、小表）	银器
浴室配饰（如皂盒、漱口杯、毛巾架、毛巾、手巾、磅秤、厕纸盒等）	音乐盒	盘子	托架
鸟笼	音乐方面物品（如乐器、音乐架等）	娃娃屋	台布、席子和餐巾
毛毯	针线	娃娃	挂毯 电话
书立	支座（陈列用）	小雕像	工具（如旧式手纺车）
书和杂志	相册	壁炉工具和炉栏	家具模型
瓶子	垫座	花和盆景容器	玩具
碗	罐	花	盘子
盒子	植物	盆景	奖品
黄铜制品	盘子和大浅盘（装饰）	相框（如用来装饰艺术品、照片等）	伞架
日历	陶器	猎物	垃圾桶
蜡烛	智力玩具	玻璃制品	花瓶
蜡烛台	被子	五金件（如门把手、铰链、架子、拉手、锁眼盖、钩、绳等）	编织制品 花环

图13-37 这个饭店可同时容纳500多人就餐，每天接待来自于波士顿博物馆的2 500名参观者，奇妙的设计使参观者能够摆脱参观带来的历史重负。（设计：Prellwitz/Chilinski事务所；摄影：1996 Steve Rosenthal；艺术家：David Tonneson）

配饰可能有实用性，也可能仅仅满足精神需求。选择的配饰可以围绕一个主题以强化背景，或者是吸引人的注意（图13-37）。配饰的质感、色彩和形态要和房间的风格、背景以及其他的配饰和陈设相配；所选配饰要和其他陈设以及占用的空间比例协调。

配饰可以是纯正的历史风格，也可以是多种风格的混合，后一种方法需要设计师更具创造性。例如，随意插的花篮可以美化乡村风情的木质墙面，一个精美的瓷花瓶可以成为具有法国风格的镶板墙的优美点缀。

设计师在为商业和公共空间选择配饰和艺术品时往往扮演着重要的角色。艺术品和配饰的放置要以不影响环境的功能为原则。通常，除了私人办公室以外，公共空间不适宜陈列私人性质的配饰；而公共空间的配饰能够反映公司的形象和特征。

在商业环境中加入艺术品和配饰，可以营造一个充满活力的、温暖的氛围。当然，还要考虑预算的限制和失窃的可能性。设计师在为商业环境购买高质量的物品时会受到条件限制。选择一件既具有美学吸引力又能够

使用很多年的配饰是一项挑战。像植物和艺术作品这样尺度较大的配饰，通常用于学校、办公室、医院、图书馆、旅馆、零售商店、饭店和其他公共空间中。而涉及功能有关的配饰能够使空间更具特征，例如，饭店的印刷品类的配饰可能和饭店的历史以及建造的主题有关。

相关链接
艺术品和配饰 http://www.guild.com

13.3.4 配饰组合

陈列奖状或奖杯是每个人的渴望，设计师的挑战是如何把这些珍贵的物品组合在一起，从而产生美感。这种成组配饰的成功布置依赖于色彩、质感、形态和空间关系的视觉美感（图13-38）。

图13-38 配饰和艺术品的设置形成了一个有凝聚力的组合，补充了室内的背景元素，并与家具有关。艺术品并没有隐藏在灯光背后，桌子的排列是根据大小和形状来分组的，同时也包含了纹理的趣味性，不同大小的悬挂艺术品形成了一个统一的元素。（图片来源：Pineapple House Interior Design；摄影：Scott Moore Photography）

在对一组小型物品进行组合时，应注意使它们和墙或家具等背景看上去形成反差，就如同一组尺寸不同的圆形物体本来就很美，增加一个方形物体则会增加对比效果。水平、中等高度和更高的3种不同尺度的物体摆放在一起时，视线会从水平的物体向更高物体移动，产生视觉转移。这种韵律就如同眼睛看泥土、花卉、植物和树冠一样。此外，相同的色彩组成的要素可以增加统一性，而不同的色彩和质感会产生变化和愉悦。

另一种做法是在特定的位置轮换展示物体或艺术品。日本人有专门类似神龛的空间叫做床の间 (Tokonoma)。然而，这种做法需要一个安全的湿度和温度可控的存储区域来存放非展示品。

（1）墙面构图中的平面艺术

画可以单独或成组悬挂，但是它和沿墙的沙发、书桌、椅子、桌子或其他陈设品有一定关系。通常，一幅画不能孤立地"漂浮"在墙上，特别是正方形的画，一定要和墙上的物品进行组合。画的下方如果放置一张桌子、装饰柜或一件其他类型的家具，可以使艺术品看上去稳定。墙上的平面艺术品的选择和布置要遵循如下原则：

- 布置了平面艺术品的区域为积极空间，积极空间四周的空白区域为消极空间。无论形状和尺寸如何，每一幅画都应该有一个以它为中心的愉悦空间（图13-39）。
- 单独的一幅画悬挂在墙面上的视平线高度处效果最好。
- 挂在椅子或沙发上方的画应该悬挂足够的高度，以免坐在座位上的人的头部碰到画框；但如果悬挂过高，画和家具之间则缺乏连续性。此外，如果没有灯、插花或其他配饰干扰，画就很容易成为视觉焦点而被很好地欣赏，因此背景画应避免反光。

- 组合配饰可以先在地板上铺上一张面积相当大的牛皮纸。把艺术品和其他物体放在纸上，直到最后的构图完成。沿着周边的每个对象，标记一个挂在墙上的点。然后把纸贴在墙上，在钉子或钩子的位置做上记号。艺术作品可以很容易地挂在计划中安排的位置。

（2）存储单元中艺术品的陈列

书架或装饰性搁架等的配饰布置，需要具有敏锐的眼光。设计的要素和原则是成功设计方案的关键。下列观点可以提供帮助：

- 低矮的搁架上适合放置稍高、稍重的物件。
- 书可以排满整个搁架，或者和装饰性盘子、小雕像、照片、小型植物组合配置。书可以平放，也可以立起来靠在书立上。黄铜或重点配饰物件放在书的上方，并根据书的高度做上升或下降的排列。根据客户的收藏需要，决定是否需要购买古书。
- 对于一排书，书立的作用像一个特殊的字符，又像一个特别的重音。
- 平面艺术作品可以以一个微微倾斜的角度置于书架上。
- 来自于自然的装饰品，例如，水晶球、贝壳或漂流木可以增加亲切和温馨感。
- 照片搭配上不同的独特的相框可以增加趣味性。
- 明亮的、简洁的玻璃制品成组摆放在视平线高度时，能获得最佳视觉效果。

需要强调的是，配饰的构成并不是室内的静态元素。书籍和配饰的收藏将会持续增加，因此设计师必须为新的配饰留出空间。同样的，一些装饰品也会被移动到客户认为更有用或更合适的其他房间。

不对称的

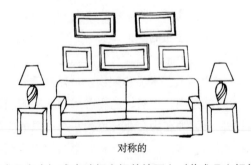

对称的

图13-39　艺术品以对称或不对称的方式精心悬挂在积极空间（艺术品自身）或者消极空间的墙面上（艺术品之间的空间）。

本章小结

应用设计的装饰元素增添了趣味性和人性化，体现了室内环境的特点。窗户还有调节光线和建筑保温等重要的功能。

配饰和艺术品应该包括对客户或公司有个人价值的物品。无论是单独展示还是分组展示，室内所有区域的功能性或装饰性物品都会增加视觉愉悦感（图13-40）。

第5部分着重介绍室内的各种配饰的应用，以创建一个在客户经济情况允许的情况下体现审美情趣的空间。这些不同组件搭配而成的总体效果是创建成功的内部环境的关键。在接下来的内容中将介绍两个位于类似的建筑环境中客厅的设计方案的比较。方案比较之后是设计案例，可以关注一下在该案例中艺术和人类体验是如何被小心地融入室内空间的。

起居室案例分析

一个室内设计师必须学会分析室内空间潜在性需求。认真研究图13-41A和B，将下列相似处罗列出来：

- 相似的尺寸、形状和空间的体积。
- 大面积的简洁的落地玻璃窗。

- 交谈空间中壁炉的设置。
- 地毯和硬质地面结合使用。
- 大量个人用品被用做配饰，包括植物。
- 白色沙发配有个性化靠垫。

从设计的角度，以下不同之处影响了感觉、情绪和空间概念：

- 房间A利用侧向采光，房间B的光线则更均匀一致。
- 房间A强调了精致的金属制品和镜子，房间B强调窗户和开阔的视野。
- 房间A用墙面色彩体现了深层次价值，房间B用更中性的墙面材料，但在墙面上营造了温暖的木质基调。

因此，房间A使得人与人之间的感觉会更加亲密，给人深刻的印象；房间B给人的心情就像朋友聚会的环境。房间A即便使用了传统的布艺和装饰品仍然感觉更现代；房间B感觉更正式。设计师必须敏锐地对待这些细微之处，这样才能唤起感知能力。注重细节是基本原则，是洞察力强的表现。

图13-40 在这个屡获殊荣的大学校长办公室，收藏的艺术品和配饰为传统环境增添了温暖和多样性。（设计师：Jones Interiors；摄影：J. J. Williams）

A

B

图 13-41　两个起居室都是在考虑到室内空间的功能性、审美性和经济性要求下完成的。对设计要素与原则的掌握与视觉洞察力相结合塑造了这个室内空间。（版权：Mark Boisclair）

该项目成功地展示了一个考虑到使用者人因工程的设计深化案例。终生娱乐服务公司（Lifetime Entertainment Services）位于纽约，其纽约市中心的办公场所已满员，于是需要将其技术运营中心和相关支持人员重新安置到另一个地点。该办公场所全天候（每周 7 天每天 24 小时）开放,着重于开发解决女性问题的节目。该公司简介如下：

终生娱乐服务公司是一家多元化的多媒体公司，致力于提供高质量的娱乐和信息节目，并倡导关注影响妇女和她们的家庭的广泛问题。终身频道（Lifetime Television）是女性电视的领导者，也是最受好评的基础有线电视网络之一。

（1）设计概述

在新办公区，该公司希望为其员工提供一个温馨的环境。各种创意和技术专业人员在这里工作，包括工程师、后期制作、编辑、播音员、射频工程师、文案和平面设计师。公司要求在可能的情况下为所有办公室提供天然采光。但技术间因为制作要求的限制而不允许使用自然采光，因此，要在技术间外留出一个天然采光区域。

客户希望参与到环境设计的方案中来。此外，布线和技术要求非常多，必须与照明、安全、电气、管道和暖通空调相结合。

（2）设计概况

建筑设计公司 Meridian Design Associates 将这一方案构思成一个邻里社区。图 DS13-1 展示了入口、画廊步道、城市广场、咖啡馆和公园的概念位置。图 DS13-2 说明了公司的 3 个主要部门——品牌部门、软性部门（非技术性或更多与办公室相关的部门）和硬性部门（与技术相关的部门）在社区中的位置。图 DS13-3 展示了自然光是如何到达建筑内部核心的。浅黄色表示自然光，浅蓝色表示低矮的工作单元，深蓝色表示通高的墙壁。面对走廊的办公室设有玻璃墙，自然光可以进入。只有技术间、储藏室和设备间没有自然采光。

图 DS13-4 显示了概念平面图。用不同颜色区分了各个部门。每个区域都非常注重满足员工的生理和心理需要。

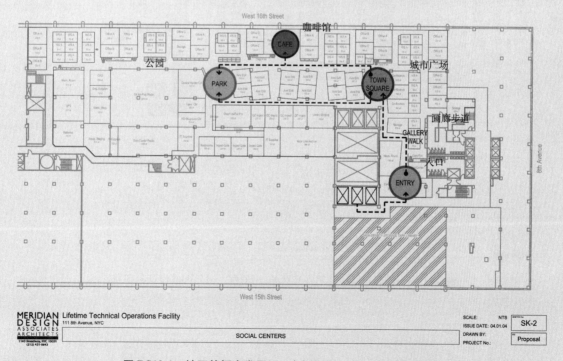

图 DS13-1　社区的概念发展图。（建筑：Meridian 设计事务所）

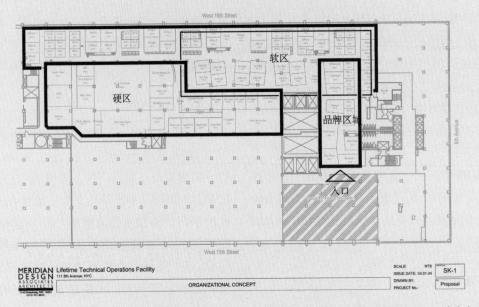

图 DS13-2　公司 3 个部门（品牌区域、软区、硬区）的平面示意图。（建筑：Meridian 设计事务所）

图 DS13-3　概念布局，说明采光区域。（建筑：Meridian 设计事务所）

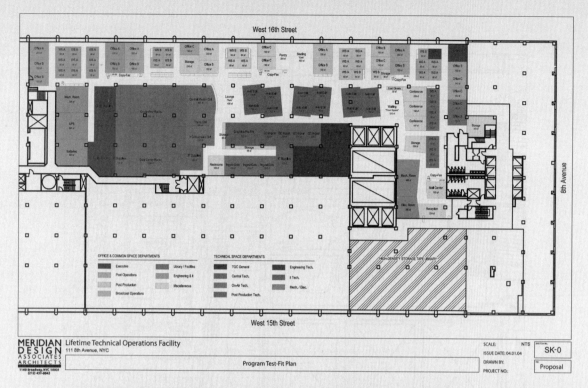

图 DS13-4　彩色楼层平面图，指示每个部门的区域都用不同的颜色标识出来。
（建筑：Meridian 设计事务所）

因为设备要求限制了天花板的高度，所以入口设计需要小心。员工和客户被导引进入走廊，经过设备、邮件和复印中心，进入公共会议室。很明显，在设计的早期，焦点艺术作品是必要的，以吸引用户通过大厅并让走廊活跃起来。公司委托 Alpha Workshops 所做的艺术作品，触动了员工的心灵。

Alpha 工作室是一个对艾滋病患者进行美术培训的非盈利组织。公司向 Alpha 工作室解释了画廊、城市广场、咖啡馆和公园的概念，委托艺术家在每个空间里创作了反映公司理念的艺术品。在整个设计过程中，公司员工始终参与方案设计，因为公司希望员工能够理解设计并将其诉求带入到设计解决方案中。

图 DS13-5 显示了施工图阶段（见第 6 章）顶面设计的一小部分。请注意在城市广场区域运用了曲线形的入口接待处和曲线形的沙发区域。略有斜度的墙体有助于引导客户穿过画廊步道并经过焦点艺术作品。

（3）成果

如图 DS13-6 所示，三片叶子成为了室内设计的灵感概念。设计元素源自自然。这些超过 1.5m 高的树叶表明了该公司希望在自然环境中工作的愿望。叶子也可以作为焦点，吸引客户和员工进入空间，步行通过画廊，进入城市广场。

城市广场（图 DS13-7）是一个聚焦的中心区，也是会议的等候和功能性前区。大的弧形截面具有多种功能：它是一个临时会议和休息的中心位置，其中隐藏了一个咖啡吧，同时也被设计为一个伸展身体和加夜班睡觉的地方。有时，天气和轮班变化要求员工延长工作时间，因此对于员工来说有个舒适的地方去小睡一会儿非常重要。

咖啡吧（图 DS13-8）是促进员工之间协作和团队合作的另一个场所。咖啡吧在硬区和软区之间用一道玻璃墙隔开。Alpha 工作室将咖啡吧变成了一个小餐馆，员工们可以聚集在这里开会、庆祝和吃午餐。

公园也被称为花园（图 DS13-9），需要为技术人员进行特别考虑，因为硬区的工作人员每天被锁在演播室里几个小时，所以他们需要有一个放松的区域。由于设备的限制，这里不得不放弃景观水域的设计。Alpha 工作室了解到了员工对水的渴望，但由于技术上的限制，他们最终在这里创作了一系列以水为主题的漆盘来达到

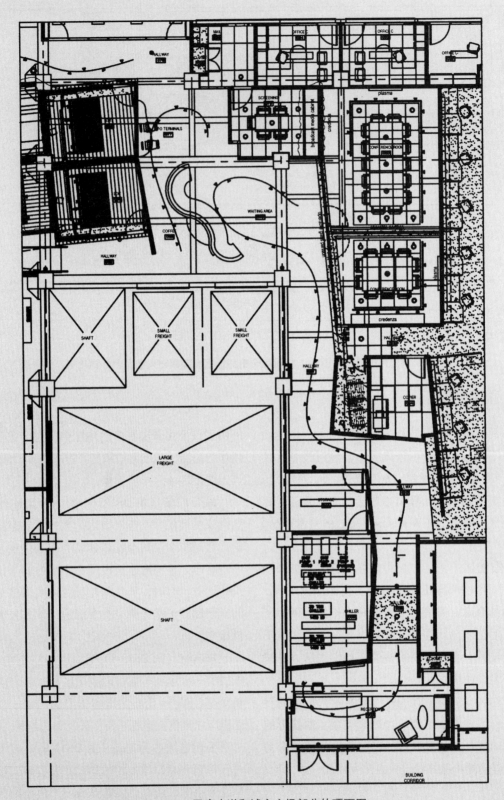

图 DS13-5　入口、画廊走道和城市广场部分的顶面图。
（建筑：Meridian 设计事务所）

图 DS13-6　艺术品作为视觉焦点吸引参观者从画廊的入口走进来。(Lifetime 网络技术运营中心。建筑：Meridian 设计事务所；艺术品：The Alpha Workshops；摄影：© 2007 Andy Washnik—CORPRICOM)

图 DS13-7　城市广场。会议室在右侧；咖啡吧在曲线形沙发的后面。(Lifetime 网络技术运营中心。建筑：Meridian 设计事务所；艺术品：The Alpha Workshops；摄影：© 2007 Andy Washnik—CORPRICOM)

图 DS13-8　从玻璃走廊看咖啡厅。(Lifetime 网络技术运营中心。建筑：Meridian 设计事务所；艺术品设计单位：The Alpha Workshops；摄影：© 2007 Andy Washnik— CORPRICOM)

图 DS13-9　花园包括一个入口坡道。焦点设计是画得像水的盘子。(Lifetime 网络技术运营中心。建筑：Meridian 设计事务所；艺术品：The Alpha Workshops；摄影：© 2007 Andy Washnik—CORPRICOM)

效果。花园里摆放了舒适的座位，自然光线也很充足。花园的理念包括一个斜坡区（工作室的一部分是在抬升的地坪上），用于布线和放置其他设备（见第 9 章）。

这个新办公场地符合公司的需要，员工们反应良好。石材地板、定制的木质接待台和大地色系都呼应了自然元素。空间的设计满足了客户的生理和心理需求，花园、城镇广场和咖啡吧的参与程度证明了这一点：阳光洒满了办公室；灵活的会议室可以满足小型团体聚会的需要，也可以向大型活动开放，延伸到城镇广场。

基于"终生频道"雇员的人因需求而精心设计的空间获得了两个不同寻常的认可：首先，因其在办公设计中对员工需求的考虑，美国《读者文摘》杂志将其列为"最佳工作场所"之一；其次，其高质量的环境也吸引了行业的目光，"终生频道"每周会接待几拨前来学习如何更新办公环境的其他公司的参观。

相关链接

Alpha 工作营　http://alphaworkshops.org

Meridian 设计协会　www.meridiandesign.com

室内设计的职业化

The Profession of Interior Design

未来属于那些内心和善、丰盈并坚持不懈的人，他们懂得事半功倍的道理，
以极少的投入获得更大的产出，因此更具智慧与竞争力。

——保罗·霍肯（Paul Hawken）

图 VI-1A　原有的大厅增加了二层通道，尺度变得更加宜人。天花上悬挂着的布帷幔与墙体通高的镜子反射二者恰到好处，展现
了轻松欢乐的气氛。（设计师：Haverson；摄影：Peter Paige）

室内设计，可以说是和我们每个人的日常起居、工作休闲等活动关系最为密切的一门学科。不论你是出于个人兴趣，还是打算将室内设计作为职业，都需要学习从工程技术到艺术修养的一系列基本知识，本书第4部分讲述的便是如何成为一名职业室内设计师。室内设计作为一种职业，其基础是持续的、良好的专业教育，这不仅包括室内设计的基本理念、设计内容和方法，而且还有面对市场竞争形势下，综合考虑客户需求、预算、审美、技术法规等因素的各类商业化设计技巧。对那些充满信心、有远大志向的室内设计师而言，还应注重设计过程组织和商务实践等方面的设计管理内容以及职业道德修养。

为了鼓励刚刚涉足室内设计行业的设计师，第 14 章从视觉语言、设计原理和设计要素等角度，选取了一些住宅和商业空间的成功案例，为初学者展现了室内设计师的职业前景。图 VI-1 和图 VI-2 通过两个商业设计项目进行了设计分析。

图 VI-1 和图 VI-2 是酒店餐厅改造的两个项目。图 VI-1A 和图 VI-2A 强调了酒吧设计中原创性的重要。吧台是空间的焦点，全世界成功的酒吧设计案例，它们的吧台一定是独特的。从使用功能的角度而言，吧台内部需要容纳制冰机、冷藏柜、咖啡机等众多的酒吧"后台"设备，所以需要设计师与客户、设备供应商、施工人员进行平面布局的反复沟通，以确保高效的空间利用。图 VI-1B 和 VI-2B 都拓宽了常规餐厅的设计范围，强调室内设计中的建筑空间感，如挑高的二层空间带来的空间装饰性，以及结构所凸显出的装饰美感。

图 VI-1B 位于 Nyla 的餐厅，客人被带入一个温暖的环境，它的色彩和灯光来自"繁花似锦"的概念和 Georgia O'Keeffe（1887—1986）的油画意境。吧台用彩色的荧光灯和透光树脂装饰板营造一种优雅的氛围。（设计师：Haverson；摄影：Peter Paige）

A

B

图 VI-2　在一个硬朗的建筑空间和 7 层高的中庭空间内，要创造引人入胜的环境是需要想象力的。为了增加空间的流动感、便于引导交通流线，地板的图案以及墙、天花的细节增加了曲线的形态。定制的吧台更加吸引人，深邃的蓝色深受甲方的喜爱。有机形态、重点照明通过一种幽默的方式强调了建筑硬朗的空间语汇。（设计师：Haverson；摄影：Peter Paige）

　　图 VI-1A 运用妩媚且富于装饰意味的设计手法，营造了一个温暖、活跃的室内空间。胡桃木地板、护墙板本是极富阳刚特性的装饰材料，然而顶面采用悬挂树脂装饰材料却模拟出梦幻的感觉。此外，狭窄的通道、黄铜楼梯扶手、沿墙的地台不仅扩大了餐厅的面积，而且增强了空间的亲密氛围。

　　图 VI-2B 不仅强调了建筑本身的结构，而且凸显了设计师的结构设计手法。曲面天花、起伏的墙体、几何图案等有机形态强化了斜柱和直柱的刚硬感觉，建筑与室内的形态得到巧妙的统一。

第14章

作为职业的室内设计

←

图 14-1 飞机机舱设计。为私人飞机定制机舱时需要遵守相关的国家和国际法规。例如，所有家具都需要用螺栓固定在地板或墙壁上。并且根据联邦法规，这些家具必须定期从飞机上拆除，以便检查飞机的机身。于是，设计师在设计过程中首先制作了一个21.3m 长的全尺寸模型，来推敲以上这些以及其他方面的细节。相比在机舱中复制"一个高雅的房子"，客户更需要得到的是设计上的指导与创新，所以设计师在设计前仔细地研究了交通建筑，并选择了现代装饰艺术作为设计主题，设计后的洗手间如图中所示。另见图 14-2A 和 B。（设计师：Leavitt-Weaver；摄影：John Vaughan）

14.1 从业资格

人们决定从事一项有机遇的职业，是一个深思熟虑的过程，不仅包括对自身兴趣、优劣势的分析，而且需要通过专业考试，并在实践中始终关注自身的创造力、对环境的敏感度、对文化遗产的保护和当代设计思想这4个方面，以此不断提升自己的设计水平。其中，可持续性发展是永恒的主题，每个设计师都需要时时关心人类环境，把致力于从事提高人类生存环境的设计活动作为自己的工作目标。

本章选择的配图展示了室内设计领域的各种专业方向。虽然大多数图片与文本中标注位置的内容并不直接相关（如前13章中讲述的），但这些图片展示了室内设计师的各种项目案例和出色的设计解决方案（图14-1、图14-2）。书中第5部分已经谈过，无论设计领域如何，室内设计师只有通过职业教育、从业经验和专业考试才能获取从业资格。教育、经验和考试确保了设计师的工作质量，也是设计师在开始从业之前必须经过的3个阶段。

14.1.1 职业教育与学历教育

在美国，成为职业室内设计师的首要步骤是在大学或者设计学校顺利完成室内设计课程。通过学习这些课程，可以获得结业证书（通常2～3年）或者学士学位（4～5年），甚至通过进一步深造获得更高的学位，例如：获得理学硕士（MS）或者文学硕士（MA）。艺术硕士（MFA）不仅需要2年的学习，以提高艺术修养，还需要完成作品展示。

在室内设计领域，大多数硕士学位被认定是终端学位，因此，一旦获得艺术硕士学位（MFA），就不需要进一步攻读博士学位了。然而，一些大学也为那些希望从事高等研究的人提供机会继续攻读室内设计方向的博士学位。同时，一些课程也提供室内设计硕士学位（MID），根据大学的不同，它可以是由室内设计认证委员会（CIDA）认证的终端学位，也可以是专业学位。

（1）教育

从目前高等教育发展趋势看，学士阶段基础课程讲授比较宽泛，为学生进入室内设计职业领域做好了准备。CIDA成立于1970年，前身为美国室内设计教育研究基金会（FIDER），它主要由关注室内设计教育课程的教育人士和设计师组成，但服务范围从成立时的北美区域已经扩展到了全世界。CIDA最早提出了一个适用于室内设计师的完整知识体系。

图14-2 飞机机舱设计。（A）波音727喷气式飞机，该项目的实施地点（B）用餐、休息区中的多功能家具——桌子可以转换成沙发椅，折叠的部分可以延展出更多的工作桌面。百叶窗在较小的舷窗式窗户上形成一条条均匀的线条，形成一种大窗户的视错觉。（设计师：Leavitt-Weaver；摄影：John Vaughan）

(2) 专业课程

获得 CIDA 认证有诸多方面的要求。从课程的角度来看，课程内容必须达到学士学位的最低要求，并拥有占一定比重的、多元化的文科和科学授课内容。CIDA 专业大纲分为 4 个部分，综合反映了室内设计毕业生为就业所需储备的知识与技能。每部分标准都细分为一系列更为具体的学生学习目标和 / 或课程目标。

专业课程标准简介如下：

I 使命、目标和课程

标准 1. 使命、目标和课程：每一门课程需清晰描述课程范围与目标。

II 批判性思维、职业道德、价值观与设计流程

这些标准构建了室内设计实践的框架。

标准 2. 全球设计背景：初级室内设计师需具有全球视野，并始终在生态、经济和文化背景下综合权衡设计决策。

标准 3. 人类行为：室内设计师需了解行为科学和人因工程的相关知识。

标准 4. 设计流程：初级室内设计师需要应用设计流程来创造性地解决问题。设计流程能帮助设计师发现和探索复杂问题，并生成符合人类行为习惯的、富有创意的室内设计解决方案。

标准 5. 协作：初级室内设计师需参与多学科合作，在团队工作中建立共识。

标准 6. 沟通：初级室内设计师需是有效的沟通者。

标准 7. 专业性和商业实践：初级室内设计师需了解设计师这一职业对建筑环境的贡献与价值，遵守公认的职业道德和实践标准，并致力于专业和行业的发展。

III 核心的设计和技术知识

这些标准包括了室内设计实践的历史、理论和技术内容。

标准 8. 历史：初级室内设计师需在历史和文化背景下综合应用室内设计、建筑、艺术和装饰艺术的知识解决问题。

标准 9. 空间和形式：初级室内设计师需了解、应用二维和三维设计以及空间组织的相关理论。

标准 10. 色彩和光线：初级室内设计师需在空间中应用色彩与光的原理和理论进行设计。

标准 11. 家具、设施设备和表面处理材料：初级室内设计师需能在室内空间中选择并应用一系列的家具、设施设备和装饰材料。

标准 12. 环境系统和控制：初级室内设计师需应用照明、声学、热环境和室内空气质量等方面的各项标准来提升建筑物的性能以及增强居住者的健康、安全和福利。

标准 13. 室内建筑：初级室内设计师需具备室内建筑和建筑系统方面的相关知识。

标准 14. 法规：初级室内设计师需了解并遵守室内设计相关的各项法律、法规、标准和指南。

IV 课程项目管理

这些标准描述了对室内设计高等教育至关重要的制度和资源。

标准 15. 评估与问责：室内设计课程必须经过系统的计划与评估以促进课程改进与提高。此外，该课程必须向公众传达一致和可靠的信息，清晰地阐述课程目标和要求。

标准 16. 支持和资源：室内设计课程项目必须拥有足够数量的合格教师，以及足够的行政支持和资源以实现课程目标。

此标准由室内设计认证专业标准委员会于 2008 年 6 月批准，自 2009 年 7 月 1 日起生效。

所有标准都有细化指标，具体描述了每一门课程目标。所有修读课程的学生还需要通过团队合作的方式参与到一系列的设计项目中，例如：为多元文化和多样化人群提供设计解决方案、古建筑保护与可持续性设计等。此标准定期更新。CIDA 的未来愿景团队由室内设计师、教育工作者和商业机构共同组成，旨在为新标准提供指导，他们最近的研究结果为表 14-1 中列出的室内设计毕业生的重点关注事项。

在美国约 215 个提供学士学位的室内设计或室内建筑课程项目中，约有 70% 获得了 CIDA 认证。另一些机构甚至已经超过了 CIDA 标准，但出于财务或其他原因选择不参与认证。与此同时，一些州却要求学生必须就读通过 CIDA 认证的学校（或其他同等学校），以便毕业后注册成为室内设计师。

相关链接
室内设计认证委员会 www.accredit-id.org
室内设计职业前景规划 www.careersininteriordesign.com

表 14-1 室内设计认证委员会（CIDA）未来愿景小组撰写的室内设计教育重要事项	
室内设计专业的毕业生需具备以下技能	
1. 批判性地思考	面对愈趋复杂的历史文化背景，设计师需要特别重视对各种问题的理解，然后运用批判性的设计思维，提出解决方案。人文社科领域的知识是一切思考的基础
2-1. 熟练运用设计流程并采用创造性的方法解决问题	室内设计通过提出创造性的解决方案将人与建筑环境联系在一起，在设计研究与整体思维的支撑下，设计师需熟悉各种严谨的设计方法和解决问题的各项技能，例如分析性思维
2-2. 提供可持续性设计方案	设计师需要重点思考的事项包括可持续性发展的底线以及经济、社会和环境等方面的相互影响
3. 从人类行为以及功能的角度出发进行设计	设计师需要能够应对不同的人群需求。这是由价值观的变化、文化多样性、人口老龄化、技术、人身安全以及对精神的日益重视所促成的
4. 拥有广阔的世界观和全球视野	需要提高设计师的全球跨文化意识。可以通过旅行、参观画廊和广泛阅读不断增强设计师的素养。在通过技术连接的多语言世界中，视觉传播技能也将变得更加重要
5. 成为思想领袖	毕业生将被要求成为有效的沟通者，能够展示自己的才能和野心
6-1. 应用各种研究方法，并将研究成果整合到设计过程中	这与要求结果可量化的循证设计的需求密切相关
6-2. 不断创新并构建自己的智力资本	室内设计的价值在于创新。毕业生需要对创新方法有透彻的了解
7. 反思性地整合知识和经验	设计实践促进了设计思维的发展，在校的学生们也需要将实践中的知识和经验整合起来不断反思
8. 与人协作	毕业生将被要求以团队的形式开展工作，并在设计学科内外开展合作
9. 理解并接受职业身份与角色	"一位专业的室内设计师将设计思维作为一种认知世界的方式，他是一个自信并善于与他人合作的人，遵守职业道德并将之付诸实践。"

资料来源：CIDA 关于室内设计教育未来愿景的重要事项概述。2007 年 1 月出版。

（3）实习

大多数室内设计的教学计划要求学生有实习的经历，或者边工作边学习。实习计划虽然在不同学习阶段要求不同，但目的都一致：通过课堂教学与设计实践的结合，使学生在毕业之前亲身体验实际的设计市场。实习经历对学生来说非常重要，包括以下几点：

- 了解业务流程、常用的政策法规和设计各个阶段的服务内容，例如思考如何处理客户与设计师的关系。
- 了解企业内部设计人员（设计总监、设计师、设计助理等）之间的交互式工作网络。
- 观察并且参与设计从概念阶段、方案阶段、深化设计阶段、施工准备阶段、材料采购阶段、施工阶段，到交付完成的整个过程。
- 学会接受来自各个方面新的、不同的设计观点和见解（图 14-3）。
- 根据自身成为职业室内设计师的目标，对自己有更全面的了解。
- 获得毕业时能写入求职简历的宝贵经验。

14.1.2 经验

没有比经验更好的老师。所有设计师，无论是刚刚毕业还是中途转入室内设计行业的，都需要在设计公司工作至少 2 年时间。经验能带来学校无法获得的诸多好处，其中最大的好处可能是学习如何将设计理念赋予实施（图 14-4）。

1999 年，一项名为室内设计体验计划（IDEP）的职业体验项目启动了一项试点计划。该项目由 Buie Harwood 开发和研究，为学生提供了结构化的室内设计经验，也是美国国家室内设计师资格委员会（NCIDQ）考试很好的考前准备。该计划在《室内设计》杂志中刊载发布，并得到了 NCIDQ 的协调帮助。

14.1.3 考试

（1）美国的室内设计资格考试（NCIDQ）

美国国家室内设计师资格考试（NCIDQ）成立于 1972 年，旨在建立室内设计师职业能力的等级标准，并通过北美地区标准的考试来决定室内设计师的能力等级。

图14-3　宜人的设计——酒店。这家位于夏威夷的度假酒店，视觉的焦点聚集在定制的金属仿木质氟碳喷涂的轻巧立柱和丝质的海螺形吊灯上。家具陈设、花卉图案、建筑照明增加了设计的地域性特色。（设计师：James Northcutt/Wilson；摄影：Robert Miller）

申请者必须拥有所要求的教育和工作经验才有资格参加考试。教育经历中只有大学学分合乎条件，目前不承认继续教育、旁听和非学分类课程。所有工作经验（具有 CIDA 认证学位，至少 3 520h 或约 2 年）必须在 NCIDQ 证书持有者、持牌 / 注册室内设计师或提供室内设计服务的建筑师的指导下完成，且必须记录在档。此外，申请者还必须提交 3 封推荐信、就业证明和大学成绩单。下面列出的 NCIDQ 网站中详细说明了不具备 CIDA 认可学位的申请者的其他各种申请途径。

3 部分考试可以单独进行，也可以同时进行。第 1 部分称为室内设计基础考试（IDFX），包含 100 个关于建筑系统知识、建筑标准和设计应用的多项选择题，候

选人有 3h 完成此考试。考生一旦满足教育背景要求，就可以参加这部分考试。

第 2 和第 3 部分考试只有在考生合乎所有教育和工作经验要求后才能参加。第 2 部分称为室内设计专业考试，即 IDPX，由 150 个多项选择题组成。IDPX 旨在评估考生建筑系统、规范、专业实践和项目协作方面的知识，候选人有 4 个小时完成 IDPX。

第 3 部分考试将持续一整天，称为室内设计实习或 PRAC。它由 7 道考题组成，要求考生完成多种设计方案。考题范围包括空间规划、照明设计、出入口设计、生命安全、洗手间设计、系统集成和木制品设计。在给定的考试日期，所有考生接受统一考试。考试将要求考生解

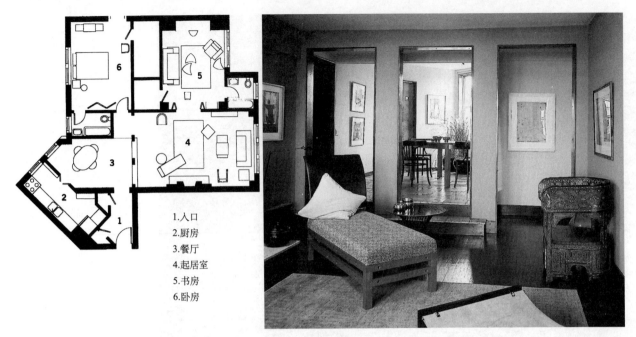

1. 入口
2. 厨房
3. 餐厅
4. 起居室
5. 书房
6. 卧房

图 14-4　住宅——郊区公寓。这个住宅做了许多结构改动，扩大了厨房并拆除了起居室和餐厅之间的阻挡。色彩和灯光是设计的主要元素，在这里它们改变了空间形态，赋予了空间强烈的性格特色。从平面图上可看出对于小空间而言，均衡是如何达成的。（设计师：Hassan Abouseda；摄影：John M.Hall）

释项目设计原理，制作计划图纸，制订项目时间表并细化设计，设计成果还需满足通用设计原则。

考试每年举行 2 次，参加者可以选择在任何给定的考试时间考第 1、第 2 和第 3 部分，但全部 3 部分的考试必须在 5 年内通过。

第 1 和第 2 部分考试由计算机扫描评分，分数为 200～800 分不等，通过点设定在 500 分。第 3 部分则由 NCIDQ 培训的专业设计师在指定地点、使用特定的标准对所有考卷进行评分。

实际上，美国大多数设计机构的设计师要求必须通过美国国家室内设计师资格委员会的资质考试，在一些具有立法权利的州和省，室内设计师甚至被要求必须强制性地通过此考试。

相关链接
美国室内设计师认证资格考试网站 https://www.cidq.org

（2）中国的室内设计资格考试

目前，经中华人民共和国人力资源和社会保障部审核认证的与室内设计相关的职业资格认证有国际商业美术设计师（ICAD）职业资格认证，这是国际商业美术设计师协会（ICADA）和中方联合认证机构中国建筑装饰协会（CBDA）共同开展的考试和发证活动。

国际商业美术设计师职业资格认证是 ICADA 在全球范围内推行的 4 级商业美术设计专业资质认证体系的总称，代表了当今商业美术设计专业资质认证的国际水平，得到了世界上所有会员国的认可和推广，具有广泛的代表性和权威性。2003 年 3 月，经中华人民共和国人力资源和社会保障部审核认证，ICAD 获准在中国注册（注册号为劳引字 [2003]001 号），所颁发的 ICAD 证书与国家职业资格证书具有同等效力，并被纳入国家职业资格证书统一管理体系。

国际商业美术设计师协会是由美国、德国、加拿大、中国、澳大利亚等国家和地区的专业美术设计机构和资深人士共同发起、联合创建的全球性公益团体组织。

ICAD 考试认证从高到低分为 A、B、C、D4 个级别。申请者可以按照学历水平和工作年限及经验选择申报相应的等级考试。

ICAD 考试认证设六大专业：环境艺术设计（含室内装饰设计和景观设计）、平面设计、展示设计、服装设计、工业造型设计、影视美术设计（含影视场景设计、舞台美术设计、影视动画设计、人物造型设计）。考生可以任选其中一个专业参加考试。

其中，环境艺术专业所涉及的主要内容范围为：室内设计、室外景观设计、家具设计等。

相关链接
国际商业美术设计师职业资格认证官网 http://www.icad.org.cn

14.1.4　美国执业执照

截至本书撰写时，美国 29 个州或司法管辖区已通过了某种形式的室内设计立法，通常采用"所有权法"和"执业制度法"的形式。所有权法用于保护那些拥有"资质""注册"头衔并能胜任这些头衔的室内设计师。有了这个条例，客户才得以与服务他们的设计师建立信任。图 14-5 为历史建筑修复并再利用的几个案例。

执业法令规定胜任职业室内设计工作并打算执业的人员，必须先取得州立委员会颁发的执照。执业法令以立法的方式承认室内设计师职业，并确保室内设计师的工作能维护客户健康、安全和利益，同时确保室内设计师通过教育和设计实践的经验能胜任设计工作。为了保证质量，法令中的大多数的条例规定从业者不仅要通过美国室内设计认证委员会的考试，还需要有教育和实践

图 14-5A　历史建筑修复与再利用。这座国家历史名胜名录上的安妮女王经典住宅建于 1914 年，其内部空间被改建为大学办公室和校友的聚会地点。设计师希望创造一个既反映住宅历史文化同时又兼具功能性的内部空间，配色方案的灵感来自酒店的紫藤藤蔓，而多色涂料的选择很好地突出了墙面定制的线脚。这张照片展示了建筑 20 世纪 20 年代的外观。（设计师：Jones Interior；摄影：Michael Wood）

相结合的经验。

14.1.5　继续教育

为了注册的持续有效，美国大多数的州要求职业设计师还要完成继续教育单元。为了在专业领域中保持活

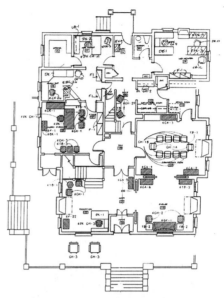

1. 服务台	5. 办公室
2. 会客室/等候区	6. 网络控制室
3. 会议室	7. 卫生间
4. 主管办公室	8. 无障碍通道

图 14-5B　一楼家具位置图。对于非营利组织而言，对建筑内原有家具的再利用可能是一项重大的挑战，图中的交叉影线显示了那些重复利用的家具。

图 14-5C　中央楼梯的顶端有一个醒目的粉红色玻璃窗，设计师采用五色涂料方案来突出木墙裙并弱化粉色彩色玻璃的效果。定制的羊毛和尼龙地毯经久耐用，可能能使用 10 年或更长时间。

图 14-5D 接待区重复利用了原有的灯具,只是从煤气灯换成了电灯。木壁炉架去掉了原有的油漆并重新修饰。

图 14-5E 从客厅望向餐厅和会议室。滑动门维修后得以重新使用,Belter 式椅子上新铺上了羊毛马海毛布料。此项目设计师与学校博物馆长合作,在学校的藏品中选择了一系列艺术品来装饰空间。

力,室内设计师可根据兴趣选择学习新产品、设计学和设计程序的相关课程。

设计师可以个人在 NCIDQ 注册学习并不断更新自己的成绩单,但是继续教育学分必须得到室内设计继续教育委员会的批准才能适用。继续教育关注的重要课题有室内设计行业发展研究、室内设计对人类行为的影响等。在 ASID 的赞助以及明尼苏达大学设计协会的努力下,Informe Design 得以研发,它是一个设计研究摘要数据库,是设计师研究和交流的重要工具,每周更新一次。

14.2 室内设计专业组织

许多专业组织有助于室内设计师获取继续教育与升职的信息以及更好地服务于大众。与美国室内设计认证委员会要求职业设计师同时具备教育和实践经验一样,其他专业机构也有这样的要求。表 14-2 列出了这些机构的名称和地址。

14.2.1 美国室内设计师协会(ASID)

美国室内设计师协会是一个国际性的专业组织,它制定并保持高标准,致力于使室内设计职业持续地被社会认可。美国室内设计师协会成立于 1975 年,由美国室内设计师学会和国家室内设计师协会(NSID)合并而成,但它的起源可追溯到 1931 年成立的美国装饰协会。从"装饰"到"设计"名称的变化,可以看到美国也经历了设计观念的演变。美国室内设计师协会是全世界最大的室内设计师组织,在美国和其他国家共有超过3 6000 名会员。美国室内设计师协会将室内设计描述为一个致力于为他人服务的职业,它为会员提供论坛,引领设计思潮并举办设计竞赛。

美国室内设计师协会宣称:"ASID 通过提升室内设计的价值不断激发并回馈其成员,同时向设计师提供不可或缺的知识和经验。"美国室内设计师协会的愿景是:

- ASID 代表着室内设计行业的最佳实践水平,展示了室内设计对人们心理、生理和经济生活各方面的影响。
- ASID 为设计师的职业发展提供各种资源。
- ASID 是影响室内设计行业实践的思想领袖。
- ASID 支持并致力于可持续性设计和商业实践(图 14-6)。

14.2.2 国际室内设计协会(IIDA)

国际室内设计协会成立于 1994 年,由美国商业设计师协会、美国联邦室内设计师委员会和国际室内设计师组织合并而成。它是一个国际性组织,有超过13 000 名的会员,其中包括职业设计师、工业设计师和学生。

国际室内设计协会的使命是:"努力为富有才华和远见的室内设计专业人士创造一个强大的利基市场,促进室内设计行业发展,使其得到人们认可,并为下一代室内设计创新者引领潮流。"(图 14-7)

表 14-2	国际设计行业组织	
美国建筑师协会，AIA 美国华盛顿西北区纽约大道 1735 号 邮编：20006 电话：1-800 AIA-3837 网址：www.aia.org	北美照明工程学会，IES 美国纽约州纽约市华尔街 120 号 17 层 邮编：100005 电话：(212) 248-5000 网址：www.iesna.org	国际室内建筑师 / 设计师联盟，IFI 新加坡奥特拉姆路 317 号协和购物中心 02-57 号 邮编：169075 电话：65-6338 6974 网址：www.ifiworld.org
美国室内设计师协会，ASID 美国华盛顿东北区马萨诸塞州大道 608 号 邮编：20002-6006 电话：(202) 546-3480 网址：www.asid.org	美国商店规划师协会，ISP 美国纽约州达里镇北百老汇大街 25 号 邮编：10590 电话：1-800 379-9912 网址：www.ispo.org	国际陈设和设计协会，IFDA 美国宾夕法尼亚州普鲁士国王华纳路 150 号 156 室 邮编：19406 电话：(610) 535-6422 网址：www.ifda.com
美国企业与机构家具制造商协会，BIFMA 美国密歇根州大急流城西北大道 678 号 150 室 邮编：49504-5368 电话：(616) 285-3963 网址：www.bifma.com	美国室内设计教育委员会，IDEC 美国印第安纳州印第安纳波利斯普渡路 9100 号 200 室 邮编：46268 电话：(317) 328-4437 网址：www.idec.org	国际室内设计协会，IIDA 美国伊利偌伊州芝加哥商品市场 222 号 567 室 邮编：60654 电话：1-888 799-4432 网址：www.iida.com
美国色彩协会 美国纽约市 M3 单元白厅街 33 号 邮编：10004 电话：(212) 947-7774 网址：www.colorassociation.com	美国室内设计协会，IDS 美国北卡罗来纳州海波因特主街 164 号 8 楼 邮编：27260 电话：1-888-884-4469 网址：www.interiordesignsociety.org	美国住宅建筑协会，NAHB 美国华盛顿西北区 15 大街 1201 号 邮编：20005 电话：(202) 822-0200，1-800 368-5242 网址：www.nahb.org
色彩市场营销组织，CMG 美国弗吉尼亚州亚历山大市弗农山庄大道 1908 号 邮编：22301 电话：(703) 329-8500 网址：www.colormarketing.org	加拿大室内设计师协会，IDC 加拿大安大略湖多伦多汉娜大道 C536-43 邮编：M6K 1X1 电话：(416) 649-4425，1-8777-443-4425 网址：www.interiordesigncanada.org	美国室内设计认证委员会，NCIDQ 美国华盛顿西北街 1602 号 200 室 邮编：20036-5681 电话：(202) 721-0220 网址：www.ncidq.org
室内设计认证委员会，CIDA 美国密歇根州大急流城格兰维尔大道 200 号 350 室 邮编：49503 电话：(616) 458-0400 网址：www.accredit-id.org	国际照明设计师协会，IALD 美国伊利偌伊州芝加哥市世贸中心 200 号商品 市场 9-104 单元 邮编：60654 电话：(312) 527-3677 网址：www.iald.org	美国厨房和卫浴协会，NKBA 美国新泽西州黑格斯镇维偌格鲁夫大街 687 号 邮编：07840 电话：1-877-THE-NKBA 网址：www.nkba.org
环境设计研究会，EDRA 美国弗吉尼亚州麦克莱恩旧草地路 1760 号 500 室 邮编：22101 电话：(703) 506-2895 网址：www.edra.org	国际色彩权威机构，ICA 英国伦敦邮政信箱 6356 号 邮编：W1A 2WA 电话：(020) 7637 2211 网址：www.internationalcolourauthority.com	美国照明局，NLB 美国马里兰州银泉市考里斯威大道 8811 号 G106 单元 邮编：20910 电话：(301) 587-9572 网址：www.nib.org
酒店行业网络公司，NEWH 美国威斯康辛州沙瓦诺邮政信箱 322 号 邮编：54166 电话：1-800-593-NEWH 网址：www.newh.org	国际设备管理协会，IFMA 美国得克萨斯州休斯顿东绿茵路广场 1 号 1100 单元 邮编：77046-0194 电话：(713) 623-4362 网址：www.ifma.org	

图 14-6　这是由承担过中国北京电影博物馆和上海科技馆设计的美国亚图设计有限公司（RTKL）设计的位于美国华盛顿的新加坡大使馆室内设计。设计师非常关注新加坡多元文化的继承与融合：十字交叉的平面布局反映了"花园城市"典型的住宅平面布局，接待区自然主义的艺术品和具有有机曲线线条的家具以及定制的地毯凸显了造型设计的有机结合。（设计：亚图设计有限公司；摄影：Scott McDonald 和 Hedrich-Blessing）

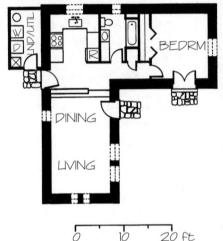

图 14-7　景观设计——农庄建筑。这个 80m² 的农庄建筑被改造成一间宾馆，墙壁刷成明度处于 R40 到 R50 的颜色，定制的壁龛、手工打造的瓷砖和微微泛黄的抹灰墙面为空间增添一种温馨的气氛。（建筑师：Paul Weiner；摄影：Bill Steen）

14.2.3 加拿大室内设计师协会（IDC）

加拿大室内设计师协会是一个全国性的职业协会，它和地方协会一起，致力于室内设计行业的发展和设计教育、设计实践的提高。自 1973 年以来，加拿大室内设计师协会与 3 500 余名成员一起，通过制定高规格的涉及设计教育、行业发展、交流等方面的标准促进了行业发展，为加拿大室内设计工业服务。

14.2.4 室内设计教育委员会（IDEC）

室内设计教育委员成立于 1967 年，致力于室内设计教育的发展。

它的使命是"致力于室内设计教育、学术和服务的进步"。IDEC 的核心价值观是：

- 坚信正规的室内设计教育的价值。
- 正规的设计教育、学术知识和行业实践是室内设计师必备的就业准备工作。
- 道德伦理，包括环境、文化、社会以及全球问题，是室内设计教育的基础。
- 信赖团队成员之间的开放对话和合作。
- 成功的室内设计教育取决于不同群体的参与。

14.2.5 国际室内建筑师 / 设计师联合会（IFI）

国际室内建筑师 / 设计师联合会是一个成立于 1963 年的非营利性国际组织。"IFI 致力于成为全球教育、研究和实践中知识与经验交流发展的平台，并期望通过这种知识与经验的交流和发展，不断壮大，并在国际社会各个层面，对室内建筑 / 设计行业作出贡献。"

它的 5 个核心价值观包括：引领室内设计学科走向未来；进一步提高公众对室内设计行业的认识；联结全球室内建筑 / 设计行业和社区，以发现并提供全球设计解决方案；通过最佳的设计实践，建立并实施行业、教育和研究的世界标准和指南；通过各类切实的计划、活动和出版物来培育行业。

14.2.6 中国建筑学会室内设计分会（IID-ASC）

中国建筑学会室内设计分会成立于 1989 年，是中国室内设计师的学术组织，目前会员超过 2 万人。分会的宗旨是：团结室内设计师，提高中国室内设计的理论与实践水平，探索具有中国特色的室内设计道路，发挥室内设计师的社会作用，维护室内设计师的权益，发展与世界各国同行间的合作，为我国现代化建设服务。其前身是中国室内建筑师学会。

学会秘书处设在北京，负责学会相关工作。秘书处定期出版会员会刊《室内设计 IID-ASC》及《艺术与设计》《医养环境设计》《id+c 室内设计与装修》和美国《室内设计》（中文版）这五种行业专业杂志。

2000 年，学会与韩国、日本等国室内设计学会共同发起筹办亚洲室内设计联合会（AIDIA），并举办过多次学术交流与教育交流会。2003 年 12 月，学会又正式加入国际室内建筑师和设计师联盟（IFI），加强了国际学术交流活动。学会的宗旨是：团结全国室内设计师，提高中国室内设计的理论与实践水平，探索具有中国特色的室内设计道路，发挥室内设计师的社会作用，维护室内设计师的权益，发展与世界各国之间的合作，为中国现代化建设服务。

在学会章程中，将室内设计、室内外环境设计、建筑学列为本专业；城市规划设计、园林设计、工业设计、家具设计、工艺美术设计、舞台美术设计、绘画专业列为相关专业；除本专业和相关专业以外的称为其他专业。这是因为专业不同形成的设计水平参差不齐，有的甚至造成工程质量事故。室内设计是一门艺术，更是一门技术，它涉及使用功能、建筑结构安全、消防、设备等，特别是一些大型工程，并非谁都能从事这一专业。本专业出身的设计人员，在校期间一些基础知识、设计原理等都受过专门的训练和教育，水平有保证，而相关专业和其他专业缺少的就是这些课程，因此在评审前必须先进行培训和考核，补上这一课。

正是基于前面所讲的专业原因，中国室内设计学会在章程中明确了室内专业设计人员必备的基础理论知识和设计基础知识：建筑与室内设计发展史、建筑设计原理、室内设计原理、设计概念表达、装修材料、构造及制图、绘画表现技法、人体工程学、环境色彩与照明。相关理论知识为建筑结构和设备、装修施工与监理、建筑工程概预算知识等。

相关链接

中国室内设计网 www.ciid.com.cn

14.2.7 中国建筑装饰协会（CBDA）

中国建筑装饰协会是由从事建筑装饰行业管理、设计、施工、材料生产、产品营销、中介服务、科研、教育等企业、事业单位、社会团体和个人自愿结成的非营利全国行业自律性的法人社团组织。协会是在国家民政部登记注册，由住房和城乡建设部业务指导的国家一级行业协会，是建筑装饰行业唯一的全国性法人社团。协会自 1984 年 9 月成立以来，以发展中国建筑装饰业为己任，认真履行职责和义务，积极组织业内的专业技术、经济、文化活动，在行业内形成了较强的影响力和凝聚力，有较高的话语权和代表性、权威性。协会下设《中华建筑报》与《中国建筑装饰装修》杂志。

中国建筑装饰协会与国际商业美术设计师协会共同开展的国际商业美术设计师职业资格认证，所颁发的 ICAD 证书与国家职业资格证书具有同等效力，并被纳入国家职业资格证书统一管理体系。

相关链接
中国建筑装饰协会官方网站　www.cbda.cn

14.3　室内设计实务

成功的室内设计师不仅是充满创造力的艺术家，还应该是有远见卓识的商人。设计师必须了解商业实务、程序、管理和营销技巧，从而取得职业上的成功。图 14-8 为一个多用途设计，分别可用做陈列室和展厅。在开始一个设计实务之前，设计师应该向律师、审计、保险机构和税务人员进行咨询。以下是室内设计实务包含的相关内容。

14.3.1　商业计划

商业计划对设计实务、市场、竞争情况、地理位置、管理、人员构成和收入支出情况进行描述。大多数信贷组织根据项目计划提供贷款。小型的商业管理机构能帮助设计师制定商业计划。

14.3.2　组织形式

有 4 种最基本的室内设计组织形式：单一所有权制、合伙制、合作制和公司。单一所有权制（独立股权）是

A   B

图 14-8　多用途的设计——陈列室与展厅。（A）这个巨大的开放空间专为大型聚会以及 Haworth 产品展示设立，明亮的红橙色块非常醒目。展示区域（B）讲述了公司的历史和故事。（左图摄影：Craig Dugan；右图摄影：Steve Hall；版权：Hedrich Blessing）

最简单的形式。个人和公司是同一个主体，所有者独享利润也独自承担风险。个人的财产，如房屋、汽车和其他资产可以被抵押给公司。合伙制与单一所有权制很相似，所不同的是它的利益和风险由两个或更多的个体所承担。

合作制是一种个人与公司合作的形式，个人可将客户带到公司，公司为其提供工作环境和一定的帮助。同样也存在其他形式的合作。

最安全的组织形式是公司，公司是作为股东的所有人组成的独立实体。虽然公司成立阶段很难，但公司对所有人的依赖都很小。

14.3.3　保险

设计师开始设计实务之前，必须对保险做调查和了解，并购买一些必要的保险。有两种常用的保险：财产和责任险——为商业提供保障；生命和健康险——为个人提供保障。另一个重要的商业险是错误和遗漏险，当合同文件中有错误时，为设计师提供保障，目前的标准设计合同文本中都包含了此项内容。

14.3.4　商业文件

设计师首先要从当地政府取得营业执照或税号等必需的商业文件，这样设计师才能为客户提供服务。其他的商业文件可能还包括订单、发票、时间表和电话记录等。设计师还要建立独立账户以了解准确的收支情况，并配有会计了解和跟踪收支情况。美国某些州要求设计师提供转售证书或税号，允许其为客户购买产品并代为收取销售税以转交给州政府；另一些州则需要一些其他的税务文件。

14.3.5　建立一个设计工作室

通常新成立的设计公司在 3 种场所办公，分别是家庭办公室、兼零售的办公室和商务办公室。采用哪种办公方式取决于公司经营的目标和财务状况。对任何一种办公场所而言，其预算要考虑到室内陈设品和设备，其中很重要的一项支出是计算机辅助设计工作站的费用。

（1）设计工作室的技术要求

计算机和相关技术已成为所有设计公司的关键知识和技能。先进的计算机系统除了可以完成文字操作和普通的办公任务，还有以下功能：

- 估算成本：借助软件和储存在计算机内的成本信息，可以做出从项目规划方案到施工图的成本概算。
- 准备计划书：计算机可储存供应商的产品数据信息，包括价格和外观等有价值的信息。制造商可以提供产品的电子图像，主要是平面图和透视图，这些数据有助于拟定方案计划书。
- 订单：计算机通过网络直接向制造商下达陈设品订单。
- 绘图：计算机辅助设计（CAD）使得计算机绘图成为可能。尽管早期许多公司的项目策划和概念设计是徒手表达的，但施工图通常还是用计算机来绘制。
- 绘制透视图：同样，CAD 系统可方便地绘制三维效果图（图 1-4 和图 1-9A、B），但通常会选用 Sketchup、3DMax 等程序用来渲染透视图。在后期制作过程中，还会通过 Lightscape（灯光、材质和色彩软件系统）快速改变色彩、照明和材料质感，与客户进行更便捷的沟通。重要的项目借助动画系统能让客户进行一次室内空间的视觉之旅。
- 研究与交流：网络功能非常强大，制造商的数据、新产品信息、最新研究数据及邮件、设计文件能够快速便捷地传到设计师手中。

一种名为建筑信息模型（BIM）的 CAD 软件是满足上述需求的绝佳方式。设计师运用 BIM 软件可以跟踪建筑数据、制作 3D 建筑模型以及创建与其他建筑系统程序的接口，可以在施工前的设计阶段就检测设计方案。同时，BIM 支持延时设计或 4D 设计，所以设计师能在项目进行过程中以数字方式查看评估项目。美国总务协会也肯定了 BIM 的重要性。

将计算机模型成功集成到项目协调、模拟和优化中的关键是将信息（Information，BIM 中的字母 I）融入并生成反馈。作为一种共享的知识资源，可以将 BIM 视为设计决策的可靠基础，并以此减少重新收集信息或编译信息格式的需要。GSA 目前正在以下领域探索 BIM 技术在整个项目生命周期中的使用：空间程序验证、4D 定相、激光扫描、能源和可持续性、循环和安全验证以及建筑构件（www.gsa.gov/portal/content/105075）。

对于设在全国或全球不同区域的公司，设计师和合作的专业人士可经常通过计算机进行交流，如通过网络传送 CAD 文件。视频会议使信息在全球范围内快速交流。

显然，计算机辅助设计软件是设计公司的关键工具，在购买软件之前，设计师应该全面了解软件市场。个人体验版和示范版软件，可帮助不同用户了解不同程序的先进性与局限性。

（2）设计资源和供应链

我们经常讲，设计工作就是选择产品和提供服务，所以设计事务所的一个独特之处在于它的材料间。材料间包括陈设品和家具的产品目录、表面装饰材料和织物的样品等。

目前，互联网同时提供了最新的家具和装饰品目录，一些特定制造商开发的应用程序中也包含有价值的资源信息。所以设计公司的图书馆必须配备高速的互联网、高分辨率计算机屏幕和彩色打印机。纺织品样品也可在线向供应商订购下单，大部分隔夜即可收到。通常面料的手感会极大程度影响设计决策，因此大多数公司都保存了非常多

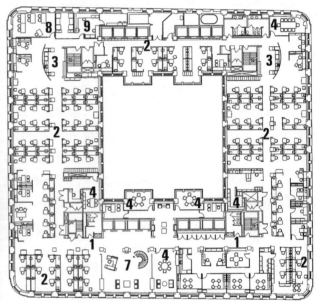

21层平面图

1.主要通道　　　　4.会议室　　　　7.接待室
2.区域内部通道　　5.中心资源库　　8.培训室
3.文印中心兼咖啡吧　6.办公服务区　　9.信息技术区

图14-9 室内设计事务所。设计师通常在开放式办公环境中工作，如本图和图14-10所示。这家位于芝加哥的OWP & P公司内，强烈的几何形式和细腻的自然采光，确定了室内空间的基调。（设计：OWP & P；摄影：Chris Barrett/Hedrich-Blessing）

的纺织品样品，包含地毯、织物、墙纸等。

但这些资料需要仔细管理。如专做办公设计的公司与专做住宅设计的公司相比，拥有的材料有所不同。知名的设计期刊和供应商每年会更新材料样本或增加新产品目录，甚至会通过网站发布产品目录。工厂代理人也会提供上述资料给设计师。为了了解更多的材料样品和家具信息，设计师同设计中心、卖场进行合作。许多设计中心只向协会会员开放，客户由设计师带领，可以到这些机构挑选陈设品。设计师与这些商业资源保持密切联系，可以提高设计工作的效率。这也就是所谓的"设计师的能力与手上所拥有的资源是匹配的"。图 14-9 和图 14-10 展示了设计公司的室内设计。

14.3.6 营销

在开始任何商业经营之前，企业必须知道谁是自己的预期客户，如何与他们接触，并且了解竞争对手的情况。以下是有效的营销工具：

- 有创意而且专业的公司名称。
- 公司品牌推广。
- 基于需求、交通考虑的公司选址；符合公司需求的商业地点 / 位置。
- 信笺纸、名片、公司简介、营销宣传册。
- 公司网站与社交媒体账号。

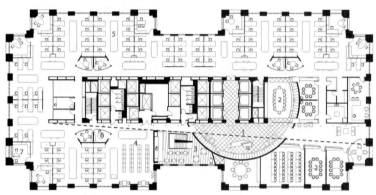

A. 24th floor 24层平面图

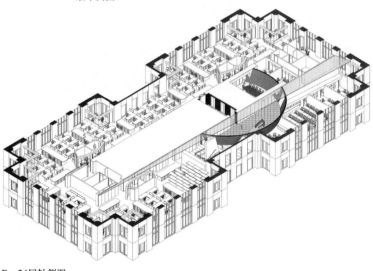

B. 24层轴侧图

图例：
1. 服务台
2. 会议室
3. 中心区域
4. 资料室
5. 工作室
6. 小型会议室
7. 主管办公室
8. 影印室 图上没有
9. 会计室/人力资源办公室
10. 信息技术室 图上没有

图 14-10 室内设计工作室。戏剧感、极具变化的角度与线条定义了亚特兰大 Cooper Carry 办公室的内部风格，这一空间被评为 LEED-CI（商业室内设计）铂金奖。平面图（A）和轴侧图（B）显示了主要的接待区、会议区以及办公空间，请注意图中大量小空间和角落办公室的规划。（C）接待区使用了钢制地板和刨花板墙体。（D）主要办公室的视野。整个空间通过降低隔板的高度最大限度地利用日光。工作室空间使用了零挥发性有机化合物和荣获 FSC 认证的 Sierra Pine 木制品。（E）半月形鼓吊坠是整个营销办公区域的亮点。（A、D 和 E 的 建筑师 / 设计师：Cooper Carry；摄影：Gabriel Benzur）

C

D

E

图 14-10　室内设计工作室。(续图)

- 已建工程作品集。
- 企业形象设计系统。
- 电话黄页和在其他战略性位置的广告。

　　此外,还可以通过私人商务聚会和专业室内设计协会的网络拓展市场影响力。

14.3.7　商业合同

　　一旦业务谈妥,设计师必须和客户签订合同。合同有两种类型,分别是协议书和专业合同。

　　协议书是一种以书信格式书写的简单合同,具有法律约束力,常适用于小型住宅工程。专业合同则在老板和客户之间达成更加全面的共识,适用于公司与公司之间的设计合作。

　　两种合同都应包括以下内容:①设计服务时间;②设计方与委托方的营业执照和相关信息证明;③工程地点和项目概况;④设计服务范围;⑤设计费和付款进度;⑥附加服务的费用;⑦相关专业工种配合的安排;⑧采购计划;⑨项目摄影和宣传的知识产权内容;⑩完工时间表;⑪合同签署日期;⑫合同审定的律师费。

　　无论哪种类型的合同都必须经律师审定通过。

14.3.8　设计费用

签订合同时最复杂的环节是确定设计费，设计师以多种方式取得酬金。设计师与客户就收费达成共识，这一点很重要。以下是最常见的费用体系：

（1）以固定费用收费。设计师根据他在项目中投入的时间精力，向客户收取一定的费用。

（2）以小时收费。根据项目所占用的小时数来取费。它受到许多因素的影响，包括特殊区域的定制费用、设计师的能力与地位、客户的具体要求。有时候这种收费方式的设计费最高。

（3）基于工程总面积收费。经验丰富的设计师经常采用这种收费方式，他们能估算出室内施工时发生的总费用，依据整个项目的总面积来确定单位面积的设计费。

（4）按照工程总造价的一定百分比来提取设计费。无论项目总造价是多少，这种收费方式都能保障设计师的酬金。如果工程完工时有增加的费用，设计费也相应地提高（图14-11）。

图14-11　浴室设计。在这个绅士的浴室中，原先的狭窄空间被打破了，精致、现代、防水的材料被使用。（设计师：Jackie Naylor；摄影：Robert Thien）

14.4　职业道德

职业室内设计师必须有社会责任感，能够明辨是非，不隐瞒事实真相。设计师有责任与公众、客户、其他专业人士、合作伙伴和使用者一起，坚持最严格的质量标准。美国室内设计师协会在道德准则序言中说："美国室内设计师协会会员要求在尊重客户、尊重提供材料和服务的专业供应商、尊重专业合作伙伴以及尊重大多数公众的基础之上进行工作。ASID的每个成员都有责任遵守协会的这一章程。"

设计师要有社会责任感。设计师必须意识到设计需从公众利益出发，并遵循所有技术法规。针对每一个项目，设计师有责任查明相关法规，并遵循法规进行设计。

设计师必须始终考虑公众的健康、安全和利益。

设计师要对客户负责。设计师和客户商谈时，必须明确工作范围和设计费用。不应该和一个客户谈论另一个客户的项目，更不能将产品资料贩卖给别人以获取利益。图14-12为一个游艇设计。

同样，设计师要对与自己合作的专业伙伴负责，不应该批评其他设计师的工作。设计师应该与合作的专业人士以团队方式共同工作，当出现问题时，互相责骂是无济于事的。

此外，设计师对室内设计职业负责，他们鼓励信息交流、坚持设计实践。设计师应该参加社会项目，经常将室内设计职业最好的一面呈现给大家。有问题需在专业会议中提出，那里才是解决问题的地方。

设计师对业主负责。不应该自行拷贝公司的信息或将其带到其他的公司，不应该在未征求雇主同意的情况下将信息用在其他的项目中。当设计师离开公司时，应该无所保留地配合工作交接。

最后，设计师对环境的可持续性发展负责。建筑业消耗地球40%的资源，垃圾填埋区40%的垃圾来自建筑。为保护公众利益，如同室内设计定义中倡导的那样，设计师需谨慎地使用地球资源，认真研究产品，运用不危害使用者、不污染环境、不破坏农业生产的原则进行设计。

14.5　室内设计前景

室内设计职业相对比较年轻，从最早出现到现在也不过100年，职业的专业化和继续发展的空间非常大。

图14-12　游艇设计。游艇的室内设计需要特别注意防潮以及船体平衡的问题。与机舱的内部设计一样，功能性也是摆在首位的，设计师通常会专门为此定制橱柜和座椅。此方案中，弧形天花板和座椅凸显了游艇空间的柔和线条，照明设备、电缆和电线都隐藏在天花板中。（设计师：Charles Greenwood；摄影：Robert Thien）

许多组织都在预测设计环境的发展，设计未来委员会——一个跨学科的组织，将他们的年度预测发表在了 *Design Intelligence* 杂志上。ASID、IIDA、IFDA 和 CIDA 也参与进来，对未来行业许多领域的增长和变化做出预测。

14.5.1　专业展望

人们已经意识到舒适的环境有益于健康，简单和更有意义的生活方式正得到提倡。伴随着经济全球化、人口老龄化、技术进步、能源保护等趋势的出现，设计行业发生了重大改变。例如：

- 对循证设计（EBD）的研究表明，医学界发现在精心设计的医疗机构中，患者伤口愈合得更快，而医务人员的失误也更少，因此现在 EBD 正被逐步应用到所有室内设计专业中。
- 许多领域的技术正在发生变化，尤其是医疗保健行业。
- 私人办公室正在缩小，变得便于使用。个人办公空间和共享的会议区域组成了开放式的办公环境。
- 人们至晚年仍在工作。
- 由于互联网带来的便利与可能性，以及政府对可持续性发展和全球化的重视，越来越多的人自由地选择在国内外工作。

- 设计师继续在中国和印度等全球市场拓展业务。
- 住宅越来越代际化。根据美国人口普查结果显示，大约有 400 万个家庭由三代或更多代人组成。
- 人口老龄化使人们意识到了无障碍性住房与建筑物的需求。
- 零售市场已经发现"少即是多"的价值。
- LED 技术的进步正在改变室内照明行业。
- 公众已经意识到对可持续性环境的需求并正在采取行动实践"减少消耗，再利用，再循环"这条原则。

这些变化为医疗保健／老年护理行业、多代住宅、家庭办公、商业办公环境以及可持续性绿色设计创造了新的设计创新机会。这些创新会使人们的工作和生活环境愈加舒适，生活品质和环境质量得到提升。

（1）医疗保健设计

在循证设计研究的带领下，医学领域已经认识到医疗场所也需要关注美学品质（图14-13）。只要有可能，医疗保健空间也应具有舒适宜人的环境。除了利用织物和陈设塑造温暖、富贵的气氛外，Crypton 等工程织物的使用使空间具有更强的抗菌性和耐用性。现在医疗机构的装饰大多以隐藏医用设备为目的。

许多医院的病房规划有家庭成员活动的区域，有的还有家人休息过夜的地方。从病房可以看到花园和外部景观，房间内的艺术品也很好地呼应了窗外的大自然。间接照明和声学控制使冷冰冰、制度化的环境变得柔软，患者身处其中，也能够更快地康复。

技术也正在影响医疗保健行业。在《医疗保健设计》杂志最近的一篇文章中，IIDA 的会员注册护士黛比·格雷戈里指出，"电子病历、无线通信、药物条形码、电子标签和自助服务查询机"正在影响着室内设计。她列出了 10 条建议，帮助建筑师和设计师掌握技术趋势。表 14-3 中的信息改编自该文章。

循证设计也涉及到老年护理中心、牙科和医疗诊所、幼儿园、公立学校和办公空间一系列场所。在经过精心设计的高质量室内空间中，学生学得更好，员工的工作效率也更高。

图 14-13　医疗保健设计——牙科诊所。这个屡获殊荣的牙科诊所被称为牙科水疗中心。高档家具和饰面设计为患者营造了舒适的环境，从而缓解看诊的焦虑。诊所内护理人员众多，因此病房之间没有门，而改用过道连接，形成了开放式的空间。照明设计既避免了眩光的产生，更提升了空间的品质。（建筑师 / 设计师：Le Vino Jones Medical Interiors；摄影：Thomas Watkins）

表 14-3　注册护士对医院设计的建议
1.**时机就是一切**。设计师应参加临床和 IT 设施规划会议，倾听需求。
2.**技术设备存储规划**。柜台空间、机柜尺寸与通风是需要考虑的关键点。
3.**需要规划存储计算机和纸质图表的区域**。尽管医疗保健业将进入无纸化办公，但仍需保留纸质的同意书和其他法律文件。另外，可移动的计算机站也需要一个存储空间并且这个空间需紧挨护理站与电源。
4.**用于 OR 计划、患者状态展示的电子白板**。规划电子白板时要考虑的最重要一点是需要显示工作流以及工作相关信息的可见性。
5.**有线和无线键盘**。无线键盘和无线鼠标的使用会给空间带来一系列问题。
6.**公共等候区的技术支持**。现在，每个来访的家庭成员或客人都会使用某种类型的智能手机或笔记本电脑，设计需满足这些需求。
7.**墙面设备接口审查**。随着技术的不断发展，许多设备正在向"智能技术"过渡，智能设备（床、泵等）需要电源和数据插座。在考虑端墙设计时，与建筑师、施工经理和技术项目经理协作，了解所需的设备功能和功率 / 数据要求并合理地设计非常重要。
8.**门禁控制装置的协调**。门禁控制装置可能是许多空间整体室内设计中的难点，在墙面上为标牌、艺术品、捐赠牌匾等规划位置时都要考虑为门禁装置留出位置。
9.**护士呼叫设备放置**。今天，许多护士呼叫系统都安装在墙壁上靠近端墙、门或浴室的位置。与访问控制设备一样，这些也成为室内设计师对房间进行整体设计时的挑战。由于病房墙壁上放置了许多物品（钟表、艺术品、病案、利器盒、洗手液等），所以设计师需尽早协调以实现有组织的和细致周到的墙面规划。
10.**顶面嵌入式设备技术**。由于不断发展的通信技术，在天花板上，您可以找到无线接入点、寻呼扬声器、护士呼叫半球灯、护士呼叫区域灯、RFID 跟踪传感器、进气口、出口标牌以及各种照明灯具。为空间制定合理的照明计划也是一项挑战，要注意病房外的壁灯经常会遮挡圆顶灯。

资料来源：www.healthcaredesignmagazine.com/ten-tips-technology-planning-implications-interiors。

（2）商业办公室设计

办公人群和工作方式的变化正在影响着商业办公室设计，工作场所的社会化也使得办公室成为企业的一项重要商业资产。通常，设计师需要打造一个包括团队工作空间、小组活动区域、咖啡馆以及其他交互式学习聚集区的环境。除此之外，考虑到个人隐私和安静工作的需求，还需设计一些小型会议区或非正式工作区。

工作人群也在发生变化，65 岁以上的人群仍在坚持工作。苏珊娜·拉巴雷在 *Metropolis* 杂志上表示，未来的工作场所将为员工提供休息放松的空间，也许员工还可以在办公室午睡。Hughes | Litton | Godwin 的负责人雪莉·休斯与我们分享了她的一些商业客户工作人群的统计信息（表 14-4）。

在家兼职工作的员工和流动员工的数量也有所增加，这降低了员工的差旅成本，企业也不需要购买或租赁那么多房产。这种酒店式办公的趋势要求办公空间适应多用户的需求（图 14-14），相应地，住宅设计也要做出改变。

ASID 进行了一项名为"未来工作 2020（Future Work 2020）"的研究。领域内的专家聚集在一起，探讨

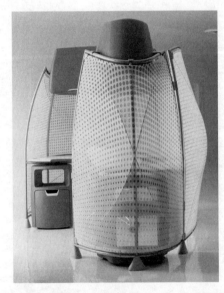

图 14-14　家具设计。适应性强是商业办公空间的关键特征。相比一个固定常设办公室，远程办公人员只需要临时办公的区域。Asymptote 公司出品的这款名为 A3 的半私人工作站为工作者提供了工作台面和存储空间，形成了一个围合的工作区域。（资料来源：Knoll 公司）

工作场所的未来，思考其对设计行业的影响。专家们首先确定了影响未来办公空间设计的 7 个外部因素。这些因素及其影响定义如下：

表 14-4　统计数据显示的工作人群特征的变化			
工作世代			
传统派		1928—1945 年	
婴儿潮世代		1946—1964 年	
X 一代		1965—1980 年	
千禧一代		1981—1999 年	
	传统派	婴儿潮世代	X 一代	千禧一代
每一世代的人口	5900 万	8000 万	4600 万	1.08 亿
有趣的特征	与千禧一代相处得融洽	就像环境中的"触发器"一样，擅长叙述和回忆	强调结果胜于过程	在异地工作的可能性是其他族群的 3 倍
他们可能会说什么	"我按吩咐去做。""没有消息是好消息。"	"我已竭尽全力。""让我们努力工作直至完成。"	"让我们在这里玩得开心点。""既然我给了你结果，为什么还要在意过程？"	"你现在要我做什么？""嘿，你看我做得怎样？"
工作环境	地位与阶级	与人联结	与资源联结	无处不在
对技术的态度	选用	全盘接受	期望	与生俱备
"我们熟知的事实是：年轻一代迫切需要导师的引导。" "千禧一代钟爱科技，他们是伴随着互联网、即时通讯和电子邮件兴起的第一个世代。" ——Steelcase 公司			

- 多代工作场所：劳动力老龄化和退休推迟将导致四代人在同一个场所工作，每代人都有独特的需求和价值观。
- 日益多样化：工作场所中种族变得多样化，女性不断增加。
- 技术创新：互联网、手机和计算机的小型化使得人们几乎可以在任何地方移动办公。
- 知识革命：与工业革命创新不同，知识革命主要体现在分权决策、创业和协作。
- 全球化：经济全球化使得传统的朝九晚五的工作分布在一天 24 个小时之中，海外短途旅行可能更加频繁。
- 生活质量：由于全球经济、技术和知识发展的推动，使得人们每天 24 小时、每周 7 天都有可能在工作，所以，"寻求工作与家庭生活的意义、满足及平衡将变得越来越重要"。
- 环境问题：这些问题包括对可持续性设计的渴望、在极端气候条件下的生存设计、向非传统工作场所的转

变以及减少差旅需求的视频会议等。

这些因素对室内设计的影响值得关注，不断变化的工作人群将需要一个如下的工作场所：

- 为临时办公或移动办公的人群提供灵活的空间，以适应不断增长或萎缩的劳动力。日本创造了即时库存的概念，这一理论可能很快将会应用至即时人力资源。
- 在空间的设计阶段无缝集成数字技术。
- 强调工作效率。
- 增加团队协作区域，同时不减少私人办公空间。
- 提供可供团队举办活动和庆典的空间。作为社会动物，人类自然而然会聚集在一起，工作场所将提供诸如儿童看护区、娱乐区、厨房、宽敞的活动区和作战室等空间，以便人们进行合作。
- 在全球竞争中，提高员工的生活质量以避免员工流失。

图 14-15　商业办公室设计 - 协作空间。这个办公区包括两个协作空间：左边是一个开放的区域，右边是一个封闭的会议室。请注意开放式协作空间中织物对光的漫反射作用。（设计师：Perkins / Will；摄影：Chris Little）

工作场所设计的基本需求包括灵活性以及看似对立的标准化与定制化（图 14-15，商业办公室设计 - 协作空间）。以上研究的完整成果和分析可在 ASID 和 IDEC 网站上查阅。

（3）虚拟办公室

信息技术催生了虚拟办公。借助在线网络、电话会议和网络数据库等信息化手段，工作不再局限在办公室内。厨房、餐厅、酒店客房、飞机上都具备移动办公的条件，甚至为了提高头等舱和商务舱的舒适性，飞机上均增大了可进行移动办公的空间面积。

住宅中也可能需要设计两个办公室——夫妻俩每人一个，同时也要考虑为其他家庭成员规划工作或学习领域。然而，由于人们通过无线电脑、平板电脑和手机几乎可以在家中的任何地方联入互联网，从而大部分工作转移到了膝上。所以，设计师还必须为这些办公设备预备放置和充电的空间。

（4）多代住宅

在诸多因素的影响下——经济紧缩、预期寿命延长、更健康的老龄化人口、知晓家庭生活的益处以及机构护理的高成本，许多家庭中居住了三代甚至更多代人。

为所有家庭成员规划空间需要考虑周全，运用通用设计原则可以解决许多问题。例如，平坦而没有台阶的入口适用于轮椅和婴儿车通行，不同的厨房柜台高度方便了儿童和坐着操作的人使用，扶手和三英尺宽的门则适合所有人。

ASID 的戴安娜·帕特森也在 ASID 的 ICON 中指出，老年人也可能需要自己专属的出入口与充足的存储空间，如果可能的话，还需要一个小厨房。老人的独立相处也与家庭团聚一样重要，然而，如果将独处空间设在地下室或二楼的某个位置，可能对老人来说就不太方便，慢慢地也就无人使用了。

人口的老龄化也使人们认识到无障碍性在住房和商业环境中的重要性。老年社区为居民提供了各种级别的援助，老人在个人和社区住宅中都能方便地使用轮椅，住宅中的家具和橱柜都能满足多样化的需求。

（5）零售设计

零售行业的空间与设施设计正在发生重大变化（图 14-16）。为了节约成本与解决可持续性问题，主要品牌的连锁店正放慢扩张。并且，在高层混合用途建筑中通常包含了商业办公空间、公寓、零售店和餐馆等一系列设施。值得注意的是，大城市中一些企业正在利用地下的空间作为展示区域。例如，纽约市的苹果旗舰店在街道上建有一个 3 层的玻璃立方体，但是商品展示区却都在地下。

A   B

图 14-16　零售店。这家流动性的化妆品展厅通过形式确定了空间特性。7.2m 宽、30m 长、4.2m 高的空间经过设计师的精心设计，丝毫没有隧道的感觉。起伏的石膏板，不仅能吸引顾客走进店里，而且增加了空间的趣味性和宽阔感。（设计师： Yoshinari Matsuyama；摄影：Paul Warchol）

（6）照明设计

室内设计行业最大的变化之一是照明行业中 LED 的使用（见第 6 章）。LED 改变了设计师使用光线的方式，从而使照明成为一种艺术形式。墙壁使用 LED 发光能改变颜色，家具在 LED 光下呈现出半透明的效果，将灯具放置在网格或条带中，还可以移动到不同的位置。所有的 LED 灯具都可以用更少的能源提供更高质量的照明效果（图 14-17）。

（7）环境设计

环境保护的需求不仅体现在室内设计实践中，而且还是一个涉及工业、制造业和教育行业的国家性与全球性问题。从 20 世纪 60 年代的环境保护运动开始，这种趋势不断发展。明迪·鲁伯在她刊登在绿色货币杂志上的文章中表明，"美国公司普遍支持可持续性……数百家公司已花费数十亿美元来减少其对生物多样性、水质、能源使用和气候风险的影响。"

《财富》杂志在《绿色建筑，绿色利润》一文中指出：与传统方法相比，绿色建筑的成本大致相同，但运营成本却要低得多……新建筑研究所 2008 年的一份报告得出结论认为，符合 USGBC LEED 标准的建筑物的运营成本比传统建筑低 25%～30%。该文章还指出，大部分的能源节省来自建筑中更好的照明控制和设计。因为，据美国能源部称，照明用电"占办公楼用电量的 39%"。

如本文所述，设计行业的许多制造商也认识到这一趋势，并正在生产可持续性产品，网站和各种期刊也致力于推广绿色产品和绿色设计。真正可持续的产品模仿自然，而自然界中的所有设计都基于循环利用，没有废弃物产生。所以，真正的绿色产品不仅保护环境，而且还支持自然环境的可持续发展。对制造商和发明者们来说，顺应这个趋势是明智之举，对作为最终用户代表的

图 14-17　餐厅设计——LED 照明。玛瑙酒吧采用了 LED 灯带照明，照片展示了光透过石板漫射出来的效果。酒吧从地板延伸到天花板的前窗，旨在呈现"城市广场"的感觉，努力营造出社区感。（建筑师 / 设计师：Wid Chapman Architects；摄影：Bjorn Magnea）

设计师来说，也亦如此。

在住宅设计中，业主希望拥有高能效、易维护并且省力的设备和设施，尤其是节水的洗碗机、马桶和淋浴喷头。在商业设计中，客户也要求使用可持续性产品和绿色建材，并特别关注室内的空气质量。企业也越来越认识到绿色设计的重要性（参见第 11 章中的可持续设计：LEED-CI）。

认识到人类对健康环境和健康经济的依赖，丹尼斯·韦弗，一位演员、人道主义者和环境保护主义者，融合了生态学和经济学，组建了生态经济学研究所。该研究所倡导用负责任的商业行为——包括设计——来净化环境。用韦弗的话来说，"当我们意识到可以通过净化环境来获取利润的话，这个目标就可以达成。"为了证实自己的观点，韦弗建造了 Earthship 大楼——幢由旧轮胎、铝罐和各种可持续性材料建造的建筑物（参见可持续设计：太阳能建筑和地球）。

相关链接

设计未来委员会　https://designfuturescouncil.com/

2020 年 IFDA 的住宅趋势预测　http://designwire.interiordesign.net/projects/residential/5563/ifda-announces- residential-trend

14.5.2　专业面临的挑战

所有年轻的专业都会经历一个不断建设专业基础与知识体系并展示其经济前景的过程。室内设计也是如此，正朝着自己的目标与责任努力。室内设计行业各组织也将继续合作，携手同行，展示室内设计的优势与价值。

（1）问责制

Future Work 2020 指出，生产效率在经济全球化背景下将受到重视与强调，室内设计行业也将继续研究和证实室内设计对效率的良性影响。

ASID 专业设计师克尔温·凯特勒调查了 200 名客户，以了解他们对效率的看法。结果表明，90% 的人认为办公室设计的改进可以提高效率，其中影响办公效率的四大因素是空间的便利性、舒适性、隐私性和灵活性。当设计师与商业客户合作时，可以先进行初步的针对效率的分析，分析结果可在项目结束作设计评估时作为测量效率水平的基准。设计师也必须能够向客户，特别是商业客户，证实其提供服务所带来的收益。设计研究与规划分析中也需要建立效率的基准，以记录内部环境优化带来的可量化收益。

（2）行业赢得尊重

由于室内设计行业从事与环境可持续发展相关的实践，并且也通过类似循证设计等流程制定了可量化的问责标准，因此对行业的尊重与认可将会得到增强。怀特和迪克森在《室内设计》杂志中指出：社会学家发现，行业的成熟基于教育水平的发展和法律上的认可。在过去的30年里，室内设计行业一直致力于通过CIDA规范与定义设计教育课程，并通过NCIDQ建立了设计师基本能力水平标准。持续的设计师注册和认证工作，加上一个先进的研究数据库的不断发展，将不断提高室内设计行业的形象和信誉。

建立可信度（从而培养对行业的尊重）的另一个关键因素是确保行业内各设计组织统一发声，表达行业的目标、理想和愿景。在20世纪80年代末和90年代初期，一项名为"统一声音"的行动曾试图建立一个单一组织。随着3个专业组织合并成为IIDA，此举取得了阶段性的成功。2001年秋天，ASID和IIDA曾联合宣布两家机构欲寻求合并，虽然合并最后没有成功，但是地方层面仍在继续努力分享信息与联合活动。也许在不久的将来，在大家的共同努力下，真正统一的声音将会出现。

增强行业声誉的另一举措是建立专业的知识体系或研究基地。在IIDA设计研究峰会上，代表们讨论了以下6个关键问题：

- 虽然存在大量的室内设计研究成果，但公众仍很难快速获取这些资源。
- 设计专业人员需要相互协作，并与相关领域的专家进行更多合作。
- 学者和从业者生活在不同的文化之中，必须重视沟通问题。
- 与工程和医学等其他专业不同，室内设计从业者、行业和学校管理者尚未意识到需要通过研究生教育和设计研究来拓宽行业的知识基础。
- 增加赞助和资金支持对于为室内设计专业建立和维护一个强大的知识体系是必不可少的。
- 设计专业必须考虑和界定与室内设计研究相关的伦理界限。

来自IIDA的尼尔·弗兰克尔指出，实践者和研究人员之间的联系将得到继续加强，从而扩充室内设计的知识体系。如前所述，ASID与明尼苏达大学室内设计系合作开发了一个室内设计研究项目汇总的网站——Informe Design。这是一个汇集室内设计领域文献摘要的数据库，也是室内设计专业学生、教师和从业者的优秀资源（图14-18）。

图14-18 国际设计——度假屋。这家酒店坐落在陡峭的山坡上，俯瞰着英属西印度群岛的圣马丁岛和圣巴特岛。酒店包含了室内空间和户外院落，露天客厅凉亭是主要的娱乐区。度假屋配有隐藏式的百叶窗，在飓风来临时可快速关闭。雨水通过收集与处理系统，被储存在蓄水池，能为户外景观提供灌溉。室内陈设的大洋洲和非洲艺术品均来自业主的私人收藏，卧室拍摄见图12-2。（室内建筑设计：Wilson Associates；摄影：Michael Wilson）

本章小结

　　成为一名职业室内设计师所经历的步骤是受教育、实践和考试。一旦成为一名职业设计师，仍然需要通过进行持续的教育培训来提升设计水平。成功的职业设计师深知在设计中科学与艺术不是非此即彼而是亦此亦彼，此外内涵丰富的设计世界还需要拥有精湛的商业技能和高水准的道德行为。

　　未来室内设计将日益成熟，年轻的职业设计师需要为技术的精进以及多种文化的交融做好准备，并根据共同遵循的绿色设计目标，与团队中各行各业的专家共同工作，使产品、材料和空间具有可持续性。

　　本章最后一个设计案例——斯通赫斯特民宿酒店，回顾了一个将都市地区的住宅改造成高档民宿的项目过程。设计师将可持续性、历史保护和诸多设计元素结合起来，创造出轻松且宜人的氛围。

　　第20届国际工业设计团体理事会会议上，国际绿色和平组织呼吁："每一代都有自己的智者、英雄和领导者，我们也必须有自己的领导者，他们深谋远虑、积极思考、勇敢应对、资源共享，为未来的可持续发展作出贡献。"（图14-19）

图14-19　照明设计。这个现代风格的空间重视室内照明。枝形吊灯是室内的中心焦点，它从定做的框架上悬挂下来，嵌入式的投射灯将艺术品照亮，隐藏式的灯光在天花上投影产生艺术氛围（设计：Charles Greenwood 设计公司；摄影：Robert Thien）

可持续设计

太阳能建筑一体化的"地球之家"可持续性设计

人们已经了解到建筑工业给环境带来了生态污染：古老的天然林永远地消失了，发电产生的电荷造成的污染和废气进一步导致酸雨的产生，污水和化学剂污染了生命赖以生存的地下水源。严酷的现实告诉我们，环境不能无限制地支撑现有的建造方式以及因此带来的潜在自然资源成本的增加。但是生态住宅的研究主要集中在建筑物理和材料技术上，如利用屋顶覆土、温室及自然通风技术提供稳定、舒适的室内气候；将外墙做成集热墙、透明节能墙，提供室内热能；采用太阳能、风能发电装置，获得无污染能源，用于采暖、制冷、照明及家电用电等。近年来，建筑的构造开始模仿生态系统中的行为，通过动力装置、光纤传感和其他组件对环境和结构应力做出反应。"智慧型"材料及成熟的电脑程序的发展可以使建筑成为极为活跃的人造物。美国建筑师 Michael Reynolds 是率先提出"地球之家"理念，并最早进行这方面设计实践的建筑师，他强调"形式服从气候"的生态建筑观、人造景观、乡土建筑能够和自然景观天衣无缝地结合在一起。在现代社会中，这种地域的真实感虽然多半已经无处寻觅，但仍旧是一种理想的目标。也许我们可以建构一种更为"审慎的城市"，利用地形学上的折叠、伪装、模仿等美学和技术手段来仿效生态系统。

所以他的设计目标是尽力寻找，采用一种将现有废弃物加工成建筑材料的方法，设计一种可自己产生能源、处理垃圾的建筑，采用一种稍加培训即可推广的建筑方式，做能支付得起水、电等能源消耗费用的设计。并且将传统的生态住宅中草皮屋顶、覆土保温、温室暖房、遮阳墙体、蓄热墙体、风能、太阳能装置等作为其基本构造特征。

在本章列举的这个项目中建筑的外观与西班牙的土坯建筑相似，它可以被设计成一个或多个单元（图SD14-1、图SD14-2）。

图 SD14-1 "地球之家"的外部玻璃面朝南倾斜，外墙由不同规格的轮胎、自然成型的墙体和异想天开的装备定制而成。（建筑师：Michael E.Reynolds）

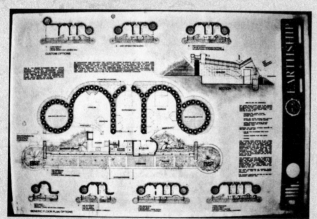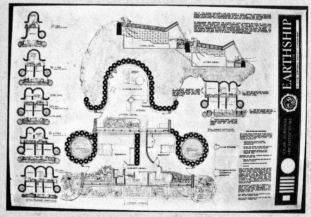

图 SD14-2 "地球之家"的房间以并排设置或上下层设置的 U 型模块为基础，根据需要可以减少或增加模块的数量。设计的剖面图说明了建筑的结构和空气的流动。（建筑师：Michael E.Reynolds）

材料上，地球之家的主要建筑材料是由回收的汽车轮胎中压缩土，经冲压加工而成，创造了一个恒温的居住空间。此外，通过建筑的自然通风系统设计，"地球之家"就能在不使用矿石燃料或核燃料的情况下达到冬暖夏凉的效果。设备系统方面，"地球之家"通过太阳能光电能量系统来发电，通过食品生产的绿色技术来处理污水，这样可使用压缩式冲水厕所。

室内的墙体用铝罐组合而成，被涂上油漆或保留自然颜色。墙上贴着透明或染色的玻璃，做成各种不同的形状。图 I-3 完整介绍了一个称为以太阳能作为能源供给的"地球之家"项目。

"地球之家"的设计和建造强调在全球的适用性。如今，在玻利维亚、澳大利亚、墨西哥、日本、加拿大和美国都已经出现了"地球之家"。在成本上，"地球之家"堪比典型的框架结构，而且它甚至更耐久，有更好的保温性，同时不用支付公用事业费。

但是这类实验性建筑也被指控占用地下水及建筑程序不完善。但 Reynolds 认为批评者不应将业主的过错归咎于建筑师，他近日放弃了自己的建筑师执照继续绿色建筑设计之路，主演了生态建筑的影片《垃圾勇士》。片中他讲述了如何建造他的生态建筑，以及在南亚海啸和美国海啸后人们在自救住房的修建中所起到的作用。

相关链接
地球之家 http://www.earthship.org/
中国绿色节能环保网 http://www.chinajnhb.com
中国建筑学会 http://www.chinaasc.org

斯通赫斯特民宿酒店的设计与改造融入了可持续设计和历史建筑保护的理念，并妥善解决了历史建筑翻新的技术问题，以此满足商务旅行者希望在快节奏的城市环境中得到喘息与放松的需求。

设计师 Barbara Shadomy 从她位于伦敦的家附近的花园和石质建筑中得到灵感与启发，将之实现在这幢位于亚特兰大市中心、有类似风格并历史悠久的斯通赫斯特民宿（Stonehurst Place）酒店之中。作为建筑的所有者和设计师，Shadomy 想为繁忙的商务旅客在城市中创造一个休闲场所——它精致、时尚，并且尊重当地的家居文化、历史特色与环境。

这幢安妮女王莎士比亚风格的石头住宅建于 1896 年，曾被用做民宿，但想重新使用仍需要进行仔细的修复和大规模的翻新。例如，使用非化学处理方法小心地去除外部摇动壁板的多层涂料并重新涂漆，必要时还需换上新的定制壁板（图 DS14-1）。

设计师在现有平面图的基础上进行了部分的墙体改动以改善空间动线，在一楼改建了 3 个单间客房（图 DS14-2），在二楼改建了两个套房（图 DS14-3）。设计师在翻新中特别注重细节。在二楼，阁楼空间被打通，通过巧妙地变化空间结构以增加缝纫室的大小和高度，创造了一个更宽敞的二楼套房。机械、电气和管道系统也完全升级，将老旧设备彻底拆除并随后将新设备重新安装至内墙和天花板中。

图 DS14-1　外部修缮包括对原始摇晃壁板的细致修复。石雕、科林斯柱和铅玻璃窗的保留突出了建筑的结构与历史特征，也反映了设计师对细节的关注。建筑和园林绿化工作人员也对酒店老橡树的根部进行了谨慎的保护与护理。（设计师：Barbara Shadomy；摄影：Allison Shirreffs）

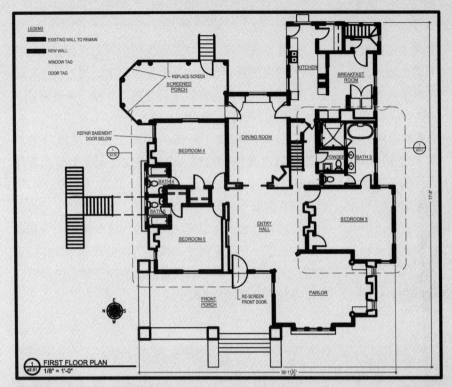

图 DS14-2

图 DS14-2 和图 DS14-3 一楼和二楼平面图说明了现有平面的设计变更。虽然在第一次设计审查时变化相对较小，但合同文件还同时要求对机械、电气和管道系统进行全面翻新，基本上需要拆除和重建大部分内墙和天花板。(设计师：Barbara Shadomy)

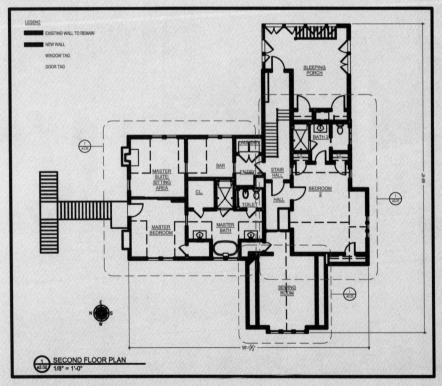

图 DS14-3

Shadomy 在建筑中使用了大量的节能材料和设备。安装在住宅背面的太阳能面板使用乙二醇 - 水混合溶液来预热水（图 DS14-4）。雨水收集系统从屋顶收集雨水并将其引导至地下储罐以用于灌溉（图 DS14-5）。Brac 中水回收系统收集水槽、浴缸和淋浴的废水，然后将水过滤、处理并用于冲洗厕所。织物和家具也尽可能重新回收利用。这家历史悠久的旅馆因此荣获了 EarthCraft Home 和 Southface Renovation Project Award 奖项。

除了可持续性设计，设计师对细节也特别关注。原有地毯拆除后对原来的地板进行了修补，酒店整体空间采用中性色调，烘托了鲜明的历史风格特征，使之成为旅馆的焦点。这家酒店同时欢迎客人携带宠物入住。图 DS14-6 至 DS14-9 显示了房间改造前后的效果。更多信息（包括可持续性设施和其他房间的照片）可在 http://StonehurstPlace.com 上查看。

图 DS14-4 太阳能电池板安装在房屋的背面，远离街道和花园。（设计师：Barbara Shadomy； 摄影：Allison Shirreffs）

图 DS14-5 酒店安装了地下储罐以容纳雨水进行灌溉。（设计师：Barbara Shadomy；摄影：Allison Shirreffs）

图 DS14-6　原有的音乐室现在用做客厅。宽敞的瓷砖壁炉（称为 inglenook）、科林斯式柱子、穹顶和木地板被统一在轻柔的墙面色调中。原来的枝形吊灯被保留并重新布线。（摄影：terrygreene.com）

图 DS14-7　能俯瞰后院的 Farnswo 客房中，设计师修复了壁炉和木质装饰。请注意底部墙面饰条中的电源插座。（摄影：terrygreene.com）

图 DS14-8　Hinman 客房最具特色的是四柱架子床，落地窗帘起到隔音的效果并且增强了房间的艺术氛围。平面图显示房间还设有一个豪华的浴室。请看摆放在床头柜上的 iPod 充电器/闹钟。（摄影：terrygreene.com）

图 DS14-9　位于顶层的 Gable 套房包括了一间可俯瞰前草坪的卧室和一间缝纫室。工作区、休息室座椅和原创的艺术作品使套房既实用又舒适。（摄影：terrygreene.com）